Craftsman **Overhead Travelling Crane Operator**

천장크레인운전기능사
필기

[preface]
천장크레인운전기능사 필기

　천장크레인은 조선소, 제철소, 철도공작창, 대형기계 제조업체 등에서 많이 활용됩니다. 하지만, 아직까지는 수신호에 의해 작업이 이루어지고 있어 운전 시 화물의 낙하로 인한 인명과 재산상의 대형사고가 날 위험이 매우 큰 작업입니다.
　천장크레인운전기능사는 이런 이유로 안전운행과 기계 수명 연장 및 작업능률 제고 등을 위해 산업현장에서 필요로 하는 숙련기능인력을 양성하고자 제정된 국가기술자격입니다.
　이 책은 한국산업인력공단이 주관 및 시행하는 천장크레인운전기능사 자격시험을 준비하고자 하는 분들을 위해 최근 개정된 법령 및 출제기준, 그간의 기출문제를 면밀히 분석하여 과목별 핵심이론과 함께 다음의 사항을 중심으로 집필하였습니다.

1. 한국산업인력공단이 주관하여 시행한 최근 3년간의 기출문제 및 CBT 시험 출제문제를 반영한 5회분의 적중모의고사를 상세한 해설과 함께 수록하였습니다.
2. 산업인력공단의 출제기준과 천장크레인운전기능사 필기시험에 출제되었던 문제를 분석하여 과목별 이론과 함께 그간 자주 출제되었던 문제들을 선별하여 출제예상문제로 수록하였습니다.
3. 출제예상문제 및 기출문제에는 정답은 물론 상세한 해설을 수록함으로써 유사한 형태의 문제에도 쉽게 적응할 수 있도록 하였습니다.

　국가에서 요구하는 기술인으로서의 국위선양에 일익을 담당할 여러분에게 영광이 있기를 빌며 본의 아니게 잘못된 내용은 앞으로 철저히 수정 보완하여 나가기로 약속드리며, 이 책의 출판에 적극 힘써 주신 (주)도서출판 책과상상 임직원 및 편집부 담당자들에게 무궁한 발전을 기원합니다.

출제기준

- 시행기관 : 한국산업인력공단
- 자격종목 : 천장크레인운전기능사
- 직무내용 : 신호수의 지시에 따라 천장크레인을 운전하여 금속제품 및 자재 등의 중량물을 안전하게 일정한 장소에 운반하는 일과 일상점검 및 간단한 예방정비 등의 업무 수행
- 시험방법 : 필기_ 객관식(전과목 혼합, 60문항), 실기_ 작업형(7분 정도)
- 합격기준 : (필기·실기) 100점을 만점으로 하여 60점 이상
- 시험시간 : 1시간

필기과목 : 천장크레인운전, 안전관리 및 점검

주요항목	세부항목	
1. 작업 전 장비점검	1. 줄걸이 용구 점검	2. 작업 관련장치 점검
	3. 조종실 점검	4. 장비 작동상태 점검
	5. 작업장 안전 및 산업안전	
2. 중량물 체결 확인	1. 줄걸이 용구 이동	2. 중량물 체결상태 확인
3. 중량물 권상작업	1. 작업안전상태 확인	2. 중량물 들어올리기
4. 중량물 권하작업	1. 작업 안전거리 확인	2. 중량물 내려놓기
5. 주행작업	1. 장애요인 확인	2. 좌·우 이동
	3. 주행 시 중량물 제어	
6. 횡행작업	1. 장애요인 확인	2. 전·후 이동
	3. 횡행 시 중량물 제어	
7. 병행작업	1. 인양과 주행, 횡행 동시 조작	2. 병행작업 시 중량물 제어
8. 작업 후 장비점검	1. 장비 작동상태 점검	2. 조종실 점검
	3. 작업 관련장치 점검	4. 기계장치 점검
	5. 전기장치 점검	
9. 신호체계 확인	1. 수신호 확인	2. 무선음성신호 확인
	3. 신호수 안전 확인	4. 기타신호 확인

NCS(국가직무능력표준) 안내

NCS(국가직무능력표준)와 NCS 학습모듈

- 국가직무능력표준(NCS, National Competency Standards)이란 산업현장에서 직무를 수행하기 위해 요구되는 지식·기술·소양 등의 내용을 국가가 산업부문별·수준별로 체계화한 것으로 국가적 차원에서 표준화한 것을 의미합니다.
- NCS 학습모듈은 NCS 능력단위를 교육 및 직업훈련 시 활용할 수 있도록 구성한 교수·학습자료입니다. 즉, NCS 학습모듈은 학습자의 직무능력 제고를 위해 요구되는 학습 요소(학습 내용)를 NCS에서 규정한 업무 프로세스나 세부 지식, 기술을 토대로 재구성한 것입니다.

NCS 개념도

NCS의 활용영역

구분		활용 콘텐츠
산업현장	근로자	평생경력개발경로, 자가진단도구
	기업	현장수요 기반의 인력채용 및 인사관리기준, 직무기술서
교육훈련기관		직업교육 훈련과정 개발, 교수계획 및 매체·교재개발, 훈련기준 개발
자격시험기관		자격종목설계, 출제기준, 시험문항, 시험방법

NCS 학습모듈의 특징

- NCS 학습모듈은 산업계에서 요구하는 직무능력을 교육훈련 현장에 활용할 수 있도록 성취목표와 학습의 방향을 명확히 제시하는 가이드라인의 역할을 합니다.
- NCS 학습모듈은 특성화고, 마이스터고, 전문대학, 4년제 대학교의 교육기관 및 훈련기관, 직장 교육기관 등에서 표준교재로 활용할 수 있으며 교육과정 개편 시에도 유용하게 참고할 수 있습니다.

NCS와 NCS 학습모듈의 연결 체제

과정평가형 자격취득 안내

과정평가형 자격

과정평가형 자격은 국가기술자격법에 근거하여 국가직무능력표준(NCS)에 따라 설계된 교육·훈련과정을 체계적으로 이수한 교육·훈련생에게 내·외부 평가를 통해 국가기술자격증을 부여하는 새로운 개념의 국가기술자격 취득 제도로서 2015년부터 시행되고 있다.

과정평가형 자격 운영 절차

시행 대상

국가기술자격법의 과정평가형 자격 신청자격에 충족한 기관 중 공모를 통하여 지정된 교육·훈련기관의 단위과정별 교육·훈련을 이수하고 내부평가에 합격한 자

교육·훈련생 평가

① 내부평가(지정 교육·훈련기관)
  ㉮ 평가대상 : 능력단위별 교육·훈련과정의 75% 이상 출석한 교육·훈련생
  ㉯ 평가방법
    ㉠ 지정받은 교육·훈련과정의 능력단위별로 평가
    ㉡ 능력단위별 내부평가 계획에 따라 자체 시설·장비를 활용하여 실시
  ㉰ 평가시기
    ㉠ 해당 능력단위에 대한 교육·훈련이 종료된 시점에서 실시하고 공정성과 투명성이 확보되어야 함
    ㉡ 내부평가 결과 평가점수가 일정수준(40%) 미만인 경우에는 교육·훈련기관 자체적으로 재교육 후 능력단위별 1회에 한해 재평가 실시
② 외부평가(한국산업인력공단)
  ㉮ 평가대상 : 단위과정별 모든 능력단위의 내부평가 합격자
  ㉯ 평가방법 : 1차·2차 시험으로 구분 실시
    ㉠ 1차 시험 : 지필평가(주관식 및 객관식 시험)
    ㉡ 2차 시험 : 실무평가(작업형 및 면접 등)

합격자 결정 및 자격증 교부

① 합격자 결정 기준
   내부평가 및 외부평가 결과를 각각 100점을 만점으로 하여 평균 80점 이상 득점한 자
② 자격증 교부
   기업 등 산업현장에서 필요로 하는 능력보유 여부를 판단할 수 있도록 교육·훈련 기관명·기간·시간 및 NCS 능력단위 등을 기재하여 발급

> NCS 및 과정평가형 자격에 대한 내용은 NCS국가직무능력표준 홈페이지(www.ncs.go.kr)에서 보다 자세하게 살펴볼 수 있습니다.

CBT 필기시험제도 안내

변경된 제도 개요

기능사 CBT(컴퓨터 기반 시험) 필기시험제도는 한국산업인력공단 상설시험장과 외부기관의 시설 및 장비를 임차하여 시행하기 때문에 시험장 사정에 따라 시험일자가 달라질 수 있으며, 수험생들이 선호하는 시험장은 조기 마감될 수 있으므로 주의하여야 합니다.

원서접수 기간 및 접수처

- 한국산업인력공단이 주관 및 시행하는 기능사 정기 CBT 필기시험 및 상시 CBT 필기시험과 관련한 정보는 큐넷 홈페이지(http://www.q-net.or.kr)를 방문하여 확인합니다.
- 기능사 필기시험의 원서접수는 인터넷으로만 가능하며 정기 및 상시시험 모두 큐넷 홈페이지(http://www.q-net.or.kr)에서 접수할 수 있습니다.
- 기능사 상시시험 종목 : 한식조리기능사, 양식조리기능사, 일식조리기능사, 중식조리기능사, 제과기능사, 제빵기능사, 미용사(일반), 미용사(피부), 미용사(네일), 미용사(메이크업), 굴착기운전기능사, 지게차운전기능사, 건축도장기능사, 방수기능사 [14종목]
- ※ 건축도장기능사, 방수기능사 2종목은 정기검정과 병행 시행

CBT 부별 시험시간 안내

구분	입실시간	시험시간	비고
1부	09:30	09:50~10:50	
2부	10:00	10:20~11:20	
3부	11:00	11:20~12:20	
4부	11:30	11:50~12:50	
5부	13:00	13:20~14:20	시험실 입실 시간은 시험 시작 20분 전
6부	13:30	13:50~14:50	
7부	14:30	14:50~15:50	
8부	15:00	15:20~16:20	
9부	16:00	16:20~17:20	
10부	16:30	16:50~17:50	

※ 지역별 접수인원에 따라 일일 시행횟수는 변동될 수 있으며, 원거리 시험장으로 이동할 수 있습니다.

합격자 발표

종이 시험과 달리 CBT 필기시험은 시험이 종료된 후 시험점수와 함께 합격 여부를 확인할 수 있으며, 이 결과는 시험일정 상의 합격자 발표일에 최종 확인할 수 있습니다.

CBT 필기시험 체험하기

01 CBT 필기시험 응시를 위해 지정된 좌석에 앉으면 해당 컴퓨터 단말기가 시험감독관 서버에 연결되었음을 알리는 연결 성공 메시지가 나타납니다.

02 수험자 접속 대기 화면에서 좌석번호를 확인합니다. 좌석번호 확인이 끝나면 시험감독관의 지시에 따라 시험 안내 화면으로 자동으로 이동합니다.

03 수험자 정보를 확인합니다. 감독관의 신분 확인 절차가 진행됩니다. 신분 확인이 모두 끝나면 시험을 시작할 수 있습니다.

04 CBT 필기시험에 대한 안내사항이 나타납니다. 화면은 예제이며, 실제 기능사 필기시험은 총 60문제로 구성되며, 60분간 진행됩니다.

05 다음 항목에서 시험과 관련된 유의사항을 확인합니다. 특히, 시험과 관련한 부정행위 적발 시 퇴실과 함께 해당 시험은 무효처리되어 불합격 될 뿐만 아니라, 이후 3년간 국가기술자격검정에 응시할 수 있는 자격이 정지되므로 부정행위로 인정되는 내용을 꼼꼼히 확인하도록 합니다.

06 메뉴설명 항목에서는 문제풀이와 관련된 메뉴에 대한 설명을 확인할 수 있습니다. CBT 화면에서는 글자 크기를 크게 하거나 작게 할 수 있을 뿐 아니라, 화면 배치를 1단 또는 2단 화면 보기 혹은 한 문제씩 보기로 선택할 수 있습니다.

07 문제풀이 연습 항목에서는 실제 문제를 풀어보는 과정을 연습할 수 있습니다. 실제 시험에서 실수하지 않도록 하기 위해 [자격검정 CBT 문제풀이 연습] 버튼을 클릭합니다.

08 보기의 연습 문제는 국가기술자격시험의 정부 위탁기관인 한국산업인력공단의 본부 청사 소재지를 묻는 것입니다. 현재 한국산업인력공단 본부는 울산광역시에 소재하고 있습니다. 문제 아래의 보기에서 번호 항목을 클릭하거나 답안 표기란의 번호 항목에서 해당 답안을 클릭하여 답안을 체크합니다.

09 문제 아래의 보기를 클릭하거나 오른쪽 답안 표기란의 답안 항목을 클릭하면 화면과 같이 선택한 답안이 OMR 카드에 색칠한 것과 같이 색이 채워집니다.

> 답안을 수정할 때는 마찬가지 방법으로 수정하고자 하는 문제의 보기 항목이나 답안 표기란의 보기 항목에서 수정하고자 하는 답안을 클릭합니다.

10 문제를 풀고 나면 다음 문제를 풀기 위해 화면 하단의 [다음] 버튼을 클릭하여 문제를 계속 풀어나가면 됩니다. 참고로 하단 버튼 중 [계산기]를 클릭하면 간단한 공학용 계산기를 사용하여 계산 문제를 푸는 데 도움을 받을 수 있습니다.

> 계산이 끝나고 계산기를 화면에서 사라지게 하려면 계산기 창의 오른쪽 상단에 있는 닫기 ❌ 버튼을 클릭합니다.

11 문제 풀이 연습이 끝나면 하단의 [답안 제출] 버튼을 클릭하여 답안을 제출합니다.

> 어려운 문제의 경우 하단의 [다음] 버튼을 클릭하여 다음 문제를 풀 수도 있습니다. 단, 이러한 경우 답안을 제출하기 전에 하단의 [안 푼 문제] 버튼을 클릭하여 혹시 풀지 않은 문제가 있는 지 최종적으로 확인하도록 합니다.

12 답안 제출을 클릭하면 나타나는 화면입니다. 수험생들이 실수로 답안을 모두 체크하지 않고 제출할 수 있는 실수를 방지하기 위해 2회에 걸쳐 주의 화면이 나타납니다. 답안을 제출하려면 [예] 버튼을 누릅니다.

13 문제풀이 연습을 모두 마치면 나타나는 화면에서 [시험 준비 완료] 버튼을 클릭합니다. 이후 시험 시간이 되면 시험감독관의 지시에 따라 시험이 자동으로 시작됩니다.

14 본 시험이 시작되면 첫 번째 문제가 화면에 나타납니다. 앞서 문제풀이 연습 때와 마찬가지 방법으로 문제의 보기에서 정답을 클릭하거나 답안 표기란에 해당 문제의 정답 항목을 클릭하여 답을 선택합니다.

15 화면 하단의 [다음] 버튼을 클릭하면 다음 문제를 풀 수 있습니다. 앞서와 마찬가지 방법으로 답안에 체크하고 모든 문제를 풀었다면 [답안 제출] 버튼을 클릭합니다.

> 화면의 상단 오른쪽에 제한 시간과 남은 시간이 표시됩니다. 본 예제는 체험을 위한 것으로 실제 시험시간은 60분이며, 이에 따라 남은 시간도 표시됩니다.

16 수험생의 실수를 방지하기 위해 2회에 걸쳐 주의 문구가 출력됩니다. 모든 문제를 이상없이 풀고 답안에 체크했다면 [예] 버튼을 클릭하여 답안을 제출하고 시험을 마무리합니다.

> 문제 화면으로 다시 돌아가고자 한다면 [아니오] 버튼을 클릭하여 이미 푼 문제들을 다시 확인하고 필요한 경우 답안을 수정할 수 있습니다.

17 답안 제출 화면이 나타납니다. 잠시 기다립니다.

18 CBT 필기시험을 모두 끝내고 답안을 제출하면 곧바로 합격, 불합격 여부를 화면과 같이 확인할 수 있습니다. 독자분들은 꼭 화면과 같은 합격 축하 문구를 볼 수 있기를 기원합니다.

19 앞서의 합격 여부 화면에서 [확인 완료] 버튼을 클릭하면 CBT 필기시험이 종료됩니다. 고생하셨습니다.

본 도서에 수록된 CBT 필기시험 체험하기 내용은 한국산업인력공단의 CBT 체험하기 과정을 인용하여 구성 및 정리한 것입니다. 직접 한국산업인력공단에서 제공하는 CBT 필기시험을 체험하고자 하는 독자께서는 한국산업인력공단이 운영하는 큐넷 홈페이지(www.q-net.or.kr)를 방문하시기 바랍니다.

출제기준	4
NCS(국가직무능력표준) 안내	5
과정평가형 자격취득 안내	7
CBT 필기시험제도 안내	9
CBT 필기시험 체험하기	10

제1부 이론 및 적중예상문제

제1장 | 구조 및 기계장치 — 20

01 천장크레인의 구조 — 20
1. 천장크레인의 정의 및 규격표시 — 20
2. 천장크레인의 주요 구조부 및 종류 — 21
◎ 적중예상문제 — 23

02 천장크레인 기계장치 — 27
1. 거더(girder) — 27
2. 새들(saddle) — 28
3. 크래브 프레임(트롤리 프레임) — 29
4. 보도(통로), 운전실 등 — 30
5. 주행 및 횡행장치 — 31
6. 권상장치(Hoisting) — 33
7. 성능유지, 하중 및 동작시험 — 37
◎ 적중예상문제 — 39

제2장 | 전기 및 안전장치 — 54

01 전기장치 — 54
1. 제어기(유·무선 컨트롤러) — 54
2. 전동기(Motor) — 58
3. 브레이크(Brake) — 61
4. 제어반 및 배전반 — 62
5. 집전(급전), 배선 등 — 63
◎ 적중예상문제 — 65

02 안전장치 — 82
1. 과부하방지장치 — 82
2. 권과방지장치 — 83
3. 비상정지장치 — 84
4. 정지기구(스토퍼, stopper) — 84
5. 리미트스위치(limit switch) — 85
6. 훅(hook) 해지장치 등 — 86
◎ 적중예상문제 — 88

제3장 | 기계요소 및 전기기초이론 — 94

01 기계요소 — 94
1. 기어(gear) — 94
2. 축과 커플링(shaft & coupling) — 96
3. 키(key) — 98
4. 베어링(bearing) — 99
5. 볼트와 너트(bolt & nut) — 102
6. 나사(screw) — 103
7. 기타 기계요소 — 106
8. 천장크레인용 기계요소의 조건 — 107
◎ 적중예상문제 — 109

02 전기 기초이론 — 122
1. 전기의 개요 — 122
2. 전류와 전압 — 122
3. 전기회로와 저항 — 124
4. 전력과 전력량 — 127
5. 플레밍의 법칙 — 128
6. 기타 전기관련사항 — 129
◎ 적중예상문제 — 133

제4장 | 줄걸이 용구 및 방법 — 139

01 줄걸이 용구 — 139
1. 와이어로프(wire rope) — 139
2. 체인(chain) — 145

3. 섬유벨트 슬링(sling)	146
4. 줄걸이용 보조기구	148
◎ 적중예상문제	151
02 줄걸이 방법	163
1. 줄걸이 작업의 역학	163
2. 줄걸이 방법	166
◎ 적중예상문제	169

제5장 | 안전관리 및 관계법령   174

01 크레인 작업안전	174
1. 작업 및 운전 관련 안전사항	174
2. 점검 및 정비	176
3. 천장크레인의 관리와 보수	179
◎ 적중예상문제	180
02 안전관리일반	186
1. 산업안전일반	186
2. 안전표지와 색채	187
3. 수공구 · 전동공구 사용시 주의사항	189
4. 용접 관련 작업	190
5. 운반 · 작업상의 안전	191
6. 안전모	192
7. 기타 보호구 관련 사항	193
8. 화재안전	194
◎ 적중예상문제	196
03 관계법령	206
1. 크레인 작업 표준신호지침	206
2. 산업안전보건기준에 관한 규칙	208
◎ 적중예상문제	211

제2부 공단 기출문제

2014년 3회 기출문제	216
2014년 4회 기출문제	225
2015년 1회 기출문제	233
2015년 2회 기출문제	242
2015년 3회 기출문제	251
2015년 4회 기출문제	260
2016년 1회 기출문제	269
2016년 2회 기출문제	278
2016년 3회 기출문제	287

제3부 CBT 대비 적중모의고사

제1회 적중모의고사	298
제2회 적중모의고사	306
제3회 적중모의고사	314
제4회 적중모의고사	324
제5회 적중모의고사	334

PART

01

Craftsman Overhead Travelling Crane Operator

이론 및 적중예상문제

Chapter 01 구조 및 기계장치
Chapter 02 전기 및 안전장치
Chapter 03 기계요소 및 전기기초이론
Chapter 04 줄걸이용구 및 방법
Chapter 05 안전관리 및 관계법령

CHAPTER 01 구조 및 기계장치

Craftsman Overhead Travelling Crane Operator

STEP 01 천장크레인의 구조

1. 천장크레인의 정의 및 규격표시

1) 천장크레인의 정의
   ① 크레인(crane) : 훅(hook)이나 그 밖의 달기기구를 사용하여 화물의 권상과 이송을 목적으로 일정한 작업공간 내에서 반복적인 동작이 이루어지는 기계를 말한다.
   ② 천장주행크레인(overhead travelling crane) : 주행 왕복대에 의해 레일(rail) 또는 트랙(track) 위에 직접 지지되는 브리지 거더(bridge girder)를 가진 크레인을 말한다.
   ③ 천장크레인의 운동 : 주행, 횡행, 권상의 3가지 운동에 의하여 화물을 이동 및 이송할 수 있다.

2) 천장크레인의 규격표시
   ① 천장크레인의 성능표시 : 용도, 정격하중, 스팬, 양정, 사용동력 순으로 표시한다.
   ② 천장크레인의 규격표시 : "주권의 권상능력/보권의 권상능력×스팬"으로 나타낸다. 예를 들어 천장크레인 규격표시가 "60/20×40m"이라면 주권의 권상능력 60ton, 보권의 권상능력 20ton, 스팬의 길이가 40m라는 의미이다.

3) 천장크레인 관련 용어의 정의
   ① 스팬(span) : 좌·우 주행 레일(rail) 중심 간의 거리를 말한다.
   ② 양정(lift) : 훅(hook)이 움직일 수 있는 최대의 수직거리를 말한다.
   ③ 호이스트(hoist) : 원동장치, 감속장치 및 드럼 등을 일체형으로 조합한 양중장치와 이 양중장치를 사용하여 화물의 권상 및 횡행 또는 권상 동작만을 행하는 크레인을 말하며, 정치식·모노레일식·이중레일식 호이스트로 구분한다.
   ④ 주행(travelling) : 크레인 일체가 이동하는 것을 말한다.
   ⑤ 횡행(traversing) : 크래브(crab) 또는 트롤리(trolley)가 거더, 트랙, 로프, 지브 등을 따라 이동하는 것을 말한다.
   ⑥ 권상(hoist unit) : 크레인의 드럼에 로프나 체인이 감겨 화물이 들어 올려지는 상태를 말한다.
   ⑦ 정격하중(rated load) : 크레인의 권상하중에서 훅, 크래브 또는 버킷 등 달기기구의 중량에 상당하는 하중을 뺀 하중을 말한다. 다만, 지브가 있는 크레인 등으로서 경사각의 위치, 지브의 길이에 따라 권상능력이 달라지는 것은 그 위치의 권상하중에서 달기기구의 중량을 뺀 하중 가운데 최대치를 말한다.
   ⑧ 권상하중(hoisting load) : 들어 올릴 수 있는 최대의 하중을 말한다.(달기구의 중량을 포함한다.)

2. 천장크레인의 주요 구조부 및 종류

1) 천장크레인의 주요 구조부
   ① 크레인 거더, 교각 또는 새들 등의 구조부분
   ② 전동기
   ③ 브레이크
   ④ 와이어로프 또는 달기체인
   ⑤ 주요 방호장치
   ⑥ 훅 등의 달기 기구
   ⑦ 제어반

2) 천장크레인의 종류
   ① 일반형 천장크레인 : 현장에서 가장 많이 사용되는 천장크레인으로 훅에 줄걸이 기구를 걸어서 중량물을 이동시킨다.
   ② 레이들 크레인(ladle crane) : 제강공장에서 용융된 쇳물을 운반하는데 사용하는 크레인(레이들 : 용융된 쇳물을 담는 그릇)을 말한다.
   ③ 강괴 인발 크레인(ingot crane) : 용융된 쇳물이 굳었을 때 굳은 강괴(ingot)를 집게로 집어 뽑아내는데 사용되는 크레인을 말한다.
   ④ 마그네트 크레인(magnet crane) : 마그네트(코일을 감아서 만든 전자석)를 이용하여 철재의 중량물을 부착하여 운반하는 크레인을 말한다.
   ⑤ 통스 크레인(tongs crane, 집게 크레인) : 집게를 사용하여 중량물을 이동시키는 크레인이다.

[일반 크레인]   [레이들 크레인]

[마그네트 크레인]   [통스 크레인]

[크레인의 종류]

⑥ 몰드 크레인(mould crane) : 잉코드(강괴)를 뽑아내고 주형틀을 해체, 운반하는데 사용되는 크레인을 말한다.
⑦ 갠트리 크레인(gantry crane) : 주로 건물 외부에 설치되며 천장크레인 거더의 양 끝에 다리를 설치하고 지상 또는 건물 바닥에 설치한 레일 위를 주행하도록 한 것이다.
⑧ 크로우 크레인 : "ㄷ"자 모양의 집게발 구조이며, 중량물이 고온일 때 작업자가 줄걸이 작업을 하지 못하는 작업장에서 주로 사용된다.
⑨ 플립버켓 크레인(flip bucket crane) : 고철이나 폐지 등을 집어 올려 운반하는데 사용하는 크레인이다.
⑩ 그래브 버켓 크레인(grab bucket crane) : 분말 형태의 작업에 이용되며 웅덩이에 있는 수분이 함유된 찌꺼기를 집어 올릴 때 용이하다.

STEP_01 천장크레인의 구조
적중예상문제

01 천장크레인에 대한 용어 설명으로 가장 적합한 것은?

① 주행레일 위에 설치된 교각에 의해 지지되는 거더가 있는 크레인이다.
② 주행레일 위에 설치된 새들에 직접적으로 지지되는 거더가 있는 크레인이다.
③ 상당량의 짐을 인력으로 달아올리기 및 이동시키는데 사용되는 공구의 일종이다.
④ 엔진의 힘으로 무거운 짐을 간편하게 옮길 수 있는 크레인이다.

🔍 천장주행크레인(overhead travelling crane)은 주행 왕복대에 의해 레일(rail) 또는 트랙(track) 위에 직접 지지되는 브리지 거더(bridge girder)를 가진 크레인을 말한다.

02 천장크레인의 설명으로 가장 적절한 것은?

① 주행 및 횡행으로 선회하며 짐을 운반하는 장치이다.
② 평행으로 짐을 운반하는 장치이다.
③ 주행 · 횡행 · 권상의 3가지 운동으로 짐을 운반하는 장치이다.
④ 전동기를 사용하여 이동하는 장치이다.

🔍 천장크레인은 주행, 횡행, 권상의 3가지 운동에 의하여 화물을 이동 및 이송할 수 있다.

03 천장크레인에 대한 설명으로 적합하지 않은 것은?

① 천장크레인의 작업능력은 1회의 작업량 즉, 권상톤수로 표시한다.
② 천장크레인 운전석은 매연, 분진 등에 대비한 밀폐형도 있다.
③ 천장크레인 운전석이 바로 아래를 내려다 볼 수 있는 바닥쪽에 유리창으로 된 형태도 있다.
④ 천장크레인의 주행 브레이크는 마그넷 브레이크를 사용하여 제동력을 높인다.

🔍 천장크레인에서 사용되는 주행 제동용 브레이크는 유압으로 작동되는 오일 디스크 브레이크이다.

04 천장크레인의 주요 3가지 운동은?

① 주행, 횡행, 권상
② 주행, 횡행, 선회
③ 인입, 횡행, 추출
④ 주행, 그라브, 권상

🔍 천장크레인은 주행, 횡행, 권상의 3가지 운동에 의하여 화물을 이동 및 이송할 수 있다.

05 천장크레인의 3대 주요 구동장치가 아닌 것은?

① 권상장치
② 횡행장치
③ 주행장치
④ 신호장치

06 천장크레인의 성능을 표시할 때 순서로 맞는 것은?

① 양정 - 스팬 - 정격하중 - 사용동력
② 정격하중 - 스팬 - 양정 - 사용동력
③ 사용동력 - 스팬 - 정격하중 - 양정
④ 양정 - 스팬 - 사용동력 - 정격하중

🔍 • 천장크레인의 성능표시 : 용도, 정격하중, 스팬, 양정, 사용동력 순으로 표시
• 천장크레인의 규격표서 : 주권의 권상능력/보권의 권상능력 ×스팬

07 천장크레인의 용량은 정격하중과 스팬으로 표기하는 것이 보통이지만 한 가지를 더 추가한다면?

① 양정
② 권상속도
③ 횡행속도
④ 주행속도

🔍 양정(lift)은 훅(hook)이 움직일 수 있는 최대의 수직거리를 말한다.

정답 01 ② 02 ③ 03 ④ 04 ① 05 ④ 06 ② 07 ①

08 천장크레인의 표시 중 "40/20ton×26m"의 해석이 맞는 것은?

① 주권 40톤, 보권 20톤, 스팬 26m
② 보권 40톤, 주권 20톤, 스팬 26m
③ 주권 20톤~40톤, 스팬 26m
④ 주권 2톤, 스팬 26m

> 주권의 권상능력이 40톤, 보권의 권상능력이 20톤, 스팬이 26m임을 의미한다.

09 "60/20×42M"이 가리키는 의미는?

① 주권이 20ton, 보권이 60ton, 스팬이 42m
② 주권이 60ton, 보권이 20ton, 스팬이 42m
③ 주권이 60ton, 보권이 20ton, 양정이 42m
④ 주권이 20ton, 보권이 60ton, 양정이 42m

10 천장크레인의 양정이 50m를 넘는 경우 사용하중의 결정법으로 다음 중 가장 적당한 것은?

① 와이어로프의 절단하중을 정격하중으로 한다.
② 와이어로프의 안전율을 계산할 경우 정격하중에 훅블럭의 무게까지만 고려하여 안전율을 정한다.
③ 와이어로프의 안전율을 계산할 경우 정격하중에 훅블럭 및 로프중량까지 고려하여 안전율을 정한다.
④ 와이어로프의 안전율은 와이어로프의 절단하중에 대하여 정격하중을 2~3배로 하는 것이 적당하다.

> 사용하중은 달기구의 중량을 포함한 들어 올릴 수 있는 최대의 하중을 고려한다.

11 천장크레인의 양정에 대한 설명으로 옳은 것은?

① 훅이 수평으로 움직일 수 있는 최대 거리
② 훅이 새들중심에서 바닥까지 움직인 거리
③ 훅이 상한리미트 스위치가 작동하는 지점에서 하한리미트 스위치가 작동하는 지점까지의 거리
④ 훅이 좌·우로 움직일 수 있는 거리

12 천장크레인에서 스팬(span)의 설명으로 맞는 것은?

① 좌·우 주행차륜 중심간의 거리를 말한다.
② 좌·우 주행레일 중심간의 거리를 말한다.
③ 좌·우 횡행레일 중심간의 거리를 말한다.
④ 좌·우 횡행차륜 중심간의 거리를 말한다.

> • 스팬(span) : 좌·우 주행 레일(rail) 중심 간의 거리를 말한다.
> • 양정(lift) : 훅(hook)이 움직일 수 있는 최대의 수직거리를 말한다.
> • 주행(travelling) : 크레인 일체가 이동하는 것을 말한다.
> • 횡행(traversing) : 크래브(crab) 또는 트롤리(trolley)가 거더, 트랙, 로프, 지브 등을 따라 이동하는 것을 말한다.
> • 권상(hoist unit) : 크레인의 드럼에 로프나 체인이 감겨 화물이 들어 올려지는 상태를 말한다.

13 크레인의 양정에 대한 의미로서 가장 알맞은 것은?

① 로프(rope)가 드럼에 감기는 거리
② 훅(hook)이 상·하한 리미트 사이를 움직일 수 있는 수직거리
③ 기중기의 트롤리(trolley)가 수평으로 움직일 수 있는 최대거리
④ 운전실 하면(下面)과 지상과의 거리

14 천장크레인의 크기 표시 "40/20ton, span 28m"에서 span 28m의 뜻은?

① 주행 차륜 사용 허용 평균속도이다.
② 주행 차륜 중심간 거리가 28m이다.
③ 주행 레일의 길이가 28m이다.
④ 횡행 차륜간의 거리가 28m이다.

15 어떤 천장크레인의 시험하중이 110톤일 때 이 크레인으로 작업할 수 있는 하중의 범위는?

① 100톤 이하
② 120톤 이하
③ 125톤 이하
④ 130톤 이하

> 타워크레인을 제외한 크레인의 하중시험은 정격하중의 1.1배이다. 따라서, 시험하중이 110톤일 때 이 크레인의 정격하중은 100톤이다.

 08 ① 09 ② 10 ③ 11 ③ 12 ② 13 ② 14 ② 15 ①

16 천장크레인 완성검사 시험하중은 정격하중의 몇 배를 초과하여 시험하는가?

① 1.1배　　② 1.25배
③ 1.53배　　④ 1.72배

17 정격하중이 20,000kgf인 천장크레인의 훅(Hook)은 파괴하중이 최소한 몇 kgf 이상인 것을 사용해야 하는가?

① 40,000kgf　　② 60,000kgf
③ 80,000kgf　　④ 100,000kgf

🔍 훅의 안전계수는 5이다. 따라서, 정격하중의 5배에 해당하는 파괴하중을 가져야 한다.

18 정격하중이 20,000kgf인 천장크레인 완성검사 시험하중은 몇 kgf인가?

① 20,000kgf　　② 22,000kgf
③ 25,000kgf　　④ 30,000kgf

🔍 타워크레인을 제외한 크레인의 하중시험은 정격하중의 1.1배이다. 따라서, 정격하중이 20,000kgf인 경우 시험하중은 1.1배인 22,000kgf이다.

19 횡행장치를 설명한 것으로 맞는 것은?

① 크레인 전체를 움직이기 위한 장치이다.
② 크레인에서 짐을 들어올리거나 내리기 위한 장치이다.
③ 센터포스트를 중심으로 선회하기 위한 장치이다.
④ 하물을 달고 크레인 거더 위를 수평방향으로 이동하는 대차를 크래브 또는 트롤리라 하고, 이 트롤리를 이동시키는 장치를 횡행장치라 한다.

🔍 천장크레인에서 횡행(traversing)이란 크래브(crab) 또는 트롤리(trolley)가 거더, 트랙, 로프, 지브 등을 따라 이동하는 것을 말한다.

20 천장크레인 종류에서 명칭을 분류하는 데 다음 항목 중 대별할 수 있는 것은?

① 정격하중에 따라서
② 시험하중에 따라서
③ 주행속도에 따라서
④ 설치장소나 목적 및 용도에 따라서

🔍 천장크레인의 종류는 설치장소나 목적 또는 용도에 따라 구분된다.

21 정격하중에 대한 설명으로 맞는 것은?

① 훅의 무게를 제외한 순수 취급 하중
② 평상시 주로 사용하는 취급 하중
③ 훅의 무게를 포함한 취급 하중
④ 주권과 보권이 표시한 권상능력의 합

🔍 정격하중(rated load)은 크레인의 권상하중에서 훅, 크래브 또는 버킷 등 달기기구의 중량에 상당하는 하중을 뺀 하중을 말한다. 다만, 지브가 있는 크레인 등으로서 경사각의 위치, 지브의 길이에 따라 권상능력이 달라지는 것은 그 위치의 권상하중에서 달기기구의 중량을 뺀 하중 가운데 최대치를 말한다.

22 천장크레인에서 정격하중의 의미로서 가장 올바른 것은?

① 천장크레인이 들어 올릴 수 있는 최대하중
② 평상시 주로 많이 취급하는 하중
③ 달기기구의 자중을 제외한 순수 권상하중
④ 달기기구의 자중을 포함한 취급하중

23 정격하중을 설명한 것으로 맞는 것은?

① 훅, 와이어로프, 버킷, 달아 올림기구 등의 무게를 제외한 순수 취급하중을 말한다.
② 훅, 와이어로프, 버킷, 달아 올림기구 등의 무게를 포함한 순수 취급하중을 말한다.
③ 훅, 와이어로프, 프레임, 리미트 스위치 등의 무게를 제외한 순수 취급하중을 말한다.
④ 훅, 와이어로프, 프레임, 리미트 스위치 등의 무게를 포함한 순수 취급하중을 말한다.

🔍 • 정격하중(rated load) : 크레인의 권상하중에서 훅, 크래브 또는 버킷 등 달기기구의 중량에 상당하는 하중을 뺀 하중을 말한다. 다만, 지브가 있는 크레인 등으로서 경사각의 위치, 지브의 길이에 따라 권상능력이 달라지는 것은 그 위치의 권상하중에서 달기기구의 중량을 뺀 하중 가운데 최대치를 말한다.
• 권상하중(hoisting load) : 들어 올릴 수 있는 최대의 하중을 말한다.(달기기구의 중량을 포함한다.)

정답 16 ① 17 ④ 18 ② 19 ④ 20 ④ 21 ① 22 ③ 23 ①

24 정격하중이 주권 50톤, 보권 20톤인 크레인에 하중을 매달 경우의 설명으로 틀린 것은?

① 운반물의 하중이 40톤이면 주권을 이용한다.
② 운반물의 하중이 70톤 이상이면 주권과 보권을 동시에 이용한다.
③ 운반물의 하중이 20톤 이내면 보권을 이용하여도 충분하다.
④ 주권과 보권을 동시에 사용하여 하중을 달 때는 하중의 합계가 50톤 이내일 때 사용이 가능하다.

25 천장크레인의 주요 구조부에 해당하지 않는 것은?

① 거더(girder) ② 새들(saddle)
③ 크래브(crab) ④ 훅(hook)

🔍 천장크레인의 주요 구조는 크래브, 거더, 새들, 횡행장치, 주행장치, 권상장치, 운전실 등이 있다.

26 천장크레인의 작업능력을 표시하는 방법은?

① 권상 톤수 ② 권상 체적
③ 작업 시간 ④ 작업 속도

27 국내에서 천장크레인의 공칭 용량 단위는?

① 톤 ② 파운드
③ 미터 ④ 1000파운드

🔍 천장크레인의 작업능력은 권상 톤(ton)수이며, 공칭 용량 단위 또한 톤(ton)을 사용한다.

28 천장크레인의 운동속도에 관한 사항 중 틀린 것은?

① 권상장치는 양정이 짧은 것이 느리고 긴 것이 빠르다.
② 권상장치는 하중이 가벼우면 빠르고 무거울수록 저속으로 한다.
③ 횡행장치는 스팬의 길이에 관계없이 고속을 채용한다.
④ 주행속도는 작업능력에 큰 관계가 없으므로 가능한 저속으로 한다.

🔍 스팬(span)은 좌·우 주행 레일(rail) 중심 간의 거리를 말하는 것으로 스팬의 길이가 길어지면 횡행속도는 저속으로 한다.

29 다음 천장크레인 중 권하 속도가 빠를수록 좋은 것은?

① 원료장입 크레인
② 갠트리 크레인
③ 강괴 크레인
④ 담금질 크레인

🔍 담금질 크레인은 재료를 담금질하는데 사용하는 크레인으로 냉각수 유조 내에 재료를 단시간내에 넣어야 하므로 내려가는 속도가 빠를수록 좋다.

30 철판 운반시 가장 적합한 기종은?

① 마그네트 크레인
② 버킷 크레인
③ 버킷 크레인
④ 단조 크레인

🔍 마그네트 크레인(magnet crane)은 마그네트(코일을 감아서 만든 전자석)를 이용하여 철재의 중량물을 부착하여 운반하는 크레인을 말한다.

31 천장크레인에 해당하는 것은?

① 지브 크레인
② 케이블 크레인
③ 제철소용 원료장입 크레인
④ 언로더

32 주행레일 위에 설치된 새들에 직접적으로 지지되는 거더가 있는 크레인을 가장 바르게 나타낸 것은?

① 갠트리크레인
② 천장크레인
③ 지브형크레인
④ 고정식크레인

🔍 천장주행크레인(overhead travelling crane) : 주행 왕복대에 의해 레일(rail) 또는 트랙(track) 위에 직접 지지되는 브리지 거더(bridge girder)를 가진 크레인을 말한다.

 24 ② 25 ④ 26 ① 27 ① 28 ③ 29 ④ 30 ① 31 ③ 32 ②

STEP 02 천장크레인 기계장치

1. 거더(girder)

1) 거더의 개요
   ① 거더는 천장크레인의 교각과 같은 형태의 구조물로 천장크레인의 모든 하중(동하중 및 정하중)을 받으며 레일과 레일 사이에 얹혀 주행한다.
   ② 거더에는 크래브가 올려 있고 크래브는 횡으로 놓여 있는 레일 위로 횡행주행을 한다. 또한, 횡행 레일과 함께 보도(walk way)도 설치되어 있다.
   ③ 거더는 강관으로 만들거나 박스 형태로 강판을 이어 용접하고 보강재로 보강하여 만든다.

[거더의 구조]

2) 거더의 종류
   ① 박스 거더(Box girder) : 강판으로 용접하여 4각 박스(box) 구조로 제작된 것으로 대하중과 편심하중을 받는 데 유리하며, 특징은 다음과 같다.
      ㉮ 공간이용이 용이하다.
      ㉯ 부식에 강하다.
      ㉰ 기기류 설치가 편하다.
      ㉱ 큰하중(중형) 이상의 용량(20~50 ton) 천장크레인에 주로 사용된다.
   ② 플레이트 거더(Plate girder) : 철판을 폭이 넓은 I형 구조로 제작한 것이다.
   ③ 래티스 거더(Lattice girder) : 앵글, 찬넬 등을 격자형으로 짜서 접합부에 보강용 강판으로 체결한 거더이다.
   ④ 아이빔 거더(I-beam girder) : I 빔을 사용하여 만든 거더이다.
   ⑤ 강관 거더 : 형강이나 플레이트 대신 강관을 사용한 것으로 거더 자체 중량을 줄일 수 있으나 휨이 가장 큰 거더이다.

3) 거더의 구조 기준
   ① 용접구조로 된 박스 거더는 거더 높이에 대한 스팬의 비가 25, 거더 폭에 대한 스팬의 비가 65를 초과하지 않아야 한다.

② 박스 거더에는 자중에 의한 처짐과 정격하중의 1/2에 의한 처짐을 합산한 값에 상당하는 캠버를 주어야 한다.
③ 거더의 처짐은 정격하중 및 달기기구 자중을 합한 하중에 상당하는 하중을 가장 불리한 조건으로 권상하였을 때, 당해 스팬의 1/800 이하가 되어야 한다.
④ 거더 등의 강도계산을 위한 하중의 구성은 동일한 거더 위에 2대 이상의 권상기(호이스트 또는 크래브)를 설치한 경우에는 1대의 크레인으로 보며 거더 등은 각 권상기의 정격하중을 합산한 하중에 적합한 구조여야 한다. 다만, 주권상기 및 보조 권상기가 동시에 사용되는 경우 각 권상기에 과부하방지장치를 설치하고 주권상기와 보조권상기의 하중의 합이 정격하중을 초과하지 않도록 적절한 과부하 방지조치 등을 한 경우에는 예외로 한다.

> **참고** 도장
> 도장은 일반적으로 녹 방지와 기계의 미관을 유지하기 위해 색을 칠하는 것으로 녹 방지 도장은 2회, 화장 도장은 1회로 하고 수명 연수는 2~3년으로 하되, 도장 면적의 약 10%에 녹이 발생하였거나 페인팅 막이 파손 또는 변질되었을 때 재도장을 실시한다.

2. 새들(saddle)

1) 새들의 개요
① 새들은 주행레일 위에 설치되어 거더와 직각을 유지하며 거더를 직접적으로 지지하는 부분이다.
② 새들에는 주행차륜이 설치되어 있어 주행레일을 따라서 이동한다.
③ 주행레일의 양 끝에는 주행레일 스토퍼(stopper)를 설치하고, 새들의 양 끝에는 완충용 버퍼(buffer)를 설치하여 충격을 완화시키도록 구성되어 있다.

[새들의 구조]

2) 새들의 구조 기준
① 새들에 설치되어 있는 주행차륜 좌·우 외측 중심간의 수평거리를 휠 베이스(wheel base)라 한다.

② 주행 휠베이스(wheel base)는 스팬의 1/7 이상이어야 한다. 다만, 휠베이스는 1레일 상에 4개의 차륜이 있는 경우는 좌우 외측차륜의 중심간 거리, 4개 초과 8개 이하의 차륜이 있는 경우에는 좌우 각 외측 2개 차륜의 중심에서의 좌우간 거리, 8개를 초과한 차륜이 있는 경우에는 좌우 각 외측 3개 차륜의 중심에서 좌우간 거리로 한다.

3. 크래브 프레임(트롤리 프레임)

1) 크래브(crab) 또는 트롤리

① 거더 위에 설치된 레일을 따라 크래브 또는 트롤리가 이동하며, 크래브 또는 트롤리가 거더에 설치되어 있는 레일을 따라 이동하는 것을 횡행(traversing) 이라고 한다.

② 크래브 또는 트롤리 위에는 천장크레인의 권상장치와 횡행장치가 설치되며, 권상장치는 중량물을 들어 올리거나(권상) 내리는(권하) 역할을 하며, 횡행장치는 주행방향과 직각으로 움직이면서 중량물을 이동시킨다.

2) 크래브 프레임(트롤리 프레임)의 구조

① 프레임은 형강으로 견고하게 조립되어 있으며, 크래브는 횡행 전동기와 인양장치인 권상 전동기와 드럼, 브레이크 등으로 구성된다.

② 크래브에는 감속기와 함께 권과방지장치가 반드시 필요하며, 대용량의 크래브에는 주권과 보권이 설치되어 있다.

> **참고** 크래브 급정지 시 충격을 받는 요소 : 크래브 본체, 횡행차륜, 권상 와이어로프

[천장크레인의 구조]

4. 보도(통로), 운전실 등

1) 보도(통로)

천장주행크레인, 갠트리크레인 및 언로더에 있어서는 정격하중이 3톤 이상의 크레인 거더 및 지브형 크레인 등의 지브에는 폭 40cm 이상의 통로를 전 길이에 걸쳐서 설치해야 한다. 다만, 점검대 또는 그 밖에 해당 크레인을 점검할 수 있는 설비가 구비되어 있는 것은 제외 할 수 있다. 이러한 통로는 다음의 기준에 따라야 한다.

① 크레인 거더 또는 수평 지브위에 설치된 트롤리 및 그 밖에 장치의 횡행 및 수평지브의 선회에 설치되는 통로부분은 바닥면으로부터 높이 90cm 이상의 튼튼한 손잡이로 된 난간이 설치되어야 하고 중간대 및 바닥면으로부터 높이 10cm 이상의 발끝막이판을 설치할 것
② 바닥면은 미끄러지거나 넘어지는 등의 위험이 없는 구조일 것

2) 사다리

크레인에는 점검·보수·검사를 실시하기 위하여 쉽게 접근할 수 있는 고정식 사다리 또는 동등 이상의 설비가 갖추어져 있어야 하며, 이러한 사다리 구조는 다음 각 호에 적합하여야 한다.

① 발판은 25cm 이상 35cm 이하의 등간격 구조일 것
② 발판과 지브 또는 그 밖에 다른 물체와의 근접 수평거리는 15cm 이상일 것
③ 발이 미끄러지거나 빠지지 않는 구조일 것
④ 높이가 15m를 초과하는 것은 10m 이내마다 계단참을 설치할 것
⑤ 고정식 사다리의 기울기는 90° 이하로 하고 높이가 7m 이상인 경우 바닥으로부터 높이 2.5m 지점부터 등받이울을 설치할 것
⑥ 사다리의 전 길이에 걸쳐 발판의 단면형상은 동일해야 하며, 다각형 및 U자형 발판은 보행 면이 수평을 유지하도록 배치할 것
⑦ 발판의 지름은 20mm 이상이어야 하며(단, 다각형 및 U자형 발판은 디딤면이 20mm 이상), 손으로 잡을 수 있는 정도의 치수로 하되 지름이 35mm 이하일 것

3) 계단

크레인에 설치하는 계단의 구조는 다음 각 호에 적합한 구조여야 한다.
① 경사도는 수평면에 대하여 75° 이하일 것
② 발판의 높이는 30cm 이하로 하고 발판의 폭은 10cm 이상일 것
③ 높이가 10m를 초과할 때는 7m 마다 계단참을 설치할 것
④ 손잡이를 설치할 것

4) 운전실

운전실은 거더의 한쪽 끝 아래 부분에 설치되며, 내부에는 배전반, 제어기, 브레이크 경보장치 등이 설치된다. 개방형과 밀폐형이 있으며, 일반적으로 단열, 방진, 방음, 혹서, 혹한 등에 유리한 밀폐형을 사용한다.

① 운전실을 설치하여야 하는 크레인(단, 작업바닥 면에서 운전하는 크레인은 제외)
　㉮ 분진이 현저하게 발산하는 장소에 설치하는 크레인
　㉯ 현저하게 저온이 될 우려가 있는 장소에 설치하는 크레인

㉣ 옥외에 설치하는 크레인
② 운전실(운전대)의 구조
㉮ 운전자가 안전한 운전을 할 수 있는 충분한 시야를 확보할 수 있을 것
㉯ 운전자가 쉽게 조작할 수 있는 위치에 개폐기, 제어기, 브레이크, 경보장치 등을 설치할 것
㉰ 운전자가 접촉하는 것에 의해 감전위험이 있는 충전부분에는 감전방지를 위한 덮개나 울을 설치할 것
㉱ 분진이 현저하게 발산하는 장소에 설치하는 크레인의 운전실은 분진의 침입을 방지할 수 있는 구조일 것
㉲ 물체의 낙하, 비래 등의 위험이 있는 장소에 설치되는 크레인의 운전대에는 안전망 등 안전한 조치를 할 것
㉳ 운전실 등은 훅 등의 달기기구와 간섭되지 않아야 하며 흔들림이 없도록 견고하게 고정할 것
㉴ 운전실에는 적절한 조명을 갖출 것
㉵ 운전실의 바닥은 미끄러지지 않는 구조일 것
㉶ 운전실에는 자연환기(창문열기) 또는 기계장치 등 환기장치를 갖출 것
㉷ 운전실과 거더의 부착부분은 용접부의 균열이 없어야 하며, 부착볼트는 확실하게 고정될 것
㉸ 제어기에는 작동방향 등의 표시가 있을 것
③ 운전실 등 권상용 와이어로프
㉮ 운전실 또는 운전대에 권상용 와이어로프가 사용되고 화물과 같이 승강하는 방식의 크레인은 해당 운전실 또는 운전대를 2 이상의 권상용 와이어로프를 사용해야 한다.
㉯ 위 ㉮항의 크레인은 운전실 또는 운전대를 연결하는 와이어로프가 절단되었을 때 당해 운전실 또는 운전대의 강하를 자동적으로 제동하는 장치를 설치해야 한다. 다만, 운전실 또는 운전대의 양정이 2.5m 이하의 크레인은 예외로 한다.

> **강구조 부분의 외관**
> - 구조부재는 이상변형, 비틀림, 균열 및 부식이 없을 것
> - 결합부는 볼트 풀림, 탈락, 균열 및 부식이 없을 것
> - 도장부위 표면상태는 녹, 벗겨짐 또는 부풀어 오름 등이 없을 것
> - 날카로운 모서리 및 돌출부 등이 없을 것

5. 주행 및 횡행장치

1) 주행장치(travelling)

크레인에서 주행이란 건물기둥의 양쪽에 설치된 주행레일 위에 전기를 이용 모터를 구동시켜 건물 길이 방향으로 크레인 일체가 이동하는 것을 말한다. 이를 위한 주행장치는 거더의 중앙에 주행용 전동기가 설치되며 감속기를 거쳐 주행차륜을 레일 위에서 회전시키는 구조로 되어 있다.

① 주행장치의 종류
㉮ 중앙 기어 케이스 구동식 : 중앙에 전동기와 기어 케이스(감속장치)를 두고 장축에 커플링을 두어 주행차륜을 구동하는 방식
㉯ 중앙 전동기 구동식 : 중앙에 전동기를 두고 양쪽에 감속장치를 두어 주행차륜을 구동하는 방식
㉰ 독립륜 구동식 : 주행차륜에 각각의 주행 전동기를 두고 구동하는 방식

② 주행차륜 : 전동기로 구동되는 구동륜, 구동륜을 따라서 회전하는 종동륜으로 구성되며, 다음 각 호에 적합한 구조여야 한다.
㉮ 플랜지는 균열, 변형, 손상 등이 없으며 마모가 원치수의 50% 이내일 것
㉯ 보스 및 웨브는 균열, 변형 또는 손상 등이 없을 것
③ 주행레일 : 천장크레인의 주행을 위해 설치된 것으로 다음 각 호에 적합한 구조여야 한다.
㉮ 주행레일은 균열, 두부의 변형이 없을 것
㉯ 레일부착 볼트는 풀림, 탈락이 없을 것
㉰ 연결부위의 볼트 풀림 및 부판의 빠져나옴이 없을 것
㉱ 완충장치는 손상 및 어긋남이 없어야 하며, 부착볼트의 이완 및 탈락이 없을 것
㉲ 연결부의 틈새는 천장크레인은 3mm, 기타 크레인은 5mm 이하일 것
㉳ 레일 연결부의 엇갈림은 상하 0.5mm 이하, 좌우 0.5mm 이하일 것
㉴ 레일측면의 마모는 원래 규격치수의 10% 이내일 것
㉵ 주행레일의 스팬 편차한계는 다음 각각의 범위 이내일 것[$\triangle S$: 스팬 편차한계(mm), L : 스팬(m)]
㉠ 스팬이 10m이하 $\triangle S = \pm 3mm$
㉡ 스팬이 10m초과 $\triangle S = \pm[3+0.25 \times (L-10)]mm$(단, 최대 15mm를 초과해서는 아니됨)
㉶ 주행레일의 높이편차는 기준면으로부터 최대 ±10mm 이내이고, 좌우레일의 수평차는 10mm 이내, 레일의 구배량은 주행길이 2m 마다 2mm를 초과하지 않을 것
㉷ 주행레일의 진직도는 전 주행길이에 걸쳐 최대 10mm 이내이고, 수평방향의 휨 량은 주행길이 2m 마다 ±1mm 이내일 것

> **참고** 천장크레인의 3대 주요 장치 및 5대 주요 부분
> • 3대 주요 구성장치 : 권상장치, 주행장치, 횡행장치
> • 5대 주요 부분 : 거더, 새들, 크래브, 운전실, 훅

2) 횡행장치(traversing)

① 횡행장치의 개요
㉮ 천장크레인의 횡행장치는 크래브 안에 권상장치와 함께 구성되고, 거더 위에 설치된 레일 위를 왕복 운행하는 구조이다.
㉯ 전기를 이용하여 횡행장치의 모터를 구동시켜 주행방향과 직각으로 움직이면서 중량물을 이동시킨다.
② 횡행레일 : 크래브가 횡행주행을 하기 위해 거더 위에 설치한 것으로 다음 각 호에 적합한 구조여야 한다.
㉮ 차륜 정지장치는 균열, 손상 또는 탈락이 없을 것
㉯ 볼트는 탈락이 없어야 하며, 용접부에는 균열이 없을 것
㉰ 레일에는 균열, 변형, 측면의 마모 및 두부의 이상 마모가 없을 것
㉱ 좌우 횡행레일의 중심간 거리 편차한계는 ±3mm 이내일 것
㉲ 좌우 횡행레일의 수평차는 횡행레일 중심간 거리의 0.15% 이내이되 최대 10mm를 초과하지 않을 것

㋕ 횡행레일의 수평방향의 휨량은 횡행길이 2m당 ±1mm 이내이며, 레일 연결부에서의 엇갈림이 없을 것

6. 권상장치(Hoisting)

1) 권상장치의 개요
    ① 권상장치는 전기를 이용하여 모터를 구동시켜 중량물을 들어 올리는 장치로 크래브 위에 횡행장치와 함께 설치된다.
    ② 권상장치는 권상전동기, 감속기, 드럼, 축 이음부, 브레이크, 치차, 시브(도르래), 훅 블록 및 와이어로프 등이 포함되며 전동기로 권상 드럼을 구동하여 수직으로 권상 및 권하작용을 한다.
    ③ 한 번에 들어 올릴 수 있는 톤(ton) 수로 크레인의 작업능력 및 용량을 나타내며, 훅 불록이 1개 있는 것과 2개 있는 것이 있으며, 훅 블록이 2개 있는 것은 주권과 보권으로 나뉜다.
    ④ 권상장치의 동력전달순서 : 전동기(motor) → 플렉시블 커플링(flexible coupling) → 기어 감속기 → 와이어로프 드럼(drum) → 와이어로프(wire rope) → 훅 블록(hook block)

2) 훅 블록(hook)
    고리 모양의 기구로서 줄걸이 기구를 이용하여 훅에 걸어서 중량물을 들어 올려 이동하기 위한 기계 기구이다. 하중이 50ton 이하인 경우에는 한 쪽 고리 훅을 사용하고 하중이 50ton 이상인 경우에는 양쪽 고리 훅을 사용한다.
    ① 훅의 재질 : 단조강 또는 구조용 압연강재 사용(KS D 3503, 3515, 3710)
    ② 훅 블록의 기준
        ㉮ 훅 본체는 균열 또는 변형 등이 없어야 하고, 국부마모는 원치수의 5% 이내일 것
        ㉯ 훅 블록 또는 달기기구에는 정격하중이 표기되어 있을 것
        ㉰ 볼트, 너트 등은 풀림 또는 탈락이 없을 것
        ㉱ 해지장치는 균열, 변형 등이 없을 것
    ③ 기타 사항
        ㉮ 훅의 파괴시험은 정격하중의 5배(500%)로 한다.
        ㉯ 훅에 정격하중의 2배를 정하중으로 작용시켜 입구의 벌어짐이 0.25% 이하이어야 한다.
        ㉰ 훅의 마모는 와이어로프가 걸리는 곳에 2mm 이상의 홈이 생기면 그라인딩한다.
        ㉱ 훅 입구(목 부분)의 벌어짐이 5% 이내여야 하며, 5%를 초과하여 벌어진 경우 교환하여야 한다.

[훅 블록의 구조]

 훅의 안전계수
- 훅의 안전계수는 5 이상이어야 한다.
- 안전계수는 훅의 절단하중을 훅의 최대하중 값으로 나눈 것을 의미한다.

3) 리프팅 마그넷(lifting magnet)
    ① 훅 대신 전자석을 이용하여 철재의 화물을 자석으로 부착시켜 이송하는데 사용하는 것으로 화물

의 낙하 방지를 위하여 항상 충전되어 있는 배터리 전원으로 자동 대체 된다.
② 리프팅 마그넷의 기준
⑦ 리프팅 마그넷 부착 크레인은 정전 등 비상시에 최소 10분 이상의 흡착력을 유지하기에 충분한 용량의 충전기, 전지 등의 정전보상 장치를 갖출 것
㉯ 달기기구 구조부분의 내구력은 항복강도를 기준하여 흡착력의 2배 이상일 것
㉰ 리프팅 마그넷의 제작 및 설치는 다음에 적합할 것
  ㉠ 리프팅 마그넷 등에 부착된 이름판에는 정격하중을 표시할 것
  ㉡ 조작 마그넷 등의 조작스위치나 핸들에는 운전형식 및 방법을 표시할 것
  ㉢ 정전시 배터리에서 전원이 공급될 경우 운전자에게 전원공급이 배터리에서 공급됨을 경보하기 위한 음향신호를 가지고 있고, 화물을 바닥에 안전하게 내릴 수 있는 구조일 것
  ㉣ 리프팅 마그넷의 흡착력의 시험은 정격하중의 2배 이상으로 할 것

4) 드럼(drum)
드럼이란 인양 장치에서 원통형으로 만들어 와이어로프를 끌어당겨 감음으로써 중량물을 끌어올리거나 당기는 장치를 말한다. 천장크레인에서는 크래브에 설치하고 인양 전동기가 감속기를 통하여 회전시켜 권상 와이어로프에 연결된 훅의 시브(sheave, 활차) 혹은 달기구를 끌어올리는 역할을 한다.
① 드럼의 조건
  ㉮ 드럼본체는 균열, 변형이 없을 것
  ㉯ 드럼 홈 부위의 사용 마모 한도는 용접제 드럼의 경우 로프 지름의 20% 이내, 주철제 드럼의 경우 로프 지름의 25% 이내일 것
  ㉰ 와이어로프 부착부는 풀림이 없을 것
  ㉱ 볼트, 너트는 풀림 또는 탈락이 없을 것
② 드럼의 크기
  ㉮ 드럼의 크기는 로프의 수명을 위하여 로프의 전체 길이를 1열에 감을 수 있어야 하며, 설치공간의 제약 등으로 인하여 1열 감기가 불가능 할 경우에 한하여 다층감기를 할 수 있다.
  ㉯ 다층감기를 하는 경우 각 층에서 다음 층으로 넘어가는 것을 포함하여 어느 위치에서도 로프가 정확하게 드럼에 감겨야 하며 필요시 가이드 등을 사용할 수 있다. 단 로프의 측면변위 각도가 1.5도 이하인 경우에는 로프가이드를 생략할 수 있다.
  ㉰ 드럼피치원 직경과 해당 드럼에 감기는 와이어로프 지름의 비 또는 권상장치 등의 시브 피치원 직경과 당해 시브를 통과하는 와이어로프 지름과의 비는 다음 표의 값 이상이어야 한다. 다만, 권상장치 등의 이퀄라이저 시브 피치원 직경과 해당 이퀄라이저 시브(sheave)를 통과하는 와이어로프 지름과의 비는 10 이상으로 하고, 과부하방지 장치용의 시브 피치원 직경과 해당 시브를 통과하는 와이어로프 지름과의 비는 5 이상으로 할 수 있다.

와이어로프 구성 성분	값
19본선 6꼬임 와이어로프	25
24본선 6꼬임 와이어로프	20
37본선 6꼬임 와이어로프	16

와이어로프 구성 성분	값
필라형 25본선 6꼬임 와이어로프	20
필라형 29본선 6꼬임 와이어로프	16
워링톤 시일형 26본선 6꼬임 와이어로프	16
워링톤 시일형 31본선 6꼬임 와이어로프	16

③ 드럼의 홈
  ㉮ 홈의 반지름은 로프 공칭직경의 0.525배 이상일 것(로프 직경의 공차를 고려하여 선정할 것)
  ㉯ 홈의 깊이는 로프 공칭직경의 0.28배(다만, 1열 감기는 0.33배) 이상일 것
  ㉰ 홈의 피치는 1열 감기의 경우 로프 공칭직경의 1.1배 또는 공칭직경+2mm 중 큰 값 이상일 것(다만, 호이스트는 인접한 로프감김 사이에 로프직경의 공차를 고려한 충분한 간격을 유지할 수 있는 경우 예외로 함)
  ㉱ 홈의 표면은 로프에 손상을 미칠 수 있는 결함 등이 없이 완만해야 하며, 모서리 부위는 둥글게 가공될 것
④ 플리트(fleet) 각도
  ㉮ 드럼에 홈이 있는 경우 : 4° 이내
  ㉯ 드럼에 홈이 없는 경우 : 2° 이내
  ㉰ 드럼에 로프를 다층으로 감는 경우 : 로프가 쌓이는 것을 방지하기 위하여 플랜지부에서의 플리트 각도는 0.5° 이상 4° 이내
⑤ 와이어로프와의 연결
  ㉮ 와이어로프와 드럼, 지브, 트롤리 프레임, 훅 블록 등과의 연결은 배빗메탈 채움, 소켓고정, 클램프 고정, 코터 고정방법 등(아이 스플라이스 및 클립 사용방법 등을 포함)을 사용해야 한다.
  ㉯ 클립에 의한 와이어로프 단말 고정은 다음의 표에 따른다. 다만, 클립간의 간격은 로프 지름의 6배 이상으로 한다.
  ㉰ 와이어로프 지름(직경)에 따른 클립 수는 다음과 같다. 단, 클립 간의 간격은 로프 지름의 6배 이상으로 한다.

로프 지름 (mm)	클립 수
16 이하	4개
16 초과 28 이하	5개
28 초과	6개 이상

  ㉱ 클램프에 의하여 와이어로프를 드럼에 고정하는 경우 클램프는 2개 이상으로 해야 하며, 와이어로프가 이탈되지 않도록 충분한 강도를 가져야 한다.
⑥ 기타 사항
  ㉮ 드럼은 훅의 위치가 가장 낮은 곳에 위치할 때 클램프 고정이 되지 않은 로프가 드럼에 2바퀴 이상 남아 있어야 하며, 훅의 위치가 가장 높은 곳에 위치할 때 해당 감김 층에 대하여 감기지 않고 남아있는 여유가 1바퀴 이상인 구조여야 한다.
  ㉯ 드럼에는 드럼의 끝단으로부터 로프가 벗어나서 끼이지 않도록 하는 플랜지, 제한장치가 부착

된 로프 가이드, 그 밖에 제한설비 등을 구비해야 하며(다만, 다층 감기용인 경우 플랜지를 구비), 플랜지와 제한설비는 편평한 형상으로서 높이는 가장 바깥 감김층 로프의 외측으로부터 측정하여 로프 직경의 1.5배 이상이어야 한다.
  ㉰ 권상장치 등을 구성하는 드럼, 축, 핀, 그 밖에 부품의 강도는 충분한 강도를 가져야 하며 권상장치 작동에 지장을 주는 마멸, 변형, 균열 등이 없어야 한다.

> **참고** 플리트(fleet) 각도
> 플리트 각도란 와이어로프가 감기는 방향과 로프가 감겨지는 방향과의 각도를 말한다.

5) 시브(sheave, 활차, 도르래)
시브는 활차 또는 도르래라고도 하며 원형 바퀴에 홈을 파고 줄을 걸어 회전시켜 물건을 움직이는 장치를 말한다.
① 시브의 종류
  ㉮ 정활차(고정 시브) : 시브 축이 고정되어 힘의 방향만 바뀌고, 동력은 절약되지 않는 시브이다.
  ㉯ 동활차(이동 시브) : 로프 한 끝을 고정하고 다른 한 끝을 상하로 작동시키는 것으로 시브가 상하로 이동하며 하중은 시브에 매단 것이이다. 힘의 크기를 1/2로 줄여준다.
  ㉰ 조합활차(이퀄라이저 시브, 복합 시브) : 여러 개의 정활차와 동활차를 조합하여 구성한 것으로 적은 힘으로 무거운 하중을 들어 올릴 수 있다.
② 시브의 조건
  ㉮ 시브본체는 균열, 변형 등이 없을 것
  ㉯ 시브홈은 이상 마모가 없어야 하고, 마모한도는 와이어로프 지름의 20% 이하일 것
  ㉰ 시브의 지름(D)은 로프 지름(d)의 20배 이상일 것(D≥20d)

> **참고** 활차의 당기는 힘
> $$P = \frac{W + g}{n\gamma(N + 1)}$$
> • P : 당기는 힘   • W : 하중   • g : 활차 및 매다는 기구의 무게
> • N : 활차의 수   • nγ : 전체효율

6) 감속기
감속기는 작은 기어로 큰 기어를 돌림으로써 속도를 낮추고 모멘트를 이용하여 힘을 증대시킨다. 감속기의 구성 요소는 기어, 축, 베어링이다.
① 감속기의 종류
  ㉮ 두 축이 평행하게 감속이 필요한 경우 : 평 기어와 헬리컬 기어를 사용
  ㉯ 두 축이 한 점에서 교차 감속이 필요한 경우 : 베벨 기어를 사용
  ㉰ 두 축이 엇갈리게 감속이 필요한 경우 : 스크루 기어와 웜 기어를 사용
  ㉱ 기타 : 유성 기어 감속, 스파이럴 베벨 기어 감속 등
② 감속비 : 서로 맞물리는 기어에서 피동 기어(driven gear)의 잇수를 구동 기어의 잇수로 나눈 값
  $d = \dfrac{z_2}{z_1}$ (d : 감속비, z_1 : 피동기어, z_2 : 구동기어)

> **참고** 윤활장치
> · 윤활유 주입장치는 상태가 적정할 것
> · 윤활유 급유펌프는 회전중 이상음, 이상진동, 이상발열 등이 없어야 하고 급유상태가 적정할 것
> · 유면계의 유면높이는 적정지시 범위 내에 있을 것
> · 배관 등은 손상이 없고 연결부는 누설이 없을 것
> · 볼트, 너트는 풀림 또는 탈락이 없을 것

7. 성능유지, 하중 및 동작시험

1) 크레인의 성능유지
① 크레인은 계속 사용해도 강성이 유지되어야 하며, 정격하중 하에서 주요 구조부의 변형이 없어야 한다.
② 주요 구조부분이나 작동부분의 조립상태나 물림상태는 크레인의 성능과 안전에 지장이 없도록 관리되어야 하며 현저한 부식 등이 없어야 한다.
③ 크레인의 기초는 견고한 구조여야 하며 기초바닥 면은 깨짐이나 부동침하 등이 없이 평탄해야 한다.
④ 타워크레인 등에는 풍압의 영향으로 구조부에 부가응력을 발생시킬 수 있는 광고판 등의 부착물을 설치해서는 안된다.

2) 강구조 부분의 외관
① 구조부재는 이상변형, 비틀림, 균열 및 부식이 없을 것
② 결합부는 볼트 풀림, 탈락, 균열 및 부식이 없을 것
③ 도장부위 표면상태는 녹, 벗겨짐 또는 부풀어 오름 등이 없을 것
④ 날카로운 모서리 및 돌출부 등이 없을 것

3) 조립상태
① 주요부분의 조립에 사용되는 볼트, 너트는 고장력 또는 동등 이상의 기계적 성질을 가진 재질을 사용해야 하며, 풀림방지조치가 되어 있어야 한다. 다만, 구조부분에 대하여 고장력 볼트를 사용한 마찰접합의 경우에는 제외한다.
② 볼트의 길이는 너트 등을 조립 후, 2산 이상의 여유 나사산을 가져야 한다.
③ 각 부품과 조립 후의 상태는 크레인의 사용 및 유지·보수 시 위험을 예방할 수 있도록 모서리 부분과 주요 접촉부분에 날카로운 모서리 또는 튀어나온 부분이 없어야 한다.
④ 타워크레인 또는 지브크레인의 마스트, 지브 및 기초 등의 구조부는 안전인증(서면심사) 서류에 따라 제조된 규격제품 또는 동등 이상의 재질, 강도 및 성능을 가진 자재 및 부품을 사용해야 한다.

4) 구조부분에 사용되는 강재의 용접
① 아크 용접 또는 동등 이상의 용접방법일 것
② 용접봉은 KS D 7004(연강용 피복 아크용접봉)에 적합하거나 이와 동등 이상일 것
③ 모재를 예열할 때를 제외하고는 용접장소의 기온이 0℃ 이상일 것
④ 구조부분의 리벳 조임을 한 부분에 대하여는 용접을 행하지 말 것
⑤ 구조부분의 용접부는 충분한 용착으로 균열이나 언더컷, 오버랩, 크레이터(crater)등의 유해한 결함이 없을 것

5) 하중 및 동작시험

① 하중시험은 다음과 같이 한다.
   ㉮ 안전인증 제품심사(이설포함) 시 크레인의 하중시험은 정격하중의 1.1배(단, 타워크레인은 1.05배)미만 하중으로 할 것(타워크레인 제품심사시의 하중시험은 지브 외측 단에서 적용)
   ㉯ 거더의 처짐 측정은 다음의 경우에만 실시할 것
      ㉠ 거더의 양단이 지지되는 크레인으로서 제조 후 최초 제품심사 시
      ㉡ 거더의 처짐이 육안으로 보았을 때 현저하게 이상이 있을 시
   ㉰ 하중 및 동작시험 후 달기기구 및 기초부 등이 균열, 변형 또는 파손 등이 없을 것

② 동작시험은 시험하중을 매달고 일정속도로 운전할 때 다음과 같이 한다.
   ㉮ 운전동작(권상, 횡행, 주행 및 선회 등)이 원활할 것
   ㉯ 방호장치는 설정범위 내에서 정상 작동할 것
   ㉰ 브레이크는 확실하고 이상음 또는 이상진동 등이 없을 것

6) 크레인의 표시 내용

① 크레인에는 아래의 내용이 표시된 것을 부착해야 한다.
   ㉮ 정격하중
   ㉯ 사용전기설비의 정격
   ㉰ 제조자명
   ㉱ 제조연월
   ㉲ 안전인증의 표시
   ㉳ 형식 또는 모델번호
   ㉴ 제조번호

② 타워크레인 및 지브크레인 등 회전반경을 갖는 크레인은 운전실에 지브길이별 정격하중 표시판(load chart)을 부착하고, 지브에는 운전자와 작업자가 잘 보이는 곳에 구간별 정격하중 및 거리표시판을 부착해야 한다.

STEP_02 천장크레인 기계장치
적중예상문제

01 거더 중 부식에 강하며 대하중, 편심하중을 받는 데 가장 유리한 것은?
① 플레이트(plate) 거더
② 트러스(truss) 거더
③ 박스(box) 거더
④ 강관구조 거더

🔍 박스(box)형 거더는 강판으로 용접하여 4각 박스(box) 구조로 제작된 것으로 대하중과 편심하중을 받는 데 유리하다.

02 20~50ton의 용량을 가진 천장크레인에 일반적으로 많이 쓰이고 있는 거더(Girder)는?
① I형 거더
② 박스(Box) 거더
③ 플레이트(Plate) 거더
④ 래티스(Lattice) 거더

🔍 박스 거더(Box girder)의 특징
• 공간이용이 용이하다.
• 부식에 강하다.
• 기기류 설치가 편하다.
• 큰하중(중형) 이상의 용량(20~50 ton) 천장크레인에 주로 사용된다.

03 천장크레인 거더의 중량을 경감할 수 있으나 휨이 가장 큰 거더는?
① I-빔 거더　　② 강관 거더
③ 트러스 거더　④ 박스 거더

🔍 강관형 거더는 형강이나 플레이트 대신 강관을 사용한 것으로 거더 자체 중량을 줄일 수 있으나 휨이 가장 큰 거더이다.

04 천장크레인 거더 중에서 공간 이용이 용이하며 부식에 강하며 또 기기류를 설치하기 편리하고 큰 하중을 받는 데 유리한 것은?
① 플레이트 거더　② 강관구조 거더
③ 박스 거더　　　④ 크러스 거더

05 앵글, 찬넬 등의 형강을 격자형으로 짜서 만든 거더(Girder)는?
① I-빔 거더
② 래티스(Lattice) 거더
③ 박스(Box) 거더
④ 플레이트(Plate) 거더

🔍 래티스 거더는 앵글, 찬넬 등의 형강을 격자형으로 짜서 만든 거더로 격자형태의 거더이다.

06 천장크레인에서 스팬(span)은 구조의 어느 부분과 관계가 있는가?
① 새들
② 거더
③ 크래브
④ 운전실

🔍 • 용접구조로 된 박스 거더는 거더 높이에 대한 스팬의 비가 25, 거더 폭에 대한 스팬의 비가 65를 초과하지 않아야 한다.
• 거더의 처짐은 정격하중 및 달기기구 자중을 합한 하중에 상당하는 하중을 가장 불리한 조건으로 권상하였을 때, 당해 스팬의 1/800 이하가 되어야 한다.

07 크레인 거더(girder)의 캠버에 관한 설명 중 틀린 것은?
① 거더는 동·정·상·하 수평의 각하중에 견디도록 리머 볼트로 견고하게 체결되어 있다.
② 크레인의 박스 거더는 캠버를 고려하여야 한다.
③ 캠버는 거더의 중앙에서 최대치가 된다.
④ 캠버는 하중을 안전하게 들기 위함이며 크레인 수명에는 관계없다.

🔍 박스 거더에는 자중에 의한 처짐과 정격하중의 1/2에 의한 처짐을 합산한 값에 상당하는 캠버를 주어야 하며, 캠버는 크레인 수명과 밀접한 관계가 있다.

정답 01 ③　02 ②　03 ②　04 ③　05 ②　06 ②　07 ④

08 스팬이 24m인 공장작업용 천장크레인 거더의 캠버는?

① 50mm ② 30mm
③ 10mm ④ 5mm

> 거더의 캠버는 스팬의 1/800 이하가 되어야 하므로 24,000mm ÷ 800 = 30mm 이다.

09 다음 설명 중 틀린 것은?

① 거더의 캠버는 크래브를 얹은 무부하에서 스팬의 1/800을 초과하지 않아야 한다.
② 거더의 아래로 처짐은 부하에서 스팬의 1/800을 초과하지 않는 것이 좋다.
③ 거더의 캠버는 보통 스팬의 1/1000~1/1200 정도가 양호하다.
④ 스팬이 30m 미만인 것은 캠버를 달지 않아도 된다.

> 거더에는 자중에 의한 처짐과 정격하중에 의한 처짐을 고려한 캠버를 두어야 한다.

10 천장크레인 거더(girder)에 대한 설명 중 가장 올바른 것은?

① 정격하중 및 달기기구 자중을 합한 하중 부하시 거더의 처짐한도는 스팬의 1/800을 초과하지 않아야 한다.
② 스팬이 20m 미만이고 하중이 작은 것은 캠버(camber)를 붙이지 않아도 된다.
③ 거더의 아래로 처지는 휨은 부하시 1/1,200를 초과하면 안된다.
④ 천장크레인의 거더의 캠버는 보통 스팬의 1/100~1/500이 양호하다.

11 거더의 중앙부에 정격하중 및 달기기구 자중을 합산한 하중을 매달았을 경우 허용 처짐량은 스팬의 얼마를 초과하지 않아야 하는가?

① 1/500 ② 1/800
③ 1/1,200 ④ 1/1,500

> 거더의 처짐은 정격하중 및 달기기구 자중을 합한 하중에 상당하는 하중을 가장 불리한 조건으로 권상하였을 때, 당해 스팬의 1/800 이하가 되어야 한다.

12 천장크레인의 도장은 도장면적의 약 몇 % 정도에 녹 또는 부식이 발생하였을 때 재도장을 실시하는 것이 적당한가?

① 40%
② 30%
③ 20%
④ 10%

> 도장은 일반적으로 녹 방지와 기계의 미관을 유지하기 위해 색을 칠하는 것으로 녹 방지 도장은 2회, 화장 도장은 1회로 하고 수명 연수는 2~3년으로 하되, 도장 면적의 약 10%에 녹이 발생하였거나 페인팅 막이 파손 또는 변질되었을 때 재도장을 실시한다.

13 천장크레인 유지 관리시 도장에 관한 사항으로 가장 적합하지 않는 것은?

① 도장 면적의 약 10% 정도 녹 또는 부식이 되었을 때는 재도장을 실시하여야한다.
② 도장 도료의 색은 예전과 구분하기 위해 색깔을 바꾸어 도색하여야 한다.
③ 녹이 있는 부분은 녹을 없앤 후 도장을 하여야 한다.
④ 맑고 건조한 날씨를 택하여 하는 것이 좋다.

14 새들(saddle)에 대한 설명으로 틀린 것은?

① 새들은 주행레일 위에 설치된다.
② 거더와 직각을 유지하며 거더를 지지하는 부분이다.
③ 새들에는 주행차륜이 설치되어 있어 주행레일을 따라서 이동한다.
④ 새들의 양 끝에는 주행레일 스토퍼(stopper)를 설치하여 충격을 완화시키도록 구성되어 있다.

> 주행레일의 양 끝에는 주행레일 스토퍼(stopper)를 설치하고, 새들의 양 끝에는 완충용 버퍼(buffer)를 설치하여 충격을 완화시키도록 구성되어 있다.

정답 08 ② 09 ④ 10 ① 11 ② 12 ④ 13 ② 14 ④

15 주행차륜 좌우외측 중심간의 수평거리에 해당되는 것은?
① 차륜 하중(wheel load)
② 휠 베이스(wheel base)
③ 트롤리 스팬(trolley span)
④ 양정(lift)

🔍 새들에 설치되어 있는 주행차륜 좌·우 외측 중심간의 수평거리를 휠 베이스(wheel base)라 한다.

16 다음 설명 중 틀린 것은?
① 휠베이스(wheel base)는 스팬(span) 길이의 8배 이상되어야 좋다.
② 새들(saddle)은 주행차륜을 장치하여 주행레일 위에 설치한다.
③ 일반적으로 권상능력이 5톤 이하이고 스팬이 12m 이하일 때는 호이스트로 한다.
④ 새들(saddle) 양 끝에는 주행완충용 스토퍼를 설치하여 충격을 완화시켜 준다.

🔍 주행 휠베이스(wheel base)는 스팬의 1/7 이상이어야 한다. 다만, 휠베이스는 1레일 상에 4개의 차륜이 있는 경우는 좌우 외측차륜의 중심간 거리, 4개 초과 8개 이하의 차륜이 있는 경우에는 좌우 각 외측 2개 차륜의 중심에서의 좌우간 거리, 8개를 초과한 차륜이 있는 경우에는 좌우 각 외측 3개 차륜의 중심에서 좌우간 거리로 한다.

17 다음 중 틀린 것은?
① 새들에는 주행차륜을 설치한다.
② 새들 양끝에는 완충용 버퍼를 설치한다.
③ 새들에 설치되어 있는 주행차륜 좌·우 외측 중심간의 수평거리를 휠 베이스라 한다.
④ 일반적으로 거더 위에 새들을 얹어 체결한다.

🔍 새들은 주행레일 위에 설치되어 거더와 직각을 유지하며 거더를 직접적으로 지지하는 부분이다.

18 천장크레인에서 버퍼 스토퍼(Buffer Stopper)란?
① 주행차륜에 부착하여 과속을 방지하는 장치
② 주행이나 횡행시 충돌했을 때 충격을 완화시켜주는 장치
③ 권상장치의 과권방지용 장치
④ 권하시 너무 내리는 것을 방지하기 위하여 드럼에 부착하는 장치

19 버퍼 스토퍼(Buffer Stopper)에 대해 설명한 것으로 가장 올바르게 표현한 것은?
① 강판으로 접합하여 케이스를 만들고 충돌 부위는 나무를 사용하여 충격의 부담을 덜어주는 스토퍼
② 새들(Saddle)의 차륜을 보호하기 위하여 씌운 덮개
③ 거더(Girder)의 비틀림을 방지하기 위해 설치해 놓은 스토퍼
④ 단단한 고무나 스프링 또는 유압을 이용하여 충돌시 충격을 완화시켜 주는 스토퍼

🔍 주행레일의 양 끝에는 주행레일 스토퍼(stopper)를 설치하고, 새들의 양 끝에는 완충용 버퍼(buffer)를 설치하여 충격을 완화시키도록 구성되어 있다.

20 거더와 새들을 점검하는 방법이 아닌 것은?
① 부재의 균열 유무 확인
② 구조물의 용접부에 균열 또는 결함의 발생 유무 확인
③ 취부 볼트의 풀림, 부식 등은 없는지 확인
④ 윤활유는 적당한지 확인

🔍 윤활유는 축의 베어링 등에 주유하고, 거더나 새들 부분에는 주유하지 않는다.

21 천장크레인에서 크래브(crab)는?
① 횡행장치이다.
② 각종 전원 판넬이다.
③ 주행장치 및 저항기, 판넬을 장치하는 부분이다.
④ 권상 및 횡행장치를 설치하여 레일 위를 왕복 운동하는 대차이다.

🔍 크래브 또는 트롤리 위에는 천장크레인의 권상장치와 횡행장치가 설치되며, 권상장치는 중량물을 들어 올리거나(권상) 내리는 (권하) 역할을 하며, 횡행장치는 주행방향과 직각으로 움직이면서 중량물을 이동시킨다.

정답 15 ② 16 ① 17 ④ 18 ② 19 ④ 20 ④ 21 ④

22 크래브(crab) 급정지 시 충격을 받는 요소로 거리가 가장 먼 것은?

① 크래브 본체
② 새들
③ 횡행차륜
④ 권상 와이어로프

> 크래브 급정지 시 충격을 받는 요소 : 크래브 본체, 횡행차륜, 권상 와이어로프

23 다음 설명 중 맞지 않는 것은?

① 크래브는 권상장치와 횡행장치로 구성되어 있으며 와이어로프를 통하여 훅을 가지고 있다.
② 권상장치는 물건을 수직으로 들어올리거나 내리는 역할을 하며, 주요 부품으로 모터, 브레이크, 감속기, 드럼 등을 가지고 있다.
③ 횡행장치는 크래브를 이동시키는 역할을 하며, 모터, 브레이크, 감속기를 통하여 차륜을 구동한다.
④ 주행장치는 횡행장치와 비슷한 구조로 되어 있으며 항상 횡행장치와 동시에 움직인다.

> 주행장치는 거더의 중앙부에 주행용 전동기가 설치되며, 감속기어를 거쳐서 주행차륜 레일 위에서 회전시키는 구조로 되어 있다.

24 다음 설명 중 틀린 것은?

① 크래브가 거더에 설치되어 있는 레일을 따라 이동하는 것을 주행이라고 한다.
② 크래브 위에는 천장크레인의 권상장치와 횡행장치가 설치된다.
③ 크래브에는 감속기와 함께 권과방지장치가 반드시 필요하다.
④ 일반적으로 대용량의 크래브에는 주권과 보권이 설치되어 있다.

> 거더 위에 설치된 레일을 따라 크래브 또는 트롤리가 이동하며, 크래브 또는 트롤리가 거더에 설치되어 있는 레일을 따라 이동하는 것을 횡행(traversing)이라고 한다.

25 천장크레인에서 보도(통로)의 설치와 관련된 내용으로 틀린 것은?

① 통로의 폭은 40cm 이상으로 설치하여야 한다.
② 바닥면은 미끄러지거나 넘어지는 등의 위험이 없는 구조여야 한다.
③ 통로에 설치되는 난간의 높이는 30cm 이상이어야 한다.
④ 정격하중이 3톤 이상의 크레인 거더에는 통로를 설치하여야 한다.

> • 통로의 폭 : 40cm 이상
> • 안전난간의 높이 : 90cm 이상
> • 발끝막이 판의 높이 : 10cm 이상

26 천장크레인에 설치하는 계단의 경사도는 수평면에 대하여 몇 도(°) 이하여야 하는가?

① 45°　　　　② 55°
③ 65°　　　　④ 75°

> 계단의 구조
> • 경사도는 수평면에 대하여 75° 이하일 것
> • 발판의 높이는 30cm 이하로 하고 발판의 폭은 10cm 이상일 것
> • 높이가 10m를 초과할 때는 7m 마다 계단참을 설치할 것
> • 손잡이를 설치할 것

27 천장크레인 운전실에 대한 설명으로 틀린 것은?

① 운전자가 쉽게 조작할 수 있는 위치에 개폐기, 제어기, 브레이크, 경보장치 등을 설치하여야 한다.
② 옥내에 설치하는 크레인에는 반드시 운전실을 설치하여야 한다.
③ 운전자가 접촉하는 것에 의해 감전위험이 있는 충전부분에는 감전방지를 위한 덮개나 울을 설치하여야 한다.
④ 운전실에는 적절한 조명을 갖추어야 한다.

> 운전실을 설치하여야 하는 크레인(단, 작업바닥 면에서 운전하는 크레인은 제외)
> • 분진이 현저하게 발산하는 장소에 설치하는 크레인
> • 현저하게 저온이 될 우려가 있는 장소에 설치하는 크레인
> • 옥외에 설치하는 크레인

정답 ▶ 22 ② 23 ④ 24 ① 25 ③ 26 ④ 27 ②

28 천장크레인에 오일 디스크 브레이크(oil disk brake)가 설치되어 있을 때 운전실에 설치되는 것은?

① 오일 탱크　② 디스크 판
③ 브레이크 실린더　④ 브레이크 페달

> 천장크레인의 운전실은 거더의 한쪽 끝 하단부에 설치하고, 내부에는 배전반, 제어기, 브레이크 페달 등이 배치되어 있다. 브레이크 페달은 오일 디스크 브레이크를 작동시키는 역할을 한다.

29 천장크레인 주행레일 연결부 어긋남의 허용오차는 상·하, 좌·우로 얼마인가?

① 0.1mm　② 0.5mm
③ 0.5cm　④ 0.1 cm

> 주행레일 연결부의 엇갈림은 상하 0.5mm 이하, 좌우 0.5mm 이하여야 한다.

30 크레인의 주행레일 설명으로 틀린 것은?

① 레일 연결부의 엇갈림은 상하 0.5mm 이하일 것
② 레일 측면의 마모는 원래 규격 치수의 20% 이내일 것
③ 레일 연결부의 틈새는 기타 크레인의 경우 5mm 이하일 것
④ 주행레일은 균열, 두부의 변형이 없을 것

> 레일측면의 마모는 원래 규격치수의 10% 이내여야 한다.

31 천장크레인에서 주행레일 연결부 틈새는 얼마인가?

① 3mm 이상　② 3mm 이하
③ 5mm 이하　④ 5mm 이상

> 연결부의 틈새는 천장크레인은 3mm, 기타 크레인은 5mm 이하여야 한다.

32 주행레일은 년 몇 회 정밀측정을 실시하는가?

① 1회　② 2회
③ 3회　④ 4회

> 주행레일은 천장크레인의 주행을 위해 설치된 것으로 연 2회 정밀측정을 실시하여야 한다.

33 다음은 차륜에 대하여 설명한 것이다. 틀린 것은?

① 차륜의 재질은 주철, 주강, 특수주강이다.
② 천장크레인 차륜은 보통 양 플랜지의 것이 사용된다.
③ 차륜의 직경은 균일하며 답면 및 플랜지는 열처리가 되어 있다.
④ 차륜에는 종동륜만 있다.

> 차륜은 전동기로 구동되는 구동륜, 구동륜을 따라서 회전하는 종동륜으로 구성된다.

34 차륜과 관련된 설명으로 틀린 것은?

① 각 차륜은 기계가공하여 모두 직경이 균일하게 되어 있으며 답면 및 플랜지는 열처리가 되어 있다.
② 차륜은 차륜 베어링의 급유와 마모에 항상 주의해야 한다.
③ 차륜은 주행레일과 기체가 직각이 아니면 양각의 주행저항이 달라져 큰 측압이 가해져서 플랜지가 내측으로 열리게 된다.
④ 차륜 중 구동륜은 주행 중 브레이크를 작동시키면 슬립하여 미끄러져서 차륜 일부에 평면으로 부분 마모가 생길 수 있다.

35 주행차륜에서 전동기에 의해 직접 구동하는 차륜을 무엇이라 하는가?

① 종동륜　② 횡동륜
③ 역동륜　④ 구동륜

> 구동륜은 차량의 중량을 분담하여 지지하면서 동시에 전동기에 의해 직접 구동된다.

36 천장크레인 구동차륜에 조합되는 구성품이 아닌 것은?

① 거더　② 베어링
③ 축　④ 차륜

> 거더는 천장크레인의 교각과 같은 형태의 구조물로 구동차륜에 조합되는 구성품이 아니다.

정답 28 ④　29 ②　30 ②　31 ②　32 ②　33 ④　34 ④　35 ④　36 ①

37 주행 차륜의 직경이 400mm이고 주행 모터의 회전수가 3000rpm이며, 감속비가 1/100일 때 주행속도는?(단, 마찰저항은 무시한다.)

① 약 38m/min ② 약 68m/min
③ 약 120m/min ④ 약 180m/min

> 주행속도 = $\dfrac{\pi \times 직경(m) \times 회전수}{감속비} = \dfrac{3.14 \times 0.4(m) \times 3000}{100}$
> = 37.68 ≒ 38m/min

38 주행차륜 직경이 800mm인 신품 크레인을 설치한 직후 운전 부주의로 구동륜 1개에 깊이 1mm의 넓은 흠을 생기게 했다. 이 때의 조치로 가장 알맞은 것은?

① 차륜의 흠을 제거 후 사상 가공하여 사용한다.
② 어렵더라도 주행차륜 전부를 사상 가공하여 사용한다.
③ 구동륜의 직경 차이를 없애기 위해 양쪽 구동륜을 동시에 사상 가공하여 사용한다.
④ 그대로 사용하여도 무방하다.

> 주행차륜의 마모 한계는 원직경의 3%이다. 문제의 경우 $\dfrac{1}{800} \times 100 = 0.125(\%)$이므로 차륜의 흠을 제거 후 사상 가공하여 사용한다.

39 크레인 레일에 있어서 30kgf 레일의 표준 길이는?

① 15m ② 20m
③ 25m ④ 30m

> 30kgf 레일의 표준 길이는 20m이다.

40 천장크레인 주행 차륜 플랜지(flange) 두께의 마모한도는 원 치수의 몇 %인가?

① 10% ② 20%
③ 30% ④ 50%

> 주행차륜의 구조
> • 플랜지는 균열, 변형, 손상 등이 없으며 마모가 원치수의 50% 이내일 것
> • 보스 및 웨브는 균열, 변형 또는 손상 등이 없을 것

41 주행레일에서 레일 측면의 마모는 원래 규격 치수의 몇 % 이내이어야 하는가?

① 3% ② 5%
③ 10% ④ 20%

> 주행레일의 구조
> • 주행레일은 균열, 두부의 변형이 없을 것
> • 레일부착 볼트는 풀림, 탈락이 없을 것
> • 연결부위의 볼트 풀림 및 부판의 빠져나옴이 없을 것
> • 완충장치는 손상 및 어긋남이 없어야 하며, 부착볼트의 이완 및 탈락이 없을 것
> • 연결부의 틈새는 천장크레인은 3mm, 기타 크레인은 5mm 이하일 것
> • 레일 연결부의 엇갈림은 상하 0.5mm 이하, 좌우 0.5mm 이하일 것
> • 레일 측면의 마모는 원래 규격치수의 10% 이내일 것

42 천장크레인의 주행레일에서 스팬이 10mm 이하인 경우 스팬편차 한계는?

① ±3mm ② ±6mm
③ ±10mm ④ ±18mm

43 스팬이 10m를 초과하는 천장크레인 주행레일의 스팬 편차한계는 최대 얼마를 초과하여서는 안되는가?

① 5mm ② 10mm
③ 15mm ④ 20mm

> 주행레일의 스팬 편차한계
> • 스팬이 10m 이하 △S = ±3mm
> • 스팬이 10m 초과 △S = ±[3+0.25×(L-10)]mm(단, 최대 15mm를 초과해서는 아니됨)

44 천장크레인 주행레일의 높이 편차는 기준면으로부터 최대 몇 mm 이내로 하여야 하는가?

① ±10mm 이내
② ±12mm 이내
③ ±30mm 이내
④ ±40mm 이내

> 주행레일의 높이편차는 기준면으로부터 최대 ±10mm 이내이고, 좌우레일의 수평차는 10mm 이내, 레일의 구배량은 주행길이 2m 마다 2mm를 초과하지 않아야 한다.

정답 37 ① 38 ① 39 ② 40 ④ 41 ③ 42 ① 43 ③ 44 ①

45 천장크레인의 레일(rail)은 무엇을 기준으로 하여 선정되는가?

① 최대 차륜압
② 바퀴의 크기와 중량
③ 크레인 정격하중
④ 크레인 스팬(span)

🔍 천장크레인의 레일(rail)은 레일에 주어지는 최대 차륜압을 기준으로 선정한다.

46 천장크레인 주행차륜의 직경 차이에 대해서 설명한 것 중 틀린 것은?

① 좌·우 차륜의 직경차는 0인 때가 가장 양호하다.
② 좌·우 차륜의 직경차 허용한도는 원직경의 1.0%이다.
③ 좌·우 차륜의 직경차 중 구동차륜은 원직경의 0.2%를 넘어서는 안된다.
④ 좌·우 차륜의 직경차 중 종동륜은 원직경의 0.5%를 넘어서는 안된다.

🔍 좌우차륜의 직경차 허용 한계
• 좌우차륜의 직경차 : 원치수의 0.5%
• 구동륜 : 원치수의 0.2%
• 종동륜 : 원치수의 0.5%

47 천장크레인의 주행차륜 직경의 마모는 원 치수의 몇 %가 사용 한도인가?

① 원 치수의 3%   ② 원 치수의 5%
③ 원 치수의 7%   ④ 원 치수의 10%

🔍 주행차륜의 마모 한계는 원직경의 3%이다.

48 기어가 취부된 구동 측의 주행차륜의 직경차는 얼마 이내인가?

① 0.2%   ② 0.3%
③ 0.4%   ④ 0.5%

🔍 구동륜의 좌·우차륜 직경차는 원직경의 0.2%, 종동륜의 좌·우차륜 직경차는 원직경의 0.5%를 넘어서는 안 된다.

49 주행차륜의 마모 한도로 틀린 것은?

① 좌우 구동차륜의 직경차(구동륜) : 원 치수의 0.2%
② 차륜 직경의 마모 : 원 치수의 5%
③ 차륜 플랜지의 두께 : 원 치수의 50%
④ 차륜 플랜지의 변형 : 수직에서 20도

🔍 주행차륜 직경의 마모 한계는 원직경의 3%를 넘어서는 안 된다.

50 천장크레인의 주행차륜은 좌우차륜의 지름 차이가 생기면 교환하여야 한다. 좌우차륜의 지름 차이가 원 치수의 몇 % 이상이면 교환하여야 하는가?

① 구동차륜 0.2%, 종동차륜 0.5%
② 구동차륜 0.5%, 종동차륜 1%
③ 구동차륜 2%, 종동차륜 5%
④ 구동차륜 1%, 종동차륜 2%

🔍 좌우차륜의 직경차 허용 한계
• 구동륜 : 원치수의 0.2%
• 종동륜 : 원치수의 0.5%

51 주행차륜의 축간거리와 스팬과의 관계에서 사행하지 않으려면?

① $\dfrac{스팬거리}{축간거리} \leq 6$

② $\dfrac{스팬거리}{축간거리} \leq 7$

③ $\dfrac{스팬거리}{축간거리} \leq 8$

④ $\dfrac{스팬거리}{축간거리} \leq 9$

🔍 $\dfrac{스팬거리}{축간거리} \leq 8$
새들에 설치되어 있는 주행차륜 좌·우 외측 중심간의 수평거리를 휠베이스(wheel base)라 하며, 주행 휠베이스(wheel base)는 스팬의 1/7 이상이어야 한다. 따라서, $\dfrac{스팬거리}{축간거리} \leq 8$이 사행하지 않은 조건이다.

정답 45 ① 46 ② 47 ① 48 ① 49 ② 50 ① 51 ③

52 차륜의 점검 및 보수에 관한 설명으로 적절하지 못한 것은?

① 각 차륜의 중심선이 일치하는가를 점검한다.
② 차륜의 주행 레일과 기체간의 직각을 유지하는가 점검한다.
③ 차륜을 교환 또는 육성 가공할 경우 해당 차륜 한 개만을 수리하는 것이 원칙이다.
④ 차륜 베어링의 마모와 급유에 항상 주의한다.

> 차륜을 교환 또는 육성 가공할 경우 모든 차륜을 수리 혹은 교체하는 것이 원칙이다.

53 차륜 플랜지의 한쪽만 계속 레일과 접촉 마모되는 원인과 관계없는 것은?

① 레일과 차륜의 직각도 불량
② 구동차륜과 종동차륜의 직경이 다름
③ 좌우 주행레일의 높이가 다름
④ 좌우 구동차륜의 직경 차가 큼

> 차륜 플랜지의 측면 마모는 좌우 주행레일의 높이가 틀릴 경우, 레일과 차륜의 직각도가 불량할 경우, 좌우 구동차륜의 직경 차이가 큰 경우에 발생한다.

54 천장크레인에서 횡행장치는?

① 크레인에서 짐을 들어 올리거나 내리기 위한 장치이다.
② 센터포스트를 중심으로 선회하기 위한 장치이다.
③ 크래브 안에 권상장치와 함께 구성되고, 거더 위에 설치된 레일 위를 왕복 운행하는 장치이다.
④ 크레인 전체를 움직이기 위한 장치이다.

> 횡행장치의 개요
> • 천장크레인의 횡행장치는 크래브 안에 권상장치와 함께 구성되고, 거더 위에 설치된 레일 위를 왕복 운행하는 구조이다.
> • 전기를 이용하여 횡행장치의 모터를 구동시켜 주행방향과 직각으로 움직이면서 중량물을 이동시킨다.

55 천장크레인 횡행장치의 동력전달순서로 알맞은 것은?

① 횡행 전동기 → 감속기어 → 횡행 차륜
② 횡행 전동기 → 횡행 차륜 → 감속기어
③ 감속기어 → 횡행 전동기 → 횡행 차륜
④ 감속기어 → 횡행 차륜 → 횡행 전동기

> 횡행장치의 동력전달순서는 횡행 전동기 → 감속기어 → 횡행 차륜 순이다.

56 다음 중 권상장치의 동력전달 순서로 맞는 것은?

① 전동기 → 기어감속기 → 커플링 → 드럼 → 와이어로프 → 훅
② 전동기 → 커플링 → 드럼 → 기어감속기 → 와이어로프 → 훅
③ 전동기 → 커플링 → 기어감속기 → 드럼 → 와이어로프 → 훅
④ 전동기 → 기어감속기 → 드럼 → 커플링 → 와이어로프 → 훅

> 권상장치의 동력전달순서 : 전동기(motor) → 플렉시블 커플링(flexible coupling) → 기어 감속기 → 와이어로프 드럼(drum) → 와이어로프(wire rope) → 훅 블록(hook block)

57 권상장치의 주요 구성 요소가 아닌 것은?

① 전동기   ② 감속기
③ 브레이크   ④ 경보장치

58 다음 중 천장크레인의 권상장치 구성요소가 아닌 것은?

① 차륜(Wheel)
② 권상전동기
③ 전자석(Magnet) 브레이크
④ 드럼 및 시브

> 권상장치는 권상전동기, 감속기, 드럼, 축 이음부, 브레이크, 치차, 시브(도르래), 훅 블록 및 와이어로프 등이 포함되며 전동기로 권상 드럼을 구동하여 수직으로 권상 및 권하작용을 한다.

59 매다는 기구에서 굽힘응력, 전단력·인장응력의 하중을 받으며, 줄걸이를 통하여 중량물을 직접 현수하는 부분은?

① 체인   ② 로프
③ 모터   ④ 훅

 52 ③ 53 ② 54 ③ 55 ① 56 ③ 57 ④ 58 ① 59 ④

> 훅(hook)은 고리 모양의 기구로서 줄걸이 기구를 이용하여 훅에 걸어서 중량물을 들어 올려 이동하기 위한 기계 기구이다.

60 훅(hook)에 대하여 설명한 것으로 맞는 것은?

① 훅 본체는 균열 또는 변형이 없어야 한다.
② 훅의 재질은 탄소강 단강품이나 기계구조용 탄소강이며 강도와 연성이 적은 것이 바람직하다.
③ 훅의 마모는 와이어로프가 걸리는 부분에 홈이 생기며 이 홈의 깊이가 10mm가 되면 평편하게 다듬질 하여야 한다.
④ 훅 입구의 벌어짐이 50% 이상되면 교환하여야 한다.

> 훅 블록의 기준
> • 훅 본체는 균열 또는 변형 등이 없어야 하고, 국부마모는 원치수의 5% 이내일 것
> • 훅 블록 또는 달기기구에는 정격하중이 표기되어 있을 것
> • 볼트, 너트 등은 풀림 또는 탈락이 없을 것
> • 해지장치는 균열, 변형 등이 없을 것

61 다음 중 크레인의 훅 블록 또는 달기구의 구비 조건이 아닌 것은?

① 훅의 국부 마모는 원치수의 10% 이내일 것
② 훅 블록에는 정격하중이 표기되어 있을 것
③ 훅 부의 볼트, 너트 등은 풀림, 탈락이 없을 것
④ 훅 해지장치는 균열, 변형 등이 없을 것

> 훅 본체는 균열 또는 변형 등이 없어야 하고, 국부마모는 원치수의 5% 이내여야 한다.

62 크레인에 사용되는 훅에 대한 설명 중 틀린 것은?

① 훅의 재질은 단조강 또는 구조용 압연강재를 사용한다.
② 양훅은 일반적으로 소형 크레인(소용량)에 사용된다.
③ 장기간 사용하면 벤딩, 경화가 일어나므로 일정기간 사용 후 소둔 처리한다.
④ 훅은 사용상태에 따라 편훅과 양훅이 있다.

> 매다는 하중이 50톤 이하일 때는 편훅을 사용하고, 50톤 이상일 때는 양훅을 사용한다.

63 훅에 대한 설명 중 틀린 것은?

① 재료는 단조강 또는 구조용 압연강재를 사용한다.
② 안전율은 5 이상으로 한다.
③ 50,000kgf 이상에서는 양쪽 훅을 많이 사용한다.
④ 마모는 원 치수의 30% 이상되면 교환한다.

> 국부마모는 원치수의 5% 이내여야 한다.

64 훅(hook)의 점검과 관리 방법을 설명한 것 중 맞는 것은?

① 입구의 벌어짐이 20% 이상된 것은 교환하여야 한다.
② 훅의 안전계수는 3 이하이다.
③ 훅의 마모, 균열 및 변형 등을 점검하여야 한다.
④ 훅의 마모는 와이어로프가 걸리는 곳에 5mm의 홈이 생기면 그라인딩 한다.

> 훅의 안전계수는 5 이상이고, 훅 입구의 벌어짐은 원치수의 5% 이내여야 하며, 훅의 마모는 와이어로프가 걸리는 곳에 2mm 이상의 홈이 생기면 그라인딩한다.

65 훅 또는 달기기구에 대한 사항으로 틀린 것은?

① 훅 블록 또는 달기기구에는 정격하중이 표기되어 있을 것
② 볼트, 너트 등은 풀림 또는 탈락이 없을 것
③ 해지장치는 균열, 변형 등이 없을 것
④ 훅 본체는 균열 또는 변형 등이 없어야 하고, 국부마모는 원치수의 10% 이내일 것

> 훅 블록의 기준
> • 훅 본체는 균열 또는 변형 등이 없어야 하고, 국부마모는 원치수의 5% 이내일 것
> • 훅 블록 또는 달기기구에는 정격하중이 표기되어 있을 것
> • 볼트, 너트 등은 풀림 또는 탈락이 없을 것
> • 해지장치는 균열, 변형 등이 없을 것

정답 60 ① 61 ① 62 ② 63 ④ 64 ③ 65 ④

66 천장크레인용 훅(hook)에 대한 설명으로 틀린 것은?

① 훅의 재질은 단조강 또는 구조용 압연강재를 사용한다.
② 보통 50t 이하일 때는 한쪽 현수 훅을 사용하고 그 이상일 때 양쪽 현수 훅을 사용한다.
③ 훅의 재료는 강도와 함께 연성이 커야 한다.
④ 훅의 파괴 시험은 정격하중의 125%로 한다.

> 훅의 안전계수는 5 이상이므로 파괴시험은 정격하중의 500%로 해야 한다.

67 크레인 훅(hook) 또는 달기기구에 대한 설명으로 틀린 것은?

① 훅은 하중을 걸어 시험할 때 정격하중의 250%를 걸어 테스트한다.
② 국부마모는 원치수의 5% 이내이어야 한다.
③ 훅의 균열시험은 자기탐상방법으로 실시할 수 있다.
④ 훅 본체는 균열 또는 변형이 없어야 한다.

> 훅의 안전계수는 5 이상이므로 파괴시험은 정격하중의 500%로 해야 한다.

68 천장크레인용 고리걸이 훅의 안전계수는?

① 4 이상
② 5 이상
③ 8 이상
④ 10 이상

> 훅의 안전계수는 5 이상이어야 한다.

69 크레인 안전기준상 훅(Hook) 본체의 국부마모는 원 치수의 몇 % 이내이어야 사용 가능한가?

① 5%
② 10%
③ 20%
④ 30%

> 국부마모는 원치수의 5% 이내이어야 한다.

70 훅에 관한 설명으로 가장 올바른 것은?

① 일반적으로 매다는 하중이 50톤 이하는 한쪽 현수 훅을 사용하고 50톤 이상인 것은 양쪽 현수 훅을 사용한다.
② 훅은 하중을 걸었을 때 임의의 방향으로 회전할 수 없게 고정되어 있어야 한다.
③ 훅의 재료는 직접 중량물을 매달기 때문에 연성은 작고 강도는 커야 한다.
④ 훅의 안전계수는 5 이하이어야 한다.

71 천장크레인용 훅(hook)의 입구가 벌어지는 변형량을 시험하는 방법으로 가장 적합한 것은?

① 훅에 정격하중을 동하중으로 작용시켜 입구의 벌어짐이 0.5% 이하이어야 한다.
② 훅에 정격하중의 2배를 정하중으로 작용시켜 입구의 벌어짐이 0.25% 이하이어야 한다.
③ 훅에 최대하중을 동하중으로 작용시켜 입구의 벌어짐이 0.25% 이하이어야 한다.
④ 훅에 정격하중을 정하중으로 작용시켜 입구의 벌어짐이 0.5% 이하이어야 한다.

> 훅의 점검 및 시험
> • 훅의 파괴시험은 정격하중의 5배(500%)로 한다.
> • 훅에 정격하중의 2배를 정하중으로 작용시켜 입구의 벌어짐이 0.25% 이하이어야 한다.

72 천장크레인용 훅(Hook)의 입구가 벌어지는 변형량을 시험하는 하중은?

① 훅의 정격하중의 4배에 상당하는 충격하중
② 훅의 정격하중의 3배에 상당하는 동하중
③ 훅의 정격하중의 2배에 상당하는 정하중
④ 훅의 정격하중의 4배에 상당하는 동하중

73 훅(hook)에 대한 설명 중 틀린 것은?

① 목 부분이 30% 이내 벌어진 것까지만 사용한다.
② 균열 검사는 적어도 년 1회 실시한다.
③ 홈 자국 깊이가 2mm가 되면 평활하게 다듬어야 한다.
④ 균열된 훅은 용접해서 사용할 수 있다.

정답 66 ④ 67 ① 68 ② 69 ① 70 ① 71 ② 72 ③ 73 ①

> 훅 입구(목 부분)의 벌어짐이 5% 이내여야 하며, 5%를 초과하여 벌어진 경우 교환하여야 한다.

74 훅(Hook)의 마모는 와이어로프가 걸리는 곳에 홈이 생기는 것인데 마모의 깊이가 몇 mm가 되면 평활하게 다듬질해야 하는가?

① 0.5mm ② 2mm
③ 3mm   ④ 5mm

> 훅의 마모는 와이어로프가 걸리는 곳에 2mm 이상의 홈이 생기면 그라인딩한다.

75 훅(Hook)의 상태가 불량하면 위험한 사고의 원인이 된다. 다음 중 훅을 교환해야 할 상태를 육안으로 가장 간단하고 쉽게 확인할 수 있는 것은?

① 보기 그림에서 M의 치수가 a의 치수와 같아진 것
② A부분의 균열을 확인하기 위하여 비파괴 검사를 한 것
③ 보기 그림에서 M의 치수가 A의 치수보다 커진 것
④ 훅의 A의 치수 마모가 원 치수의 20%인 것

> 훅 줄걸이 부분의 마모는 원치수의 5% 이하, 와이어로프가 걸리는 부분의 마모는 깊이가 2mm가 되면 평활하게 다듬질하여 사용한다.

76 천장크레인용 훅 입구의 거리가 200mm이다. 이 훅 입구가 최소 몇 mm 이상 벌어지게 되면 사용이 불가능한가?

① 240mm ② 230mm
③ 220mm ④ 210mm

> 훅 입구(목 부분)의 벌어짐이 5% 이내여야 하며, 5%를 초과하여 벌어진 경우 교환하여야 한다. 따라서, 원치수 200mm의 5%인 10mm를 초과하여 벌어진 경우 사용이 불가능하다.

77 훅(hook)이 지상에 도달했을 경우 드럼(drum)에는 최소 몇 회의 감김 여유가 있어야 하는가?

① 감겨 있지 않아도 된다.
② 최소 1회 이상
③ 최소 2회 이상
④ 최소 4회 이상

> 드럼은 훅의 위치가 가장 낮은 곳에 위치할 때 클램프 고정이 되지 않은 로프가 드럼에 2바퀴 이상 남아 있어야 하며, 훅의 위치가 가장 높은 곳에 위치할 때 해당 감김 층에 대하여 감기지 않고 남아있는 여유가 1바퀴 이상인 구조여야 한다.

78 마그넷 크레인(magnet crane)에 있어서 최소 정전 보증시간은?

① 10분 이상
② 20분 이상
③ 40분 이상
④ 50분 이상

> 리프팅 마그넷 부착 크레인은 정전 등 비상시에 최소 10분 이상의 흡착력을 유지하기에 충분한 용량의 충전기, 전지 등의 정전보상 장치를 갖추어야 한다.

79 다음 설명 중 틀린 것은?

① 리프팅 마그네트(lifting magnet)의 보호판은 비자성강으로 만든다.
② 리프팅 마그네트의 코일은 전부 씌워져서 공기와 접촉되는 부분이 없어 열의 발산이 나쁘다.
③ 리프팅 마그네트의 용량을 나타내는 방법은 소비 전력에 기준한다.
④ 리프팅 마그네트는 온도가 상승하면 코일의 저항이 감소하여 전류가 감소하고 흡인력도 약해진다.

> 온도가 상승하면 코일의 저항은 증가한다.

정답 74 ② 75 ① 76 ④ 77 ③ 78 ① 79 ④

80 천장크레인의 와이어 드럼의 크기는 어떻게 정하는 것이 가장 좋은가?

① 드럼의 직경은 사용하는 와이어로프의 직경보다 20배 이상이 적합하다.
② 드럼의 직경은 사용할 와이어로프의 소선의 직경보다 300배 이상이 적합하다.
③ 드럼의 직경은 크래브(Crab)의 크기에 비례해서 정하는 것이 좋다.
④ 드럼의 직경은 훅(Hook)의 크기에 비례해서 정하는 것이 좋다.

> 권상드럼의 직경 D(드럼에 감긴 로프의 중심)와 와이어로프 직경 d와의 비는 D/d = 20배 이상 되어야 한다.

81 다음 중 드럼의 크기를 나타낸 것으로 가장 올바른 것은?

① 드럼 크기는 가능한 한 로프의 전 길이를 1열에 감을 수 있는 것으로 한다.
② 드럼 크기는 가능한 한 로프의 전 길이를 2열에 감을 수 있는 것으로 한다.
③ 드럼 크기는 로프의 전 길이를 3열에 감을 수 있는 것으로 한다.
④ 드럼 크기는 로프의 유효길이를 2회 감을 수 있는 것으로 한다.

> 드럼의 크기는 로프의 수명을 위하여 로프의 전체 길이를 1열에 감을 수 있어야 하며, 설치공간의 제약 등으로 인하여 1열 감기가 불가능 할 경우에 한하여 다층감기를 할 수 있다.

82 와이어로프는 달기구 및 지브의 위치가 가장 아래 쪽에 위치할 때 드럼에 최소한 몇 회 이상의 감기는 여유가 있어야 하는가?

① 1회 이상
② 2회 이상
③ 5회 이상
④ 10회 이상

> 드럼은 훅의 위치가 가장 낮은 곳에 위치할 때 클램프 고정이 되지 않은 로프가 드럼에 2바퀴 이상 남아 있어야 하며, 훅의 위치가 가장 높은 곳에 위치할 때 해당 감김 층에 대하여 감기지 않고 남아있는 여유가 1바퀴 이상인 구조여야 한다.

83 와이어 드럼 직경과 와이어 직경의 비는 얼마가 가장 적당한가?(단, 드럼 직경=D/와이어 직경=d)

① D/d = 5 이상
② D/d = 10 이상
③ D/d = 20 이상
④ D/d = 50 이상

> 권상드럼의 직경 D(드럼에 감긴 로프의 중심)와 와이어로프 직경 d와의 비는 D/d = 20배 이상 되어야 한다.

84 권상장치 등의 드럼에 홈이 있는 경우와 홈이 없는 경우의 플리트(fleet) 각도(와이어로프가 감기는 방향과 로프가 감겨지는 방향과의 각도)를 옳게 설명한 것은?

① 홈이 있는 경우 10° 이내, 홈이 없는 경우 5° 이내이다.
② 홈이 있는 경우 5° 이내, 홈이 없는 경우 10° 이내이다.
③ 홈이 있는 경우 4° 이내, 홈이 없는 경우 2° 이내이다.
④ 홈이 있는 경우 2° 이내, 홈이 없는 경우 4° 이내이다.

> 플리트(fleet) 각도
> • 드럼에 홈이 있는 경우 : 4° 이내
> • 드럼에 홈이 없는 경우 : 2° 이내
> • 드럼에 로프를 다층으로 감는 경우 : 로프가 쌓이는 것을 방지하기 위하여 플랜지부에서의 플리트 각도는 0.5° 이상 4° 이내

85 다음 보기의 ( ) 안에 알맞은 내용이 순서대로 나열된 것은?

> 드럼 홈의 피치는 1열 감기의 경우 로프 공칭 직경의 ( )배 또는 ( ) 중 큰 값 이상일 것

① 1, 공칭직경+1mm
② 1.1, 공칭직경+1mm
③ 1.1, 공칭직경+2mm
④ 1, 공칭직경+2mm

> 홈의 피치는 1열 감기의 경우 로프 공칭직경의 1.1배 또는 공칭직경+2mm 중 큰 값 이상일 것 (다만, 호이스트는 인접한 로프 감김 사이에 로프직경의 공차를 고려한 충분한 간격을 유지할 수 있는 경우 예외로 함)

정답 80 ① 81 ① 82 ② 83 ③ 84 ③ 85 ③

86 클램프에 의하여 와이어로프를 드럼에 고정하는 경우 클램프는 몇 개 이상으로 해야 하는가?

① 필요없다. ② 1개 이상
③ 2개 이상 ④ 제한없다.

> 클램프에 의하여 와이어로프를 드럼에 고정하는 경우 클램프는 2개 이상으로 해야 하며, 와이어로프가 이탈되지 않도록 충분한 강도를 가져야 한다.

87 다음은 시브(활차)의 회전에 대하여 기술한 것이다. 옳은 것은?

① 시브와 부시 사이에서 회전한다.
② 부시와 축 사이에서 회전한다.
③ 축과 브라켓 사이에서 회전한다.
④ 부시와 브라켓 사이에서 회전한다.

> 시브는 활차 또는 도르래라고도 하며 원형 바퀴에 홈을 파고 줄을 걸어 회전시켜 물건을 움직이는 장치를 말하며, 부시와 축 사이에서 회전한다.

88 시브 및 와이어 드럼 홈의 지름은 와이어로프 공칭 지름보다 얼마나 크게 하는 것이 가장 적당한가?

① 10% ② 20%
③ 25% ④ 30%

> 시브 및 와이어 드럼은 로프의 홈이 나선형으로 파진 것을 사용하며 홈의 직경은 와이어로프의 공칭 직경보다 10% 정도 커야 한다.

89 드럼 홈 부위의 사용 마모 한도는 용접제 드럼의 경우 로프 지름의 몇 % 이내여야 하는가?

① 10% ② 20%
③ 30% ④ 40%

> 드럼의 조건
> • 드럼본체는 균열, 변형이 없을 것
> • 드럼 홈 부위의 사용 마모 한도는 용접제 드럼의 경우 로프 지름의 20% 이내, 주철제 드럼의 경우 로프 지름의 25% 이내일 것
> • 와이어로프 부착부는 풀림이 없을 것
> • 볼트, 너트는 풀림 또는 탈락이 없을 것

90 그림에서 로프 시브의 호칭 지름은?

① A ② B
③ C ④ D

> A : 시브 안지름, B : 축의 지름, C : 호칭 지름,
> D : 시브 플랜지 바깥지름

91 천장크레인용 시브 홈의 마모 한도는?

① 와이어 원 직경의 5%
② 와이어 원 직경의 7%
③ 와이어 원 직경의 10%
④ 와이어 원 직경의 20%

> 시브의 조건
> • 시브 본체는 균열, 변형 등이 없을 것
> • 시브 홈은 이상 마모가 없어야 하고, 마모한도는 와이어로프 지름의 20% 이하일 것
> • 시브의 지름(D)은 로프 지름(d)의 20배 이상일 것(D≧20d)

92 시브 홈 지름이 너무 큰 경우에 대한 설명 중 틀린 것은?

① 와이어로프의 형태를 납작하게 변형시킨다.
② 와이어로프의 마모를 촉진시킨다.
③ 시브의 마모를 촉진시킨다.
④ 시브의 수명을 연장시킨다.

> 시브 홈 지름이 너무 큰 경우 로프에 국부적인 면압이 작용되어 소선의 피로를 촉진시켜 와이어로프의 마모가 촉진되고, 시브의 수명도 단축된다.

정답 86 ③ 87 ② 88 ① 89 ② 90 ③ 91 ④ 92 ④

93 시브에서 와이어로프 마모발생 방지대책 중 틀린 것은?

① 시브 직경을 크게 한다.
② 시브 홈의 지름을 아주 크게 한다.
③ 시브 홈의 가공을 정밀하게 한다.
④ 시브는 적정한 경도의 재질을 사용한다.

94 크레인에서 균형 시브의 최소 직경은 일반적으로 와이어로프 직경의 몇 배가 최소치인가?

① 20 이상
② 16 이상
③ 10 이상
④ 8 이상

> 시브와 와이어로프 직경의 비는 20배 이상이고, 균형 시브는 10배 이상으로 정해져 있다.

95 크레인에서 사용하는 각종 시브의 주요 점검 사항이 아닌 것은?

① 시브 홈의 이상 마모는 없는가
② 시브 홈과 와이어로프 지름이 적정한가
③ 시브 홈의 윤활 상태는 적정한가
④ 원활히 회전하고 암이나 보스 등에 균열은 없는가

> 천장크레인에 사용하는 시브의 주요 점검사항
> • 시브 홈의 이상 마모 유무
> • 시브 홈과 와이어로프 지름의 적정 여부
> • 원활히 회전하고 암이나 보스 등에 균열 유무 등

96 로프의 밀림현상이 일어나는 경우를 나타낸 것이다. 이 중 옳지 않은 것은?

① 도르래가 원활히 회전하지 않을 경우
② 드럼에 중첩되어 감겼을 경우
③ 로프가 도르래와 잘 구성되어 있을 경우
④ 로프가 도르래 플랜지에 접촉되어 있을 경우

> 로프가 도르래와 잘 구성되어 있을 경우 로프의 밀림현상은 일어나지 않는다.

97 천장크레인 감속기의 급유에 관한 설명으로 틀린 것은?

① 사용 오일의 점도는 치(기어의 이)면 하중이나 운전온도가 높을수록 고점유를 사용한다.
② 개방기어는 정기적으로 조금씩 급유한다
③ 개방식이 아닌 기어박스 내부에 있는 기어의 오일을 월 1회 보충하여 사용하는 것이 좋다.
④ 기어의 윤활은 치(기어의 이)가 서로 맞물릴 때 치면에 유막을 형성한다.

> 감속기오일은 약 2,000시간마다 교환하는 것이 좋다.

98 천장크레인의 감속기에서 오일 브리더(oil breather)란?

① 감속기의 오일량을 측정하는 눈금 표시이다.
② 감속기의 오일상태를 점검하기 위한 오일 토출구이다.
③ 감속기의 오일이 더워지면 발생되는 가스(수증기)가 빠져나가는 장치이다.
④ 감속기 내의 오일 압력을 높여주는 장치이다.

99 작업 중에 감속기에서 갑자기 비정상적인 소음이나 진동이 발생할 경우의 검사 사항으로 거리가 먼 것은?

① 베어링의 파손 혹은 과다 마모로 기어가 흔들리는지 여부
② 감속기의 윤활유 적정량 확인
③ 기어를 체결하는 키(Key)의 이완으로 기어 중심거리를 벗어난 경우가 있는지 확인
④ 천장크레인에 과하중이 걸렸는지 긴급 확인

> 기어의 소음 발생 원인
> • 2개의 기어가 맞물렸을 때 잇면 사이에 생기는 틈새(백래시)가 너무 적을 때
> • 기어 잇면이 거칠거나 흠이 생겼을 때
> • 윤활유가 너무 적거나 부적당한 오일을 사용할 때
> • 기어 피치원의 틈새가 크거나, 잇면 접촉 부분의 틈새가 클 때
> • 기어 및 베어링이 마모되었을 때

정답 93 ② 94 ③ 95 ③ 96 ③ 97 ③ 98 ③ 99 ④

100 다음 설명 중 틀린 것은?

① 천장크레인 감속기에서 제1단 기어는 10% 마모 시 교환하는 것이 좋다.
② 케이싱 기어(casing gear)일 때 오일 사용시간은 보통 2000시간이다.
③ 축은 회전축과 전동축으로 구분된다.
④ 커플링은 축이음 장치이다.

> 축(shaft)은 일반적으로 베어링(bearing)에 지지되어 강도, 휨 그 밖의 기계적 필요조건을 구비하여 회전 및 왕복운동을 하는 기계요소를 말하며, 작용 하중에 따라 차축, 스핀들, 전동축으로 구분된다.

정답 100 ③

CHAPTER 02 전기 및 안전장치

Craftsman Overhead Travelling Crane Operator

STEP 01 전기장치

1. 제어기(유·무선 컨트롤러)

1) 제어기의 개요
   ① 제어기는 천장크레인의 주행, 횡행, 권상 등의 운행 속도를 제어하기 위한 것이다. 조종실에서 제어기를 조작하면 주행, 횡행, 권상 장치의 배전반에 있는 전자 접촉기(electronic contactor)를 접속시킴으로써 전동기를 회전시켜 1~4단에 맞게 천장크레인을 운행할 수 있다.
   ② 제어기는 일자형(-)과 십자형(+)이 있다. 일자형은 주행, 횡행, 권상 장치 중에서 한 가지만 제어할 수 있는 형식이며, 십자형은 유니버설형(universal type) 또는 만능 제어기라 하며, 주행, 횡행, 권상 장치 중에서 두 개의 동작을 한꺼번에 제어할 수 있다.
   ③ 운전실이 있는 크레인은 운전자가 보기 쉬운 위치에 제어하는 크레인의 작동종류, 방향, 비상정지 등에 관한 내용을 표시해야 한다. 다만, 운전자가 제어기에서 손을 떼면 자동적으로 크레인의 작동을 정지하는 위치로 복귀하는 경우에는 그러하지 않다.
   ④ 펜던트스위치 또는 무선 원격제어기를 사용한 크레인 및 호이스트는 조작반에 표시된 크레인의 작동방향과 동일한 방향의 표지판을 크레인의 운전자나 조작자가 보기 쉬운 위치에 부착해야 한다. 이 경우, 표지판은 손상이 없고 표시가 선명해야 한다.
   ⑤ 컨트롤러는 원활하게 작동해야 하며 제로노치 스토퍼 및 핸들은 정지위치에 정확하게 로크(lock)되어야 한다.

2) 무선 원격제어기의 구조
   ① 크레인의 작동종류, 방향과 일치하는 표시를 해야 하며 정해진 작동 위치가 아닌 중간위치에서는 작동되지 않도록 할 것
   ② 무선 원격제어기는 주위에 설치된 다른 크레인용 제어기의 조작 주파수 또는 주위의 유사 설비용 조작기구의 간섭을 받아서 오동작, 작동불능 상태가 되지 않도록 할 것
   ③ 무선 원격제어기는 사용 중 충격을 받으면 곧바로 작동이 정지되는 구조로 할 것
   ④ 운전실 또는 펜던트 스위치와 무선 원격제어기를 겸용 시 선택스위치를 부착하여 동시조작에 의한 불의의 크레인 작동이 일어나지 않도록 할 것
   ⑤ 무선 원격제어기는 관계자 이외의 자가 취급할 수 없도록 잠금장치 등이 설치될 것
   ⑥ 제어기는 해당 크레인마다 갖추어야 하며 각각의 제어기에는 제어 대상 크레인이 표기되어 있을 것
   ⑦ 지정된 제어기 이외의 신호에 의해서는 크레인이 작동되지 아니할 것
   ⑧ 무선 원격제어기가 다음에 해당하는 경우 크레인이 자동으로 정지하거나 위험한 작동을 유발시키

지 않는 구조일 것(다만, ㉮항의 경우에는 자동정지해야 함).
　㉮ 정지신호를 수신한 경우
　㉯ 계통상 고장신호가 감지된 경우
　㉰ 지정시간 이내에 분명한 신호가 감지되지 아니한 경우
⑨ 제어기가 2개 이상인 경우에는 하나의 제어기에 의해서만 작동이 통제되도록 할 것
⑩ 배터리 전원을 이용하는 제어기의 경우 배터리 전원의 변화로 인해 위험한 상황이 초래되지 않을 것
⑪ 무선원격 제어기는 손을 떼면 자동적으로 정지위치(off)로 복귀되는 각각의 작동종류에 대한 누름버튼 또는 스위치 등이 비치되어 정상적으로 작동되어야 하며, 레버형 스위치는 정지위치에서의 기계식 잠금장치 또는 무인작동 방지회로(deadman's handle circuit) 등 오작동을 방지할 수 있는 기능을 갖출 것
⑫ 송신기의 최소 보호등급은 옥내용인 경우 IP43, 옥외용인 경우 IP55 이상일 것

3) 펜던트 스위치의 구조

① 펜던트 스위치에는 크레인의 비상정지용 누름버튼과 손을 떼면 자동적으로 정지위치(off)로 복귀되는 각각의 작동종류에 대한 누름버튼 또는 스위치 등이 비치되어 있고 정상적으로 작동해야 한다.
② 펜던트 스위치에 접속된 케이블은 꼬임이나 무리한 힘이 가해지지 않도록 보조와이어로프 등으로 지지되어야 하고 크레인과의 사이에 접지선이 연결되어 있어야 한다. 다만, 해당 스위치의 외함 구조가 절연제품의 경우에는 접지선을 생략할 수 있다.
③ 펜던트 스위치의 외함은 식별이 용이한 색상이어야 하며 최소 보호등급은 옥내용인 경우 IP43, 옥외용인 경우 IP55 이상이어야 한다.
④ 펜던트 스위치는 조작위치에서의 바닥면에서 0.9m에서 1.7m 사이에 위치해야 한다.

> **참고** 주행용 원동기
> · 옥외에 설치된 주행 크레인은 미끄럼방지 고정 장치가 설치된 위치까지 매초 16m의 풍속을 가진 바람이 불 때에도 주행할 수 있는 출력을 가진 원동기를 설치한 것이어야 한다.
> · 펜던트 또는 무선원격제어기를 사용하여 작업바닥 면에서 조작하며 화물과 운전자가 함께 이동하는 크레인의 주행속도는 매 분당 45m 이하여야 한다.

4) 조작버튼의 색상

① 기동/투입 버튼의 색상은 흰색을 기본으로 하되 회색, 흑색, 또는 녹색도 사용 가능하나 적색은 사용할 수 없다.
② 적색은 비상정지 및 비상전원차단 버튼에만 사용되어야 한다.
③ 정지/차단 버튼의 색상은 흑색을 기본으로 하되 회색 또는 흰색도 사용할 수 있으나 녹색을 사용해서는 아니 된다. 적색 또한 허용되나 비상정지장치에 근접한 곳에서 사용해서는 아니 된다.
④ 흰색, 회색 또는 흑색은 교대로 기동/투입 및 정지/차단되는 버튼 색상으로 사용할 수 있으나 적색, 황색 또는 녹색은 사용해서는 아니 된다.
⑤ 흰색, 회색 또는 흑색은 버튼을 누르고 있는 동안만 작동하고 누름을 멈추면 작동을 멈추는 형식의 버튼에는 사용할 수 있으나 적색, 황색 또는 녹색은 사용해서는 아니 된다.
⑥ 복귀 기능 버튼은 청색, 흰색, 회색 또는 흑색이어야 한다. 이것이 정지/차단 버튼의 역할을 하는 경우 흑색을 기본으로 하되 흰색 또는 회색도 사용할 수 있으나 녹색은 사용하지 않아야 한다.

⑦ 조작버튼은 다음의 표에 따라 색상 부호화하여야 한다.

색상	의미	설명	적용 예
적색	비상	위험한 상태 또는 비상시 작동	비상정지 스위치 비상기능의 초기화
황색	비정상	비정상 상태 발생시 작동	비정상 상태를 해소하기 위한 간섭 차단된 자동 주기 재기동 간섭
녹색	정상	정상 상태에서 작동	
청색	의무	의무 작동이 필요한 상태의 작동	복귀 기능
흰색	지정된 의미 없음	비상 정지 이외의 일반적인 기능 개시(비고 참조)	기동/투입(선호됨), 정지/차단
회색			기동/투입, 정지/차단
흑색			기동/투입, 정지/차단(선호됨)

비고 : 부호화의 부수적 수단(예: 모양, 위치, 구조)이 조작버튼 식별에 사용되는 경우 흰색, 회색 또는 흑색과 동일한 색상은 여러 기능용으로 사용될 수 있다(예: 기동/투입 및 정지/차단 버튼에 흰색 사용)

5) 표시등의 색상

① 작업자의 주의를 끌거나 지정된 절차를 준수하여야 하는 것을 나타내고자 할 경우 적색, 황색, 녹색 및 청색으로 표시할 것
② 명령상태를 확인하거나 변경 또는 전환 시간 종료의 확인이 필요할 경우 청색과 흰색을 사용할 것 (필요시 녹색도 사용 가능)
③ 표시등의 색상은 다음의 표에 따른 기계의 조건(상태)에 관하여 색상 부호화하여야 한다. 다만, 공급자와 사용자 사이에 별도의 약정이 있는 경우에는 예외로 할 수 있다.

색상	의미	설명	조작방법
적색	비상	위험한 상태	위험 상태에서 즉시 작동 (비상정지스위치 작동)
황색	비정상	비정상 상태 긴급 상태	감시 및 조치(기능 재설정 등)
녹색	정상	정상 상태	선택 사양
청색	의무	조작자의 조치를 요하는 상태	의무 조치
흰색	중립	기타 상태(적색, 황색, 녹색, 청색 적용 모호시 사용)	감시

6) 전선의 색상

전선의 색상은 다음과 같이 한다. 다만, 부품에 부속된 전선 및 다심케이블(녹황색 조합전선은 제외한다)의 경우 또는 전선에 숫자 및 알파벳 등으로 식별이 가능한 구분표시가 된 경우는 예외로 한다.
① 흑색 : 교류 및 직류 전원선로
② 적색 : 교류제어회로
③ 청색 : 직류제어회로
④ 주황색 : 외부 전원에서 공급되는 연동장치 제어회로
⑤ 녹색 또는 녹색과 황색 조합 : 접지
⑥ 청색 : 중성선

7) 제어회로 및 제어기능

① 제어회로의 전원은 1, 2차측이 분리된 권선방식의 제어용 변압기로 생성하여야 한다. 다만, 1대의 전동기와 최대 2대의 제어장치(예: 연동장치, 기동/정지 제어위치)를 갖춘 기계에 대해서는 변압기를 생략할 수 있다.
② 제어전압(기계를 제어하기 위한 제어장치에 인가되는 전압)은 변압기로부터 공급될 때 277V를 초과하지 않아야 한다.
③ 조작전압(작업자가 직접 조작하는 누름버튼 스위치 등에 인가되는 전압)은 대지전압 교류 150V 이하 또는 직류 300V 이하여야 한다.
④ 전자 접촉기 등이 폐로될 우려가 있을 경우에는 다음과 같이 해야 한다. 다만, 계전기 접점(과부하계전기 등)을 작동시키는 제어용 코일과 접점이 동일한 외함에 수납된 일체형으로서 상호 접속거리가 짧아 지락 가능성이 희박한 경우에는 예외로 한다.
㉠ 계전기 코일의 후단은 접지시킬 것
㉡ 계전기 코일의 후단과 접지회로 사이에는 개폐기, 접점 등이 없을 것

8) 운전모드

① 운전모드 전환 시 위험한 상황이 초래될 우려가 있는 경우에는 키 스위치, 비밀번호 입력 등의 방법으로 통제되어야 한다.
② 안전장치는 모든 운전모드에서 유효하게 작동되어야 한다.
③ 모드 선택스위치는 기계운전 스위치로 사용되어서는 안되며 별도 운전스위치 조작에 의해서만 기계가 작동되어야 한다.
④ 선정된 운전모드를 구분하는 표시(문자표시, 표시등 등을 말한다)가 있어야 한다.

9) 기타 사항

① 누름버튼에는 다음의 표와 같이 표시하여야 한다. 다만, 표시가 다른 방법으로도 식별이 명확한 경우에는 예외로 할 수 있다.

기동	정지	기동과 정지를 교대로 작동하는 누름버튼	누르는 동안만 작동하고 놓았을 때 정지하는 버튼
I	O	ⓘ	Ⓣ

② 전기장치로 인한 감전 위험이 있는 곳에는 다음과 같은 경고표지를 부착하여야 한다.

③ 방폭 전기기계·기구는 해당지역 방폭등급에 적합한 것으로서 방호장치 안전인증기준에 적합해야 한다.

> **방폭구조로 된 전기설비의 구비조건**
> · 시건장치를 할 것
> · 접지를 할 것
> · 퓨즈를 사용할 것
> · 도선의 인입방식을 정확히 채택할 것

2. 전동기(Motor)

1) 전동기의 개요

① 전동기 즉, 모터(motor)는 전기적 에너지를 기계적 에너지로 바꾸는 장치로 인양전동기는 권상 전동기라고도 한다. 권상 작업은 화물을 수직으로 올리기 때문에 하중과 권상 속도와의 곱에 비례하는 힘이 필요하다.

② 전동기의 시간 정격
㉮ 전동기가 정격 출력으로 회전하여 규정된 온도에 올라갈 때까지의 시간으로 표시하는 것이다.
㉯ 천장크레인에는 보통 30분 정격시간을 채택한다.
㉰ 전동기 발열의 표준 규격은 40℃이며, 50~60℃까지 허용된다.
㉱ 천장크레인에 사용되는 전동기의 부하 시간율은 40%이며, 사용기호는 %ED로 표기한다.

2) 천장크레인에 사용되는 전동기의 조건

① 기동 회전력이 크면서 기동, 정지 및 정전, 역전운동이 빈번해도 견디는 성질이 있을 것
② 속도 조정 및 역회전을 할 수 있을 것
③ 기동 정지 및 정전, 역전 등 빈번한 반복에 충분히 견딜 수 있도록 튼튼하게 만들어져 있을 것
④ 장치 면적이 제한되는 경우가 많으므로 용량에 비해서 소형일 것
⑤ 전원이 보통 사용되는 것으로 구하기 쉬울 것

> **전동기 사용률 정격 및 출력**
> · 사용률 정격(%ED) = $\dfrac{운전시간}{운전시간+정지시간} \times 100$
>
> · 전동기 출력(kW) = $\dfrac{[정격하중(톤)+훅의 \ 자중] \times 권상속도(m/min)}{6.12 \times 권상기 \ 효율(\mu)}$

3) 전동기의 종류

① 직류 전동기(DC)
㉮ 직권 전동기 : 전동기의 계자권선(자기장을 만들기 위해 철편에 코일을 감아 넣는 것)과 전기

자권선을 직렬로 연결한 것으로 가장 많이 사용된다.
- ④ 분권 전동기 : 전동기의 계자권선과 전기자 권선을 병렬로 연결한 것이다.
- ⑤ 복권 전동기 : 전동기의 계자권선과 전기자 권선을 직렬 및 병렬로 연결한 것이다.

② 교류 전동기(AC)
- ㉮ 3상 농형 유도 전동기
  - ⊙ 고정자에 계자권선이 있다.
  - ⓒ 구조가 간단하고 튼튼하다.
  - ⓒ 운전 중 성능은 좋으나 기동시 성능이 좋지 않아 슬로우 스타터(slow starter)가 필요하며 브러시(brush)를 사용하지 않는다.
- ㉯ 3상 권선형 유도 전동기
  - ⊙ 고정자와 회전자의 끝에 권선을 지니고 회전자에는 슬립링이 있으며 전동기의 몸체에 고정되는 브러시 홀더((brush holder)에 브러시(brush)를 끼워 슬립링과 브러시가 접촉되어 회전하는 구조이다.
  - ⓒ 가동시에 기계에 충격을 주지 않고 서서히 가속할 수 있다.
  - ⓒ 2차 저항기를 사용하여 전동기의 전류 제한 및 속도를 제어한다.

4) 전동기의 회전 속도 제어
- ① 2차 저항 제어 : 권선형 유도전동기 회전자의 슬립링에 브러시를 통해 접속되는 2차측 전원에 연결되는 2차 저항의 값이 크면 전동기의 회전속도가 느려지고, 저항값이 적으면 전동기의 회전속도가 빨라진다.
- ② 극수 변환 제어 : 유도전동기 고정자의 계자권선 극수가 적을수록 회전수가 많고, 극수가 많을수록 회전수가 적은 방식으로 회전속도를 변환시킨다.
- ③ 가변 전압 제어 : 가변 저항기를 설치하여 전동기에 공급되는 전압을 가감시켜 회전수를 제어하는 방식이다.
- ④ 주파수 변환 제어 : 주파수를 변환하여 전동기의 속도를 제어하는 방식이다.

 전동기 회전수
- 동기속도(Ns) = $\dfrac{120f}{P}$ (P : 극수, f : 주파수)
- 정격속도(N, 회전수) = Ns × (1−s) = $\dfrac{120f}{P}$(1−s) (P : 극수, f : 주파수, s : 슬립율)

5) 저항기
- ① 저항기의 역할 : 권선형 유도 전동기의 2차 측에 연결하여 저항값의 크기를 제어기로 제어하여 전동기의 속도를 조절하는 목적으로 사용한다.
- ② 저항기의 재질 : 주철, 철선, 강판, 탄소판 등
- ③ 저항기의 종류
  - ㉮ 그리드 저항기 : 천장크레인에 주로 사용된다.
  - ㉯ 철선 저항기 : 고 저항에 저전류가 요구되는 작은 마력의 전동기에 많이 사용된다.
  - ㉰ 강판 저항기 : 특수 스테인리스강으로 된 그리드를 사용한 저항기이다.

④ 저항기 구비 조건
　㉮ 저항기 주변은 통풍이 잘 되어야 한다.
　㉯ 눈이나 비를 맞지 않도록 한다.
　㉰ 진동을 대비하여 접속부분이나 고정부분이 풀림이 있을 수 있으므로 점검을 자주 한다.
　㉱ 사용 중인 천장크레인에서 저항기의 발열온도는 허용값이 350℃까지이다.

　　캐스트 그리드 저항기　　　　　철선 저항기　　　　　　강판 그리드 저항기
　　　　　　　　　　　　　　　[저항기의 종류]

 저항체의 종류에 따른 저항기 구분
권선형, 그리드형, 리본형

6) 전동기의 이상증세 및 점검
① 시동 불능 또는 시동이 곤란할 경우
　㉮ 퓨즈가 끊어진 경우
　㉯ 회로 접촉 불량
　㉰ 전기자 권선이나 계자 권선이 단선된 경우
　㉱ 브러시 접촉 불량
　㉲ 부하가 너무 클 경우
　㉳ 벨트가 벗겨진 경우
② 전동기가 과열된 경우
　㉮ 과부하일 경우
　㉯ 사용빈도가 높을 때
　㉰ 저항기가 부적당할 때
　㉱ 냉각 통풍 통로가 막혀 있을 경우
　㉲ 냉각 흡기 온도가 높을 경우
　㉳ 전원 전압이 너무 높거나 낮을 경우
③ 진동, 소음 및 이상음이 심할 경우
　㉮ 고정자와 회전자 간의 틈새에 이물질이 들어 있을 경우
　㉯ 축과 베어링의 틈새가 불량할 경우
　㉰ 축의 베어링에 유격이 있을 경우
④ 전동기의 고장
　㉮ 발열에 의한 소손
　㉯ 베어링의 마모에 의한 회전자 파손

- ㉰ 내부 배선의 단선 단락
- ㉱ 브러시의 마모
- ㉲ 브러시 스프링의 절손
- ㉳ 전동기 브레이크의 고장에 따른 디스크 마모

⑤ 전동기 점검
- ㉮ 전동기의 고정 볼트 이완, 전선의 탈락 등을 점검한다.
- ㉯ 주행 전동기면 주행, 횡행 전동기면 횡행을 한다.
- ㉰ 전동기의 발열을 점검한다.
- ㉱ 그리드 저항기의 온도를 측정한다. 측정값은 350℃ 이하이어야 한다.
- ㉲ 모터에 과부하가 걸렸을 때 발생되는 열을 감지해서 모터의 제어회로를 차단하는 서멀릴레이(열동 계전기, THR)의 선정이 바르게 되어 있는 지 확인한다.

3. 브레이크(Brake)

1) 브레이크 일반

① 속도 제어용 브레이크 : 권하 시에 속도 제어
- ㉮ 와전류 브레이크(EC, Eddy Current brake)
  - ㉠ 자석 전면에 놓인 금속제 원판이 회전하면 그 회전을 멈추고자 하는 쪽으로 제동이 작용한다.
  - ㉡ 천장크레인의 권상장치에 주로 사용되는 브레이크로 구조가 간단하고 마모 부분이 없어 정격속도의 1/5의 안정된 저속도를 쉽게 얻을 수 있으며, 권상 시에는 작동하지 않고, 권하 2단에서 작동된다.
- ㉯ 다이나믹 브레이크(dynamic brake)
  - ㉠ 운동 에너지를 전기적 에너지로 변환시켜 이 전기적 에너지를 소모시켜 제어하는 방식이다.
  - ㉡ 주로 직류 전동기의 속도 제어용으로 사용하며, 속도제어는 권하 시에 이루어진다.

② 제동용 브레이크
- ㉮ 교류 전자 브레이크(A.C magnetic brake) : 크래브 트롤리(crab trolley)의 권상장치에 사용되는 제동용 브레이크로 제동토크가 무여자시의 스프링과 가동 철심의 자체중량에 의해 발생되는 압력으로 브레이크 드럼을 가압하여 제동하는 방식으로 다음과 같은 내용을 갖는다.
  - ㉠ 수전 전압의 상태가 규정 전압보다 ±10% 이상 변동이 있으면 운전을 중지한다.
  - ㉡ 전격 전압은 주로 440V의 60Hz이다.
  - ㉢ 모터 브레이크에서 라이닝 두께가 20~30% 감소되면 스트로크를 조정하여야 한다.
  - ㉣ 브레이크의 충격원인은 전압의 과다, 핀 둘레 마모, 대시포트의 조정이 불량한 경우이다.
- ㉯ 유압 압상 브레이크(thrust brake)
  - ㉠ 전기를 투입하여 유압으로 작동하는 방식이며 주행, 횡행 장치에만 사용한다.
  - ㉡ 오일 점검 주기는 매일하며, 오일 교환시기는 6개월이다.
- ㉰ 오일 디스크 브레이크(oil disc brake)
  - ㉠ 유압만으로 작동되는 방식이며, 주행 제동용으로 사용된다.
  - ㉡ 주요 구조는 마스터 실린더, 브레이크 실린더, 라이닝 또는 디스크 등으로 구성된다.

2) 권상장치 등의 브레이크
　① 제동토크(torque) 값(권상 또는 기복장치에 2개 이상의 브레이크가 설치되어 있을 때는 각각의 브레이크 제동토크 값을 합한 값)은 크레인의 정격하중에 상당하는 하중을 권상시 해당 크레인의 권상 또는 기복장치의 토크 값(당해 토크 값이 2개 이상 있을 때는 그 값 중 최대의 값)의 1.5배 이상일 것
　② 인력에 의한 것일 때는 다음과 같이 할 것
　　㉮ 페달식의 스트로크 값은 30cm 이하, 수동식은 60cm 이하
　　㉯ 페달식은 30kg 이하, 수동식은 20kg 이하의 힘으로 작동
　　㉰ 래칫 폴 식을 구비
　③ 인력에 의한 것 이외에는 크레인의 동력이 제거되거나 차단되었을 때 자동적으로 작동하여야 하며, 제동장치는 전원 공급에 문제가 생겼을 경우 하중이 흘러내리지 않을 것
　④ 위 ①항의 토크 값은 저항이 없는 것으로 계산한다. 다만, 해당 권상장치에 75% 이하 효율의 웜, 웜기어 기구가 채용되고 있는 경우에는 해당 기어 기구의 저항으로 발생하는 토크 값의 1/2에 상당하는 저항이 있는 것으로 계산한다.

3) 주행 및 횡행 제동용 브레이크
　① 크레인은 주행을 제동하기 위한 브레이크를 설치해야 한다. 다만, 인력으로 주행되는 크레인에는 적용하지 않는다.
　② 주행을 제동하기 위한 제동토크 값은 전동기 정격토크의 50% 이상이어야 한다.
　③ 크레인은 횡행을 제동하기 위한 브레이크를 설치해야 한다. 다만, 횡행속도가 매분당 20m 이하로서 옥내에 설치되거나 인력으로 횡행되는 크레인에는 적용하지 않는다.
　④ 동력에 의하여 작동되는 선회부를 갖는 크레인은 브레이크를 설치해야 한다.

4) 브레이크류의 조건
　① 라이닝은 편마모가 없고 마모량은 원치수의 50% 이내일 것
　② 디스크의 마모량은 원치수의 10% 이내일 것
　③ 유량은 적정하고 기름누설이 없을 것
　④ 볼트, 너트는 풀림 또는 탈락이 없을 것

4. 제어반 및 배전반

1) 제어반의 구조
　① 과전류 보호용 차단기 또는 퓨즈가 설치되어 있고, 그 차단 용량이 해당 전동기 등의 정격 전류에 대하여 차단기는 250%, 퓨즈는 300% 이하일 것
　② 계전기의 스프링은 절손, 변형, 피로에 의한 열화 등이 없고, 열동형 계전기의 열소자는 전동기의 각상을 보호하는 형식 또는 결상보호 장치를 갖춘 형식일 것
　③ 내부 배선은 전용 단자를 사용하고 접촉 단자 체결 나사의 풀림, 탈락, 손상, 열화 등이 없고, 전선 인입구 피복의 손상 또는 열화가 없을 것
　④ 제어반에는 제어반의 명칭, 전원의 정격(전압, 상수)이 표시된 명판을 각각 붙일 것
　⑤ 케이스의 구조는 충전부가 노출되지 않도록 폐쇄형으로 잠금 장치가 있고 사용 장소에 적합한 구조일 것

> **참고** 제어반 내부에 취부되는 부품
> 누전 차단기(NFB), 전자 접촉기(Magnetic S/W), 계전기(Timer)

2) 배전반
① 배전반의 설치 목적
㉮ 전동기 보호
㉯ 전동기 제어
㉰ 전원의 개폐
② 배전반 내에 설치되는 안전장치
㉮ 과전류 계전기 및 퓨즈
㉯ 제어회로용 나이프 스위치 및 퓨즈
㉰ 단락 보호장치

5. 집전(급전), 배선 등

1) 집전장치의 종류

천장크레인의 전원공급은 트롤리(trolley)선으로 한다. 집전장치는 트롤리선에서 전원을 크레인 내에 도입하는 장치로 트롤리선에 접촉하는 휠(wheel)과 슈(shoe)의 고정방법에 따라 구분되며, 집전장치의 종류로는 다음과 같은 것들이 있다.

① 팬터그래프(pantograph)형 : 고속형 천장크레인이 사용하며, 중간지지를 갖는 수평배열로 휠이나 슈를 사용한다.
② 고정형 : 팬터그래프 사선을 고정한 것으로 횡행 등의 저속에 적합하다.
③ 폴(pole)형 : 폴(pole)이 휠의 선단을 떠받쳐 하부에 설치한 스프링의 힘으로 트롤리선과 적당한 압력으로 접촉되게 한 방식으로 너무 고속일 때는 적당하지 않다.
④ 슈(shoe)형 : 대전류용 혹은 고압용으로 사용된다.

[집전장치]

2) 집전장치의 조건
① 트롤리선과 레일은 해당 전기기계·기구에 대하여 충분한 용량 및 강도를 가진 것으로서 마모, 변형, 손상이 없어야 하며 집전장치는 체결 상태가 균일하고 집전자와의 접촉 불량이 없을 것
② 지지애자는 절연물의 깨짐 등의 이상이 없고, 탈락 또는 부착 부분의 풀림이 없을 것

③ 감전방지용 울 등은 손상, 변형이 없고 트롤리선과의 간격이 충분할 것
④ 집전기의 부품 및 리드선의 열화, 손상, 풀림이 없고 집전자는 마모가 없을 것
⑤ 급전케이블의 안내기구는 작동이 원활할 것

3) 트롤리(trolley)선

① 트롤리선의 종류
  ㉮ 경동 원형 트롤리선 : 중·소형 천장크레인에 사용
  ㉯ 앵글 동바 트롤리선 : 앵글에 구리판을 부착한 것
  ㉰ 레일 트롤리선 : 레일에 구리판을 부착 또는 레일을 직접 이용한 것으로 대용량 크레인에 사용
  ㉱ 홈붙이 트롤리선

② 트롤리선의 재질 및 지지
  ㉮ 재질 : 트롤리선의 재질은 포금, 카본, 철, 기타 특수합금이 사용된다.
  ㉯ 주행용 트롤리선의 지지 : 약 6m 간격마다 애자로 지지한다.
  ㉰ 경동 원형 트롤리선의 지지 : 약 2m 간격마다 애자로 지지한다.

③ 트롤리선의 설치
  ㉮ 전압이 직류에서는 750V 이하, 교류에서는 600V 이하인 주행용 트롤리선은 크레인 거더의 보도 또는 크레인에 설치하는 계단, 사다리 또는 점검대(주행용 트롤리선을 위한 전용의 점검대를 제외)의 상부 2.3m 미만, 측방 1.2m 미만의 위치에 설치해서는 안 된다.
  ㉯ 위 ㉮항의 경우, 트롤리선에 의한 감전을 방지하기 위하여 울 또는 절연덮개가 설치되어 있을 때에는 적용하지 않는다.
  ㉰ 전압이 직류 750V 이상, 교류 600V 이상의 트롤리선은 전용피트 또는 닥트에 내장해야 한다. 다만, 감전을 방지하기 위한 울 또는 절연덮개를 설치한 때에는 적용하지 않는다.

4) 배선

① 배선은 부하의 용량과 특성에 적정한 굵기와 배선 종류를 선정해야 한다.
② 배선의 피복상태는 손상, 파손, 탄화부분이 없어야 하며, 제어반 등의 전선 인입구에는 배선 피복이 손상되지 않도록 보호조치가 되어야 한다.
③ 배선의 단자체결 부분은 볼트 및 너트의 풀림 또는 탈락이 없어야 한다.

5) 부식성 가스등이 있는 장소에서 사용하는 전기기계·기구

① 내부에 부식성가스 또는 용액이 침입할 우려가 없는 구조의 것을 사용하고 금속제 외함 그 밖에 금속부분과 이를 부착하는 너트, 볼트 등은 각각 방식도료를 칠할 것
② 부식성 가스등이 있는 장소에 시설하는 이동전선은 비닐 캡타이어 케이블 이외의 캡타이어 케이블을 사용할 것
③ 캡타이어 케이블의 피복이 부식하는 것을 방지하기 위하여 피복에 절연성 방식도료를 칠할 것

6) 조명장치

① 운전석의 조명상태는 운전에 지장이 없을 것
② 야간작업용 조명은 운전자 및 신호자의 작업에 지장이 없을 것
③ 옥외에 지상 60m 이상 높이로 설치되는 크레인에는 항공법에 따른 항공장애등을 설치할 것

STEP_01 전기장치
적중예상문제

01 천장크레인에서 가장 많이 사용하는 전압(V)은?
① 110V ② 220V
③ 700V ④ 440V

> 천장크레인에서 주로 사용하는 전압은 440V이며, 사용되는 전선은 600V용이다.

02 제어기(controller)의 핸들이 무거운 경우의 고장 원인과 대책 중 틀린 것은?
① 베어링에 기름이 없으면, 베어링에 급유한다.
② 이물질이 혼입되어 있으면, 점검하여 청소한다.
③ 리턴 스프링이 열화되어 있으면 스프링을 교환한다.
④ 내부 기구가 부적당하면, 점검하여 조정한다.

> 리턴 스프링이 열화되어 있으면 그 원인을 찾아 원인을 제거해야 한다.

03 두 개의 동작을 한 개의 핸들(handle)로서 동시에 조작하는 제어기(controller)는?
① 유니버설형 ② 크랭크형
③ 수평형 ④ 마그네트형

> 제어기 형식
> • 일자형(—) : 일자형은 주행, 횡행, 권상 장치 중에서 한 가지만 제어할 수 있는 형식
> • 십자형(+) : 유니버설형(universal type) 또는 만능 제어기라 하며, 주행, 횡행, 권상 장치 중에서 두 개의 동작을 한꺼번에 제어

04 리모트 크레인의 펜던트 스위치(컨트롤러)를 사용하는 방식에서 주파수방식과 적외선방식이 있다. 이 두 가지 방식의 차이점 중 틀린 것은?
① 주파수방식은 운전자의 가시거리 내에 있어야 작동이 가능하다.
② 적외선방식은 주변의 정밀기기에 영향을 주지 않는다.
③ 주파수방식은 안테나를 사용하므로 센서가 필요하지 않다.
④ 적외선방식은 불필요한 신호에 의한 사고위험이 주파수 방식보다 낮다.

> 주파수방식은 컨트롤러와 운전자가 주파수가 잡히는 거리 내에 있어야 한다.

05 제어기에 인터록을 설치하는 목적은?
① 전원을 잘 공급하기 위하여
② 전자접촉의 안전을 위하여
③ 전기스파크를 방지하기 위하여
④ 전자접속 용량조정을 위하여

> 제어기에 인터록(연동장치)을 설치하는 목적은 전자 접촉의 안전을 위한 것이다.

06 제어기에서 전자 접촉자의 면이 거칠 경우 자주 일어나는 전기적인 현상은?
① 스파크가 일어난다.
② 회전력이 커진다.
③ 핸들이 무겁다.
④ 기동이 잘 된다.

> 전기 스파크는 주파수가 높을수록, 접촉면이 거칠수록, 접촉점 간 전압이 높을수록, 교류보다 직류에서 많이 발생한다.

07 천장크레인 운전요령 중 메인(Main) 스위치를 투입했는데도 운전실의 신호램프가 들어오지 않을 때 가장 옳은 처리방법은?
① 먼저 정비사에게 연락한다.
② 제어기의 전압이 '0' 상태인가 확인한다.
③ 상사에게 보고한다.
④ 모터에서부터 점검한다.

> 크레인 운전실의 신호램프가 들어오지 않을 때 제어기의 전압이 '0' 상태인가 확인하고, 메인 스위치를 'ON'으로 작동한다.

정답 ▶ 01 ④ 02 ③ 03 ① 04 ① 05 ② 06 ① 07 ②

08 컨트롤 패널(Control Panel)의 내부 부품이 아닌 것은?

① 단자대(Terminal Block)
② 스페이스 히터(Space Heater)
③ 케이블 덕트(Cable Duct)
④ 전동기(Motor)

> 컨트롤 패널 내부 부품
> • 전선을 연결하는 단자대
> • 내부온도를 조절해 주는 히터
> • 전선을 감싸주는 케이블 덕트

09 운전 중 컨트롤러(controller) 베어링에 기름이 마르거나 레버(lever) 조정이 불량하였을 때 나타나는 현상으로 가장 적합한 것은?

① 스파크가 일어난다.
② 핸들(레버)이 무겁다.
③ 작동이 안된다.
④ 정지한다.

10 다음 펜던트 스위치 설명으로 틀린 것은?

① 펜던트 스위치에서는 크레인의 비상정지용 누름 버튼과 각각의 작동종류에 따른 누름버튼 등이 비치되어 있고 정상적으로 작동하여야 한다.
② 조작용 전기회로의 전압은 교류 대지전압 150V 이하 또는 직류 300V 이하이어야 한다.
③ 펜던트 스위치에 접속된 케이블은 꼬임이나 무리한 힘이 가해지지 않도록 보조 와이어로프 등으로 지지되어야 한다.
④ 펜던트 스위치 외함 구조가 절연제품이 아닐 경우에는 접지선을 생략할 수 있다.

> 펜던트 스위치에 접속된 케이블은 크레인과의 사이에 접지선이 연결되어 있어야 한다. 다만, 해당 스위치의 외함 구조가 절연제품의 경우에는 접지선을 생략할 수 있다.

11 펜던트 스위치의 구조에 대한 설명으로 틀린 것은?

① 펜던트 스위치에는 크레인의 비상정지용 누름 버튼과 손을 떼면 자동적으로 정지위치(off)로 복귀되는 각각의 작동종류에 대한 누름버튼 또는 스위치 등이 비치되어 있고 정상적으로 작동해야 한다.
② 펜던트 스위치는 조작위치에서의 바닥면에서 1.5m 이상의 높이에 위치해야 한다.
③ 펜던트 스위치의 외함은 식별이 용이한 색상이어야 하며 최소 보호등급은 옥내용인 경우 IP43, 옥외용인 경우 IP55 이상이어야 한다.
④ 펜던트 스위치에 접속된 케이블은 꼬임이나 무리한 힘이 가해지지 않도록 보조와이어로프 등으로 지지되어야 하고 크레인과의 사이에 접지선이 연결되어 있어야 한다.

> 펜던트 스위치는 조작위치에서의 바닥면에서 0.9m에서 1.7m 사이에 위치해야 한다.

12 방폭 구조로 된 전기설비의 구비조건이 아닌 것은?

① 시건장치를 할 것
② 접지를 할 것
③ 환기가 잘될 것
④ 퓨즈를 사용할 것

> 방폭구조로 된 전기설비의 구비조건
> • 시건장치를 할 것
> • 접지를 할 것
> • 퓨즈를 사용할 것
> • 도선의 인입방식을 정확히 채택할 것

13 무선 원격제어기의 구조에 대한 설명으로 틀린 것은?

① 크레인의 작동종류, 방향과 일치하는 표시를 해야 하며 중간위치에서는 작동이 원활할 것
② 사용 중 충격을 받으면 곧바로 작동이 정지되는 구조로 할 것
③ 관계자 이외의 자가 취급할 수 없도록 잠금장치 등이 설치될 것
④ 제어기는 해당 크레인마다 갖추어야 하며 각각의 제어기에는 제어 대상 크레인이 표기되어 있을 것

정답 ▶ 08 ④ 09 ② 10 ④ 11 ② 12 ③ 13 ①

> 크레인의 작동종류, 방향과 일치하는 표시를 해야 하며 정해진 작동 위치가 아닌 중간위치에서는 작동되지 않도록 하여야 한다.

14 옥내용인 경우 무선 원격제어기 송신기의 최소 보호등급은?

① IP33 이상 ② IP43 이상
③ IP55 이상 ④ IP65 이상

> 무선 원격제어기 송신기의 최소 보호등급은 옥내용인 경우 IP43, 옥외용인 경우 IP55 이상이어야 한다.

15 무선원격제어기를 사용하여 작업바닥 면에서 조작하며 화물과 운전자가 함께 이동하는 크레인의 주행속도는 매 분당 몇 m 이하여야 하는가?

① 15m 이하 ② 30m 이하
③ 45m 이하 ④ 60m 이하

> 펜던트 또는 무선원격제어기를 사용하여 작업바닥 면에서 조작하며 화물과 운전자가 함께 이동하는 크레인의 주행속도는 매 분당 45m 이하여야 한다.

16 천장크레인 제어기의 조작버튼 색상 중 비상정지 스위치에 사용되는 색은?

① 적색 ② 황색
③ 녹색 ④ 청색

> 제어기 조작버튼의 색상 부호화

색상	의미	설명	적용 예
적색	비상	위험한 상태 또는 비상시 작동	비상정지 스위치 비상기능의 초기화
황색	비정상	비정상 상태 발생시 작동	비정상 상태를 해소하기 위한 간섭 차단된 자동 주기 재기동 간섭
녹색	정상	정상 상태에서 작동	
청색	의무	의무 작동이 필요한 상태의 작동	복귀 기능
흰색	지정된 의미 없음	비상 정지 이외의 일반적인 기능 개시(비고 참조)	기동/투입(선호됨), 정지/차단
회색			기동/투입, 정지/차단
흑색			기동/투입, 정지/차단 (선호됨)

17 제어기능과 관련하여 작업자가 직접 조작하는 누름버튼 스위치에 인가되는 교류 전압 기준은?

① 150V 이상 ② 150V 이하
③ 300V 이상 ④ 300V 이하

> 조작전압(작업자가 직접 조작하는 누름버튼 스위치 등에 인가되는 전압)은 대지전압 교류 150V 이하 또는 직류 300V 이하여야 한다.

18 다음 설명 중 가장 올바른 것은?

① 전기에너지를 기계에너지로 바꾸는 장치를 발전기라 하며, 직류발전기와 교류발전기가 있다.
② 마그넷 크레인은 철편을 붙였을 때 전기스위치를 끊어도 잔류자기 때문에 철편이 금방 떨어지지 않을 수도 있다.
③ 저항체는 전력을 열로 바꾸므로 정지 중에도 약 650℃가 될 때가 있으므로 가연물을 가까이 하면 안된다.
④ 천장크레인용 저항기는 용량이 크고 진동에 강한 권선형이 적합하다.

> • 발전기는 기계에너지를 전기에너지로 변환시키는 장치이다.
> • 저항체의 허용온도는 350℃까지이다.
> • 천장크레인에는 그리드형 저항기가 주로 사용된다.

19 천장크레인 전동기(motor)에 대한 설명으로 틀린 것은?

① 전동기 운전시 온도는 90℃까지 허용된다.
② 전동기 형상에서 개방형, 전폐형 등이 있다.
③ 전동기의 분류는 크게 직류전동기와 교류전동기로 분류할 수 있다.
④ 전동기 명판에서 220V, 100A 정격 1시간이라는 것은 220V, 100A 조건에서 1시간 연속 사용가능하다는 것이다.

> 전동기 발열의 표준 규격은 40℃이며, 50~60℃까지 허용된다.

20 다음 중 동력의 단위에 해당되는 것은?

① kW ② R
③ K   ④ J

정답 14 ② 15 ③ 16 ① 17 ② 18 ② 19 ① 20 ①

> 전동기의 출력(kW)
>
> 출력(kW) = $\frac{[정격하중(톤) + 훅의 자중] \times 권상속도(m/min)}{6.12 \times 권상기 효율(\mu)}$

21 동력의 단위 중 1마력(PS)은?

① 70kgf · m
② 102kgf · s/m
③ 102kgf · m/s
④ 75kgf · m/s

> • 1마력(PS) = 75kgf · m/sec = 735W
> • 1마력(HP) = 746W

22 다음 설명 중 틀린 것은?

① 천장크레인용 전동기는 외형으로 볼 때 폐쇄통풍형 또는 전폐형을 많이 사용한다.
② 전동기는 운전을 하면 열이 나지만 주위온도 40℃ 이하에서 전동기 온도 80℃~90℃까지 허용한다.
③ 저항기는 사용 중에 온도가 높아져서 약 350℃가 될 때도 있다.
④ 천장크레인용 저항기는 용량이 크고 진동에 강한 그리드형이 적합하다.

> 전동기 발열의 표준 규격은 40℃이며, 50~60℃까지 허용된다.

23 크레인용으로 직류 전동기를 사용하는 경우의 속도제어 방식이 아닌 것은?

① 계자제어   ② 전압제어
③ 저항제어   ④ 2차 저항제어

> 직류 전동기의 속도제어
> • 저항제어 : 전기자 회로에 직렬로 저항을 삽입하고 그 값을 변화시켜 속도를 제어
> • 계자제어 : 계자전류를 조정함에 따라 계자의 자속을 변화시켜 속도를 제어
> • 전압제어 : 단자 전압을 변화시켜 속도를 제어

24 다음 중 천장크레인의 교류 전동기에 사용되는 속도제어 방법이 아닌 것은?

① 계자제어   ② 직렬저항제어
③ 전압제어   ④ 출력제어

> 전동기의 속도제어 방식에는 계자제어, 직렬저항제어, 전압제어 방식이 있으나 계자제어는 계자전류를 제어하여 속도를 제어하는 직류 전동기에만 사용된다.

25 천장크레인에 사용하는 전동기 중 2차 저항제어 방식을 사용하여 기동 및 속도제어를 행하는 전동기는?

① 직류 직권 전동기
② 교류 권선형 유도전동기
③ 교류 농형 전동기
④ 직류 분권 전동기

> 2차 저항 제어 : 교류 권선형 유도전동기 회전자의 슬립링에 브러시(brush)를 통해 접속되는 2차측 전원에 연결되는 2차 저항의 값이 크면 전동기의 회전속도가 느려지고, 저항값이 적으면 전동기의 회전속도가 빨라진다.

26 다음 중 크레인에 가장 많이 사용되는 전동기는?

① 정류자 전동기
② 단상 유도전동기
③ 직류 전동기
④ 3상 유도전동기

27 천장크레인용 전동기에서 직류전동기는 무슨 전동기가 가장 많이 사용되는가?

① 직권전동기   ② 분권전동기
③ 화동복권전동기   ④ 농형유도전동기

> 크레인용 주로 사용되는 전동기
> • 직류전동기 : 직권전동기
> • 교류전동기 : 3상 권선형 유도전동기

28 크레인의 일반적인 기동법으로 맞는 것은?

① 2차 저항기동법
② ΔY 기동법
③ 리액터 기동법
④ 소프터 스타터 기동법

> 크레인의 전동기가 권선형이면 일반적으로 2차 저항기동법이 사용된다.

 정답 21 ④ 22 ② 23 ④ 24 ① 25 ② 26 ④ 27 ① 28 ①

29 중 브러시(brush)를 사용하지 않는 전동기는?

① 직류 전동기
② 권선형 유도전동기
③ 정류자 전동기
④ 농형 유도전동기

🔍 농형 유도전동기는 운전 중 성능은 좋으나 기동시 성능이 좋지 않아 슬로우 스타터(slow starter)가 필요하며 브러시(brush)를 사용하지 않는다.

30 2차측 저항의 조정 저항값을 증감함으로써 회전속도를 가감하는 전동기는?

① 직권전동기
② 복권전동기
③ 분권전동기
④ 권선형 유도전동기

🔍 권선형 유도전동기 회전자의 슬립링에 브러시(brush)를 통해 접속되는 2차측 전원에 연결되는 2차 저항의 값이 크면 전동기의 회전속도가 느려지고, 저항값이 적으면 전동기의 회전속도가 빨라진다.

31 3상 권선형 유도전동기의 전류 제한 및 속도조정 목적으로 사용되는 것은?

① 브러시(brush)
② 2차 저항기
③ 회전자(rotor)
④ 슬립링(slip ring)

32 권선형 전동기를 사용한 천장크레인 중에서 볼 수 없는 기기는?

① 저항기(Resistor)
② 컨트롤러(Controller)
③ 브레이크(Brake)
④ 슬로우 스타터(Slow Starter)

🔍 슬로우 스타터는 기동시 성능이 좋지 않은 농형 유도전동기에 사용된다.

33 권선형 유도전동기의 구조에 해당되지 않는 것은?

① 단락형
② 회전자
③ 고정자
④ 슬립링

🔍 권선형 유도전동기는 고정자와 회전자의 끝에 권선을 지니고 회전자에는 슬립링이 있으며 전동기의 몸체에 고정되는 브러시 홀더(brush holder)에 브러시(brush)를 끼워 슬립링과 브러시가 접촉되어 회전하는 구조이다.

34 천장크레인의 전동기는 그 사용 빈도에 따라 사용률 정격(%ED)으로 표시한다. 맞는 것은?

① $\dfrac{정지시간}{운전시간} \times 100$

② $\dfrac{운전시간}{정지시간} \times 100$

③ $\dfrac{운전시간}{운전시간+정지시간} \times 100$

④ $\dfrac{정지시간}{운전시간+정지시간} \times 100$

🔍 전동기 사용률 정격 및 출력
- 사용률 정격(%ED) = $\dfrac{운전시간}{운전시간+정지시간} \times 100$
- 전동기 출력(kW) = $\dfrac{[정격하중(톤)+훅의자중] \times 권상속도(m/min)}{6.12+권상기 효율(\mu)} \times 100$

35 교류 권선형 유도전동기의 슬립(Slip)은 보통 몇 %인가?

① 1~3%
② 3~5%
③ 5~8%
④ 8~10%

🔍 교류 권선형 유도 전동기의 slip은 보통 3~5% 이다.

36 권선형 3단 유도전동기의 회전방향을 변화시키는 방법으로 적합한 것은?

① 3상 전원선 중 1선을 단락시킨다.
② 3상 전원선 중 2선을 단락시킨다.
③ 3상 전원선 모두를 바꾸어 접속한다.
④ 3상 전원선 중 임의의 2선의 접속을 바꾼다.

🔍 1차측(R.S.T) 공급전원 3선 중 임의의 2선을 바꾸면 3상 유도전동기의 회전 방향이 바뀐다.

37 전동기가 입력 20kW로 운전하여 23HP의 동력을 발생하고 있을 때 전동기의 효율은?(단, 1HP는 746W)

① 64.8% ② 85.8%
③ 87%   ④ 96%

> • 전동기의 출력 = 23HP × 746W = 17,158W
> • 전동기의 입력 = 20kW × 1,000 = 20,000W
> • 전동기의 효율 = $\frac{출력}{입력} \times 100 = \frac{17,158}{20,000} \times 100 = 85.8\%$

38 15kW의 전동기로 12m/min의 속도로 권상할 경우 권상 하중은?(단, 전동기를 포함한 크레인의 효율은 65%이다.)

① 5ton   ② 10ton
③ 15ton ④ 20ton

> 권상하중 = $\frac{6.12 \times 전동기출력 \times 권상기효율}{권상속도}$
> = $\frac{6.12 \times 15 \times 0.65}{12} ≒ 5톤$

39 입력 전압이 440V, 60Hz 인 3상 유도전동기가 있다. 극수가 4극이고 슬립이 3%일 때 회전자 속도는 약 얼마인가?

① 1,746rpm
② 1,780rpm
③ 1,800rpm
④ 1,880rpm

> • 동기속도(N_s) = $\frac{120 \times 주파수}{극수} = \frac{120 \times 60}{4} = 1,800[rpm]$
> • 정격속도(N) = $N_s \times (1 - 슬립율) = 1,800 \times (1 - 0.03) = 1,746[rpm]$

40 권선형 유도 전동기의 극수가 6극, 60Hz이면 정격회전속도는 몇 rpm인가?(단, 슬립은 3%)

① 1,170 ② 1,150
③ 1,145 ④ 1,164

> • 동기속도(N_s) = $\frac{120 \times 주파수}{극수} = \frac{120 \times 60}{6} = 1,200[rpm]$
> • 정격속도(N) = $N_s \times (1 - 슬립율) = 1,200 \times (1 - 0.03) = 1,164[rpm]$

41 입력전압이 440V, 60Hz인 3상 유동전동기에서 극수가 4극, 회전자 속도가 1,760rpm일 때 전동기의 슬립율은?

① 2.2%   ② 4.3%
③ 13.2% ④ 20.3%

> 슬립(s) = $\frac{동기속도(N_s) - 정격속도(N)}{동기속도(N_s)} \times 100$
> = $\frac{1800 - 1760}{1800} \times 100 = 2.2[\%]$

42 권상하중 40톤, 권상속도 1.5m/min인 천장크레인의 전동기의 출력(kW)은?

① 58.8kW ② 588kW
③ 13.3kW ④ 9.8kW

> 전동기 출력(kW) = $\frac{권상하중(톤) \times 권상속도(m/min)}{6.12 \times 권상기 효율(\mu)}$
> = $\frac{40 \times 1.5}{6.12} = 9.8[kW]$

43 권상하중 50톤, 권상속도 1.5m/min인 천장크레인의 전동기 출력은?(단, 권상기의 효율은 70%이다.)

① 12.2kW ② 13kW
③ 17.5kW ④ 8.5kW

> 전동기 출력(kW) = $\frac{권상하중(톤) \times 권상속도(m/min)}{6.12 \times 권상기 효율(\mu)}$
> = $\frac{50 \times 1.5}{6.12 \times 0.7} = 17.5[kW]$

44 전동기 회전수 1152rpm, 전 감속비 1/18.1, 차륜의 지름이 400mm일 때 이 천장크레인의 주행속도는 약 얼마인가?

① 25.4m/min
② 60m/min
③ 80m/min
④ 200m/min

> 주행속도 = $\pi D \times 회전속도 \times 감속비$
> ∴ 주행속도 = $3.14 \times 0.4[m] \times 1152[rpm] \times \frac{1}{18.1} = 80[m/min]$

정답 37 ② 38 ① 39 ① 40 ④ 41 ① 42 ④ 43 ③ 44 ③

45 전동기 회전수 계산식은?(N : 회전수, f : 주파수, P : 극수, s : slip)

① $N = 120\dfrac{f}{P}(1-s)$

② $N = 120\dfrac{P}{f}(1-s)$

③ $N = \dfrac{f}{120}P(1-s)$

④ $N = 120\dfrac{f}{P}(1-s)$

> 전동기 회전수
> • 동기속도(Ns) = $\dfrac{120f}{P}$ (P : 극수, f : 주파수)
> • 정격속도(N, 회전수) = Ns(1−s) = $\dfrac{120f}{P}(1-s)$
>   (P : 극수, f : 주파수, s : 슬립율)

46 천장크레인에서 교류전류가 널리 사용되는 주된 이유는?

① 발전이 간단하므로
② 직류보다 위험이 적어서
③ 모터를 돌리는 데 적당하므로
④ 전압을 자유롭게 변화시키는 것이 가능하므로

> 교류(A.C)는 일정한 주기를 갖고 시간에 따라 전압을 자유롭게 변화시킬 수 있어 널리 사용된다.

47 전동기 회로의 보호장치가 아닌 것은?

① 퓨즈   ② 차단기
③ 과전류 전압기   ④ 변압기

> 변압기는 교류 전압을 높이거나 낮추는 데 사용되는 기기로 보호장치에 해당되지 않는다.

48 천장크레인의 전동기 보호를 위하여 주로 사용하는 계전기는?

① 과부하 계전기   ② 한시 계전기
③ 전력 계전기   ④ 주파수 계전기

> 전동기에 부하게 크게 걸릴 경우 발열과 함께 퓨즈가 끊어질 수 있으며, 이때 전동기를 보호하기 위해 과부하 계전기가 작동한다.

49 전동기의 과부하 계전기가 트립(Trip)되었을 때 점검해야 할 사항 중 틀린 것은?

① 전원 전압 측정
② 브레이크 해지 여부 점검
③ 계전기 설정치 점검
④ 경보장치 점검

> 계전기의 트립은 회로를 보호하기 위한 것으로 경보장치와는 관련이 없다.

50 크레인 운전 후 전동기 부분의 발열이 심한 것을 발견하였다. 발열의 원인으로서 가장 거리가 먼 것은?

① 사용빈도가 높았다.
② 부하가 과대하였다.
③ 저항기가 부적정하였다.
④ 단선이 되었다.

> 전동기의 발열 원인
> • 과부하일 경우
> • 사용빈도가 높을 때
> • 저항기가 부적당할 때
> • 냉각 통풍 통로가 막혀 있을 경우
> • 냉각 흡기 온도가 높을 경우
> • 전원 전압이 너무 높거나 낮을 경우

51 다음은 전동기 분해순서를 열거한 것이다. 순서대로 바르게 열거한 항목은?

> ㉮ 외선 커버의 급유용 그리스 니플과 부속 파이프 및 외선 커버를 분해한다.
> ㉯ 고정자와 회전자를 분리한 후 베어링을 뽑는다.
> ㉰ 슬립링 측의 측함 커버 취부 볼트를 뽑은 후 슬립링 측의 베어링을 분해한다.
> ㉱ 외선 팬을 뽑고 브라켓을 분리시킨다.

① ㉮ → ㉯ → ㉰ → ㉱
② ㉮ → ㉰ → ㉯ → ㉱
③ ㉱ → ㉮ → ㉯ → ㉰
④ ㉮ → ㉰ → ㉱ → ㉯

52 전동기를 접지하는 목적으로 맞는 것은?

① 감전을 방지하기 위해
② 전동기의 과열을 방지하기 위해
③ 누전을 방지하기 위해
④ 전동기에 전기를 공급하기 위해

> 접지 및 누전차단기 등은 감전사고를 사고를 방지하기 위한 목적으로 설치된다.

53 천장크레인 운전을 하면 전동기에서 열이 발생하는데 그 허용 온도는 약 얼마인가?(단, 외기 온도는 40℃ 이하이다.)

① 40~50℃ ② 50~60℃
③ 60~70℃ ④ 70~80℃

> 전동기의 시간 정격
> • 전동기가 정격 출력으로 회전하여 규정된 온도에 올라갈 때까지의 시간으로 표시하는 것이다.
> • 천장크레인에는 보통 30분 정격시간을 채택한다.
> • 전동기 발열의 표준 규격은 40℃이며, 50~60℃까지 허용된다.
> • 천장크레인에 사용되는 전동기의 부하 시간율은 40%이며, 사용기호는 %ED로 표기한다.

54 천장크레인의 모터(motor)용 부품 중에서 예비품으로 반드시 준비해 둘 필요가 있는 것은?

① 브러시(brush)와 홀더(holder)
② 회전자(rotor)
③ 고정자(stator)
④ 터미널(terminal) 단자

> 천장크레인 전동기에 주로 사용되는 권선형 유도전동기는 고정자와 회전자의 끝에 권선을 지니고 회전자에는 슬립링이 있으며 전동기의 몸체에 고정되는 브러시 홀더에 브러시를 끼워 슬립링과 브러시가 접촉되어 회전하는 구조이다. 따라서, 예비품으로 브러시(brush)와 홀더(holder)가 반드시 준비되어 있어야 한다.

55 전동기 카본 브러시의 사용한도는 원래치수의 얼마인가?

① 원치수의 20% ② 원치수의 30%
③ 원치수의 40% ④ 원치수의 50%

> 카본 브러시의 마모한도는 원치수의 50% 이하이어야 한다.

56 슬립링은 종종 점검하여 브러시와 접촉불량이 없도록 하여야 한다. 적절한 접촉 압력은?

① 120~125g/cm²
② 125~130g/cm²
③ 150~300g/cm²
④ 250~500g/cm²

57 전동기에 전원이 인가되지 않을 때 점검사항을 열거하였다. 가장 먼저 점검하여야 할 것은?(단, 운전 중 정지되었을 때)

① 과부하 계전기 동작 유무 확인
② 집전기 이탈 상태 확인
③ 배선 상태 확인
④ 브레이크(Brake) 동작 상태 확인

> 운전 중 정지되어 전동기에 전원이 인가되지 않는다면 과부하에 의해 과부하 계전기가 작동했을 가능성이 있다. 따라서, 과부하 계전기 동작 유무를 확인하고 규정부하까지 줄여서 사용하도록 한다.

58 전동기가 기동을 하지 않는 원인이 아닌 것은?

① 터미널 이완
② 단선
③ 커넥션의 접촉불량
④ 훅의 마모

> 전동기와 훅의 마모는 아무런 관련이 없다.

59 전동기에 부하가 크게 걸릴 경우 미치는 영향과 관계없는 것은?

① 발열한다.
② 최대 토크가 증가한다.
③ 퓨즈가 끊어질 수 있다.
④ 과부하 계전기가 작동한다.

> 전동기에 부하게 크게 걸릴 경우 발열과 함께 퓨즈가 끊어질 수 있으며, 이때 전동기를 보호하기 위해 과부하 계전기가 작동한다.

 52 ① 53 ② 54 ① 55 ④ 56 ③ 57 ① 58 ④ 59 ②

60 전동기에 관하여 기술한 것으로 틀린 것은?

① 사용빈도가 많을수록 발열이 적게 된다.
② 브러시는 정기적으로 교체하여야 한다.
③ 통상적으로 사용전압은 정격전압의 ±10%의 전압변동만 허용된다.
④ 브러시와 슬립링은 매월 1회 정도 필히 점검하여야 한다.

> 전동기의 발열 원인
> • 과부하일 경우
> • 사용빈도가 높을 때
> • 저항기가 부적당할 때
> • 냉각 통풍 통로가 막혀 있을 경우
> • 냉각 흡기 온도가 높을 경우
> • 전원 전압이 너무 높거나 낮을 경우

61 저항체의 종류에 따른 저항기 구분으로 맞는 것은?

① 분할형, 일체형, 그리드형 등이 있다.
② 권선형, 그리드형, 리본형 등이 있다.
③ A종, B종, 일체형 등이 있다.
④ 직권형, 분권형, 권선형 등이 있다.

> 저항체의 종류에 따라 저항기 종류
> • 권선형 저항기
> • 그리드형 저항기
> • 리본형 저항기

62 전기장치에서 2차 저항기의 역할로 가장 알맞은 것은?

① 전동기의 저항을 줄임으로서 전동기의 회전수를 일정하게 하는 역할을 한다.
② 전동기에 과전류가 흐르는 것을 막아 전동기를 보호하는 역할을 한다.
③ 권선형 유도전동기의 2차 회로에 부착되어 저항량을 조정함으로써 속도를 변속하는 역할을 한다.
④ 농형 전동기의 저항이 너무크므로 2차 저항기를 부착하여 저항량을 줄임으로써 안전하게 작동할 수 있는 역할을 한다.

63 저항기 사용 중 온도가 높아졌을 때 그 허용값은 얼마인가?

① 약 250℃   ② 약 300℃
③ 약 350℃   ④ 약 400℃

> 사용 중인 천장크레인에서 저항기의 발열온도는 허용값이 350℃까지이다.

64 저항기의 온도상승 요인이 아닌 것은?

① 인칭운전의 빈도가 많다.
② 사용빈도가 크다.
③ 통풍의 불량이다.
④ 최종 노치의 운전이 길다.

> 중간 노치의 운전시간이 길 때 과열되어 온도상승 요인이 될 수 있다.

65 저항기에 있어서 중간속도로 장시간 운전할 경우 일어나는 현상 설명으로 가장 적합한 것은?

① 저항기의 온도가 상승한다.
② 전동기의 온도가 내려간다.
③ 다른 속도의 운전과 전동기 온도는 같다.
④ 정격속도로 운전하는 것보다 유리하다.

> 저항기는 크레인 작동 중 온도가 상승하며 그 허용값은 350℃ 정도이나 정지된 때에는 상온이다.

66 브레이크 블록의 구비조건으로 적당하지 않은 것은?

① 마찰계수가 작을 것
② 내마멸성이 클 것
③ 내열성이 클 것
④ 제동효과가 양호할 것

> 마찰계수는 마찰력을 하중으로 나눈 값으로 브레이크 블록은 마찰계수가 커야 한다.

67 천장크레인에 사용되지 않는 브레이크는?

① 직류전자 브레이크   ② 교류전자 브레이크
③ 스러스트 브레이크   ④ 공압 브레이크

정답 60 ① 61 ② 62 ③ 63 ③ 64 ④ 65 ① 66 ① 67 ④

> 공압 브레이크는 주로 자동차에 사용된다.

68 전기제동 장치의 종류가 아닌 것은?
① 오일 디스크 브레이크
② 스러스트 브레이크
③ 마그네트 브레이크
④ 다이나믹 브레이크

> 오일 디스크 브레이크는 유압만으로 작동되는 방식의 브레이크로 주행 제동용으로 사용된다.

69 주행장치의 제동용으로 가장 많이 사용하는 브레이크는 무엇인가?
① 마그넷(전자석) 브레이크
② 와전류 브레이크
③ 오일 디스크 또는 스러스트 브레이크
④ 다이나믹 브레이크

> 제동용 브레이크
> • 교류 전자 브레이크 : 권상장치에 사용되는 제동용 브레이크
> • 스러스트(유압압상) 브레이크 : 전기를 투입하여 유압으로 작동하는 방식이며 주행, 횡행 장치에만 사용
> • 오일 디스크 브레이크 : 유압만으로 작동되는 방식이며, 주행 제동용으로 사용

70 주행 제동용으로 주로 사용되는 브레이크는?
① 마그네틱 브레이크(magentic brake)
② 에디 커런트 브레이크(eddy current brake)
③ 오일 디스크 브레이크(oil disk brake)
④ 스피드 컨트롤 브레이크(speed control brake)

71 천장크레인의 직류전동기에 사용하는 속도 제어용 브레이크는?
① 유압압상 브레이크 ② 마그넷트 브레이크
③ 다이나믹 브레이크 ④ 메커니컬 브레이크

> 속도 제어용 브레이크
> • 와전류 브레이크(EC, Eddy Current brake)
> • 다이나믹 브레이크(dynamic brake)

72 횡행과 주행에 주로 사용되는 브레이크(brake)는?
① 마그넷 브레이크(magnet brake)
② 스러스트 브레이크(thrust brake)
③ 에디 커렌트 브레이크(eddy current brake)
④ 오일 디스크 브레이크(oil disk brake)

> 스러스트(유압압상) 브레이크
> • 전기를 투입하여 유압으로 작동하는 방식이며 주행, 횡행 장치에만 사용한다.
> • 오일 점검 주기는 매일하며, 오일 교환시기는 6개월이다.

73 다음 브레이크(brake) 중에서 권상장치의 제동용으로 적합하지 않는 것은?
① 메커니컬 브레이크
② 압상기 브레이크
③ 직류전자 브레이크
④ 교류전자 브레이크

> 스러스트(유압압상) 브레이크는 전기를 투입하여 유압으로 작동하는 방식으로 주행, 횡행 장치에만 사용된다.

74 다이나믹 브레이크에서 속도제어는 어느 때 행하는가?
① 권하 시에 한다.
② 권상, 권하 어느 쪽도 좋다.
③ 권상 시에 한다.
④ 주행 및 횡행 시에 한다.

> 다이나믹 브레이크
> • 운동 에너지를 전기적 에너지로 변환시켜 이 전기적 에너지를 소모시켜 제어하는 방식이다.
> • 주로 직류 전동기의 속도 제어용으로 사용하며, 속도제어는 권하 시에 이루어진다.

75 속도제어 제동기는 어떤 때 속도제어를 하는가?
① 권상 시
② 권하 시
③ 권상, 권하 시 모두
④ 권상장치에는 설치하지 않는다.

> 속도 제어용 브레이크는 권하 시에 속도제어가 이루어진다.

68 ① 69 ③ 70 ③ 71 ③ 72 ② 73 ② 74 ① 75 ②

76 전자석 브레이크의 충격에 대한 원인과 관계가 없는 것은?

① 전압이 너무 큰 경우
② 핀 둘레가 마모된 경우
③ 대시포트의 조정불량인 경우
④ 잔류 자기가 있는 경우

77 천장크레인의 전자석 브레이크 등에 사용하는 것으로 코일을 여러 번 감고 전류를 흐르게 하였을 때 자석이 되게 한 것은?

① 라이닝 ② 솔레노이드
③ 디스크 ④ 드럼

🔍 솔레노이드는 도선을 속이 빈 긴 원통형의 코일모양으로 감은 것으로 도선에 전류를 흘리면 자기장을 생성시키기 때문에 전자석이 될 수 있다.

78 다이나믹 브레이크를 설명한 것으로 맞는 것은?

① 다이나믹 브레이크에는 마그넷 브레이크, 스러스트 브레이크, 유압 브레이크가 있다.
② 구조가 간단하고 정격속도의 1/5의 안정된 저속도를 쉽게 얻을 수 있다.
③ 다이나믹 제동방식은 운동에너지를 전기에너지로 변환시켜 이 전기에너지를 소모시켜 제어한다.
④ 직류 전자석으로 구성되어 있으며 직류 전원용으로 별도의 전용제어함이 필요하다.

🔍 다이나믹 브레이크
• 운동 에너지를 전기적 에너지로 변환시켜 이 전기적 에너지를 소모시켜 제어하는 방식이다.
• 주로 직류 전동기의 속도 제어용으로 사용하며, 속도제어는 권하 시에 이루어진다.

79 천장크레인의 권상장치에 사용되는 브레이크에 대하여 설명한 것으로 틀린 것은?

① 전자 브레이크는 운반물을 보호하여 지지하는 역할을 한다.
② 전자 브레이크는 유압 압상 브레이크와 병용하여 사용되는 경우가 많다.
③ 브레이크의 제동력은 전동기 회전력의 100% 이상이 되어야 한다.
④ 유압 압상 브레이크는 전자 브레이크의 제동시간보다 느리다.

🔍 권상장치 등의 브레이크 제동토크(torque) 값(권상 또는 기복장치에 2개 이상의 브레이크가 설치되어 있을 때는 각각의 브레이크 제동토크 값을 합한 값)은 크레인의 정격하중에 상당하는 하중을 권상시 해당 크레인의 권상 또는 기복장치의 토크 값의 1.5배(150%) 이상이어야 한다.

80 다음 설명 중 틀린 것은?

① 브레이크 휠(Brake Wheel)면의 요철이 2mm가 되면 평활하게 다듬어야 한다.
② 주행용 브레이크는 오일 디스크 브레이크 또는 스러스트 브레이크를 사용한다.
③ 권상장치의 브레이크는 오일 압상 브레이크를 사용하여 충격을 완화시켜 준다.
④ 횡행장치의 브레이크는 스러스트 브레이크를 사용한다.

🔍 유압 압상 브레이크는 전기를 투입하여 유압으로 작동하는 방식이며 주행, 횡행 장치에만 사용한다.

81 AC 브레이크의 브레이크 블록의 구비 조건이 아닌 것은?

① 마찰계수가 클 것
② 내마모성이 클 것
③ 내열성이 작을 것
④ 제동효과가 양호할 것

🔍 브레이크 블록은 마찰계수가 크고, 내열성 및 내마모성이 크며, 방열성이 우수하고 제동효과가 양호해야 한다.

82 권상장치의 속도 제어용 브레이크는?

① 와전류 브레이크
② 직류 전자브레이크
③ 교류 전자브레이크
④ 디스크타입 전자브레이크

🔍 권상장치의 속도 제어용 브레이크로는 와전류 브레이크(Eddy Current brake)와 다이나믹 브레이크(dynamic brake)가 사용되며, 권하 시에 속도 제어가 이루어진다.

정답 76 ④ 77 ② 78 ③ 79 ③ 80 ③ 81 ③ 82 ①

83 일반적으로 사용되는 권상 제동용 브레이크는 (Brake)는?

① 마그네틱 브레이크(Magnetic Brake)
② 스피드 컨트롤 브레이크(Speed control Brake)
③ 에디 커렌트 브레이크(Eddy Currcnt Brake)
④ 다이나믹 브레이크(Dynamic Brake)

> 교류 전자 브레이크(A.C magnetic brake) : 크래브 트롤리(crab trolley)의 권상장치에 사용되는 제동용 브레이크로 제동 토크가 무여자시의 스프링과 가동 철심의 자체중량에 의해 발생되는 압력으로 브레이크 드럼을 가압하여 제동하는 방식이다.

84 천장크레인의 브레이크 중에서 전기를 투입하여 유압으로 작동되는 브레이는?

① 오일디스크 브레이크
② 마그네트 브레이크
③ 스러스트 브레이크
④ 다이나믹 브레이크

> 스러스트(유압압상) 브레이크
> • 전기를 투입하여 유압으로 작동하는 방식이며 주행, 횡행 장치에만 사용한다.
> • 오일 점검 주기는 매일하며, 오일 교환시기는 6개월이다.

85 천장크레인이 권하 동작을 하는 동안 운동 에너지를 전기에너지로 변환시켜 이 전기에너지를 소모시켜 제어하므로 안정된 저속도를 얻는 것은?

① D.C 마그넷 브레이크
② E.C 브레이크
③ 다이나믹 브레이크
④ 리미트 스위치

> 다이나믹 브레이크
> • 운동 에너지를 전기적 에너지로 변환시켜 이 전기적 에너지를 소모시켜 제어하는 방식이다.
> • 주로 직류 전동기의 속도 제어용으로 사용하며, 속도제어는 권하 시에 이루어진다.

86 천장크레인의 속도제어용 브레이크 중 구조가 간단하고 마모 부분이 없으며 저속도를 쉽게 얻을 수 있는 것은?

① 유압 디스크 브레이크
② EC(eddy current) 브레이크
③ AC 브레이크
④ DC 마그넷 브레이크

> 와전류(eddy current) 브레이크는 천장크레인의 권상장치에 주로 사용되는 브레이크로 구조가 간단하고 마모 부분이 없어 정격속도의 1/5의 안정된 저속도를 쉽게 얻을 수 있으며, 권상 시에는 작동하지 않고, 권하 2단에서 작동된다.

87 마스터 실린더와 관계있는 제동기의 종류는?

① 오일디스크 제동기
② 유압압상 제동기
③ 교류전자 제동기
④ 직류전자 제동기

> 오일 디스크 브레이크(oil disc brake)
> • 유압만으로 작동되는 방식이며, 주행 제동용으로 사용된다.
> • 주요 구조는 마스터 실린더, 브레이크 실린더, 라이닝 또는 디스크 등으로 구성된다.

88 전자석 브레이크의 충격에 대한 원인과 관계가 없는 것은?

① 전압이 너무 큰 경우
② 핀 둘레가 마모된 경우
③ 대시포트의 조정불량인 경우
④ 잔류자기가 있는 경우

> 전자석 브레이크의 충격 원인
> • 전압이 너무 큰 경우
> • 핀 둘레가 마모된 경우
> • 대시포트의 조정불량인 경우

89 브레이크 라이닝은 원 두께의 약 몇 %일 때 새로운 라이닝으로 교체하여야 하는가?

① 5%
② 15%
③ 20%
④ 50%

> 브레이크류의 조건
> • 라이닝은 편마모가 없고 마모량은 원치수의 50% 이내일 것
> • 디스크의 마모량은 원치수의 10% 이내일 것
> • 유량은 적정하고 기름누설이 없을 것
> • 볼트, 너트는 풀림 또는 탈락이 없을 것

정답 83 ① 84 ③ 85 ③ 86 ② 87 ① 88 ④ 89 ④

90 전자식 마그넷 브레이크(magnet brake)의 라이닝 두께가 25% 감소한 경우 가장 적합한 조치 방법은?

① 라이닝을 교환한다.
② 브레이크 드럼 지름을 크게 한다.
③ 스트로크를 조정한다.
④ 별다른 조치를 하지 않아도 된다.

🔍 라이닝 두께가 20~30% 감소되면 스트로크를 조정하여야 한다.

91 천장크레인용 마그네트 또는 스러스트 브레이크 휠 면의 요철은 몇 mm 이상이 되면 수정 또는 교환하여야 하는가?

① 0.5mm   ② 1mm
③ 2mm   ④ 3mm

🔍 브레이크 드럼 제동면의 요철이 2mm에 도달하면 가공(수정) 또는 교환하여야 한다.

92 브레이크 드럼과 라이닝에 대하여 기술한 것이다. 틀린 것은?

① 드럼의 제동 면이 과열하면 마찰계수가 증가한다.
② 드럼과 라이닝의 간격은 드럼직경의 1/150~1/200 이다.
③ 드럼은 열팽창에 의하여 직경 변화가 있다.
④ 드럼 제동 면의 요철이 2mm에 도달하면 가공 또는 교환하여야 한다.

🔍 브레이크 드럼의 제동면이 과열하면 마찰계수가 감소하여 라이닝 재질이 변하므로 150℃를 초과하면 안 된다.

93 교류 전자 브레이크(A.C magnetic brake)는 제동 토크가 무여자시의 스프링과 가동 철심의 자체 중량에 의해 발생되는 압력으로 브레이크 드럼을 가압하여 제동하는 방식이다. 라이닝 두께가 몇 % 감소되면 스트로크를 조정해야 하는가?

① 10~20%   ② 20~30%
③ 30~40%   ④ 40~50%

🔍 브레이크에서 라이닝 두께가 20~30% 감소되면 스트로크를 조정하여야 한다.

94 브레이크 휠과 라이닝의 수직, 수평 폭은 몇 mm 이내로 해야 하는가?

① 1mm   ② 1.5mm
③ 2mm   ④ 2.5mm

🔍 브레이크 휠과 라이닝의 수직, 수평 폭은 1mm 이내여야 한다.

95 다음은 마그넷 브레이크의 동작이 느릴 경우(정상은 0.1~0.5초)의 원인들을 열거하였다. 옳게 짝지어진 것은?

㉮ 전압강하가 크다.
㉯ 사용유의 규격이 적당하지 않다.
㉰ 주파수 저하가 크다.
㉱ 유량이 부족하다

① ㉮, ㉯, ㉰   ② ㉮, ㉰, ㉱
③ ㉯, ㉰, ㉱   ④ ㉮, ㉯, ㉰

🔍 마그넷 브레이크의 동작이 느리게 되는 원인은 전압강하가 크고, 주파수 저하가 크고, 유량이 부족하기 때문이다.

96 크레인에서 유압식 디스크 브레이크의 공기빼기 작업 중 옳지 않은 방법은?

① 브레이크 계통 라인에 공기가 유입되어 유격이 많은 경우 공기빼기 작업을 한다.
② 마스터 실린더에서 브레이크 오일을 보급하면서 행한다.
③ 브레이크 파이프를 빼면서 행한다.
④ 일반적으로 마스터 실린더에서 제일 먼 곳의 휠 실린더에서 행한다.

97 유압 브레이크에서 공기가 차면 어떤 현상이 일어나는가?

① 권상의 경우 상·하동작 시 급정지한다.
② 주행의 경우 정지시켜도 밀림 현상이 생긴다.
③ 주행의 경우 기동불능 현상이 생긴다.
④ 권상의 경우 기동불능 현상이 생긴다.

🔍 유압식 디스크 브레이크의 공기빼기 작업을 블리딩(bleeding)이라 하며, 이는 브레이크가 잘 듣지 않을 때, 케이블에 공기가 들어갔을 때 수행한다.

정답 90 ③ 91 ③ 92 ① 93 ② 94 ① 95 ② 96 ③ 97 ②

98 브레이크 제동면이 과열하면 라이닝의 마찰계수가 감소하므로 일반적으로 내열온도는 몇 ℃ 를 초과해서는 안되는가?

① 30℃   ② 85℃
③ 150℃   ④ 500℃

> 브레이크 라이닝의 내열온도는 일반적으로 150℃ 정도이며, 이를 초과하면 라이닝의 마찰계수가 감소하여 제동력이 저하된다.

99 브레이크용 전자석에 있어서 철심이 완전히 흡착되지 않는 때 현상으로 가장 적합한 것은?

① 과열된다.
② 충격이 커진다.
③ 기동력이 좋아진다.
④ 제동력이 상승한다.

100 전자 브레이크의 전자석 부분 과열 원인 중 틀린 것은?

① 철심이 완전히 흡착하지 않음
② 전원 전압의 강하
③ 권선의 부분 단락
④ 브레이크 슈(shoe)의 마모

> 전자 브레이크의 전자석 부분 과열 원인
> • 철심이 완전히 흡착하지 않음
> • 전원 전압의 강하
> • 권선의 부분 단락

101 브레이크 드럼, 림(rim)의 마모 한도는 원치수의 몇 % 이내이어야 하는가?

① 10%   ② 20%
③ 30%   ④ 40%

> • 브레이크 드럼, 림(rim)의 마모 한도는 원치수의 40% 이내이다.
> • 브레이크 휠과 라이닝의 수직, 수평 폭은 1mm 이내여야 한다.
> • 브레이크 휠과 라이닝의 간격은 브레이크 개방 시 브레이크 휠 직경의 1/150~1/200이 적당하다.

102 제어반에서 주전원 차단기나 퓨즈가 자주 차단될 때 점검해야 할 사항 중 옳지 않은 것은?

① 전선로 상호 간의 절연저항 점검
② 퓨즈 용량이 맞는지 점검
③ 과부하 여부 점검
④ 전선로의 길이

> 퓨즈의 끊어짐은 과부하, 과전류, 용량이 맞지 않는 퓨즈 사용 등에 의한 것으로 전선로의 길이와는 무관하다.

103 천장크레인 운전실의 전압계가 멈추었을 때 점검해야 될 사항이 아닌 것은?

① 집전자의 이탈 여부 검사
② 주 인입 개폐기 점검
③ 정전 여부 확인
④ 천장크레인 내 변압기 이상 여부 점검

> 일반적으로 변압기는 천장크레인 외부에 설치되어 있다.

104 판넬의 고장개소를 파악하기 앞서 제일 먼저 취해야 할 사항은?

① 주 전원 개폐기를 차단한다.
② 터미널 박스를 열어 본다.
③ 변압기를 드라이버로 분해한다.
④ 케이블 묶음을 풀어 놓는다.

> 전기시설의 점검 시에서 감전재해를 방지하기 위해 주 전원을 차단한 상태에서 진행하여야 한다.

105 제어반의 구조에 대한 설명으로 틀린 것은?

① 제어반에는 제어반의 명칭, 전원의 정격(전압, 상수)이 표시된 명판을 각각 붙일 것
② 과전류 보호용 차단기는 차단 용량이 해당 전동기 등의 정격 전류에 대하여 250% 이하일 것
③ 케이스의 구조는 충전부가 노출되어 있는 구조로 할 것
④ 계전기의 스프링은 절손, 변형, 피로에 의한 열화 등이 없을 것

> 케이스의 구조는 충전부가 노출되지 않도록 폐쇄형으로 잠금장치가 있고 사용 장소에 적합한 구조여야 한다.

정답 98 ③ 99 ① 100 ④ 101 ④ 102 ④ 103 ④ 104 ① 105 ③

106 수전반 또는 보호반 내에 설치된 직접적인 안전장치는?

① 주 전자접촉기
② 주 나이프 스위치
③ 누름단추 스위치
④ 표시등

🔍 주 전자접촉기는 제어반, 누름단추 스위치는 계기판 외부, 제어회로용 나이트 스위치 및 퓨즈는 배전반 내에 설치한다.

107 배전반 내에 설치된 직접적인 안전장치가 아닌 것은?

① 과전류 계전기 및 퓨즈
② 제어 회로용 나이프 스위치 및 퓨즈
③ 단락 보호장치
④ 누름 단추

🔍 배전반 내에 설치되는 안전장치
• 과전류 계전기 및 퓨즈
• 제어회로용 나이프 스위치 및 퓨즈
• 단락 보호장치

108 마그넷 크레인에 있어서 정전시 가장 먼저 행하여야 할 사항은?

① 비상스위치를 작동시켜 전자석 및 피부착물을 바닥에 내려 놓는다.
② 정전이 해소될 때까지 그대로 방치한다.
③ 주 스위치를 끈다.
④ 주행모터용 스위치를 끈다.

🔍 마그넷 크레인 운전시 정전이 되면 운반물을 3분 이내에 안전한 장소에 권하하고 각 컨트롤러를 중립위치로 하고 주 전원을 차단한다.

109 천장크레인에서 집전장치라 함은 외부로부터 전력을 크레인 내에 도입하는 장치를 말한다. 그 집전장치로 틀린 것은?

① 폴형 집전장치
② 팬터그래프형 집전장치
③ 슈형 집전장치
④ 크랭크형 집전장치

🔍 집전장치의 종류
• 팬터그래프(pantograph)형 : 고속형 천장크레인이 사용하며, 중간지지를 갖는 수평배열로 휠이나 슈를 사용한다.
• 고정형 : 팬터그래프 사선을 고정한 것으로 횡행 등의 저속에 적합하다.
• 폴(pole)형 : 폴(pole)이 휠의 선단을 떠받쳐 하부에 설치한 스프링의 힘으로 트롤리선과 적당한 압력으로 접촉되게 한 방식으로 너무 고속일 때는 적당하지 않다.
• 슈(shoe)형 : 대전류용 혹은 고압용으로 사용된다.

110 운전 시 집전장치에서 과대한 스파크가 발생할 때 점검해야 할 사항은?

① 집전자의 과대 마모에 의한 접촉 불량
② 전동기 회전수
③ 브레이크 라이닝 간격
④ 리미트스위치

🔍 집전장치에서의 과대한 스파크의 발생은 집전장치로 흐르는 정상상태에서 벗어난 전류에 의한 것으로 집전자의 접촉 불량 시 과대한 스파크가 발생할 수 있다.

111 천장크레인 운전개시 전의 점검사항으로서 수전전압의 상태가 규정전압보다 몇 % 이상 차이가 나면 운전을 금지해야 하는가?

① ±3% 이상   ② ±10% 이상
③ ±20% 이상   ④ ±30% 이상

🔍 수전전압이란 전력회사가 전력공급에 사용하는 전압으로 수전전압은 "규정전압±10%"까지 허용된다.

112 주행 집전장치(pantograph)의 집전자(collertor shoe)에 주로 사용되는 브러시로 맞는 것은?

① 플라스틱 브러시   ② 카본 브러시
③ 은 접점 브러시   ④ 알루미늄 브러시

🔍 천장크레인의 주행 집전장치의 집전자에는 카본 브러시가 주로 사용된다.

113 운전 전 배전반의 점검 중 가장 옳은 것은?

① 전원 신호등의 점등을 확인한다.
② 제어기를 운전하여 본다.
③ 크래브의 움직임을 확인한다.
④ 주행·횡행시의 요동 또는 속도를 확인한다.

정답 106 ④ 107 ④ 108 ① 109 ④ 110 ① 111 ② 112 ② 113 ①

🔍 크레인 운전 전 배전반 점검은 파워 램프의 점등 유무를 확인해야 한다.

114 천장크레인에 사용되는 전선의 사양으로 가장 알맞은 것은?

① 300V용 전선
② 600V용 전선
③ 6000V용 전선
④ 22000kV 용 전선

🔍 천장크레인에서는 주로 440V 전압을 사용하며 사용되는 전선은 600V용, 조작 전원은 변압기를 이용 110V로 감압시켜 사용한다.

115 횡행장치에서 전원공급방식으로 사용하지 않는 것은?

① 케이블 캐리어
② 패스툰 방식
③ 트롤리 와이어 방식
④ 케이블 릴 방식

116 비교적 대용량의 크레인에 사용하는 트롤리선의 종류는?

① 경동 트롤리선
② 앵글 트롤리선
③ 레일 트롤리선
④ 황경동 트롤리선

117 트롤리 와이어에 감전재해 방지를 위해 통전 중임을 알리는 적색의 표시등을 설치하여야 한다. 이 때 통전 표시등 설치장소로 가장 부적합한 곳은?

① 전동기 말단부
② 구간 스위치의 양쪽
③ 트롤리 와이어의 말단부
④ 트롤리 와이어에 전원이 인입되는 곳

🔍 감전재해 방지를 위해 통전 중임을 알리는 표시등은 쉽게 확인할 수 있는 위치에 설치되어야 한다.

118 크레인의 감전사고를 방지하기 위한 장치를 기술한 것으로 관계없는 것은?

① 접지
② 누전차단기
③ 메인라인 스위치
④ 3상4선식 주행집전장치

🔍 감전사고 방지를 위한 장치로는 접지, 누전차단기, 3상4선식 주행집전장치 등이 해당된다.

119 전용피트 또는 닥트에 내장해야 하는 트롤리선의 직류 및 교류 전압(V)은 얼마인가?(단, 감전을 방지하기 위한 울 또는 절연덮개를 설치하지 않은 경우이다.)

① 직류 600V 이상, 교류 400V 이상
② 직류 750V 이상, 교류 600V 이상
③ 직류 600V 이상, 교류 750V 이상
④ 직류 400V 이상, 교류 600V 이상

🔍 전압이 직류 750V 이상, 교류 600V 이상의 트롤리선은 전용피트 또는 닥트에 내장해야 한다. 다만, 감전을 방지하기 위한 울 또는 절연덮개를 설치한 때에는 적용하지 않는다.

120 주행용 트롤리선은 애자로 지지하여야 한다. 애자의 지지 간격은 약 얼마인가?

① 3m ② 4m
③ 5m ④ 6m

🔍 주행용 트롤리선은 약 6m 간격마다, 경동 원형 트롤리선은 약 2m 간격마다 애자로 지지한다.

121 트롤리선의 종류가 아닌 것은?

① 레일 트롤리선
② 앵글 트롤리선
③ 애자 트롤리선
④ 경동 트롤리선

🔍 천장크레인의 전원공급을 하는 트롤리선의 종류에는 레일 트롤리선, 앵글 트롤리선, 경동 트롤리선 등이 있고, 트롤리선은 전기가 통하지 않게 애자를 사용하여 고정시킨다.

정답 114 ② 115 ④ 116 ③ 117 ① 118 ③ 119 ② 120 ④ 121 ③

122 트롤리(Trolley) 동선의 좌·우, 고·저차는 기준면에서 몇 mm 이하를 유지하여야 하는가?

① ±2mm ② ±4mm
③ ±6mm ④ ±8mm

> 트롤리 동선은 전원 인입의 중요한 부분으로 수분, 먼지를 피해야 하며, 케이블 레일의 좌·우, 고·저차는 기준면에서 2mm 이하이어야 한다.

123 항공법에 따른 항공장애등을 설치해야 하는 옥외 크레인은 지상에서 몇 m 이상 높이에 설치되는 것인가?

① 30m 이상 ② 40m 이상
③ 50m 이상 ④ 60m 이상

> 조명장치
> • 운전석의 조명상태는 운전에 지장이 없을 것
> • 야간작업용 조명은 운전자 및 신호자의 작업에 지장이 없을 것
> • 옥외에 지상 60m 이상 높이로 설치되는 크레인에는 항공법에 따른 항공장애등을 설치할 것

정답 122 ① 123 ④

STEP 02 안전장치

1. 과부하방지장치

1) 크레인의 과부하방지장치(안전밸브 제외)
   ① 법에 따른 안전인증품 일 것
   ② 정격하중의 1.1배 권상시 경보와 함께 권상동작이 정지되고 횡행, 주행동작 및 과부하를 증가시키는 동작이 불가능한 구조일 것. 다만, 지브형 크레인은 정격하중의 1.05배 권상시 경보와 함께 권상동작이 정지되고 과부하를 증가시키는 동작이 불가능한 구조일 것
   ③ 임의로 조정할 수 없도록 봉인되어 있을 것
   ④ 시험시 풍속은 8.3m/s를 초과하지 않을 것
   ⑤ 접근하기 쉬운 장소에 설치해야 하며, 과부하시 운전자가 용이하게 경보를 들을 수 있을 것
   ⑥ 과부하 방지장치는 한번 작동이 될 경우 과부하가 제거되고 해당 제어기가 중립 또는 정지위치로 돌아갈 때까지는 자동으로 복귀되지 않을 것(즉, 권상동작이 정지되고 횡행, 주행동작 및 과부하를 증가시키는 동작이 불가능한 구조를 유지할 것)

2) 안전밸브
   ① 유압, 수압, 공기압 또는 증기압을 동력으로 사용하는 권상장치 또는 기복장치는 유압, 수압, 공기압, 증기압의 과상승을 방지하기 위한 안전밸브를 설치해야 하고 설정(setting) 압력을 표시해야 한다.
   ② 유압, 수압, 공기압 또는 증기압을 동력으로 사용하는 권상장치나 기복장치는 유압, 수압, 공기압, 증기압의 이상 저하로 인한 달기기구의 급격한 강하위험을 방지하기 위한 체크밸브(역지밸브)를 부착해야 한다. 다만, 브레이크(인력에 의한 브레이크는 제외)를 부착한 것은 그렇지 않다.

3) 과부하방지장치의 종류 및 특징
   ① 기계식 과부하방지장치
      ㉮ 부하에 따라 처짐량이 일정한 스프링이 성능을 좌우하는 부분으로 처짐량의 변화는 탄성변화 시험을 통해 점검하고 허용치 이상은 사용하지 않아야 한다.
      ㉯ 과부하와 동시에 감지하여 화물의 종류 및 모양에 따라 과부하량의 추정이 가능한 장점을 갖고 있으며, 압축스프링, 마이크로 스위치, 컨트롤 박스로 구성되어 있다.
   ② 전기식 과부하방지장치
      ㉮ 권상모터의 부하변동에 따른 전류변화를 감지하여 양중기를 정지시키는 방법으로 일반적으로 방호장치가 설치되지 않은 곳에 설치가 용이하고 가격도 저렴하다.
      ㉯ 다만, 화물용 승강기와 같이 상하층으로 운반되는 양중기에서는 사용할 수 없다.
   ③ 전자식 과부하방지장치
      ㉮ 스트레인 게이지의 전기적 저항값의 변화에 따라 민감하게 동작하며 그 변화되는 중량을 디지털로 표시한다.
      ㉯ 감지방법은 하중의 방향에 따라 인장로드셀 방법, 압출로드셀 방법이 있으며, 가격이 비싸다.

4) 전동기의 과부하 보호
   ① 정격출력 0.5kW 이상의 전동기에는 과부하보호장치가 설치되어야 하며, 소방펌프 또는 반응폭주 방지를 위한 냉각수 펌프용 전동기 등 과부하차단시 위험이 확대될 우려가 있는 경우에는 과부하경보장치가 설치되어야 한다. 다만 구조적으로 전동기가 과부하가 되지 않도록 전기적·기계적 회로가 구성된 경우에는 예외로 한다.
   ② 과부하감지장치는 중성선을 제외한 모든 상도체에 설치되어야 한다. 다만 결상보호장치 등이 설치되어 전동기의 과부하를 감지할 수 있는 경우에는 예외로 한다.
   ③ 과부하 보호로 전원이 차단되는 경우 개폐장치는 모든 상도체를 차단시켜야 한다.
   ④ 전동기는 정전 등에 의해 전원이 차단된 후 재통전 되었을 때 불시기동 되어서는 안 된다.

2. 권과방지장치

1) 권과방지장치의 설치
   ① 권상장치, 기복장치에는 권과방지장치를 설치해야 한다.
   ② 다만, 수압·공기압·유압 또는 증기압 실린더 등으로 윈치를 구동하거나 내연기관을 동력으로 사용하는 권상장치, 기복장치 및 마찰클러치방식 등 구조적으로 권과를 방지할 수 있는 권상장치는 예외로 한다.

2) 권과방지장치의 기능
   ① 권과를 방지하기 위하여 자동적으로 전동기용 동력을 차단하고 작동을 제동하는 기능을 가질 것
   ② 훅 등 달기기구의 상부(해당 달기기구의 권상용 시브를 포함)와 드럼, 시브, 트롤리프레임, 기타 해당 상부가 접촉할 우려가 있는 것의(경사진 시브를 제외) 하부와의 간격이 0.25m 이상(직동식 권과방지장치는 0.05m 이상)이 되도록 조정할 수 있는 구조일 것
   ③ 용이하게 점검할 수 있는 구조일 것
   ④ 권과방지장치 중 전기식은 위에서 정한 사항 이외에 다음과 같이 한다.
      ㉮ 접점, 단자, 배선, 그 밖에 전기가 통하는 부분(통전부분)의 외함은 강판제작 또는 견고한 구조일 것
      ㉯ 물에 젖을 염려가 있는 장소 또는 분진 등이 비산(飛散)하는 장소에 설치하는 전선의 피복은 물 또는 분진 등에 의해 열화가 발생할 염려가 없는 것으로 할 것
      ㉰ 접점이 개방되면 권과가 방지되는 구조로 할 것

3) 권과를 방지하기 위한 경보장치
   내연기관을 동력으로 사용하여 권상하는 장치 및 기복장치에는 권과를 방지하기 위한 방호장치 설치는 다음과 같이 한다.
   ① 훅 등 달기기구의 윗부분과 지브 끝에 설치된 시브와의 간격이 1m에 달하였을 때 작동하는 구조일 것
   ② 물기나 분진, 진동 등에 의하여 기능의 장해가 발생하지 않은 구조일 것
   ③ 점검이 용이하고 경보음은 작업반경내 작업자가 충분히 들을 수 있을 것

3. 비상정지장치

1) 비상정지장치의 배치 및 구조
① 비상정지장치는 각 제어반 및 그 밖의 비상정지를 필요로 하는 개소에 설치하되, 접근이 용이한 곳에 배치되어야 한다.
② 비상정지장치는 작동된 이후 수동으로 복귀시킬 때까지 회로가 자동으로 복귀되지 않는 구조여야 한다.
③ 비상정지장치의 형태는 기계의 구조와 특성에 따라 위험상황을 해소 할 수 있도록 다음과 같은 적절한 형태의 것을 선정해야 한다.
　㉮ 버섯형(돌출) 누름버튼
　㉯ 로프작동형, 봉형
　㉰ 복부 또는 무릎작동형
　㉱ 보호덮개가 없는 페달형 스위치
④ 누름버튼형 비상정지장치의 엑추에이터는 적색이고 주변의 배경색은 황색이어야 한다.
⑤ 로프작동형 비상정지장치는 상시 로프의 적정 장력이 유지되어야 하며, 로프에 적색과 황색으로 식별이 가능하여야 한다.
⑥ 회로상에 여러 개의 비상정지장치가 설치된 경우, 작동된 모든 비상정지장치가 복귀되기 전에는 기계가 작동되지 않아야 한다.
⑦ 동력으로 전원을 사용하는 경우 바목에 따라 구동부 동력이 차단되면 주 전원도 함께 차단되어야 한다. 다만, 입출력회로가 이중화(접점, 전자접촉기 등) 된 경우에는 예외로 할 수 있다.

2) 비상정지장치의 조건
비상정지장치는 다음 조건을 만족하여야 하며, 작동과 동시에 구동부 동력이 차단되는 0정지 방식이어야 한다. 다만, 관성 등에 의해 급정지 시 추가적인 위험을 초래할 수 있는 경우에는 1정지 방식으로 할 수 있다.
① 0정지 방식의 경우 : 직접배선으로 정지회로를 구성(하드와이어드(hard-wired)방식)하여야 하며, 작동신호가 전자로직이나 통신회로망을 경유하는 신호전송방식(소프트와이어드(soft-wired) 방식)으로 이루어지지 않아야 한다. 다만, 안전프로그램로직과 같이 안전성과 신뢰성이 입증된 부품을 사용하여 회로를 구성하는 경우에는 소프트와이어드 방식으로 구성할 수 있다.
② 1정지 방식을 채택하는 경우 : 기계 엑추에이터 동력의 최종적인 제거를 위한 전기회로는 하드와이어드 방식으로 구성되어야 한다.

> **비상정지장치의 방식**
> · 0정지 방식 : 엑추에이터 전원의 즉각적인 차단에 의한 정지
> · 1정지 방식 : 엑추에이터에는 전원이 공급된 상태에서 기계가 정지한 후 전원이 차단되는 제어정지방식

4. 정지기구(스토퍼, stopper)

1) 횡 · 주행 정지기구
① 크레인의 횡행레일에는 양끝 부분 또는 이에 준하는 장소에 완충장치, 완충재 또는 해당 크레인

횡행 차륜 지름의 1/4 이상 높이의 정지 기구를 설치해야 한다.
② 크레인의 주행레일에는 양끝 부분 또는 이에 준하는 장소에 완충장치, 완충재 또는 해당 크레인 주행 차륜 지름의 1/2 이상 높이의 정지 기구를 설치해야 한다.
③ 크레인의 주행레일에는 차륜정지기구에 도달하기 전의 위치에 리미트스위치 등 전기적 정지장치가 설치되어야 한다.
④ 횡행 속도가 매 분당 48m 이상인 크레인의 횡행레일에는 차륜정지 기구에 도달하기 전의 위치에 리미트스위치 등 전기적 정지장치가 설치되어야 한다.

2) 타워크레인 및 지브형크레인
① 타워크레인 등은 트롤리 기구가 지브의 최대 바깥쪽과 안쪽에 접근시 작동이 정지되는 트롤리 이동한계 스위치 등의 정지장치를 갖추어야 한다.
② 선회동작이 가능한 지브형 크레인 등은 바람의 영향으로 붕괴할 우려가 있는 경우에는 선회 브레이크를 해제하여 지브가 바람의 방향에 따라 회전할 수 있도록 하거나 적절한 설계적 방안이 고안되어야 한다.
③ 타워크레인 등 선회장치를 갖는 크레인은 선회에 의한 구조 및 회전부와 고정부분 사이의 전기배선 등을 보호하기 위한 선회각도 제한스위치를 부착해야 한다. 다만, 구조상 부착하지 않아도 되는 경우는 예외로 할 수 있다.

5. 리미트스위치(limit switch)

1) 리미트스위치(limit switch, 제한개폐기)
① 리미트스위치의 개요 : 리미트스위치는 작업 구간 내의 범위를 벗어나지 못하도록 진행 방향 끝에 스위치(Limit switch)를 설치하여 진행하는 물체와 스위치가 접촉하게 되면 작동하여 전원을 차단하거나 브레이크를 작동하게 하는 등 더 이상 동력으로 진행하지 못하게 하는 역할을 한다.
② 리미트스위치의 구분
㉮ 주행 리미트스위치 : 크레인의 주행 레일에는 차륜 정지 기구에 도달하기 전의 위치에 리미트스위치가 설치되어 전기적 정지가 되는 것을 말한다. 주행한 방향에서 리미트스위치가 작동하면 주행 방향으로는 갈 수 없으나, 주행했던 반대 방향으로는 갈 수 있다.
㉯ 횡행 리미트스위치 : 횡행 속도가 분당 48m 이상인 크레인의 횡행 레일에는 차륜 정지 기구에 도달하기 전의 위치에 리미트스위치 등 전기적 정지장치가 설치되어야 한다.
㉰ 권상장치용 리미트스위치 : 권상할 때 드럼에 감기는 와이어로프가 너무 많이 감기게 될 경우 전류를 차단하여 회전을 정지시킨다. 즉, 크래브의 하단을 훅이나 하물이 주는 충격을 방지하기 위해 과권 방지용 리미트스위치를 둔다.

2) 권상장치용 리미트스위치의 종류
① 캠식(cam type) 또는 웜 기어식(worm gear type) 리미트스위치
㉮ 드럼의 회전축과 웜 기어의 축이 연결되어 같이 설정 구간(권상·권하)이 되면 더 이상 작동하지 않도록 캠이 차단 스위치를 작동시켜 전원을 차단하는 방식이다.
㉯ 권상이 제한되면 권하는 작동되고 권하가 제한되면 권상은 가능하다.

② 중추식(weight type) 리미트스위치
   ㉮ 레버(lever)형이라고도 한다.
   ㉯ 레버에 추를 달아 훅(hook)이나 달기구가 추에 접촉되면 레버가 들어 올려지고 차단 스위치가 작동되어 전원이 차단된다.
③ 나사식(screw ytpe) 리미트스위치
   ㉮ 주로 작동 구간이 짧은 곳에서 사용되는 리미트스위치이다.
   ㉯ 볼트의 나사 피치와 같이 회전하는 기계장치에서 너트(nut)가 끼워져 볼트가 회전하면 너트가 스위치를 작동시켜 전원을 차단하는 방식이다.

> **참고** 상용, 비상용 리미트스위치
> · 상용 리미트스위치 : 캠식과 기어식이 사용되며, 미리 정해진 상한선 또는 하한선에 도달했을 때 권상 또는 권하 회로를 차단시키며, 권하시의 작동 지점은 드럼에 와이어로프가 약 3바퀴 정도 남아있는 지점이다.
> · 비상용 리미트스위치 : 상용 리미트스위치가 고장났을 때를 대비한 제2의 안전장치로 중추식 리미트스위치 가 사용된다.

6. 훅(hook) 해지장치 등

1) 훅 해지장치
   ① 훅에는 와이어로프 등이 이탈되는 것을 방지하는 해지장치가 부착되어야 한다.
   ② 다만, 전용 달기기구로서 작업자의 도움 없이 짐 걸이가 가능하며 작업경로에 작업자의 접근이 없는 경우는 예외로 할 수 있다.

[훅의 해지장치]

2) 충돌방지장치
   ① 동일한 주행로 상에 2대 이상 병렬 설치된 것(작업바닥 면에서 펜던트 및 무선원격제어기 등을 조작하며 화물과 운전자가 함께 이동하는 것은 제외)은 크레인이 대면하는 끝 부분에 두 크레인의 충돌을 방지할 수 있는 장치를 설치해야 한다.
   ② 충돌방지장치는 두 크레인을 접근시켰을 때 설정된 거리에서 자동으로 경보가 울리면서 정지해야 한다.

3) 미끄럼방지 고정장치

① 옥외에 설치된 주행크레인에는 미끄럼방지를 위한 고정장치를 설치해야 하며 다음 식에 따라 계산된 풍하중 값에 견딜 수 있어야 한다.

$$W = 120 \times \sqrt[4]{h} \times C \times A$$

W : 풍하중(N) [kgf]
h : 지면으로부터 바람을 받는 크레인 면의 높이(m) (다만, 그 높이가 16m 미만일 때는 16으로 함)
C : 풍력계수
A : 압력을 받는 면적(m^2)

② 풍하중은 주행 크레인의 미끄럼에 관해서 가장 불리한 상태로서 계산한다.

4) 전원차단장치

① 전원차단장치는 기계의 전원 인입선마다 설치하여야 한다.
② 작동표시로 "O"(개방) 및 "I"(투입) 표시를 할 것 다만, 개방 및 투입의 표시가 다른 방법으로도 식별이 명확한 경우에는 예외로 할 수 있다.
③ 전원회로의 모든 상을 차단 할 수 있어야 한다.
④ 부하전류 및 고장전류를 차단할 수 있는 충분한 용량을 가져야 한다.
⑤ 2개 이상의 전원이 공급되는 경우에는 전원차단장치가 상호 연동되어야 한다.
⑥ 전원차단장치의 조작손잡이는 쉽게 접근이 가능한 위치에 설치하되, 가능하면 지면으로부터 0.6m에서 1.9m 사이에 위치하도록 한다.

5) 기타

① 회전부분의 방호 : 기어, 축, 커플링 등의 회전부분으로서 근로자에게 위험을 미칠 수 있는 부분에는 덮개나 울을 설치해야 한다.
② 주행크레인 경보장치 : 주행크레인은 종 또는 버저 등의 경보장치를 구비해야 한다. 다만, 작업바닥 면에서 조작하며 화물과 운전자가 함께 이동하는 방식의 크레인은 예외로 한다.
③ 경사각 지시장치 : 지브가 기복하는 장치를 갖는 크레인 등은 운전자가 보기 쉬운 위치에 해당 지브의 경사각 지시장치를 구비해야 한다.
④ 경고표시 : 크레인 제조자는 설계나 방호장치의 설치 등에 의해 제거될 수 없는 위험에 대하여는 위험을 경고할 수 있도록 표지 등을 부착해야 한다.

STEP_02 안전장치
적중예상문제

01 크레인의 작동과 안전장치 등의 조합에 대하여 설명한 것 중 틀린 것은?

① 횡행 - 완충장치
② 주행 - 두 크레인 간의 충돌방지장치
③ 권상 - 스크루(나사)형 리미트스위치
④ 권하 - 중추형 리미트스위치

> 중추식 리미트스위치는 레버형이라고 하며, 권상장치에 주로 사용된다.

02 과부하 방지장치의 구비조건이 아닌 것은?

① 성능검정 합격품일 것
② 정격하중의 1.1 배 권상시 경보와 함께 권상, 횡행, 주행 동작이 불가능한 구조일 것
③ 과부하시 운전자가 용이하게 조정할 수 있는 곳에 설치할 것
④ 임의로 조정할 수 없도록 봉인되어 있을 것

03 유압을 동력으로 하는 권상장치에서 압력의 이상 저하로 인해 달기기구의 급격한 강하위험을 방지하기 위해 부착해야 하는 밸브는?

① 시퀀스밸브   ② 체크밸브
③ 감압밸브   ④ 부부하밸브

> 유압, 수압, 공기압 또는 증기압을 동력으로 사용하는 권상장치나 기복장치는 유압, 수압, 공기압, 증기압의 이상 저하로 인한 달기기구의 급격한 강하위험을 방지하기 위한 체크밸브(역지밸브)를 부착해야 한다.

04 크레인에 사용하는 과부하 방지장치의 안전점검 사항 중 틀린 것은?

① 과부하 방지장치가 동작할 때는 경보음이 작동되어야 한다.
② 관계책임자 이외는 임의로 조정할 수 없도록 납 봉인 등이 되어 있어야 한다.
③ 과부하방지장치의 동작 시 일정한 시간이 지나면 자동복귀되어야 한다.
④ 과부하방지장치는 성능검정을 필한 것이어야 한다.

> 크레인의 과부하방지장치(안전밸브 제외)
> • 법에 따른 안전인증품 일 것
> • 정격하중의 1.1배 권상시 경보와 함께 권상동작이 정지되고 횡행, 주행동작 및 과부하를 증가시키는 동작이 불가능한 구조일 것. 다만, 지브형 크레인은 정격하중의 1.05배 권상시 경보와 함께 권상동작이 정지되고 과부하를 증가시키는 동작이 불가능한 구조일 것
> • 임의로 조정할 수 없도록 봉인되어 있을 것
> • 시험시 풍속은 8.3m/s를 초과하지 않을 것
> • 접근하기 쉬운 장소에 설치해야 하며, 과부하시 운전자가 용이하게 경보를 들을 수 있을 것
> • 과부하 방지장치는 한번 작동이 될 경우 과부하가 제거되고 해당 제어기가 중립 또는 정지위치로 돌아갈 때까지는 자동으로 복귀되지 않을 것(즉, 권상동작이 정지되고 횡행, 주행동작 및 과부하를 증가시키는 동작이 불가능한 구조를 유지할 것)

05 스트레인 게이지의 전기적 저항값의 변화에 따라 동작하며 그 변화되는 중량을 디지털로 표시하는 과부하방지장치는?

① 기계식 과부하방지장치
② 전기식 과부하방지장치
③ 전자식 과부하방지장치
④ 유압식 과부하방지장치

> 과부하방지장치의 종류
> • 기계식 : 부하에 따라 처짐량이 일정한 스프링을 이용
> • 전기식 : 권상모터의 부하변동에 따른 전류변화를 감지
> • 전자식 : 스트레인 게이지의 전기적 저항값의 변화에 따라 동작

06 크레인용 전동기의 과부하보호장치는 정격출력 몇 kW 이상의 전동기에 설치되어야 하는가?

① 0.5kW   ② 1kW
③ 3.5kW   ④ 5kW

> 정격출력 0.5kW 이상의 전동기에는 과부하보호장치가 설치되어야 하며, 소방펌프 또는 반응폭주 방지를 위한 냉각수 펌프용 전동기 등 과부하차단시 위험의 확대 우려시 과부하경보장치가 설치되어야 한다. 다만 구조적으로 전동기가 과부하가 되지 않도록 전기적·기계적 회로가 구성된 경우에는 예외로 한다.

정답 01 ④ 02 ③ 03 ② 04 ③ 05 ③ 06 ①

07 직동식 권과방지장치는 훅 등 달기기구의 상부와 해당 상부가 접촉할 우려가 있는 것의 하부와의 간격이 몇 m 이상 되도록 조정할 수 있는 구조여야 하는가?

① 0.25m ② 0.05m
③ 0.1m   ④ 1m

> 권과방지장치는 훅 등 달기기구의 상부와 드럼, 시브, 트롤리프레임, 기타 해당 상부가 접촉할 우려가 있는 것의 하부와의 간격이 0.25m 이상(직동식 권과방지장치는 0.05m 이상)이 되도록 조정할 수 있는 구조여야 한다.

08 직동식 리미트스위치가 작동했을 때 훅과 프레임의 거리는 최소 얼마 이상이어야 하는가?

① 0.05m 이상 ② 0.5m 이상
③ 1.5m 이상   ④ 3m 이상

09 직동식 권과방지장치에서는 훅 블록 상면과 트롤리 관련 부품이 접촉할 우려가 있는 물체 하면과의 간격을 50mm 이상으로 요구하고 있다. 간격이 확보되지 않은 경우 발생할 수 있는 사고와 가장 거리가 먼 것은?

① 와이어로프 절단
② 훅 블록이나 프레임의 파손
③ 인양물의 낙하
④ 리미트스위치의 수명 저하

10 크레인에서 횡행속도가 분당 얼마 이상일 경우 횡행레일의 차륜 정지기구에 리미트 스위치 등 전기적 정지장치를 설치하여야 하는가?

① 32m 이상 ② 40m 이상
③ 48m 이상 ④ 60m 이상

> 횡행 속도가 분당 48m 이상인 크레인의 횡행 레일에는 차륜 정지 기구에 도달하기 전의 위치에 리미트스위치 등 전기적 정지장치가 설치되어야 한다.

11 크레인의 권상장치에서 드럼의 권과방지에 대한 설명으로 틀린 것은?

① 권과방지장치는 스크루식, 캠식, 중추식이 주로 사용된다.
② 중추식은 훅(hook)의 접촉에 의하여 작동된다.
③ 캠식은 도르래의 회전에 의하여 작동된다.
④ 스크루식은 드럼의 회전에 의하여 작동된다.

> 캠식은 드럼의 회전축과 웜 기어의 축이 연결되어 같이 설정 구간(권상·권하)이 되면 더 이상 작동하지 않도록 캠이 차단 스위치를 작동시켜 전원을 차단하는 방식이다.

12 크레인의 권과방지장치는 훅이 계속 감겨 와이어 드럼 하부에 충돌을 하지 못하도록 하는 안전장치이다. 다음 중 권과방지장치의 종류에 속하지 않은 것은?

① 스크루형 리미트스위치
② 캠형 리미트스위치
③ 중추형 리미트스위치
④ 굴곡형 리미트스위치

> 권상장치의 권과방지장치에는 스크루식, 캠식, 중추식이 있다.

13 천장크레인의 양정에서 상·하한을 제한하는 장치는 무엇인가?

① 권상전동기
② 마그네트 브레이크
③ 권상감속기
④ 캠식 권과방지장치

> 캠식 리미트스위치는 드럼의 회전축과 웜 기어의 축이 연결되어 같이 설정 구간(권상·권하)이 되면 더 이상 작동하지 않도록 캠이 차단 스위치를 작동시켜 전원을 차단하는 방식이다.

14 권상장치의 과권방지기구는?

① 캠식 리미트스위치
② 원심 분리 스위치
③ 족답 스위치
④ 와전류 브레이크

> 권상장치의 권과방지장치에는 스크루식, 캠식, 중추식이 있다.

정답 07 ② 08 ① 09 ④ 10 ③ 11 ③ 12 ④ 13 ④ 14 ①

15 중추형 권과방지장치의 특징과 거리가 먼 것은?
   ① 매달린 중추의 위치에서 동작하므로 동작 위치의 오차가 작다.
   ② 동작 후의 복귀 거리가 짧다.
   ③ 권상드럼의 회전수와 관련이 있어 와이어로프 교환 시 위치를 조정할 필요가 있다.
   ④ 권상 위치 제한에는 문제가 없으나 권하 위치의 제한은 불가능하다.

   > 중추형 권과방지장치는 레버에 추를 달아 훅이나 달기구가 추를 건드리면 레버가 들어 올려지고 차단 스위치가 작동되어 전원이 차단되는 방식으로 권상드럼의 회전수와는 관련이 없다.

16 리미트스위치의 설명으로 적합한 것은?
   ① 큰 전류가 흐를 경우 자동적으로 회로를 차단시키는 장치
   ② 로프의 권과를 방지하기 위한 장치
   ③ 운반물의 급강하를 방지하기 위한 장치
   ④ 운반물의 강하를 방지하기 위한 장치

   > 리미트스위치는 작업 구간 내의 범위를 벗어나지 못하도록 진행 방향 끝에 스위치(Limit switch)를 설치하여 진행하는 물체와 스위치가 접촉하게 되면 작동하여 전원을 차단하거나 브레이크를 작동하게 하는 등 더 이상 동력으로 진행하지 못하게 하는 역할을 한다.

17 권상작업 중 훅이 계속 권상되지 않을 때 어느 곳을 제일 먼저 점검하여야 하는가?
   ① 사이렌   ② 권상 리미트스위치
   ③ 주행 리미트스위치 ④ 횡행 리미트스위치

18 리미트스위치(Limit S/W)의 동작 점검 주기로 가장 적당한 것은?
   ① 매일   ② 매주
   ③ 매월   ④ 매년

19 리미트스위치의 사용처 설명으로 가장 옳은 것은?
   ① 주권에만 사용
   ② 보권에만 사용
   ③ 주행과 횡행에만 사용
   ④ 주권과 보권에 주로 사용하나 필요에 따라 주행 횡행에도 사용

   > 리미트스위치는 주행, 횡행, 권상장치용으로 구분할 수 있다.

20 천장크레인 운전 중 리미트스위치가 할 수 있는 역할은?
   ① 운전 중 비상경고등의 역할
   ② 권상장치 등 각 장치의 운전중 급출발 및 급제동장치의 역할
   ③ 주행 등 각 장치의 스피드 조절스위치 역할
   ④ 권상, 주행, 횡행 등 각 장치의 운동에 대한 과행을 방지하는 역할

21 제한개폐기(Limit Switch)의 종류가 아닌 것은?
   ① 너트(Nut)형 제한개폐기
   ② 레버(Lever)형 제한개폐기
   ③ 로드(Rod)형 제한개폐기
   ④ 캠(Cam)형 제한개폐기

   > 제한개폐기(리미트스위치) 종류
   > • 캠형 리미트스위치
   > • 중추형(레버형) 리미트스위치
   > • 나사형(너트형) 리미트스위치

22 중추식 리미트스위치의 주된 역할은?
   ① 권하시 상용 과권 방지
   ② 권상시 상용 작동 장치
   ③ 주행 또는 횡행 작동시 양정을 초과하는 작업 방지
   ④ 권상시 비상용 과권 방지

23 중추식 리미트스위치(Weight type L/S)는 다음 중 어느 경우에 사용되는가?
   ① 훅(hook)의 과상승 방지
   ② 훅(hook)의 과하강 방지
   ③ 훅(hook)의 과주행 방지
   ④ 훅(hook)의 과부하 방지

 15 ③ 16 ② 17 ② 18 ① 19 ④ 20 ④ 21 ③ 22 ④ 23 ①

24 리미트스위치에 대한 설명 중 틀린 것은?

① 보통 권상장치에 사용하나 필요에 따라 주·횡행에도 설치 사용할 수 있다.
② 권하시 리미트스위치가 작동하는 지점은 드럼에 와이어로프가 약 3바퀴 정도 남아있는 지점이다.
③ 비상용 리미트스위치는 상용 리미트스위치가 고장이 났을 때 작동하는 것이다.
④ 상용 리미트스위치는 주로 중추식이 이용된다.

🔍 상용 리미트스위치는 캠식이 사용되며, 비상용 리미트스위치는 상용 리미트스위치가 고장났을 때를 대비한 제2의 안전장치로 중추식 리미트스위치가 사용된다.

25 정규 부하시험 중 권하속도의 허용범위는?

① +10%, -5%
② +25%, -5%
③ +20%, -10%
④ +30%, -15%

🔍 크레인 정규 부하시험 중 권하 속도의 허용범위는 (+25%~-5%)이다.

26 천장크레인의 드럼과 리미트스위치 간의 전동장치에 주로 사용되는 체인은?

① 롱링크 체인
② 숏링크 체인
③ 스터드 체인
④ 롤러 체인

🔍 리미트 스위치의 전동에 쓰이는 체인은 롤러 체인이 사용되고, 운반용 체인으로는 링크 체인이 사용된다.

27 크레인 운전자가 화물을 권상할 때 위험한 상태에서 작업 안전을 위해 급정지시키는 비상정지장치에 대한 설명으로 가장 적합한 것은?

① 작업 종료시 전원을 차단하기 위한 장치이다.
② 누름 버튼은 적색으로 머리 부분이 돌출되고, 수동복귀되는 형식이다.
③ 누름 버튼은 황색으로 머리 부분이 돌출되고, 자동복귀되는 형식이다.
④ 탑승용(운전석) 크레인일 경우 권상 레버와 같이 부착된다.

🔍 누름버튼형 비상정지장치의 엑추에이터는 적색이고 주변의 배경색은 황색이어야 한다. 또한 비상정지장치는 작동된 이후 수동으로 복귀시킬 때까지 회로가 자동으로 복귀되지 않는 구조여야 한다.

28 누름버튼형 비상정지장치의 엑추에이터 색과 배경색으로 옳은 것은?

① 엑추에이터 - 적색, 배경색 - 황색
② 엑추에이터 - 적색, 배경색 - 흰색
③ 엑추에이터 - 황색, 배경색 - 적색
④ 엑추에이터 - 황색, 배경색 - 흰색

🔍 비상정지장치
• 누름버튼형 : 엑추에이터는 적색, 배경색은 황색
• 로프작동형 : 로프에 적색과 황색으로 식별이 가능할 것

29 비상정지장치에 대한 설명으로 틀린 것은?

① 비상정지장치는 작동된 이후 수동으로 복귀시킬 때까지 회로가 자동으로 복귀되지 않는 구조여야 한다.
② 비상정지장치는 각 제어반 및 그 밖의 비상정지를 필요로 하는 개소에 설치하되, 접근이 용이한 곳에 배치되어야 한다.
③ 로프작동형 비상정지장치는 상시 로프의 적정 장력이 유지되어야 하며, 로프에 적색과 황색으로 식별이 가능하여야 한다.
④ 회로상에 여러 개의 비상정지장치가 설치된 경우, 작동된 비상정지장치 중 하나라도 복귀되면 기계는 정상적으로 작동되어야 한다.

🔍 회로상에 여러 개의 비상정지장치가 설치된 경우, 작동된 모든 비상정지장치가 복귀되기 전에는 기계가 작동되지 않아야 한다.

정답 24 ④ 25 ② 26 ④ 27 ② 28 ① 29 ④

30 천장크레인의 비상정지장치에 대한 설명 중 틀린 것은?

① 1정지 방식은 기계가 정지한 후에 액추에이터 전원이 차단되는 방식이다.
② 0정지 방식은 액추에이터 전원이 즉시 차단되어 기계가 정지하는 방식이다.
③ 천장크레인의 비상정지장치는 1정지 방식을 원칙으로 한다.
④ 0정지방식은 직접배선으로 정지회로를 구성하는 하드와이어드 방식으로 구성하여야 한다.

> 비상정지장치는 작동과 동시에 구동부 동력이 차단되는 0정지 방식이어야 한다. 다만, 관성 등에 의해 급정지 시 추가적인 위험을 초래할 수 있는 경우에는 1정지 방식으로 할 수 있다.

31 천장크레인에서 버퍼 스토퍼(Buffer Stopper)는 어떤 역할을 하는 장치인가?

① 주행차륜에 부착하여 과속을 방지하는 장치
② 주행이나 횡행 시 충돌했을 때 충격을 완화시켜 주는 장치
③ 권상장치의 과권방지용 장치
④ 권하 시 너무 내리는 것을 방지하기 위하여 드럼에 부착하는 장치

> 크레인의 정지기구(버퍼 스토퍼)는 주행 또는 횡행 시 충돌에 의한 충격을 완화시켜 주는 장치로 각 레일의 양끝에 설치된다.

32 크레인 주행레일의 양끝 부분에는 주행 차륜 지름의 얼마 이상 높이에 정지기구를 설치해야 하는가?

① 1/3
② 1/2
③ 1/4
④ 2/3

> 정지기구(스토퍼)
> • 횡행레일에는 양끝 부분에 완충장치, 완충재 또는 해당 크레인 횡행 차륜 지름의 1/4 이상 높이의 정지 기구를 설치해야 한다.
> • 주행레일에는 양끝 부분에 완충장치, 완충재 또는 해당 크레인 주행 차륜 지름의 1/2 이상 높이의 정지 기구를 설치해야 한다.

33 일정시간을 두고 다음 동작으로 이행할 때에 사용하는 것은?

① 무전압보호장치
② 타임 릴레이
③ 역상보호 계전기
④ 전자 접촉기

34 권선의 변환 수리를 행하였을 때 잘못해서 계자의 회전방향을 반대로 결선하면 역전될 위험이 있다. 이 경우 회로를 자동적으로 차단시키는 장치는?

① 나이프 스위치
② 타임 릴레이
③ 역상 보호 계전기
④ 무전압 보호장치

> • 나이프 스위치 : 저압 전로의 개폐에 사용하는 칼날형 개폐기
> • 타임 릴레이 : 일정시간을 두고 다음 동작으로 이행할 때에 사용
> • 무전압 보호장치 : 정전 또는 전압이 비정상적으로 저하되었을 스위치가 자동적으로 열리게 하는 장치

35 전자접촉기의 개폐불량 중 조정으로 가능한 것은?

① 접점의 마모
② 코일 직렬 저항단선
③ 보조접점 접촉 불량
④ 인터록 파손

> 전자접촉기의 개폐불량 원인으로는 전압강하 과다, 코일 단선, 접점의 과다 마모, 인터록 파손, 보조접점 접촉 불량 등이 있으며, 이 중 보조 접점 접촉 불량은 조정을 통해 해결 가능하다.

36 선로 및 전기기기를 보호해 주는 계전기에서 과전류가 흐를 때 자동적으로 선로를 차단시키는 계전기는?

① 과전압 계전기
② 과전류 계전기
③ 부족전압 계전기
④ 부족전류 계전기

정답 30 ③ 31 ② 32 ② 33 ② 34 ③ 35 ③ 36 ②

37 다음 중 전자 접촉기의 개폐 동작 불량 원인으로 틀린 것은?

① 전압 강하가 크다.
② 접점의 마모가 크다.
③ 전동기의 속도가 너무 빠르다.
④ 조작회로가 고장이다.

> 전자 접촉기의 개폐작동 불량원인
> • 전압강하가 크다.
> • 코일이 끊어져 있다.
> • 보조접점과 접촉이 불량하다.
> • 인터록이 파손되어 있거나 조작회로가 잘못되어 있다.

38 와이어로프 등이 이탈되는 것을 방지하기 위한 훅(hook)의 장치는?

① 제한개폐기
② 해지장치
③ 스토퍼
④ 정지기구

> 훅에는 와이어로프 등이 이탈되는 것을 방지하는 해지장치가 부착되어야 한다.

39 전원차단장치에 대한 설명으로 틀린 것은?

① 전원차단장치는 기계의 전원 인입선마다 설치하여야 한다.
② 전원회로의 모든 상을 차단 할 수 있어야 한다.
③ 2개 이상의 전원이 공급되는 경우에는 전원차단장치는 완전히 분리되어야 한다.
④ 전원차단장치의 조작손잡이는 쉽게 접근이 가능한 위치에 설치한다.

> 2개 이상의 전원이 공급되는 경우에는 전원차단장치가 상호 연동되어야 하며, 부하전류 및 고장전류를 차단할 수 있는 충분한 용량을 가져야 한다.

40 회전부분의 방호에 적합한 것은?

① 보호덮개   ② 정지기구
③ 안전모   ④ 해지장치

> 기어, 축, 커플링 등의 회전부분으로서 근로자에게 위험을 미칠 수 있는 부분에는 덮개나 울을 설치한다.

정답 37 ③ 38 ② 39 ③ 40 ①

CHAPTER 03 기계요소 및 전기기초이론

Craftsman Overhead Travelling Crane Operator

STEP 01 기계요소

1. 기어(gear)

1) 기어 및 기어 전동

기어는 두 축 사이의 거리가 짧을 때 주로 쓰이는 전동 장치로 서로 맞물려 있는 한 쌍의 기어에서 잇수가 많은 쪽을 기어(gear)라 하고, 잇수가 적은 쪽을 피니언(pinoion)이라 한다. 기어 전동의 특징은 다음과 같다.
① 물려지는 기어의 잇수를 바꿈에 따라 회전수를 바꿀 수 있다.
② 두 축이 평행하지 않아도 회전을 확실하게 전달할 수 있다.
③ 동력을 확실하게 전달할 수 있고, 내구성이 높아서 벨트 전동이나 마찰차 전동보다 우수하다.
④ 기어 전동은 정확한 속도비를 필요로 하는 전동 장치, 변속 장치 등에 널리 쓰인다.

2) 기어의 종류

① 스퍼 기어(평기어, sper gear)
  ㉮ 원통기어로 기어의 톱니모양의 이 부분이 반듯한 직선으로 제작된 것이다.
  ㉯ 두 개의 축이 수평으로 조립되는 가장 일반적인 기어로 회전시 소음이 있다.
② 헬리컬 기어(helical gear)
  ㉮ 기어 톱니 모양의 이 부분이 경사지게 제작된 것으로 평기어보다 접촉선의 길이가 길어지므로 큰 힘을 전달할 수 있는 장점이 있다.
  ㉯ 평기어보다 이가 부드럽게 맞물리기 때문에 이물림이 원활하여 회전시 진동이 적고, 소음이 적다.
③ 인터널 기어(내접기어, internal gear)
  ㉮ 접촉되는 두 개의 기어가 안 쪽에서 접촉되어 동력을 전달하는 기어로 내접기어라고도 한다.
  ㉯ 2개의 기어는 회전방향이 같으며, 설치장소가 작으며 높은 감속비를 얻을 수 있다.
④ 스크루 기어(screw gear)
  ㉮ 전동 축과 피동 축이 비켜서 회전운동을 전달하는 기어이다.
  ㉯ 비틀림각이 서로 다른 헬리컬 기어를 엇갈리는 축에 조합시킨 것이다.
⑤ 웜 기어(worm gear)
  ㉮ 웜과 웜 기어를 한 쌍으로 사용하며, 헬리컬 기어에 비해 큰 감속비를 얻을 수 있다.
  ㉯ 기어의 효율이 낮다는 단점이 있으며, 역 회전에는 사용되지 않고 발열 현상이 크다.

⑥ 랙과 피니언 기어(rack and pinion gear)
   ㉮ 피니언의 회전운동을 랙이 직선운동으로 바꿀 때 사용되는 기어로 스퍼 랙과 헬리컬 랙이 있다.
   ㉯ 원통기어의 잇수가 무한히 많아져 원통의 직경이 거의 무한대가 되어 직선으로 기어가 늘어선 형태를 랙(rack)이라 부른다.
⑦ 스트레이트 베벨 기어(straight bevel gear)
   ㉮ 기어의 잇면이 반듯한 직선으로 제작된 것이며, 두 개의 축이 교차된다. 베벨 기어 중 가장 가공이 쉽고 간단하며 제작비가 적게 든다.
   ㉯ 교차되는 각도는 45°, 60°, 90°, 120° 이다.
⑧ 스파이럴 베벨 기어(spiral bevel gear)
   ㉮ 기어의 잇면이 경사진 곡선으로 제작된 것으로 두 개의 축이 교차되며, 한 번에 접촉하는 물림 길이가 크기 때문에 직선 베벨 기어에 비해 운동이 부드럽다.
   ㉯ 교차되는 각도는 45°, 60°, 90°, 120° 이다.
⑨ 하이포이드 기어(hypoid gear)
   ㉮ 스파이럴 베벨 기어와 같은 형상이고 축만 엇갈린 기어이다. 즉, 기어의 이가 쌍곡선으로 되어 있고 피니언이 중심선상에서 아래쪽으로 설치된 형태이다.
   ㉯ 큰 동력을 전달할 수 있다.

> **참고** **축과 평행 여부에 따른 기어의 분류**
> · 두 축이 서로 평행한 기어 : 스퍼 기어(평기어), 헬리컬 기어, 인터널 기어, 랙과 피니언 기어
> · 두 축이 교차하는 기어 : 베벨 기어, 스파이럴 베벨 기어
> · 두 축이 만나지도 평행하지도 않는 기어 : 하이포이드 기어, 스크루 기어, 웜 기어

스퍼 기어 　　 헬리컬 기어 　　 인터널 기어

스크루 기어 　　 웜 기어 　　 랙(스퍼, 헬리컬)

스트레이트 베벨 기어   스파이럴 베벨 기어   하이포이드 기어

3) 기어의 교환 시기
① 기어의 피치원 부분 이의 두께가 원치수의 40% 감소(마모) 되었을 때 폐기한다.
② 일반적인 경우 기어가 20~30% 마모되면 교환하며, 고속 1단 기어의 경우는 10~20% 마모시 교환하여야 한다.
③ 급유 및 윤활의 목적은 기어의 잇면에 유막 형성, 소음방지, 냉각 및 방청작용이다.
④ 윤활유는 약 2,000시간 사용 후 교환한다.

4) 기어의 소음 발생 원인
① 2개의 기어가 맞물렸을 때 잇면 사이에 생기는 틈새(백래시)가 너무 적을 때
② 기어 잇면이 거칠거나 흠이 생겼을 때
③ 윤활유가 너무 적거나 부적당한 오일을 사용할 때
④ 기어 피치원의 틈새가 크거나, 잇면 접촉 부분의 틈새가 클 때
⑤ 기어 및 베어링이 마모되었을 때

5) 기어 고장 및 파손의 원인
① 기어 물림이 나쁘거나 백래시(back lash)가 클 때
② 급유 부족 및 부적당한 오일을 사용할 때
③ 피치 오차, 이의 접촉 방향 오차가 클 때
④ 과중량, 과속 등에 의해 무리하게 운행할 때

2. 축과 커플링(shaft & coupling)

1) 축(shaft)의 개요
① 축은 일반적으로 베어링(bearing)에 지지되어 강도, 휨 그 밖의 기계적 필요조건을 구비하여 회전 및 왕복운동을 하는 기계요소를 말하며, 작용 하중에 따라 차축, 스핀들, 전동축으로 구분된다.
② 축(shaft)은 일반적으로 2개 이상의 베어링으로 지지되어 있으며, 회전운동으로 동력 또는 운동을 전달한다. 긴 축이 필요할 때에는 축이음(커플링)으로 축을 연결하며, 운동을 단속할 필요가 있을 때는 클러치(clutch)를 사용한다.
③ 회전축을 지지하는 기계요소를 베어링(bearing)이라 하며, 축이 베어링에 의하여 지지되는 부분을 저널(journal)이라 한다. 따라서 베어링과 저널은 회전쌍(turning pair)을 이루고 있다.
④ 베어링과 저널은 상대운동을 하므로 마찰이 생겨, 동력의 손실을 일으킴과 동시에 열을 발생하며,

심하면 융착이 일어나서 기계의 손상 원인이 된다.

2) 축이음(coupling)의 종류

① 플렉시블 커플링(flexible coupling)
  ㉮ 두 축의 중심선이 정확히 일치하기 곤란하거나 진동 및 충격을 완화시킬 목적으로 사용하며 이는 플렉시블 커플링 러버(rubber)가 담당한다.
  ㉯ 축 이음부에 합성고무, 가죽 등을 사용하여 축의 진동을 방지하며 경사각을 3~5° 이내로 한다.
  ㉰ 플렉시블 커플링의 종류
    ⊙ 고무 플렉시블 커플링 : 타이어형 플렉시블 커플링이라고도 부르며 가장 탄력성이 큰 것으로 많이 사용된다. 전달 토크가 크면 모양이 커지는 단점이 있다.
    ⊙ 플랜지형 플렉시블 커플링 : 플랜지를 이용하되 리머 볼트에 고무 부시를 끼워 그 탄성을 이용한 것이다.

② 플랜지 커플링(flange coupling)
  ㉮ 두 개의 축 양 끝에 플랜지를 볼트로 고정하여 두 축을 연결시키는 방식으로 고속회전하는 곳에 사용한다.
  ㉯ 두 축의 중심선일 일치할 때 사용하며, 두 축 사이의 상호 이동이 전혀 허용되지 않는 구조이다.
  ㉰ 축의 지름이 75mm 이상의 것에 편리하며, 축의 편차가 있을 때는 부적합하다.

③ 유니버셜 조인트(자재이음, universal joint)
  ㉮ 양 축이 동일평면 내에 있고, 그 축선이 30° 이하의 각도로 교차하는 경우에 사용되는 축 이음으로서 훅 조인트라고도 한다.
  ㉯ 양 축단에 각각 요크(yoke)를 부착하고, 이것을 십자형의 핀으로 자유로이 회전할 수 있도록 연결한 축 이음이다.

④ 머프 커플링(muff coupling)
  ㉮ 고정축 이음으로 주철제 원통 안에 두축 맞추어 키로 고정하는 슬리이브 커플링의 한 종류이다.
  ㉯ 주행장치 등 대하중, 저속 회전용으로 사용한다.

⑤ 올덤 커플링(oldham's coupling)
  ㉮ 서로 평행한 두 축 사이의 회전을 전달할 때 사용한다.
  ㉯ 양 축간에 다소 상호 이동이 허용되며 온도의 변화에 따른 축의 신축 또는 탄성변형 등에 의한 축 중심의 불일치를 완화하여 원활하게 운전할 수 있도록 한 것이다.

⑥ 기타
  ㉮ 체인 커플링(chain coupling) : 소형 천장크레인의 횡행 모터 축에 주로 사용하는 축이음이다.
  ㉯ 기어 커플링(gear coupling) : 전달 토크가 크며 부하 변동에 대해서도 안전하지만, 치면의 윤활이 어렵다.

3) 커플링 설계시 주의점

① 센터의 맞춤이 정확할 것
② 회전균형이 완전할 것
③ 전동으로 이완되지 않을 것
④ 토크전달에 충분한 강도가 있을 것

3. 키(key)

1) 키(key)의 개요
① 키는 축에 기어, 휠 드럼, 풀리 등 회전체를 미끄러지지 않도록 고정시켜 회전력을 전달시키는 기계 부품을 말한다.
② 키는 강 또는 특수강으로 제작하지만 일반적으로 축의 재질보다 조금 더 강한 재료로 제작한다.
③ 키를 1/100 정도의 구배를 가지게 제작하여 박는다.
④ 전달할 수 있는 토크의 크기 : 스플라인 〉세레이션 〉묻힘키(성크키) 〉납작키(평키) 〉안장키(새들키)

2) 키(key)의 종류
① 안장키(새들키, saddle key)
　㉮ 축은 그대로 두고 보스에만 홈을 판 키로 축에 기어 등을 고정시킬 때 사용된다.
　㉯ 축에 기어 등을 고정시킬 때 사용되며, 큰 힘을 전달하는 곳에는 사용되지 않는다.
② 납작키(평키, flat key)
　㉮ 축의 윗면을 편평하게 깎고 그 면에 때려박은 키이다.
　㉯ 안장키에 비해 큰 힘을 전달할 수 있으며 주로 가벼운 하중에 사용된다.
③ 묻힘키(성크키, sunk key)
　㉮ 가장 많이 사용되는 키로 보스와 축에 모두 홈을 파서 때려 박는 키이다.
　㉯ 테이퍼는 1/100으로 상당히 큰 힘을 전달할 수 있다.
④ 미끄럼키(페더키, feather key)
　㉮ 묻힘키의 일종으로 축방향으로 보스의 이동이 가능한 키이다.
　㉯ 키의 기울기가 없으며 보스와의 간격이 있어 회전 중 이탈을 막기 위해 고정하는 수가 많다.
⑤ 접선키(tangential key)
　㉮ 120° 각도를 두고 기울기가 반대인 키를 2개 조합한 것으로 두 곳에 끼우는 이유는 역회전을 할 수 있도록 하기 위한 것이다.
　㉯ 큰 회전력을 전달하는데 사용하며 큰 직경의 축에 적용한다.
⑥ 반달키(woodruff key)
　㉮ 축에 홈을 깊게 파서 끼우는 반달형의 키이다.
　㉯ 저절로 자리를 쉽게 잡을 수 있어 테이퍼 축에 주로 사용하는 키로 축에 홈을 깊게 파서 강도가 약해지는 결점이 있다.
⑦ 스플라인(spline)
　㉮ 축의 둘레에 4~20개의 턱을 만들어 만들어 단독 키보다 훨씬 큰 힘을 전달할 수 있으며, 축 방향으로 이동이 가능하고 내구력이 큰 키이다.
　㉯ 큰 하중의 권상 드럼에 쓰이며 축과 보스의 중심축을 정확하게 맞출 수 있다.
⑧ 둥근키(핀키, round key)
　㉮ 회전력이 작은 핸들과 같은 곳에 쓰인다.
　㉯ 핀키라고도 한다.

> **세레이션(serration)**
> 스플라인 축에 사용하는 단면을 삼각형 톱니 단면으로 개조한 것이다. 즉, 축과 보스에 작은 삼각형의 돌기 홈을 이용하여 고정한다.

[키(key)의 종류]

4. 베어링(bearing)

1) 베어링의 개요

① 회전 또는 왕복운동을 하는 축을 지지하여 축에 작용하는 하중을 보존하는 기계요소를 베어링이라 하며, 베어링과 접촉하고 있는 축 부분을 저널(journal)이라 한다.

② 베어링은 어느 것이나 지지하는 부분의 상대운동에 의한 마찰을 피할 수 없으며 이러한 마찰을 잘 처리하지 못하면 동력의 손실 및 발열 등으로 기계 효율의 저하, 마모, 진동 등의 현상이 생기고 그것이 심하면 소손되는 경우도 있다. 따라서 베어링에는 윤활을 하여 운동을 원활하게 함으로써 기계의 수명을 유지한다.

2) 베어링의 분류

① 작용하는 하중의 방향에 따른 분류
　㉮ 레이디얼 베어링(radial bearing) : 축에 대하여 직각 방향으로 하중을 받는 곳에 사용하는 베어링
　㉯ 스러스트 베어링(thrust bearing) : 축 방향으로 하중을 받는 곳에 사용하는 베어링

② 접촉 방법(축을 지지하는 방식)에 따른 분류
　㉮ 미끄럼 베어링(sliding bearing, plain bearing) : 베어링과 저널이 서로 미끄럼 접촉을 하는 베어링
　㉯ 구름 베어링(rolling bearing) : 베어링과 저널 사이에 볼이나 롤러에 의해 구름 접촉을 하는 베어링

3) 미끄럼 베어링(sliding bearing)

① 미끄럼 베어링의 개요
㉮ 베어링과 축(저널)의 접촉면 사이에 윤활유가 배어있는 베어링으로 회전운동과 직선운동을 할 때 축과 베어링면이 맞닿아 미끄러진다.
㉯ 일명 부시(bush)라고도 한다.

② 미끄럼 베어링의 종류
㉮ 부시형 : 구조가 간단하여 경하중의 저속용에 쓰이며, 베어링 하우징에 끼워 고정된 축을 지지하는 데 주로 사용한다. 베어링 하우징 상부에는 급유구가 붙어 있다.
㉯ 분할형 : 본체(body)와 캡(cap)으로 분할된 베어링으로 중하중의 고속용에 쓰인다. 베어링의 유격 조정은 분할면에 심(shim)을 넣어 유지하여 안쪽에는 원활한 윤활을 위하여 오일 홈을 만든다.
㉰ 스러스트형 : 피벗 베어링과 칼라 베어링이 있다. 피벗 베어링은 세워져 있는 축에 의하여 스러스트 하중을 받을 때 사용하며, 칼라 베어링은 수평으로 된 축이 스러스트 하중을 받을 때 사용한다.

③ 미끄럼 베어링의 특징
㉮ 비교적 구조가 간단하고, 값이 저렴하다.
㉯ 규격화되어 있지 않고, 끼워맞춤시 주의가 요구된다.
㉰ 충격에 강하고 큰 하중, 고속회전에 적합하다.
㉱ 보수 및 교환이 어렵다.
㉲ 윤활장치가 필요하다.

4) 구름 베어링(rolling bearing)

① 구름 베어링의 개요
㉮ 구름 베어링은 구름 접촉을 하기 때문에 미끄럼 베어링에 비해 마찰이 작아서 마찰손실이 적고, 기동저항과 발열도 작아 고속회전을 할 수 있다. 그러나 전동체와 궤도륜이 점접촉이나 선접촉을 하기 때문에 충격에 약하고, 소음이 생기기 쉬운 결점이 있다.
㉯ 구름 베어링은 궤도륜(내륜과 외륜), 전동체(볼 또는 롤러) 및 케이지로 구성되어 있다.
㉰ 내륜과 외륜 사이에 볼(ball) 또는 롤러(roller) 등의 여러 개의 전동체를 배치하고, 전동체의 간격을 일정하게 유지하기 위하여 리테이너(retainer)를 가지고 있다.

② 구름 베어링의 종류
㉮ 볼 베어링(ball bearing) : 단열과 복열의 두 종류가 있으며 단열 깊은홈형 레이디얼 볼 베어링, 복열 자동조심형 레이디얼 볼 베어링, 단식 스러스트 볼 베어링 등이 있다.
㉯ 롤러 베어링(roller bearing)
㉠ 원통 롤러 베어링 : 레이디얼 부하용량이 매우 크고, 스러스트 하중을 전혀 받을 수 없다. 중하중용이며 충격에 강하다.
㉡ 니들 롤러 베어링 : 길이에 비하여 지름이 매우 작은 롤러(지름 2~5mm)를 사용한 베어링으로 주로 리테이너가 없이 니들 롤러만으로 전동하므로 단위 면적에 대한 부하용량이 커서 좁은 장소에서 비교적 큰 하중을 받는 내연기관의 피스톤 핀에 사용된다.

ⓒ 원뿔 롤러 베어링 : 스러스트 하중과 레이디얼 하중(축 방향과 직각 방향의 하중)을 동시에 받을 수 있으며, 주로 공작기계의 주축에 쓰인다.
② 구름 베어링의 특징
　㉮ 1,000rpm 이하의 저속회전에 많이 사용되며, 베어링 교환이 용이하다.
　㉯ 기계의 소형화가 가능하고, 국제적으로 표준화, 규격화가 이루어져 있으므로 호환성이 있다.
　㉰ 구름마찰이므로 마찰계수가 작고, 별도의 윤활장치가 필요없다.
　㉱ 예압을 주는 것에 의해 베어링의 강성을 높일 수 있다.
　㉲ 일반적으로 레이디얼 하중과 스러스트 하중을 동시에 한 개의 베어링으로 받을 수 있다.
　㉳ 기동마찰이 작고, 동마찰과의 차이는 더욱 작다.
　㉴ 고온 또는 저온에서도 비교적 쉽게 사용할 수 있으며, 베어링 자체온도가 100℃까지 사용 가능하다.

[구름 베어링의 구조]

5) 미끄럼 베어링과 구름 베어링의 비교

구분	미끄럼 베어링	구름 베어링
접촉	면 접촉, 마찰계수가 크다.	선·점 접촉, 마찰계수가 작다.
구조	비교적 간단하다.	전동체가 있어 복잡하다.
회전	고속회전에 적합하다.	저속회전에 적합하다.
충격하중	충격하중에 강하다.	충격하중에 약하다.
진동 및 소음	발생하기 어렵다.	발생하기 쉽다.
마찰저항	마찰저항이 크다.	마찰저항이 적다.
규격	규격화 되어 있지 않다.	규격화, 표준화, 소형화가 가능하다.
윤활	별도의 윤활장치가 필요하다.	윤활장치가 필요없다.(그리스 윤활)
가격	값이 저렴하다.	값이 비싸다.

5. 볼트와 너트(bolt & nut)

1) 볼트와 너트의 개요
① 볼트(bolt)는 일반적으로 둥근 봉의 한쪽 끝에 나사를 깎고 다른 끝에는 걸리는 작용을 하는 머리 또는 나사를 깎는 것으로 주로 결합하는데 사용한다.
② 너트(nut)는 구멍에 암나사를 깎는 것으로 볼트와 함께 사용한다. 즉, 수나사인 볼트에 끼워 기계 부품의 체결고정에 사용하는 암나사로 그 형상은 볼트의 머리와 같은 6각형 또는 4각형으로 된 것이 많다.
③ KS 육각 볼트는 머리 모양이 육각형으로, 각종 부품을 결합하는 데 많이 사용하는 대표적인 볼트이다.
④ 재료는 냉간 인발 봉강을 많이 사용하며, 부식의 염려가 있는 경우에는 스테인리스 강 또는 구리 합금을 사용한다.

2) 볼트의 종류
① 일반 볼트
  ㉮ 관통볼트(through bolt) : 연결할 두 부분에 구멍을 뚫고 볼트를 끼운 후 반대쪽에 너트로 조이는 것이다.
  ㉯ 탭볼트(tap bolt) : 관통을 시킬 수 없는 경우 한쪽에만 구멍을 뚫고 다른 한쪽에는 중간정도까지만 구멍을 뚫은 후 탭으로 나사산을 파고 볼트를 끼우는 것이다.
  ㉰ 스터드볼트(stud bolt) : 봉의 양 끝에 나사가 절삭되어 있는 형태의 볼트이다. 자주 분해·조립하는 부분에서 사용하며, 양 끝에 나사산을 파고 나사구멍에 끼우고 연결할 부품을 관통시켜 합친 후 너트로 조인 것이다.
  ㉱ 리머볼트(reamer bolt) : 기계부품을 분해하였을 때 위치가 어긋나서 원래대로 조립이 어려운 경우나 볼트에 전단 하중이 작용할 때 리머로 구멍을 뚫고 여기에 알맞은 리머볼트를 사용하는 것이다.

관통볼트　　　　　탭볼트　　　　　스터드볼트

② 특수 볼트
  ㉮ 기초볼트(foundation bolt) : 기계류를 콘크리트 등의 바닥에 설치할 때 구조물의 토대 고정용으로 사용하며, 한쪽 끝의 모양이 빠지지 않도록 되어 있다.
  ㉯ 스테이볼트(stay bolt) : 부품을 일정한 간격으로 두고 고정할 때 사용하는 볼트로 보일러, 탱크 등에 사용된다.
  ㉰ 아이볼트(eye bolt) : 고리 볼트라고도 하며 기계, 가구류 등과 같은 사용물건을 들어 올릴 때 사용하는 볼트이다.

㉔ T볼트(T-bolt) : T홈볼트라고도 하며 T형의 홈에 볼트 머리를 끼우고 위치를 이동하면서 임의의 위치에 물체를 고정할 수 있다. 공작기계의 테이블에 공작물을 고정시킬 때 사용된다.
㉕ 기타 : 사용 용도에 따라 머리의 모양과 뿌리부의 모양을 달리한 나비볼트, 앙카볼트, 육각소켓볼트, 충격볼트 등이 있다.

기초볼트　　스테이볼트　　T볼트　　아이볼트

3) 너트의 종류

① 6각너트 : 6각의 모양을 갖는 너트로, 가장 많이 사용된다. 육각과 소형육각의 2종이 있으며, 형상에 따라 1~4종으로 구분한다.
② 4각너트 : 외형의 모양이 사각인 너트로 습기로 인한 부식으로 머리 부분이 파손되어 분해하기 어려운경우 즉, 주로 건축용이나 목공용으로 사용된다.
③ 특수너트
　㉮ 나비너트(butterfly nut) : 손으로 죄고 풀 수 있도록 제작한 것으로 조임력이 크진 않지만, 자주 분해·조립하는 부분에서 사용된다.
　㉯ 캡너트(cap nut) : 볼트와 볼트구멍의 틈으로 내부의 유체가 흘러드는 것을 방지하는데 사용된다.
　㉰ 둥근너트(ring nut) : 링너트라고도 부르며, 선반의 주축이나 컴퍼스 손잡이 부분에 사용되며, 별로 힘이 걸리지 않는 곳에서 사용된다.
　㉱ 와셔붙이 너트(washer based nut) : 바닥부분에 원형의 와셔와 같은 것을 붙인 것으로 볼트구멍이 크거나 큰 면압(面壓)이 걸려서는 안 되는 부분에서 사용된다.
　㉲ 홈붙이 너트(castle nut) : 너트의 위쪽에 풀림을 방지하기 위해서 분할 핀을 끼울 수 있는 홈이 마련된 것이다.

 참고 **너트의 풀림방지법**
· 와셔에 의한 방법　　　　　· 핀 또는 작은 나사 사용
· 로크 너트에 의한 방법　　· 세트 스크루 사용
· 철사로 묶는 방법　　　　· 자동 죔 너트 사용

6. 나사(screw)

1) 나사의 개요

① 나사는 기계적 결합부품으로 분해, 또는 재사용이 가능한 구조에 이용되는 체결요소 즉, 부품의 조립 시 사용되는 기계요소로 체결용과 운동용이 있다.
② 나사를 1회전시켰을 때 나사산의 1점이 축방향으로 진행한 거리를 리드(lead)라고 하며, 서로 인접한 나사산의 축방향 피치(pitch)라고 한다.

③ 나사의 호칭지름은 수나사의 바깥지름으로 나타내며, 나사의 산과 골의 두께가 같아지는 지름을 유효지름이라 한다.
④ 나사의 감긴 방향에 따라 선이 구분되며, 오른나사는 오른쪽으로 돌렸을 때, 왼나사는 왼쪽으로 돌렸을 때 전진하여 체결한다. 특별히 필요한 경우가 아니면 일반적으로 오른나사가 이용된다.

[나사의 명칭]

2) 결합용 나사

기계 부품의 결합과 위치를 조정하는 경우에는 3각나사가 주로 사용된다. 3각나사에는 미터나사, 유니파이나사, 관용나사 등이 있고, ISO 및 KS에서 각 부의 치수를 정하고 있다.

① 미터나사
  ㉮ 나사산의 각이 60°인 미터계 3각나사로 미터나사는 단위를 mm로 나타내며, 결합용 나사로 가장 많이 사용한다.
  ㉯ 호칭치수는 바깥지름의 치수로 하고 KS규격에는 미터 보통나사(M10)와 미터 가는나사(M10×0.8)가 규정되어 있다.

② 유니파이 나사
  ㉮ 나사산의 각도가 미터나사와 같은 60°인 인치 3각나사로 나사 구조는 미터나사와 비슷하나 기준치수의 단위가 인치로 되어 있고 나사의 호칭을 바깥지름을 인치로 표시한 치수와 1인치당 산수로 표시한다.
  ㉯ 죔 용으로 사용하는 유니파이 보통나사와 정밀 기계나 항공기용에 사용하는 유니파이 가는 나사가 있다.

③ 관용나사
  ㉮ 관을 연결할 때 보통의 나사형태로 깎으면 관의 두께가 얇아져서 관이음의 강도가 낮아지게 되므로 일반 가는나사보다 나사산의 높이가 작고 피치가 작은 관용나사를 사용한다.
  ㉯ 나사산의 각도는 55°로 관용 평행나사와 관용 테이퍼나사가 있다. 관용 평행나사는 결합용으로 관용 테이퍼나사는 기밀유지를 요구하는 데 사용된다.

④ 체결용 둥근나사
  ㉮ 나사산과 골을 같은 원호로 연결한 모양으로 나사산 각도는 75~93°이다.
  ㉯ 나사산과 골이 다 같이 둥글기 때문에 먼지, 모래 등과 같은 불순물이나 이물질이 나사산으로 들어갈 염려가 있는 전구나 호스 등의 연결부위를 체결하는 데 사용된다.

⑤ 특수나사
  ㉮ 특수 목적으로 사용되는 나사를 말한다.

㉴ 전선관 나사, 자전거 나사, 미싱용 나사, 밸브용 나사, 광학기기 부품용 나사, 유정관용 나사, 소방용 노즐 부착용 나사 등이 있다.

> **참고** 미터나사의 호칭
> M20×0.8
> · M : 나사의 종류를 표시하는 기호(M은 미터나사)
> · 20 : 호칭 지름을 표시하는 숫자(10은 호칭 지름 10mm)
> · 0.8 : 피치(0.8은 서로 인접한 나사산의 축방향 피치가 0.8mm)로 보통 나사인 경우 생략

3) 운동용 나사

큰 축 하중을 받는 부재의 운동에 이용되는 나사로 주로 회전운동을 비교적 늦은 속도의 직선운동으로 변환할 때 사용하며, 4각나사, 사다리꼴나사, 톱니나사, 둥근나사 등이 있다.

① 4각나사
  ㉮ 나사산의 형태가 정방형에 가까운 나사로 마찰이 작고 축 방향 하중을 크게 받으면서 운동을 전달하는 데 사용하며 주로 프레스 등의 동력전달용, 공작기계의 이송나사 등으로 이용된다.
  ㉯ 하중의 방향이 일정하지 않은 경우에 다른 나사보다 효율이 좋다는 장점이 있는 반면, 가공하기기 곤란한 결점이 있으므로 고정밀도를 요하는 것은 제작비가 비싸지는 단점이 있어 적합하지 않다는 단점이 있다.

② 사다리꼴나사
  ㉮ 효율은 사각나사보다 떨어지지만 제작이 4각나사보다 용이하여 고정밀도 제품의 가공이 가능하고 강도도 높아 운동용 나사로 가장 많이 이용된다.
  ㉯ 나사산의 각도가 30°인 미터계 나사와 29°인 인치계 나사(애크미 나사)의 2종류가 있으며, 공작기계의 리드 나사 등에 사용된다.

③ 톱니나사
  ㉮ 나사산의 형태가 톱니형으로, 하중을 받는 면을 4각나사에 가깝도록 3°의 경사를 주어 나사효율을 높이고, 반대쪽은 30°경사의 3각나사로 하여 나사 뿌리부의 강도를 높인 나사이다.
  ㉯ 압착기, 바이스 등과 같이 축방향의 힘이 한 방향으로만 작용하는 경우에 사용한다.

④ 운동용 둥근나사
  ㉮ 체결용 둥근나사보다 나사산을 높이기 위해서 원호의 연결부에 직선을 추가한 것으로 나사산의 각도는 30°이다.
  ㉯ 먼지와 모래 및 녹 가루 등이 나사산으로 들어가기 쉬운 곳에 사용하면 효과적이다.

⑤ 볼나사
  ㉮ 나사 홈에 강구를 넣을 수 있도록 원호상으로 된 나선 홈을 가공하고, 이 홈 부분이 서로 마주 보도록 맞추어 홈 사이로 강구를 연속적으로 삽입하고 볼의 구름 접촉에 의하여 나사운동을 시키는 나사이다.
  ㉯ 보통 나사에 비하여 마찰 계수가 0.005 이하로 극히 작고, 효율은 90% 이상이며 백래쉬를 0으로 하여도 회전 토크가 별로 상승하지 않기 때문에 수치 제어용 공작기계의 이송나사 등으로 널리 쓰인다.

7. 기타 기계요소

1) **스프링(spring)**
   ① 스프링의 용도
      ㉮ 진동흡수 및 충격완화
      ㉯ 에너지의 축적
      ㉰ 하중의 측정 및 조정
      ㉱ 기계부품의 운동전달 및 제한
   ② 스프링의 재료의 구비조건
      ㉮ 내식성이 클 것
      ㉯ 탄성계수가 크고 탄성한계가 높을 것
      ㉰ 피로 한도 및 크리프 한도가 높을 것
   ③ 스프링의 분류
      ㉮ 하중에 의한 분류 : 인장스프링, 압축스프링, 토션바스프링
      ㉯ 모양에 의한 분류 : 코일스프링, 판스프링, 스파이럴스프링, 원반스프링 등

2) **마찰차(friction wheel)**
   ① 마찰차의 종류
      ㉮ 원통마찰차 : 평행한 두 축 사이에 외접 또는 내접하여 동력을 전달한다.
      ㉯ 원추마찰차 : 서로 교차하는 두 축 사이에서 외접하여 동력을 전달한다.
      ㉰ 홈붙이마찰차 : 여러 개의 홈을 원통 표면에 파서 서로 맞물리게 하여 회전력을 전달한다.
      ㉱ 원판마찰차 : 직각으로 만나는 두 축 사이에서 원판과 롤러의 접촉으로 동력을 전달한다.
      ㉲ 변속마찰차 : 속도변환을 위한 마찰차를 말한다.
   ② 마찰차의 응용 범위
      ㉮ 전달하여야 할 힘이 그다지 크지 않을 경우
      ㉯ 속도비를 중요시하지 않는 경우
      ㉰ 회전 속도비가 커서 기어를 사용할 수 없을 경우
      ㉱ 양 축 사이를 여러 번 단속할 필요가 있는 경우
      ㉲ 작은 힘을 전달하거나 정확한 회전 속도를 전달하지 않아도 되는 곳

3) **핀(pin)**
   ① 핀의 용도 : 기계부품과 부품의 상대위치를 확보하기 위해 이 두 부품을 관통하는 구멍을 통해서 고정 하는 기계요소이다.
   ② 핀의 종류
      ㉮ 평행핀 : 테이퍼가 붙어 있지 않은 핀으로 빠질 염려가 없는 곳에 사용된다. 지름이 1mm인 작은 것에서부터 50mm까지 있다.
      ㉯ 테이퍼핀 : 50분의 1의 테이퍼가 달려 있는 핀으로 구멍에 박아 부품을 고정시키는 데 사용되며, 크고 작은 여러 종류가 있다.
      ㉰ 분할핀 : 빠지는 것을 방지하기 위해 2개로 쪼갤 수 있게 만든 핀으로 구멍에 꽂아 넣고 앞 끝은 둘로 벌려 둔다. 너트가 볼트로부터 빠져나오지 않게 하려고 할 때 흔히 사용한다.

㉣ 스프링핀 : 세로방향으로 쪼개져 있어 억지로 끼웠을 때 핀의 복원력으로 구멍에 정확히 밀착되는 특성이 있다.

| 평행핀 | 테이퍼핀 | 분할핀 | 스프링핀 |

[핀의 종류]

8. 천장크레인용 기계요소의 조건

1) 전동기
   ① 부착부는 균열이 없을 것
   ② 볼트, 너트는 풀림 또는 탈락이 없을 것

2) 커플링
   ① 커플링을 회전시켰을 때 원주 방향 및 축 방향의 이상 진동이 없을 것
   ② 플렉시블 커플링의 경우 고무 부시는 풀림, 변형 또는 마모가 없을 것
   ③ 치차형 커플링의 경우 급유상태가 양호하고 기름누설이 없을 것
   ④ 체인형 커플링의 경우 급유상태가 양호할 것
   ⑤ 볼트, 너트는 풀림 또는 탈락이 없을 것

3) 브레이크류
   ① 라이닝은 편마모가 없고 마모량은 원치수의 50% 이내일 것
   ② 디스크의 마모량은 원치수의 10% 이내일 것
   ③ 유량은 적정하고 기름누설이 없을 것
   ④ 볼트, 너트는 풀림 또는 탈락이 없을 것

4) 치차류
   ① 치차는 이상음, 이상발열 또는 진동 등이 없을 것
   ② 치면은 파손, 균열 등의 손상이 없어야 하고 치면의 마모에 대한 사용한도는 경화층 두께를 초과하지 않을 것
   ③ 볼트, 너트는 풀림 또는 탈락이 없을 것

5) 축 등
   ① 축은 변형 또는 마모가 없을 것
   ② 축심은 축을 회전시켰을 때 진동이 없을 것
   ③ 키는 풀림, 빠짐 및 변형이 없을 것
   ④ 키 홈은 균열 또는 변형이 없을 것

6) 베어링
　① 베어링은 균열, 손상 등이 없어야 하며, 급유상태가 양호할 것
　② 미끄럼 베어링은 무부하, 부하상태에서 이상발열 및 타붙음이 없어야 하고, 부시에는 현저한 마모가 없을 것
　③ 구름 베어링은 무부하, 부하상태에서 이상음, 이상 진동 및 이상발열이 없을 것

STEP_01 기계요소
적중예상문제

01 재료의 응력 중 가장 작은 값을 나타내는 것은?

① 사용응력　　② 허용응력
③ 탄성한도　　④ 극한강도

> 재료를 안전하게 하기 위해 그 종류, 품질, 용도 공작 정도에 따라서 탄성한도 내의 어떤 크기로 멈춰 놓아야 한다. 이 응력을 사용응력이라고 하며 사용응력으로서 선정한 안전한 범위의 상한응력을 허용응력이라 한다.(탄성한도 〉 허용응력 ≥ 사용응력)

02 기어(gear) 전동의 특징 설명으로 틀린 것은?

① 물려지는 기어의 잇수를 바꿈에 따라 회전수를 바꿀 수 있다.
② 두 축이 평행하지 않아도 회전을 확실하게 전달할 수 있다.
③ 동력을 확실하게 전달할 수 있으나, 벨트 전동 등에 비해 내구성은 현저히 떨어진다.
④ 기어 전동은 정확한 속도비를 필요로 하는 전동 장치, 변속 장치 등에 널리 쓰인다.

> 기어 전동은 내구성이 높아서 벨트 전동이나 마찰차 전동보다 우수하다.

03 기어 전동의 일반적인 특징을 설명한 것이다. 잘못 설명한 것은?

① 속도비가 일정하다.
② 감속비가 크다.
③ 충격에 강하다.
④ 큰 동력을 전달할 수 있다.

> 기어전동은 충격에 약하고, 소음과 진동이 발생한다.

04 두 축이 서로 직접 교차하여 맞물려 돌아가는 기어는?

① 평기어　　② 내접기어
③ 웜과 웜기어　　④ 베벨기어

> 베벨기어는 두 개의 축이 교차하여 맞물려 돌아가는 기어로 스트레이트 베벨 기어는 기어의 잇면이 반듯한 직선으로 제작된 것이며, 스파이럴 베벨 기어는 기어의 잇면이 경사진 곡선으로 제작된 것이다.

05 두 축의 회전 방향이 같으며 높은 감속비를 얻기 위해 사용되는 기어는?

① 베벨 기어
② 하이포이드 기어
③ 내접 기어
④ 스퍼 기어

> 인터널 기어(내접기어, internal gear)는 접촉되는 두 개의 기어가 안 쪽에서 접촉되어 동력을 전달하는 기어로 2개의 기어는 회전방향이 같으며, 설치장소가 작으며 높은 감속비를 얻을 수 있다.

06 2개의 축이 서로 90도(°) 교차하고 있다. 어떤 기어를 연결해야 되는가?

① 스퍼기어　　② 헬리컬기어
③ 인터널기어　　④ 베벨기어

> 베벨 기어는 두 축이 서로 직접 교차하여 맞물려 돌아가는 기어로 교차되는 각도는 45°, 60°, 90°, 120° 이다.

07 헬리컬 기어를 사용하고 피니언 중심선상에서 아래쪽으로 설치되어 있는 기어는?

① 하이포이드 기어
② 스파이럴 베벨 기어
③ 베벨 기어
④ 스플라인 기어

> 하이포이드 기어(hypoid gear)는 스파이럴 베벨 기어와 같은 형상이고 축만 엇갈린 기어이다. 즉, 기어의 이가 쌍곡선으로 되어 있고 피니언이 중심선상에서 아래쪽으로 설치된 형태이며, 큰 동력을 전달할 수 있다.

정답 01 ① 02 ③ 03 ③ 04 ④ 05 ③ 06 ④ 07 ①

08 헬리컬 기어와 스퍼 기어에 대하여 틀린 것은?
① 두 기어 모두 축이 평행으로 되어 있다.
② 헬리컬 기어는 스퍼 기어보다 소음이 적다.
③ 두 기어 모두 같은 치폭으로 전달할 수 있는 힘의 크기는 동일하다.
④ 헬리컬 기어는 스퍼 기어보다 제작이 어렵다.

> 헬리컬 기어(helical gear)는 기어 톱니 모양의 이 부분이 경사지게 제작된 것으로 스퍼 기어(평기어, sper gear)보다 접촉선의 길이가 길어지므로 큰 힘을 전달할 수 있는 장점이 있다.

09 기어 이는 나선형이고 물림이 원활하며 큰 하중과 고속 전동에 주로 쓰이는 기어는?
① 스퍼 기어
② 헬리컬 기어
③ 내접 기어
④ 웜 기어

10 다음은 기어에 대하여 서로 관계있는 것끼리 묶어 놓았다. 틀린 것은?
① 두 축이 평행 – 헬리컬 기어
② 두 축이 교차 – 인터널 기어(내치차)
③ 두 축이 평행도 아니고 교차도 아님 – 웜 기어
④ 두 축이 평행 – 스퍼기어(평치차)

> 축과 평행 여부에 따른 기어의 분류
> • 두 축이 서로 평행한 기어 : 스퍼 기어(평기어), 헬리컬 기어, 인터널 기어, 랙과 피니언 기어
> • 두 축이 교차하는 기어 : 베벨 기어, 스파이럴 베벨 기어
> • 두 축이 만나지도 평행하지도 않는 기어 : 하이포이드 기어, 스크루 기어, 웜 기어

11 다음 중 치차가 회전력을 전달할 때 축 방향으로 추력(미는 힘)이 발생하지 않는 것은?
① 베벨 기어
② 웜 기어
③ 더블 헬리컬 기어
④ 헬리컬 기어

> 더블 헬리컬 기어는 일반 헬리컬 기어에서 발생하는 추력을 없앨 목적으로 비틀림 방향이 다른 두 개의 헬리컬 기어를 조합한 기어이다. 이중에서 특히 가운데 홈이 없이 좌, 우 기어의 이가 중앙에서 만나는 기어를 헤링본 기어(Herringbone gear)라 부른다.

12 웜 기어에 대한 설명으로 틀린 것은?
① 웜과 웜 기어를 한 쌍으로 사용한다.
② 헬리컬 기어에 비해 큰 감속비를 얻을 수 있다.
③ 기어의 효율은 다른 기어에 비해 훨씬 높다.
④ 역회전에 사용되지 않고 발열 현상이 크다.

> 웜 기어는 기어의 효율이 낮다는 단점이 있다.

13 스퍼기어에 피니언의 잇수가 20개이고 1000 rpm으로 회전할 때 상대편의 기어를 500 rpm으로 회전시키려면 기어의 잇수는 몇 개로 하여야 하는가?
① 40개
② 36개
③ 27개
④ 9개

> $Z_2 = \dfrac{R_2}{R_1} \times Z_1 = \dfrac{1000}{500} \times 20 = 40$

14 잇수가 20인 작은 기어가 500 rpm으로 회전할 때 이와 맞물린 큰 기어의 회전수를 100 rpm으로 하려면 큰 기어의 잇수는?
① 120
② 100
③ 800
④ 60

> $Z_2 = \dfrac{R_2}{R_1} \times Z_1 = \dfrac{500}{100} \times 20 = 100$

15 기어의 간섭은 어느 때 생기는가?
① 양 기어의 축간 거리가 맞지 않을 때
② 잇수가 아주 적은 경우나 잇수비가 아주 큰 경우
③ 기어 절삭이 잘못 되었을 때
④ 양 기어의 이의 피치가 맞지 않을 때

> 잇수가 적을 때나 잇수의 비가 매우 클 때 한쪽 치선이 상대의 치 밑둥에 닿아서 회전하지 못하게 되는 현상을 간섭이라고 한다.

정답 08 ③ 09 ② 10 ② 11 ③ 12 ③ 13 ① 14 ② 15 ②

16 감속기어의 소음 발생 원인으로 가장 거리가 먼 것은?

① 피치 오차가 크면 소음이 많이 난다.
② 치면의 다듬질 정도가 거칠거나 흠이 있으면 소음이 난다.
③ 헬리컬 기어를 사용하면 소음이 많이 난다.
④ 윤활유가 없거나 부적당한 오일이면 소음이 난다.

> 헬리컬 기어는 평기어(스퍼 기어)보다 이가 부드럽게 맞물리기 때문에 이물림이 원활하여 회전시 진동이 적고, 소음이 적다.

17 기어의 소음 발생 원인이 아닌 것은?

① 치면에 흠이 있고 거칠다.
② 기어의 물림이 불량하다.
③ 피치 오차가 크다.
④ 조인트 마모가 너무 크다.

> 기어의 소음 발생 원인
> • 2개의 기어가 맞물렸을 때 잇면 사이에 생기는 틈새(백래시)가 너무 적을 때
> • 기어 잇면이 거칠거나 흠이 생겼을 때
> • 윤활유가 너무 적거나 부적당한 오일을 사용할 때
> • 기어 피치원의 틈새가 크거나, 잇면 접촉 부분의 틈새가 클 때
> • 기어 및 베어링이 마모되었을 때

18 기어의 고장에 대한 근본적인 원인이 아닌 것은?

① 기어와 축 연결용 키의 이완
② 베어링 메탈의 조기 마모
③ 베어링 장착 볼트의 이완
④ 전동기 용량의 부족

> 기어 고장 및 파손의 원인
> • 기어 물림이 나쁘거나 백래시(back lash)가 클 때
> • 급유 부족 및 부적당한 오일을 사용할 때
> • 피치 오차, 이의 접촉 방향 오차가 클 때
> • 과중량, 과속 등에 의해 무리하게 운행할 때

19 기어의 손상 중 잇면으로부터 일부 금속편이 떨어지는 경우, 그 원인으로 가장 적당한 것은?

① 과하중 또는 중심선의 불일치
② 윤활유의 부적당
③ 윤활유량 과다
④ 기어의 회전속도가 느릴 때

20 다음 기어에 있어서 치차의 마모, 치차의 절손이나 큰 사고를 일으킬 위험이 있을 경우 고속 1단 기어는 몇 % 마모 시 교환해야 하는가?

① 40~50%
② 30~40%
③ 20~30%
④ 10~20%

> 일반적인 경우 기어의 교환 시기는 20~30% 마모에서 교환하지만, 고속 1단 기어의 경우는 10~20% 마모시 교환하여야 한다.

21 다음 중 기어의 치면을 손상시키는 것이 아닌 것은?

① 피칭
② 어브레이전
③ 스크래칭
④ 케이싱

> 기어의 치면 손상
> • 어브레이전(abrasion) : 윤활유 유막보다 더 큰 이물질 입자에 의하여 기어의 접촉면에 긁힌 자국
> • 피칭(pitching) : 치면의 피치 서클 근처에 치폭 방향으로 생기는 작은 거품 모양의 구멍
> • 스크래칭(scratching) : 상대편 기어 치면에 비정상적으로 돌출한 것에 의해 생긴 자국

22 기어에 급유하는 목적이 아닌 것은?

① 기어의 잇면에 유막 형성
② 소음 방지
③ 냉각 작용
④ 미끄럼 방지

> 기어에 대한 급유 및 윤활의 목적은 기어의 잇면에 유막 형성, 소음방지, 냉각 및 방청작용이다.

23 축(Shaft)에 관한 설명중 틀린 것은?

① 축은 기계장치의 일부로써 회전에 의한 운동이나 동력을 전달하는 역할을 한다.
② 축은 회전축과 전동축으로 구분한다.
③ 기계를 돌리기 위하여 동력을 전달하는 축을 전동축이라 한다.
④ 축끼리의 연결은 축 조인트라 한다.

정답 ▶ 16 ③ 17 ④ 18 ④ 19 ① 20 ④ 21 ④ 22 ④ 23 ②

> 축은 일반적으로 베어링(bearing)에 지지되어 강도, 휨 그 밖의 기계적 필요조건을 구비하여 회전 및 왕복운동을 하는 기계요소를 말하며, 작용 하중에 따라 차축, 스핀들, 전동축으로 구분된다.

24 축이 자유로이 휠 수 있는 축은?

① 전동축
② 크랭크 축
③ 중공 축
④ 플렉시블 축

> 플렉시블 커플링(flexible coupling)은 두 축의 중심선이 정확히 일치하기 곤란하거나 진동 및 충격을 완화시킬 목적으로 사용한다.

25 커플링의 설명으로 틀린 것은?

① 고무 플렉시블 커플링은 타이어형 플렉시블 커플링이라고도 부르며 가장 탄력성이 큰 것으로 많이 사용된다.
② 고무 플렉시블 커플링은 전달 토크가 크면 모양이 커지는 단점이 있다.
③ 기어 커플링은 전달 토크가 적으며 부하 변동에 대해서도 위험하다.
④ 플랜지형 플렉시블 커플링은 플랜지를 이용하되 설치 볼트 고무 부시를 끼워 그 탄성을 이용한 것이다.

> 기어 커플링(gear coupling)은 전달 토크가 크며 부하 변동에 대해서도 안전하다.

26 다음 설명 중에서 가장 옳은 것은?

① 플랜지 커플링이란 플랜지 사이를 볼트로 조인 것이며 축의 직경이 75mm 이상의 것에 편리하다.
② 플렉시블 커플링이란 축 중심이 정확하게 일치할 때 사용하는 것이다.
③ 두 개의 축이 일직선상에 있지 않고 경사되는 경우에 사용되는 축이음은 머프 커플링이다.
④ 가공비가 적게 들고 큰 하중에 견디며 주로 모터 축에 사용되는 축이음은 스플라인이다.

> · 플렉시블 커플링은 두 축이 정확히 일치하지 않는 경우에 사용된다.
> · 머프 커플링은 고정축 이음으로 주철제 원통 안에 두축 맞추어 키로 고정하는 슬리브 커플링의 한 종류이다.
> · 스플라인은 축의 원주를 4~20개로 등분하여 키를 깎아 붙인 것과 같이 만들어 단독 키보다 훨씬 큰 힘을 전달할 수 있으며 내구력이 큰 키를 말한다.

27 플랜지 축이음의 설명으로 가장 알맞은 것은?

① 축의 지름과 하중이 작으며 저회전할 때 주로 사용하는 축이음이다.
② 양축의 중심선이 정확하게 일치하지 않을 때 주로 사용하는 축이음이다.
③ 기계류의 축이음에 널리 사용되고 있으며 축의 직경이 75mm 이상이면 더욱 좋다.
④ 축이음을 할 때 가죽이나 고무 같은 탄성체를 플랜지 중간에 넣어 연결한다.

> 플랜지 커플링(flange coupling)
> · 두 개의 축 양 끝에 플랜지를 볼트로 고정하여 두 축을 연결시키는 방식으로 고속회전하는 곳에 사용한다.
> · 두 축의 중심선이 일치할 때 사용하며, 두 축 사이의 상호 이동이 전혀 허용되지 않는 구조이다.
> · 축의 지름이 75mm 이상의 것에 편리하며, 축의 편차가 있을 때는 부적합하다.

28 축과 보스에 작은 삼각형의 돌기 홈을 이용하여 고정하는 것은?

① 스플라인
② 유니버셜 커플링
③ 세레이션
④ 플랜지 커플링

> 세레이션은 여러 개의 작은 삼각형 모양의 스플라인을 축과 보스에 만들고, 이것을 끼워 맞춰 회전력을 전달한다.

29 플렉시블 커플링의 볼트 장치부 완충재로서 적당한 것은?

① 목재   ② 고무나 가죽
③ 구리나 아연   ④ 주철

> 플렉시블 커플링은 축 이음부에 합성고무, 가죽 등을 사용하여 축의 진동을 방지하며 경사각을 3~5° 이내로 한다.

 24 ④ 25 ③ 26 ① 27 ③ 28 ③ 29 ②

30 축 이음부의 합성고무, 가죽 등을 사용하여 축의 진동을 방지하며 경사각은 3~5° 이내로 하는 축 이음은?

① 플렉시블 커플링(Flexible coupling)
② 플랜지 커플링(Flange coupling)
③ 기어 커플링(Gear coupling)
④ 유니버셜 커플링(Universal Joint)

31 2개의 축이 일직선상에 있지 않고 어떤 각도를 가진 두 축 사이에 동력을 전달할 때 사용하는 축 이음으로서 경사각이 커지면 전달효율이 저하되므로 보통 15° 이내로 사용하는 축이음은?

① 분할형 축이음
② 플랙시블 축이음
③ 플랜지 축이음
④ 유니버셜 조인트

> 유니버셜 조인트(자재이음, universal joint)는 두 축이 같은 평면 내에 있으면서 그 중심선이 서로 30° 이내일 때 사용되는 축 이음으로 경사각이 커지면 전달효율이 저하되므로 보통 15° 이내로 사용한다.

32 두 축을 30° 이내의 교각으로 연결할 때 사용하는 축 연결장치로 적합한 것은?

① 머프 커플링
② 플랜지 커플링
③ 스플라인 이음
④ 유니버셜 조인트

33 축의 각도가 작고 동력의 변화가 작은 부분에 주로 사용되며 설치 각도는 5° 이내로 하는 축이음은?

① 플랜지 커플링
② 2중 십자축 조인트
③ 유니버셜 조인트
④ 플렉시블 커플링

> 플렉시블 커플링(flexible coupling)
> • 두 축의 중심선이 정확히 일치하기 곤란하거나 진동 및 충격을 완화시킬 목적으로 사용하며 이는 플렉시블 커플링 러버(rubber)가 담당한다.
> • 축 이음부에 합성고무, 가죽 등을 사용하여 축의 진동을 방지하며 경사각을 3~5° 이내로 한다.

34 다음 중 커플링 조립볼트에 고무 부시(rubber bush)를 끼워 그 탄성을 이용한 커플링은?

① 체인 커플링
② 기어 커플링
③ 플랜지형 플렉시블 커플링
④ 유체 커플링

35 플랜지형 플렉시블 커플링은 무엇으로 체결되어 있는가?

① 아이볼트   ② 핀
③ 리머볼트   ④ 성크키

> 플렉시블 커플링의 종류
> • 고무 플렉시블 커플링 : 타이어형 플렉시블 커플링이라고도 부르며 가장 탄력성이 큰 것으로 많이 사용된다. 전달 토크가 크면 모양이 커지는 단점이 있다.
> • 플랜지형 플렉시블 커플링 : 플랜지를 이용하되 리머 볼트에 고무 부시를 끼워 그 탄성을 이용한 것이다.

36 전달 토크가 크며 부하 변동에 대해서 안전한 반면 치면의 윤활이 어려운 것이 단점인 커플링은?

① 플렉시블 커플링   ② 기어 커플링
③ 유니버셜 조인트   ④ 플랜지 커플링

> 기어 커플링(gear coupling)은 전달 토크가 크며 부하 변동에 대해서도 안전하다.

37 홈붙이 너트로 체결된 리머 볼트를 가진 플렉시블 커플링에 있어서 주로 점검하여야 할 곳은?

① 키   ② 리머볼트
③ 충격흡수용 고무   ④ 플랜지

> 리머 볼트에 고무 부시를 끼워 그 탄성을 이용한 축이음은 플랜지형 플렉시블 커플링으로 주로 충격흡수용 고무를 점검하여야 한다.

38 축 저널의 손상원인에 대한 설명으로 맞지 않는 것은?

① 제작상의 불량
② 강성 부족
③ 과다한 오일 공급
④ 장치 불량

39 키(key)에 대한 설명 중 틀린 것은?
① 축과 회전체의 원주방향으로의 이동이 가능하다.
② 재료는 축 재료보다 약간 강하다.
③ 축과 회전체를 일체로 하여 회전력을 전달시키는 기계요소이다.
④ 급유할 필요가 없다.

> 키(key)는 기어, 커플링, 풀리 등의 회전체를 축에 고정해 주어 회전체가 미끄럼없이 동력을 전달하도록 하는 기계요소로, 키의 재료는 축 재료보다 인장강도가 약간 큰 재료를 사용한다.

40 키(Key)는 다음 어느 경우에 사용하는가?
① 축에 손상이 발생되었을 때
② 압연재나 형재를 영구적으로 연결할 때
③ 축에 풀리, 기어 등을 고정시킬 때
④ 와이어로프가 손상되었을 때

41 키(key)에 대한 설명 중 틀린 것은?
① 구배키(taper key)는 키에 기울기를 준 것이다.
② 키(key)는 축에 회전체를 고정시키는데 사용된다.
③ 키(key)는 수시로 급유하여 녹을 방지해야 한다.
④ 키(key)는 회전력을 전달하는데 사용된다

> 키는 축과 회전체를 일체로 하여 회전력을 전달시키는 기계요소로 급유할 필요가 없다.

42 그림의 키는?

① 납작키(flat key)
② 안장키(saddle key)
③ 묻힘키(sunk key)
④ 접선키(tangential key)

> 안장키(새들키, saddle key)
> • 축은 그대로 두고 보스에만 홈을 판 키로 축에 기어 등을 고정시킬 때 사용된다.
> • 축에 기어 등을 고정시킬 때 사용하며, 큰 힘을 전달하는 곳에는 사용되지 않는다.

43 축과 보스에 각각 홈을 파서 때려 박는 일반적인 키(key) 방식은?
① 묻힘 키 ② 안장 키
③ 평 키 ④ 원뿔 키

> • 묻힘(성크) 키 : 가장 많이 사용되는 키로 보스와 축에 모두 홈을 파서 때려 박는 키
> • 안장(새들) 키 : 축은 그대로 두고 보스에만 홈을 판 키
> • 평(납작) 키 : 축의 윗면을 편평하게 깎고 그 면에 때려박은 키
> • 원뿔 키 : 특수 키의 한 종류로 축과 보스에 홈을 파지 않고 보스 구멍을 원뿔 모양으로 만들고 세 개로 분할된 원뿔통형의 키를 때려박은 키

44 전달할 수 있는 토크의 크기가 큰 것부터 순서대로 된 것은?
① 성크키 → 스플라인 → 새들키 → 평키
② 평키 → 새들키 → 성크키 → 스플라인
③ 새들키 → 성크키 → 스플라인 → 평키
④ 스플라인 → 성크키 → 평키 → 새들키

> 전달할 수 있는 토크의 크기 : 스플라인 > 세레이션 > 묻힘키(성크키) > 납작키(평키) > 안장키(새들키)

45 키(Key)의 재료 성질 중 적당한 것은?
① 축재료보다 연한 강철재
② 축재료보다 강한 강철재
③ 마찰계수가 작아 미끄러운 것
④ 축재료보다 강한 주철재

> 키(key)는 강 또는 특수강으로 제작하지만 일반적으로 축의 재질보다 조금 더 강한 재료로 제작한다.

46 키(key)에 대한 설명으로 틀린 것은?
① 키의 재료는 축보다 약간 단단한 강철재를 사용한다.
② 평행키의 호칭 치수는 폭×높이×길이로 표시한다.
③ 보스와 축에 같이 홈을 파는 키를 새들키라 한다.
④ 스플라인의 홈의 수는 보통 4~20개 정도이다.

> 보스와 축에 모두 홈을 파서 때려 박는 키는 묻힘키(성크키, sunk key)로 테이퍼는 1/100으로 상당히 큰 힘을 전달할 수 있다.

 정답   39 ①   40 ③   41 ③   42 ②   43 ①   44 ④   45 ②   46 ③

47 접선키에서 120° 각도로 두 곳에 끼우는 이유는?

① 작은 동력을 전달하기 위하여
② 축을 강하게 하기 위하여
③ 역회전을 할 수 있게 하기 위하여
④ 축압을 막기 위하여

> 접선키는 역회전이 가능하도록 하기 위해 120° 각도로 2곳에 끼운다.

48 스플라인의 특징이 아닌 것은?

① 큰 토크를 전달할 수 있다.
② 큰 하중의 권상드럼에 쓰인다.
③ 내구력이 작다.
④ 축과 보스의 중심축을 정확하게 맞출 수 있다.

49 축 방향으로 이동이 가능하고 가장 큰 동력을 전달할 수 있는 것은?

① 성크키　　② 스플라인키
③ 새들키　　④ 플랫키

> 스플라인(spline)
> • 축의 둘레에 4~20개의 턱을 만들어 만들어 단독 키보다 훨씬 큰 힘을 전달할 수 있으며, 축 방향으로 이동이 가능하고 내구력이 큰 키이다.
> • 큰 하중의 권상 드럼에 쓰이며 축과 보스의 중심축을 정확하게 맞출 수 있다.

50 축(shaft)에는 홈을 가공치 않고 보스(boss)에만 홈을 가공하여 축의 표면과 보스의 홈에 모양이 일치하도록 가공하여 박은 키(key)를 무엇이라 하는가?

① 성크키(sunk key)
② 안장키(saddle key)
③ 반달키(woodruff key)
④ 접선키(tangential key)

> 안장키(새들키, saddle key)
> • 축은 그대로 두고 보스에만 홈을 판 키로 축에 기어 등을 고정시킬 때 사용된다.
> • 축에 기어 등을 고정시킬 때 사용되며, 큰 힘을 전달하는 곳에는 사용되지 않는다.

51 성크 키에 대한 설명 중 틀린 것은?

① 주로 전단력을 받는다.
② 축보다 약간 강한 재질을 사용한다.
③ 일반적으로 1/100의 구배를 가지고 있는 경우가 많다.
④ 축에는 키 홈을 파지 않는다.

> 묻힘(성크) 키는 가장 많이 사용되는 키로 보스와 축에 모두 홈을 파서 때려 박는 키이다.

52 회전력의 전달과 동시에 보스를 축 방향으로 이동시킬 수 있는 키(key)는?

① 접선키
② 반달키
③ 페더키
④ 새들키

> 미끄럼키(페더키, feather key)
> • 묻힘키의 일종으로 축방향으로 보스의 이동이 가능한 키이다.
> • 키의 기울기가 없으며 보스와의 간격이 있어 회전 중 이탈을 막기 위해 고정하는 수가 많다.

53 베어링 메탈의 구비조건으로 적당하지 않은 것은?

① 마찰이나 마멸이 적어야 한다.
② 면압 강도가 커야 한다.
③ 피로강도가 작아야 한다.
④ 길들임이 좋아야 한다.

> 베어링은 회전 또는 왕복운동을 하는 축을 지지하여 축에 작용하는 하중을 보존하는 기계요소로 피로강도는 크고, 마찰저항은 작아야 한다.

54 저널(journal)이란?

① 축에 접촉되지 않는 베어링의 부분
② 베어링에 접촉되는 축의 부분
③ 전동축을 지지하는 부품
④ 축의 맨 가장자리

> 베어링과 접촉하고 있는 축 부분을 저널(journal)이라 한다.

정답　47 ③　48 ③　49 ②　50 ②　51 ④　52 ③　53 ③　54 ②

55 평 베어링 메탈의 필요사항이 아닌 것은?
① 축재료 보다 강할 것
② 열전도가 좋을 것
③ 내식성이 클 것
④ 마찰계수가 작을 것

> 베어링 메탈의 구비 조건
> - 열전도가 좋을 것
> - 마찰계수가 작을 것
> - 길들임이 좋을 것
> - 내식성이 클 것
> - 피로강도가 클 것
> - 내마멸성이 클 것

56 베어링에 대한 설명 중 틀린 것은?
① 슬라이딩 베어링은 미끄럼 접촉이다.
② 레이디얼 베어링은 세로 방향의 하중을 받는다.
③ 롤링 베어링은 구름 접촉이다.
④ 구름 마찰이 미끄럼 마찰보다 마찰 계수가 작다.

> - 레이디얼 베어링(radial bearing)은 축에 대하여 직각 방향으로 하중을 받는 곳에 사용하는 베어링이다.
> - 슬라이딩 베어링은 미끄럼 베어링, 롤링 베어링은 구름 베어링이다.
> - 구름 마찰이 미끄럼 마찰에 비해 마찰계수가 작다.

57 볼 베어링에서 볼을 적당한 간격으로 유지시키는 것은?
① 부시(bush)
② 레이스(race)
③ 하우징(housing)
④ 리테이너(retainer)

> 구름 베어링은 내륜과 외륜 사이에 볼(ball) 또는 롤러(roller) 등의 전동체를 넣어 전동체의 간격을 일정하게 유지하기 위하여 리테이너(retainer)를 가지고 있다.

58 미끄럼 베어링과 비교한 구름 베어링의 장점에 해당하는 것은?
① 값이 저렴하다.
② 충격에 강하다.
③ 과열의 위험이 적다.
④ 소음이 생기기 쉽다.

> 구름 베어링은 볼, 롤러와 같은 회전체의 구름운동으로 마찰을 줄이고 회전을 원활하게 하는 베어링으로 면과 면이 접촉하기 때문에 축이 회전할 때 마찰저항이 큰 미끄럼 베어링에 비해 과열의 위험이 적다.

59 구름 베어링에 대한 설명으로 옳지 않은 것은?
① 미끄럼 베어링에 비하여 마찰손실이 적다.
② 미끄럼 베어링보다 소음이나 진동이 생기기 쉽다.
③ 미끄럼 베어링보다 충격에 강하다.
④ 미끄럼 베어링에 비해 윤활과 보수가 용이하다.

> 구름 베어링은 미끄럼 베어링보다 충격에 약하다.

60 천장크레인용 구름 베어링의 특징이 아닌 것은?
① 과열의 위험이 적다.
② 베어링의 길이가 작아도 되므로 기계의 소형화가 가능하다.
③ 베어링의 교환과 선택이 용이하다.
④ 충격하중에 강하다.

> 구름 베어링은 충격하중에 약하다.

61 구름 베어링의 단점은?
① 과열의 위험이 적다.
② 마멸이 적으므로 빗나감도 적다.
③ 길이가 작아도 좋으므로 기계의 소형화가 가능하다.
④ 소음 및 진동이 생기기 쉽다.

> 미끄럼 베어링과 구름 베어링의 비교
>
> | 구분 | 미끄럼(슬라이딩) 베어링 | 구름(롤링) 베어링 |
> |---|---|---|
> | 접촉 | 면 접촉, 마찰계수가 크다. | 선·점 접촉, 마찰계수가 작다. |
> | 구조 | 비교적 간단하다. | 전동체가 있어 복잡하다. |
> | 회전 | 고속회전에 적합하다. | 저속회전에 적합하다. |
> | 충격하중 | 충격하중에 강하다. | 충격하중에 약하다. |
> | 진동 및 소음 | 발생하기 어렵다. | 발생하기 쉽다. |
> | 마찰저항 | 마찰저항이 크다. | 마찰저항이 적다. |
> | 규격 | 규격화 되어 있지 않다. | 규격화, 표준화, 소형화가 가능하다. |
> | 윤활 | 별도의 윤활장치가 필요하다. | 윤활장치가 필요없다. |
> | 가격 | 값이 저렴하다. | 값이 비싸다. |

 55 ① 56 ② 57 ④ 58 ③ 59 ③ 60 ④ 61 ④

62 슬라이딩 베어링에서 원통모양의 베어링 메탈을 끼워 사용하는 데 이것을 무엇이라고 하는가?

① 저널
② 롤러
③ 부시
④ 셔블

> 미끄럼(슬라이딩) 베어링은 축이 회전할 때의 마찰열을 방지하기 위해 적절한 윤활이 필요하며, 사용 중 마모로 인해 구멍이 커지므로 원통모양의 부시(bush) 메탈을 저널과 접촉하는 구멍부에 끼워 넣는 것이 일반적이다.

63 베어링 메탈은 조립 및 간단하게 교환할 수 있도록 둘로 갈라지게 만들었으며 베어링 이음새는 상·하 모두 깎아서 분배홈을 만든 베어링은?

① 구름 베어링
② 분할 베어링
③ 볼 베어링
④ 스러스트 베어링

> 미끄럼(슬라이딩) 베어링 중 분할형에 대한 설명이다.

64 일반적으로 천장크레인에 사용하는 베어링의 자체 내열온도로 맞는 것은?

① 100℃
② 600℃
③ 1,000℃
④ 2,500℃

> 구름 베어링은 고온 또는 저온에서도 비교적 쉽게 사용할 수 있으며, 베어링 자체온도가 100℃까지 사용 가능하다.

65 구름 베어링의 하우징에 1/3 정도 그리스를 급유하면 몇 시간 후 재급유를 하여야 하는가?

① 1,000시간
② 2,000시간
③ 3,000시간
④ 4,000시간

> 구름 베어링은 미끄럼 베어링과 달리 별도의 윤활장치가 필요 없이 그리스 급유만으로 충분하며, 그리스는 2,000시간마다 급유한다.

66 구름 베어링에 있어서 그리스 급유에 대하여 기술한 것 중 옳지 않은 것은?

① 정기적으로 재급유가 필요하다.
② 베어링에는 전체 충전, 베어링 하우징에는 약 1/3 정도 충진한다.
③ 밀봉장치가 있는 곳은 급유 후 밀봉을 잘하도록 한다.
④ 매일 급유하여야 한다.

67 베어링 NO.6217은 다음 중 어느 것을 뜻하는가?

① 원통 롤러 베어링이며 내경이 85mm이다.
② 단열 홈형 볼베어링이며, 내경이 85mm이다.
③ 원통 롤러 트러스트 볼베어링이며, 내경이 170mm이다.
④ 단열 홈형 볼베어링이며, 내경이 170mm이다.

> • 6 : 베어링의 형식 기호, 단열 깊은 홈형 볼베어링
> • 2 : 베어링의 치수 계열 기호
> • 17 : 안지름 번호, 번호가 04 이상인 경우 번호 수치에 5를 곱한 값이 안지름이다.(17×5=85mm)

68 Ø80mm 축에 끼워 있는 부시(미끄럼) 베어링의 마모한도는?

① 6mm
② 4mm
③ 2mm
④ 0.5mm

> 부시 베어링의 마모한도는 축의 직경이 60~100mm일 때 2mm 이다.

69 구름 베어링에서 금속음이 들릴 때의 추정 원인으로 틀린 것은?

① 과하중
② 회전부품의 접촉
③ 베어링 조립 불량
④ 윤활제의 과다

70 베어링이 고착되는 경우와 가장 거리가 먼 것은?

① 급유가 불충분한 경우
② 급유 오일의 선정이 잘못된 경우
③ 과부하로 베어링의 유막이 파괴된 경우
④ 저속으로 회전하는 경우

> 베어링의 고착은 주로 급유가 원활하지 않는 경우에 발생한다.

정답 62 ③ 63 ② 64 ① 65 ② 66 ④ 67 ② 68 ③ 69 ④ 70 ④

71 베어링을 세척 시 세척유로 가장 좋은 것은?

① 신나
② 휘발유
③ 알콜
④ 솔벤트

> 베어링의 세척은 솔벤트를 사용하며, 윤활은 그리스를 사용한다. 그리스는 1회 충진하면 2,000시간 정도 사용가능하다.

72 베어링을 강제 끼워 맞추기 위해 베어링을 가열시키려고 한다. 가장 양호한 방법은?

① 적당량의 알코올에 담궈서 가열시킨다.
② 적당량의 오일 속에 담궈서 가열시킨다.
③ 화기(불꽃)에 직접 가까이해서 돌려가며 가열시킨다.
④ 끓는 물에 담겼다 꺼냈다를 반복하여 가열시킨다.

> 베어링을 강제 끼워 맞추기 위해 가열할 때는 균일한 가열을 위하여 80~100℃의 온도 조절이 가능한 오일 조에 담그어 가열한다.

73 베어링 조립 시 통상 어떤 방법으로 하는가?

① 망치로 베어링 양측을 번갈아 두드려 넣는다.
② 베어링 외측을 고무망치로 두드려 넣는다.
③ 베어링 내륜에 면이 바른 아답터를 대고 두드려 넣는다.
④ 나무망치로 두드려 넣는다.

> 베어링 단면을 망치로 직접 두드리거나, 드라이버 등을 이용하여 부분적으로 두드려서 궤도륜을 삽입하는 것은 베어링의 성능에 영향을 끼칠 수 있기 때문에 베어링을 조립할 때는 망치를 사용하지 않고 베어링 내륜에 면이 바른 아답터를 대고 두드려 넣는다.

74 레이디얼 볼베어링 #6208의 안지름은 얼마인가?

① 24mm
② 32mm
③ 40mm
④ 48mm

> 뒤의 두자리 수 즉, 08이 안지름으로 04 이상인 경우에는 5를 곱한 값이 안지름이다. 따라서, 08×5=40mm 이다.

75 회전축 베어링 유닛에 진동이 생기는 원인 중 틀린 것은?

① 1축 상에 2개의 베어링 유닛을 사용하는 경우
② 하우징 취부 볼트가 풀린 경우
③ 축이 휜 경우
④ 베어링 내부의 마모에 의해 틈이 커진 경우

76 베어링의 온도상승 원인을 열거한 것으로 틀린 것은?

① 속도계수를 초과한 경우
② 과하중이 작용한 경우
③ 베어링 수명을 초과한 경우
④ 윤활제를 주유한 경우

> 베어링 윤활의 목적
> • 마찰 및 마모의 경감
> • 마찰열의 배출
> • 베어링 수명의 연장
> • 녹 방지
> • 이물질의 침입방지

77 베어링을 점검하는 방법 중 틀린 것은?

① 운전 중 이상음이 없는가
② 과도한 발열은 없는가
③ 진동은 없는가
④ 해머로 때려서 이상음은 없는가

> 망치 등으로 베어링을 직접 두드리는 행위는 베어링의 성능에 영향을 줄 수 있기 때문에 조립 시 뿐만 아니라, 점검 시에도 금지된다.

78 베어링의 온도상승 원인과 거리가 가장 먼 것은?

① 속도계수의 초과
② 과하중
③ 베어링의 유격 과대
④ 고점도 오일 사용

> 베어링 내부 틈새가 적거나 예압이 과다할 경우 온도상승의 원인이 된다.

정답 71 ④ 72 ② 73 ③ 74 ③ 75 ① 76 ④ 77 ④ 78 ③

79 볼트 명칭에 대한 설명으로 옳은 것은?

① 관통 볼트 : 자주 분해, 결합하는 부분에 사용하며 양 끝에 나사산을 내고, 나사구멍에 끼우고 연결할 부품을 관통시켜서 합친 후 너트로 조이는 것이다.
② 스테이 보트 : T형의 홈에 볼트 머리를 끼우고 위치를 이동하면서 임의의 위치에 물체를 고정할 수 있는 볼트이다.
③ 티 볼트 : 부품을 일정한 간격으로 두고 고정할 때 사용하는 볼트이다.
④ 아이 볼트 : 물건을 들어 올릴 때 사용하는 볼트이다.

- 관통볼트(through bolt) : 연결할 두 부분에 구멍을 뚫고 볼트를 끼운 후 반대쪽에 너트로 조이는 것이다.
- 스테이볼트(stay bolt) : 부품을 일정한 간격을 두고 고정할 때 사용한다.
- T볼트(T-bolt) : 공작기계의 테이블에 공작물을 고정시킬 때 사용된다.

80 수나사 막대의 양 끝에 나사를 깎은 머리없는 볼트로서, 한 끝은 본체에 박고 다른 끝은 너트로 죌 때 쓰이는 것은?

① 관통 볼트
② 미니추어 볼트
③ 스터드 볼트
④ 탭 볼트

- 스터드 볼트(stud bolt)는 봉의 양 끝에 나사가 절삭되어 있는 형태의 볼트이다. 자주 분해 · 조립하는 부분에서 사용하며, 양 끝에 나사산을 파고 나사구멍에 끼우고 연결할 부품을 관통시켜 합친 후 너트로 조인 것이다.

81 너트의 풀림 방지법에 대한 설명으로 틀린 것은?

① 와셔에 의한 방법은 주로 스프링 와셔가 쓰이며, 와셔의 탄성에 의한다.
② 핀, 작은 나사를 쓰는 방법은 볼트 홈 붙이 너트에 핀이나 작은 나사를 이용한 고정 방법이다.
③ 철사에 의한 방법은 철사로 잡아맨다.
④ 너트의 회전 방향에 의한 방법은 축의 회전 방향과 같은 방향으로 돌릴 때 잠기는 너트를 이용하는 것이다.

- 너트의 풀림방지법
  - 와셔에 의한 방법
  - 로크 너트에 의한 방법
  - 철사로 묶는 방법
  - 핀 또는 작은 나사 사용
  - 세트 스크루 사용
  - 자동 쥠 너트 사용

82 너트의 종류와 이에 대한 설명으로 틀린 것은?

① 사각 너트 : 건축용, 목공용으로 사용한다.
② 나비 너트 : 공구가 필요치 않고 손으로 조절할 수 있는 너트이다.
③ 둥근 너트 : 일반적으로 많이 사용한다.
④ 캡 너트 : 유체의 누출을 방지하기 위한 너트이다.

- 둥근 너트(ring nut)는 특수너트에 속하며, 힘이 적게 걸리는 선반의 주축이나 컴퍼스 손잡이 부분에 사용된다. 일반적으로 많이 사용되는 너트는 6각 너트이다.

83 천장크레인으로 부품을 들어 올릴 때 주로 사용하는 볼트는?

① 기초 볼트
② 아이 볼트
③ T 볼트
④ 스터드 볼트

- 기초볼트(foundation bolt) : 기계류를 콘크리트 등의 바닥에 설치할 때 구조물의 토대 고정용으로 사용한다.
- 아이 볼트(eye bolt) : 고리 볼트라고도 하며 기계, 가구류 등과 같은 물건을 들어 올릴 때 사용하는 볼트이다.
- T 볼트(T-bolt) : 공작기계의 테이블에 공작물을 고정시킬 때 사용된다.
- 스터드 볼트(stud bolt) : 봉의 양 끝에 나사가 절삭되어 있는 형태의 볼트로 자주 분해 · 조립하는 부분에서 사용한다.

84 진동이나 충격으로 일어나는 풀림 현상을 막는 너트는?

① 아이 너트
② 로크 너트
③ 둥근 너트
④ 캡 너트

- 로크 너트는 너트가 진동 등으로 인해 이완되는 것을 방지하기 위하여 너트의 안쪽에 사용하는 것으로, 스프링의 힘으로 볼트에 장력을 주어 회전 풀림을 방지한다.

85 크레인의 주요 부분이 진동에 의하여 볼트가 풀릴 경우 이를 보완하기 위한 방법 중 옳지 않은 것은?

① 로크 너트를 사용토록 한다.
② 평 와셔를 넣고 더욱 조인다.
③ 홈붙이 너트를 사용하여 분할핀을 꽂아 놓는다.
④ 혀붙이 와셔를 사용하여 너트가 회전치 못하도록 다른 물체에 고정시킨다.

> 지속적인 진동이 있을 경우에는 평 와셔를 사용하더라도 볼트가 풀어질 수 있다.

86 나사에서 피치(pitch)란?

① 나사산과 그 인접한 나사산 사이의 간격
② 나사산의 높이
③ 나사산의 넓이
④ 나사가 1회전하여 진행한 거리

> 나사를 1회전시켰을 때 나사산의 1점이 축방향으로 진행한 거리를 리드(lead)라고 하며, 서로 인접한 나사산의 축방향 피치(pitch)라고 한다.

87 나사의 호칭 크기는 어느 것으로 나타내는가?

① 수나사의 바깥지름
② 수나사의 골지름
③ 암나사의 안지름
④ 수나사의 유효지름

> 나사의 호칭지름은 수나사의 바깥지름으로 나타내며, 나사의 산과 골의 두께가 같아지는 지름을 유효지름이라 한다.

88 M22인 수나사의 표시 중 22는 무엇을 나타내는가?

① 나사부의 길이가 22mm이다.
② 완전 나사부와 불완전 나사부를 합한 길이가 22mm이다.
③ 나사의 유효지름이 22mm이다.
④ 나사의 바깥지름이 22mm이다.

> 나사의 호칭지름은 수나사의 바깥지름으로 나타낸다.

89 동력전달용 나사에서 사다리꼴 나사의 특징이 아닌 것은?

① 사각나사보다 제작이 어렵고 정밀도가 낮다.
② 마모에 대한 조정이 쉽다.
③ 동력전달이 정확하다.
④ 강도가 크다.

> 사다리꼴 나사
> • 효율은 사각 나사보다 떨어지지만 제작이 사각 나사보다 용이하여 고정밀도 제품의 가공이 가능하고 강도도 높아 운동용 나사로 가장 많이 이용된다.
> • 나사산의 각도가 30°인 미터계 나사와 29°인 인치계 나사(애크미 나사)의 2종류가 있으며, 공작기계의 리드 나사 등에 사용된다.

90 동력 전달이 가장 원활한 나사로 공작 기계의 수치 제어용으로 많이 쓰이는 나사는?

① 미터 나사   ② 사다리꼴 나사
③ 둥근 나사   ④ 볼 나사

> 볼 나사는 보통 나사에 비하여 마찰 계수가 0.005 이하로 극히 작고, 효율은 90% 이상이며 백래쉬은 0으로 하여도 회전 토크가 별로 상승하지 않기 때문에 수치 제어용 공작기계의 이송나사 등으로 널리 쓰인다.

91 미터 보통나사의 나사산의 각도는?

① 60°   ② 55°
③ 50°   ④ 30°

> 미터 나사는 나사산의 각이 60°인 미터계 삼각 나사로 미터 나사는 단위를 mm로 나타내며, 결합용 나사로 가장 많이 사용한다.

92 프레스 등의 동력 전달용으로 사용되며, 축 방향의 큰 하중을 받는 곳에 주로 쓰이는 나사는?

① 미터 나사   ② 관용 평행 나사
③ 사각 나사   ④ 둥근 나사

> 사각 나사
> • 나사산의 형태가 정방형에 가까운 나사로 마찰이 작고 축 방향 하중을 크게 받으면서 운동을 전달하는 데 사용하며 주로 프레스 등의 동력전달용, 공작기계의 이송나사 등으로 이용된다.
> • 하중의 방향이 일정하지 않은 경우에 다른 나사보다 효율이 좋다는 장점이 있는 반면, 가공하기가 곤란한 결점이 있으므로 고정밀도를 요하는 것은 제작비가 비싸지는 단점이 있어 적합하지 않다는 단점이 있다.

 85 ② 86 ① 87 ① 88 ④ 89 ① 90 ④ 91 ① 92 ③

93 다음 나사(Screw) 중 일반기계의 체결용으로 쓰이는 나사는?

① 사다리꼴 나사 ② 톱니 나사
③ 사각 나사   ④ 삼각 나사

> 기계 부품의 결합과 위치를 조정하는 경우에는 삼각 나사가 주로 사용된다. 삼각 나사에는 미터 나사, 유니파이 나사, 관용 나사 등이 있고, ISO 및 KS에서 각 부의 치수를 정하고 있다.

94 스프링 재료의 구비조건이 아닌 것은?

① 내식성이 클 것
② 크리프 한도가 높을 것
③ 탄성한계가 높을 것
④ 전연성이 풍부할 것

> 스프링의 재료의 구비조건
> • 내식성이 클 것
> • 탄성계수가 크고 탄성한계가 높을 것
> • 피로 한도 및 크리프 한도가 높을 것

95 다음 중 스프링의 기능이 아닌 것은?

① 진동, 충격의 완화
② 운동의 제한
③ 에너지의 축적
④ 동력전달

> 스프링의 용도
> • 진동흡수 및 충격완화
> • 에너지의 축적
> • 하중의 측정 및 조정
> • 기계부품의 운동전달 및 제한

96 모양에 따라 분류한 스프링이 아닌 것은?

① 압축스프링
② 스파이럴스프링
③ 코일스프링
④ 판스프링

> 스프링의 분류
> • 하중에 의한 분류 : 인장스프링, 압축스프링, 토션바스프링
> • 모양에 의한 분류 : 코일스프링, 판스프링, 스파이럴스프링, 원반스프링 등

97 다음 중 마찰차의 일반적인 특징에 관한 설명으로 옳지 않는 것은?

① 일정한 속도비를 얻기 어렵다.
② 기어 장치보다도 큰 회전력을 전달할 수 있다.
③ 무단변속기구로도 이용할 수 있다.
④ 과부하의 경우 안전장치의 역할을 할 수 있다.

> 마찰차의 응용 범위
> • 전달하여야 할 힘이 그다지 크지 않을 경우
> • 속도비를 중요시하지 않는 경우
> • 회전 속도비가 커서 기어를 사용할 수 없을 경우
> • 양 축 사이를 여러번 단속할 필요가 있는 경우
> • 작은 힘을 전달하거나 정확한 회전 속도를 전달하지 않아도 되는 곳

98 테이퍼 핀의 테이퍼 값은?

① 1/16   ② 1/20
③ 1/50   ④ 1/100

> 테이퍼핀은 50분의 1의 테이퍼가 달려 있는 핀으로 구멍에 박아 부품을 고정시키는 데 사용되며, 크고 작은 여러 종류가 있다.

99 몇 가지 부품에 대하여 예비품을 두어야 하는 목적은?

① 운전 중 고장이 쉽게 발생되는 부품에 대하여 정비시간을 단축시키기 위해
② 부품값이 비싸며 운반할 때 불편하므로
③ 형식을 갖추어 둘 필요가 있으므로
④ 쉽게 구할 수 있는 부품이며 값이 싸므로

> 예비품을 두는 이유는 운전 중 고장이 쉽게 발생되는 부품에 대하여 정비시간을 단축시키기 위한 것이다.

100 크레인에 사용되는 브레이크류의 조건으로 틀린 것은?

① 라이닝은 편마모가 없고 마모량은 원치수의 50% 이내일 것
② 디스크의 마모량은 원치수의 20% 이내일 것
③ 유량은 적정하고 기름누설이 없을 것
④ 볼트, 너트는 풀림 또는 탈락이 없을 것

> 디스크의 마모량은 원치수의 10% 이내여야 한다.

정답 93 ④ 94 ④ 95 ④ 96 ① 97 ② 98 ③ 99 ① 100 ②

STEP 02 전기 기초이론

1. 전기의 개요

1) 물질과 전자

① 전기를 흐르게 하는 근원은 전자이다.
② 전자는 모든 물질의 원자 속에 있다.
③ 모든 물질은 분자로 되어 있고, 분자는 원자로 되어 있다.
④ 원자(atom)는 원자핵(atomic nucleus)과 전자(electron)로 구성되어 있다.
⑤ 원자핵은 양(+)의 전기를 가진 양성자(proton)와 전기가 없는 중성자(neutron)로 되어 있다.
⑥ 전자는 음(-)의 전기를 가지고 있으며, 전자 한 개가 가지는 전기량은 -1.602×10^{-19}[C]이다.

[물질의 구성]

> 참고 **전기량의 단위**
> 전기량의 단위는 [C] 이며, 쿨롱(coulomb)으로 읽는다.

2) 전기의 6가지 발생근원

① 전기를 발생시킬 목적으로 전자의 작용을 일으키게 하려면 일정한 형태의 에너지를 사용하여야 한다.
② 이때 사용할 수 있는 에너지는 마찰, 압력, 열, 빛, 자기, 화학작용 등의 것들이 있다

[원자의 구조(Ra, 라듐)]

2. 전류와 전압

1) 전류(current)

① 전류의 측정과 단위

㉮ 전류의 개념 : 전자의 이동 방향과 전류의 흐르는 방향은 반대로 정해 놓은 것으로, 전류란 전

자의 흐름이라고 할 수 있다.
   ④ 전류의 단위
      ㉠ 어떤 도선의 단면을 1[초] 동안에 1[C]의 전가 통과하였을 때 흐른 전류를 1[A]로 정의한다. 즉, 전류는 암페어(ampere, 약호 A)라는 단위를 사용한다.
      ㉡ 따라서, 어느 도선의 단면을 t[초] 동안에 Q[C]의 전하가 통과하였다면 이 때 흐른 전류의 크기 I[A]은 다음과 같다.

$$I = \frac{Q}{t}[A]$$

   ㉰ 단위의 종류(기호)
      ㉠ 1[A] = 1000[mA, 밀리암페어]
      ㉡ 1[mA] = 1000[μA, 마이크로암페어]
② 직류와 교류
   ㉮ 직류(DC, direct current) : 일정한 크기를 가진 전류
   ㉯ 교류(AC, alternating current) : 일정한 주기를 가지고 크기와 방향을 바꾸는 전류
③ 전류의 3대 작용
   ㉮ 발열작용
      ㉠ 도체 안의 저항에 전류가 흐르면 열이 발생한다.
      ㉡ 전구, 담배 라이터, 예열 플러그(glow plug), 전열기 등
   ㉯ 화학작용
      ㉠ 전해액에 전류가 흐르면 화학작용이 일어난다.
      ㉡ 건전지, 축전지, 전기도금 등의 작용
   ㉰ 자기작용
      ㉠ 전선이나 코일에 전류가 흐르면 그 주위 공간에 자기현상이 일어난다.
      ㉡ 전동기, 발전기, 솔레노이드 등

> **참고** **솔레노이드(solenoid)**
> 도선을 속이 빈 긴 원통형의 코일모양으로 감은 것으로 도선에 전류를 흘리면 자기장을 생성시키기 때문에 전자석이 될 수 있으며, 천장크레인의 전자석 브레이크 등에 사용된다.

2) 전압(voltage)

① 전압의 개념
   ㉮ 전압이란 전류가 흐르는 압력으로 물의 수압과 같이 2개의 물질 A와 B를 금속선 C로 연결하면, 전류가 A에서 B로 흐르는 것과 같다. 이는 금속선 안에 전류를 흐르게 하는 일종의 전기적 압력이 A에서 B로 작용하기 때문이다.
   ㉯ 이러한 전기적 압력을 전압 또는 전위차(electric potential difference)가 있다고 하며 단위는 [V]를 사용한다.
② 전압의 단위
   ㉮ 1[V]는 1[Ω]의 저항을 갖는 도체에 1[A]의 전류가 흐르는 것을 말한다.

㉯ 1[kV] = 1000[V], 1[V] = 1000[mV]
③ 전압의 크기
㉮ 어떤 도체에 Q[C]의 전기량이 이동하여 W[J]의 일을 하였다면 그 때의 전위차 V[V]는 다음과 같다.

$$V = \frac{W}{Q}[J/C] = \frac{W}{Q}[V]$$

㉯ 1[V]는 1[C]의 전하가 이동하여 1[J]의 일을 하는 경우의 단위전압을 나타낸다.

> **참고** 천장크레인의 전압과 전원
> 천장크레인을 이동하기 위한 동력은 전기를 사용하며 전동기를 구동시켜 중량물의 이동 및 이송을 한다. 사용 전압은 주로 440V를 사용하며 사용되는 전선은 600V용, 조작 전원은 변압기를 이용 110V로 감압시켜 사용한다.

3. 전기회로와 저항

1) 전기회로
① 전류가 흐르는 통로를 전기회로(electric circuit) 또는 줄여서 회로라고 한다.
② 전기회로에서 전원이란 전기(source)를 공급하는 것으로 배터리를 말하며, 부하(load)란 전기가 소비되는 것으로 전구 등을 말한다.

[기본 전기회로]

2) 저항
① 전기회로에서 전기의 흐름을 방해하는 작용을 하는 소자를 저항(resistance) 또는 전기저항이라 한다.
② 저항의 기호는 R이고, 단위는 옴(ohm)으로서 [Ω]을 사용한다.
③ 1[Ω]은 1[A]의 전류가 흐를 때 1[V]의 전압을 필요로 하는 도체의 저항을 의미한다.
④ 저항은 도체의 길이 ℓ[m]에 비례하고, 도체의 단면적 A[m²]에 반비례한다. 이를 식으로 표현하면 다음과 같다. 식에서 비례상수 ρ를 고유저항 또는 저항률이라고 하며 로(rho)라고 읽는다. 이 저항률은 재료의 종류에 따라 값이 달라진다.

$$R = \rho \frac{\ell}{A}[\Omega]$$

참고	전기의 각종 기호				
용어	기호	단위	단위 읽기	심볼	
전압	V	[V]	볼트(volt)	┤├	
전류	I	[A]	암페어(ampere)	▶	
저항	R	[Ω]	옴(ohm)	─◠◠◠─	

3) 옴의 법칙(Ohm's law)
 ① 옴의 법칙에 따르면 도체에 흐르는 전류(I)의 세기는 두 점간의 전압(V)에 비례하고 도체가 갖는 전기저항(R)에 반비례한다. 이를 표현하면 다음과 같다.

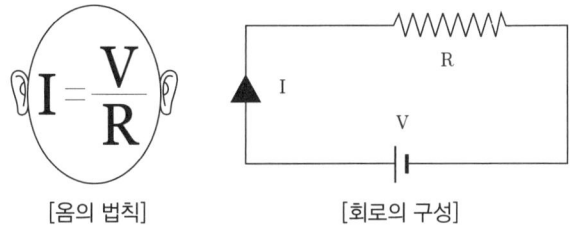

[옴의 법칙]   [회로의 구성]

 ② 이러한 옴의 법칙에 따라 다음과 같은 식을 유도할 수 있다.

$$I = \frac{V}{R}[A],\ V = I \times R[V],\ R = \frac{V}{I}[\Omega]$$

4) 저항의 접속
 ① 직렬접속
  ㉮ 그림은 저항 R_1과 R_2인 2개의 저항을 직렬로 접속한 전기회로이다.

[직렬접속]

  ㉯ 이렇게 여러 개의 저항을 직렬로 접속했을 때 합성저항 R_0은 각각의 저항을 합한 것과 같아지며, 이를 식으로 표현하면 다음과 같다.

$$R_0 = R_1 + R_2[\Omega]$$

㉱ 마찬가지로 $R_1, R_2, R_3 \cdots + R_n$의 저항을 직렬 접속했을 때 합성 저항 R_0는 다음과 같이 표현된다.

$$R_0 = R_1 + R_2 + R_3 + \cdots + R_n [\Omega]$$

㉲ 저항의 직렬접속에서 전체 전류는 전원전압을 전체 합성저항으로 나누어 구한다.

$$I = \frac{V}{R_0} = \frac{V}{R_1 + R_2 + R_3 + \cdots + R_n}[A]$$

② 병렬접속

㉮ 그림은 저항 R_1과 R_2인 2개의 저항을 병렬로 접속한 전기회로이다. 이렇게 여러 개의 저항을 병렬로 접속했을 때 각 저항에 흐르는 전류를 I_1, I_2라고 하면 $I_1 = \frac{V}{R_1}$, $I_2 = \frac{V}{R_2}$이며, 합성전류 $I = I_1 + I_2 = \frac{V}{R_1} + \frac{V}{R_2} = \left(\frac{1}{R_1} + \frac{1}{R_2}\right)V$로 나타낼 수 있다.

[병렬접속]

㉯ 이에 따라 합성저항 R_0의 역수는 각 저항의 역수의 합과 같아지며, 위의 식을 응용하면 다음과 같이 합성저항 R_0를 나타낼 수 있다.

$$\frac{1}{R_0} = \frac{1}{R_1} + \frac{1}{R_2}[\Omega] \quad \therefore R_0 = \frac{1}{\frac{1}{R_1} + \frac{1}{R_2}} = \frac{R_1 \times R_2}{R_1 + R_2}[\Omega]$$

㉰ 마찬가지로 $R_1, R_2, R_3 \cdots + R_n$의 저항을 직렬 접속했을 때 합성 저항 R_0는 다음과 같이 표현된다.

$$R_0 = \frac{1}{\frac{1}{R_1} + \frac{1}{R_2} + \frac{1}{R_3} + \cdots + \frac{1}{R_n}}[\Omega]$$

㉔ 저항의 병렬접속에서 전체 전압은 전체 합성저항과 각 지로에 흐르는 전체 전류의 합을 곱하여 구한다.

$$V = I \times R_0 = I \times \frac{R_1 \times R_2 \times R_3 \times \cdots \times R_n}{R_1 + R_2 + R_3 + \cdots + R_n}[V]$$

4. 전력과 전력량

1) 전력

① 직류회로 또는 교류회로든 전압을 가하게 되면 부하(load)에서 전기가 소비된다. 즉, 부하(load)인 백열전구나 형광등에서 전기가 소비되면 빛으로 에너지가 나타나게 된다. 이렇게 전기 에너지가 다른 형태의 에너지로 바뀌어 수행한 일을 전력(electric power)이라 한다.

② 전력의 기호는 P, 단위는 [W]를 사용하며, 와트(watt)라 읽는다. 전력 P는 전압 V와 전류 I의 곱으로 나타낸다.

$$P = V \times I = I^2 \times R = \frac{V^2}{R}[W] = [J/\sec]$$

③ 전력을 전동기와 같은 기계동력의 단위로는 마력(HP)을 일반적으로 사용하며 와트와 마력 사이에는 다음과 같은 관계가 있다.
  ㉮ 1영마력 = 550ft · lb/s = 746[W]
  ㉯ 1불마력 = 75kgf · m/s = 735[W]

2) 전력량

① 전력량은 전력과 시간의 곱으로 나타낸다. 전력량의 기호는 W이고, 단위는 [Wh]를 사용하며, 와트시(watt-hour)로 읽는다. 따라서, 전기기기를 사용할 때 사용한 시간이 길어질수록 전력량은 커진다.

② 전력을 P, 시간을 t, 전압을 V, 전류를 I로 표시할 때 전력량 W는 다음과 같은 식으로 나타낼 수 있다.

$$W = P \times t = V \times I \times t = I^2 \times R \times t = \frac{V^2}{R} \times t[Wh]$$

③ 전력량의 단위 변환
  ㉮ 1[kWh] = 1000[Wh] = 3.6×10^6[J]
  ㉯ 1[J] = 1[W · sec]

3) 줄의 법칙과 발열량
① 저항 R인 도체에 전압 V를 가했을 때, 이 도체에 흐르는 전류를 I라고 하면 저항 R 중에 소비되는 전력 P는 앞서 살펴본 바와 같이 다음과 같다.

$$P = V \times I [W]$$

② 이에 따라 저항 R, 전압 V, 전류 I 사이에는 옴의 법칙에 따라 I=V/R 또는 V=I·R의 관계가 성립하므로, 이를 P=V·I 에 대입하면 전력 P는 다음의 식의 성립한다.

$$P = I^2 \times R [W] = \frac{V^2}{R} [W]$$

5. 플레밍의 법칙

1) 플레밍의 왼손법칙(전자력의 방향)
   ① 자장 내의 도체에 전류를 흘릴 때 도체가 받는 힘의 방향을 알기쉽게 정의한 법칙으로 전동기의 회전원리를 알 수 있는 법칙이다.
   ② 손가락의 방향
      ㉮ 엄지 손가락 : 힘(F)의 방향
      ㉯ 검지 손가락 : 자기장(B)의 방향
      ㉰ 가운데(중지) 손가락 : 전류(I)의 방향

2) 플레밍의 오른손법칙
   ① 자석을 코일 속에 넣었다 뺐다 하다 코일 속의 자속이 변화하면, 코일에 기전력이 유도되는 현상을 전자 유도 작용이라 하며 이때 기전력을 유도 기전력, 전류를 유도 전류라 한다. 이 유도 기전력의 방향을 알아보는데 편리하게 사용하는 것이 플레밍의 오른손 법칙이다.
   ② 손가락의 방향
      ㉮ 엄지 손가락 : 운동(v)의 방향
      ㉯ 검지 손가락 : 자기장(B)의 방향
      ㉰ 가운데(중지) 손가락 : 유도 기전력(e)의 방향

[플레밍의 왼손 법칙과 오른손 법칙]

6. 기타 전기관련사항

1) 접지

① 전기장치의 외함접지는 접지단자를 이용하여 설치해야 하며, 다음과 같아야 한다.(단, 방폭지역의 저압 전기기계·기구의 외함은 전압에 관계없이 10Ω 이하여야 한다.)

 ㉮ 400V 미만일 때 : 100Ω 이하일 것
 ㉯ 400V 이상일 때 : 10Ω 이하일 것

② 접지선은 충분한 기계적·전기적 강도를 가져야 한다.

③ 외함 접지선의 최소 단면적은 다음의 표에 표시된 것 이상이어야 한다.

전원 공급용 전선의 단면적[S(mm^2)]	접지선의 최소 단면적[S(mm^2)]
S ≤ 16	S
16 < S ≤ 35	16
S > 35	S/2

④ 외함접지 단자에는 문자(pe)를 표기하여야 하며, 기계부품 등의 본딩회로에 사용되는 그 밖의 단자에는 다음 중 하나의 방법으로 표기하여야 한다.

 ㉮ 기호로 표현하는 경우 : ⏚
 ㉯ 문자로 표기하는 경우 : PE
 ㉰ 녹색 또는 녹색 및 황색 조합 접지선

⑤ 옥외에 설치되는 지상높이 20m 이상의 타워, 지브 또는 갠트리 크레인 등으로서 마스트 철 구조물의 단면적이 300mm^2 이내일 때에는 피뢰침 및 도선 등을 설치하여 접지해야 하며, 300mm^2 이상이고 마스트의 연결상태가 전기적으로 연속적일 경우에는 다음과 같이 피뢰용 접지공사를 해야 한다.

 ㉮ 접지저항은 10Ω 이하일 것
 ㉯ 접지판 혹은 접지극과의 연결도선은 동선을 사용할 경우 30mm^2 이상, 알루미늄 선을 사용한 경우 50mm^2 이상일 것
 ㉰ 피뢰도선과 피접지물 혹은 접지극과는 용접, 볼트 등에 의한 방법으로 견고히 체결되고 현저한 부식이 없는 재료를 사용할 것

> **참고** 전압의 구분
>
> | 구분 | 교류(AC) | 직류(DC) |
> |---|---|---|
> | 저압 | 1000V 이하 | 1500V 이하 |
> | 고압 | 1000V 초과 7000V 이하 | 1500V 초과 7000V 이하 |
> | 특별고압 | 7000V 초과 ||

2) 등전위접지
① 전기장비와 기계의 노출된 모든 도전부는 보호본딩회로에 연결되어야 하며, 접지연속성 시험결과 다음의 표와 같은 적절한 접지연속성 기능이 유지되어야 한다.

시험대상 전선의 최소 유효단면적(mm^2)	최고 전압강하(V)
1.0	3.3
1.5	2.6
2.5	1.9
4.0	1.4
>6.0	1.0

② 보호본딩회로에는 개폐기, 과전류보호장치가 부착되지 않아야 한다.

3) 퓨즈(fuse)
① 퓨즈의 정의 : 일정한 값 이상의 전류가 흐르면 용단되는 것으로 회로 및 기기를 보호하는 가장 간단한 전류자동차단기를 말한다.
② 퓨즈의 재질 : 주석과 납의 합금
③ 퓨즈의 종류 및 용단시간

종류	정격용량	용단시간
저압용 포장퓨즈	정격전류의 1.1배	30A 이하 : 2배 전류로 2분
		30~60A : 2배 전류로 4분
		60~100A : 2배 전류로 6분
고압용 포장퓨즈	정격전류의 1.3배	2배 전류로 120분
고압용 비포장퓨즈	정격전류의 1.25배	2배 전류로 2분

④ 천장크레인에서의 과전류 보호
㉮ 과전류 보호를 위하여 각 부품의 정격전류 또는 도체의 허용전류값 중에서 더 작은 값에 대하여 보호되어야 한다.
㉯ 퓨즈의 정격전류 또는 기타 과전류 보호장치의 전류 설정값은 가능한 낮게 선정하되 예상되는 과전류(전동기 기동 전류 등)에 적절하여야 한다.
㉰ 과전류 보호용으로 차단기 또는 퓨즈를 설치시 차단용량은 해당 전동기 등의 정격전류에 대하여 차단기는 250%, 퓨즈는 300% 이하여야 한다.
㉱ 과전류차단장치는 각 분기회로마다 설치되어야 한다.
㉲ 전원전압에 직접 접속되는 제어회로 및 제어회로 변압기는 과전류 보호가 되어야 한다.
㉳ 제어용변압기 2차측 회로의 과전류보호장치는 접지회로가 아닌 다른 단에 설치되어야 한다.

4) 절연
   ① 절연의 개요
      ㉮ 전기 또는 열을 통하지 않게 하는 것으로 이때 사용하는 부도체를 절연체 또는 절연물이라고 한다.
      ㉯ 전기기기의 절연을 내열특성에 따라서 분류한 것을 절연종별이라고 하는데, 이것에 따라 그 기기의 사용온도한계가 정해진다.
   ② 전기기기의 절연종류와 허용온도

절연종류	구성	최고 허용온도
Y종	목면·견·지류 등의 재료로 구성되고 바니스류를 먹이지 않거나 또는 기름에 적시지 않은 채 절연하는 것	90℃
A종	목면·견·지류 등의 재료로 구성되었으나 바니스나 기름에 적신 것	105℃
E종	에나멜선용 폴리우레탄 및 에폭시 수지, 셀룰로오스 트리아세테이트 등의 재료로 구성된 것	120℃
B종	운모·석면·유리섬유 또는 유사한 무기질 재료를 접착제와 함께 사용한 것	130℃
F종	운모·석면·유리섬유 등의 재료를 실리콘 알키이드수지 등의 접착재료와 함께 사용하여 구성된 것	155℃
H종	운모·석면·유리섬유 등의 재료를 실리콘수지 또는 같은 성질의 재료로 된 접착재료와 함께 사용한 것	180℃
C종	운모·석면·자기 등을 단독으로 사용해서 구성된 것 또는 접착재료와 함께 사용한 것	180℃ 이상

   ③ 절연전선의 절연저항치

전로의 사용전압 구분		절연저항
400V 미만	대지전압(접지식 전로는 전선과 대지 사이의 전압, 비접지식 전로는 전선 간의 전압을 말한다. 이하 같다)이 150V 이하인 경우	0.1MΩ
	대지전압이 150V 초과 300V 이하인 경우	0.2MΩ
	사용전압이 300V 초과 400V 미만인 경우	0.3MΩ
400V 이상		0.4MΩ

5) 감전사고방지 조치
   ① 전기장치는 직접접촉이나 간접접촉으로 인한 감전사고가 일어나지 않도록 설치되어야 한다.
   ② 전기장치의 직접접촉방호는 다음과 같이 한다.
      ㉮ 접근방지를 위하여 전용의 외함 내부에 내장하거나 방호망을 설치하고 작업자와 충분한 이격거리를 둘 것
      ㉯ 개방형 외함의 구조는 다음과 같을 것
         ㉠ 고정식 덮개의 구조이거나 임의로 외함을 개방할 수 없도록 키 등을 부착할 것

ⓒ 외함 개방 시 충전부분이 차단되도록 하거나, 외함 개방 후 충전되어 있는 부분의 보호등급은 IP2X 이상의 직접 접촉방호가 되어 있을 것
③ 전원이 차단된 이후에도 60V 이상의 잔류전압이 있는 노출 충전부는 전원 차단 후 5초 이내에 장비 기능에 영향을 미치지 않는 범위에서 60볼트 이하가 되도록 방전되어야 한다. 단 다음의 경우는 예외로 한다.
　㉮ 충전 전하가 60μC 이하인 경우
　㉯ 장비기능상 급속한 방전이 어려운 경우 외함이 개방하기 전에 일정시간 대기할 수 있도록 주의 표시를 하는 경우
④ 가공전선 또는 전기기계·기구의 충전전로와 근접한 장소에서 기계·기구를 사용하는 작업을 할 때, 감전의 위험이 발생할 우려가 있는 경우에는 다음의 어느 하나에 해당하는 조치를 해야 한다.
　㉮ 해당 충전전로를 이설할 것
　㉯ 감전의 위험을 방지하기 위한 방책을 설치할 것
　㉰ 해당 충전전로에 절연용 방호구를 설치할 것
　㉱ 위의 3가지 조치를 하는 것이 현저히 곤란한 때에는 감시인을 두고 작업을 감시하도록 할 것

STEP_02 전기기초이론
적중예상문제

01 전류에 대한 설명으로 틀린 것은?
① 자유전자의 흐름이다.
② 단위는 A를 사용한다.
③ 직류와 교류가 있다.
④ 저항에 항상 비례한다.

> 전류는 전압에 비례하고, 저항에 반비례한다.
> $I = \dfrac{V}{R}[A]$

02 전기 기호 중 맞는 것은?
① 저항 : Ω
② 전력량 : R
③ 전류 : V
④ 전압 : A

> • 전력량 : W
> • 전류 : A
> • 전압 : V

03 다음 중 전압의 단위로 맞는 것은?
① V
② A
③ Ω
④ W

> 전압의 단위는 V이며, 이는 1Ω의 저항을 갖는 도체에 1A의 전류가 흐르는 것을 말한다.

04 플레밍의 오른손법칙에서 가운데(중지) 손가락 방향은?
① 자력선 방향
② 자밀도 방향
③ 유도기전력 방향
④ 운동 방향

> 플레밍의 오른손법칙
> • 엄지 손가락 : 운동(v)의 방향
> • 검지 손가락 : 자기장(B)의 방향
> • 가운데(중지) 손가락 : 유도 기전력(e)의 방향

05 플레밍의 왼손법칙에서 검지 손가락 방향은?
① 힘의 방향
② 자기장의 방향
③ 전류의 방향
④ 유도기전력 방향

> 플레밍의 왼손법칙
> • 엄지 손가락 : 힘(F)의 방향
> • 검지 손가락 : 자기장(B)의 방향
> • 가운데(중지) 손가락 : 전류(I)의 방향

06 2개의 합성 저항 R_1, R_2를 병렬로 접속하면 합성 저항 R은 어떻게 되는가?
① $R_1 + R_2$
② $\dfrac{R_1 + R_2}{2}$
③ $\dfrac{R_1 + R_2}{R_1 \cdot R_2}$
④ $\dfrac{R_1 \cdot R_2}{R_1 + R_2}$

> 합성저항
> • 직렬접속 : $R_0 = R_1 + R_2 [\Omega]$
> • 병렬접속 : $R_0 = \dfrac{1}{\dfrac{1}{R_1} + \dfrac{1}{R_2}} = \dfrac{R_1 \times R_2}{R_1 + R_2}[\Omega]$

07 니크롬선의 저항이 20Ω인 전열기를 100V의 전선에 연결하였을 경우 전류는 몇 A인가?
① 2000A
② 5A
③ 0.2A
④ 10A

> $I = \dfrac{V}{R} = \dfrac{100}{20} = 5[A]$

정답 01 ④ 02 ① 03 ① 04 ③ 05 ② 06 ④ 07 ②

08 20Ω 저항의 양 끝에 전압을 가할 때 2A의 전류가 흐른다면 이 저항에 걸리는 전압은?

① 10V ② 20V
③ 30V ④ 40V

🔍 V=I×R=2×20=40[V]

09 그림에서 2Ω과 4Ω 사이의 전선에 걸리는 전압은 얼마인가?

① 2V ② 4V
③ 8V ④ 12V

🔍 • $R_0 = R_1 + R_2 + R_3 + \cdots R_n = 2+4+6 = 12[Ω]$
• $I = \dfrac{V}{R} = \dfrac{24}{12} = 2[A]$
∴ $V = I \times R = 2[A] \times 2[Ω] = 4[V]$

10 교류의 최대값이 100A인 경우 실효값은 약 몇 A인가?

① 64 ② 71
③ 80 ④ 141

🔍 실효값(V) = 0.707×Vm = 0.707×100 = 70.7[V]

11 시퀀스 제어란 정해진 순서에 따라 무엇을 진행하는 제어인가?

① 전원 ② 단계
③ 상황 ④ 실태

🔍 시퀀스 제어란 일정한 순서에 따라 제어의 각 단계를 진행해 가는 자동제어를 말한다.

12 수동조작 자동복귀형 b접점 스위치는?

① ─o o─ ② ─o─o─
③ ─o┴o─ ④ ─o┬o─

• 수동조작 자동복귀형 a접점 : ─o┴o─
• 수동조작 자동복귀형 b접점 : ─o┬o─

13 크레인 작업시 감전사고 예방 및 발생 시의 조치방법으로 적합하지 않은 것은?

① 전원 스위치가 가까운 곳에 없을 경우에는 마른 헝겊이나 막대기, 플라스틱 등과 같은 절연성 물체로서 피해자를 이격시킨다.
② 통전한 채로 점검을 해야할 경우에는 고무장갑, 고무구두를 착용하고 절연판 위에서 작업하는 등의 조치를 한다.
③ 정전 혹은 운전종료시 및 수리 점검시는 필히 전원을 내린다.
④ 감전되어 인사불성에 빠지면 인공호흡은 더 이상 실시할 필요가 없으므로 중지한다.

🔍 감전되어 인사불성에 빠지더라도 전원 차단 후 인공호흡을 실시한다.

14 크레인에 의한 감전 예방대책으로 적합하지 않은 것은?

① 배선이 낡아 누전이 되지 않는지를 정기점검하여 완벽한 절연을 유지한다.
② 전압 220V 이하의 펜던트 스위치에는 접지할 필요가 없다.
③ 수전설비, 전력장치 등의 감전우려가 있는 부분에 대해서는 위험표시나 조명을 충분히 한다.
④ 전동기, 배전반 등의 전기기계·기구는 접지한다.

🔍 펜던트 스위치에 접속된 케이블은 꼬임이나 무리한 힘이 가해지지 않도록 보조와이어로프 등으로 지지되어야 하고 크레인과의 사이에 접지선이 연결되어 있어야 한다. 다만, 해당 스위치의 외함 구조가 절연제품의 경우에는 접지선을 생략할 수 있다.

15 크레인의 감전사고를 방지하기 위한 장치를 기술한 것으로 관계 없는 것은?

① 접지
② 누전 차단기
③ 메인 라인 스위치
④ 3상 4선식 주행 집전장치

 08 ④ 09 ② 10 ② 11 ② 12 ④ 13 ④ 14 ② 15 ③

> 3상 4선식의 경우 1상은 접지선으로 사용한다. 따라서, 접지, 누전 차단기와 함께 감전사고를 방지하는 장치에 속한다.

16 전압에는 저압, 고압, 특별고압 3가지 종류가 있다. 특별고압은 몇 V를 초과하는 것을 말하는가?

① 220V ② 700V
③ 1,000V ④ 7,000V

> 전압의 종별 구분
>
> | 구분 | 교류(AC) | 직류(DC) |
> |---|---|---|
> | 저압 | 1000V 이하 | 1500V 이하 |
> | 고압 | 1000V 초과 7000V 이하 | 1500V 초과 7000V 이하 |
> | 특별고압 | 7000V 초과 | |

17 변압기의 1차 권수 80회, 2차 권수 320회인 경우 1차 측에 25V의 전압을 가하면 2차 전압(V)은?

① 50 ② 72
③ 100 ④ 125

> • 권수비(a) = $\frac{N_2}{N_1} = \frac{80}{320} = 0.25$
> • 2차 전압(V_2) = $\frac{V_1}{a} = \frac{25}{0.25} = 100[V]$

18 전기자의 철심으로 가장 많이 사용하는 것은?

① 탄소강판 ② 규소강판
③ 동판 ④ 주철판

> 전기자 철심은 0.35~0.5mm의 규소강판을 성층하여 사용한다.

19 전기기구를 취급하여 작업할 때 틀린 것은?

① 전원코드를 끼울 때 사용전압을 확인한다.
② 덮개를 씌우지 않은 이동 전등을 사용한다.
③ 퓨즈가 끊어졌다고 함부로 손을 대어서는 안 된다.
④ 신호, 점검 사항을 확인하고 스위치를 넣는다.

> 이동 전등은 감전예방을 위해 덮개를 씌운 것을 사용하여야 한다.

20 전기기기에 의한 감전사고를 막기 위하여 필요한 것은?

① 방폭등
② 대지전위 상승장치
③ 접지설비
④ 고압계

> 접지는 감전 등의 전기사고 예방 목적으로 전기기기와 대지를 도선으로 연결하여 기기의 전위를 0으로 유지하는 것으로 전기장치의 함접지는 다음과 같이 한다.
> • 400V 미만일 때는 100Ω 이하
> • 400V 초과일 때는 10Ω 이하
> • 방폭지역의 저압 전기기계·기구의 외함은 전압과 관계없이 10Ω 이하

21 전원 공급용 전선의 단면적이 25mm² 일 때 접지선의 최소 단면적은 몇 mm² 이어야 하는가?

① 8mm² ② 16mm²
③ 20mm² ④ 25mm²

> 전기장치 외험 접지선의 최소 단면적
>
> | 전원 공급용 전선의 단면적 [S(mm²)] | 접지선의 최소 단면적 [S(mm²)] |
> |---|---|
> | S ≤ 16 | S |
> | 16 < S ≤ 35 | 16 |
> | S > 35 | S/2 |

22 천장크레인 운전실의 전압계가 멈췄을 때 점검할 사항이 아닌 것은?

① 집전자의 이탈 여부 검사
② 주 인입개폐기 점검
③ 정전 여부 확인
④ 천장크레인 내 변압기 이상 여부 점검

> 변압기는 교류 전압을 높이거나 낮추는 데 사용되는 것으로 천장크레인 외부에 설치되어 있다.

23 4심 코드의 색 중 접지선으로 색으로 옳은 것은?

① 녹색 ② 검정
③ 적색 ④ 백색

> 4심 코드는 흑·백·적·녹색이며, 일반적으로 접지선은 녹색을 사용한다.

24 전기의 스파크는 주파수가 (   ) 심하며 (   ) 보다 (   ) 쪽이 스파크가 크다. 다음 중 괄호 안에 알맞은 말로 짝지어진 것은?

① 낮을수록, 교류, 직류
② 높을수록, 교류, 직류
③ 높을수록, 직류, 교류
④ 낮을수록, 직류, 교류

> 전기 스파크는 교류(A.C)보다 직류(D.C)에서 많이 발생하며, 주파수가 높을수록 심하다.

25 전기 스파크 발생의 설명으로 틀린 것은?

① 전기스위치를 차단할 때보다 연결할 때 많이 일어난다.
② 교류보다 직류에서 많다.
③ 전압이 높을수록 심하다.
④ 접촉면의 요철이 심할수록 잘 일어난다.

> 전기 스파크는 전기 스위치를 연결(on)할 때 보다 차단(off)할 때 많이 일어난다.

26 전기 스파크가 일어났을 때 어떤 조치를 제일 먼저 취해야 하는가?

① 퓨즈를 끊는다.
② 메인 스위치를 OFF로 한다.
③ 레버(lever)를 급속히 정위치로 한다.
④ 전동기를 끈다.

> 전기 스파크가 일어났다면 가장 먼저 메인 스위치를 OFF로 하여 전기를 차단하고 점검하여 필요한 조치를 하도록 한다.

27 전기기기의 불꽃(spark) 발생을 막기 위한 방법으로 틀린 것은?

① 스위치류의 개폐는 신속히 행한다.
② 스위치의 접촉면에 먼지나 이물질이 없도록 한다.
③ 접촉면을 매끄럽게 유지시킨다.
④ 가능한 교류보다 직류를 많이 사용한다.

> 전기 스파크는 교류보다 직류에서 많이 발생한다.

28 운전 종료 후 스위치의 차단 순서는?

① 전원측에서 부하측으로
② 부하측에서 전원측으로
③ 가까이 있는 스위치에서 먼 스위치로
④ 순서가 없이 차단해도 무방하다.

> 운전 종료 후 스위치는 부하측에서 전원측으로 차단한다.

29 전기장치에 관한 사항이다. 맞지 않는 것은?

① 계기 사용 시는 최대 측정범위를 초과해서 사용하지 말아야 한다.
② 전류계는 부하에 병렬로 접속해야 한다.
③ 축전지 결선 시 단락되지 않도록 유의해야 한다.
④ 절연된 전극이 접지되지 않도록 하여야 한다.

> 전류계는 부하에 직렬로 연결하고, 전압계는 병렬로 연결한다.

30 전기회로의 안전사항으로 설명이 잘못된 것은?

① 전기장치는 반드시 접지하여야 한다.
② 전선의 접속은 접촉사항이 크게 하는 것이 좋다.
③ 퓨즈는 용량이 맞는 것을 끼워야 한다.
④ 모든 계기 사용시는 최대 측정 범위를 초과하지 않도록 해야 한다

31 감전에 대한 설명으로 가장 거리가 먼 것은?

① 감전의 피해 정도는 전류의 크기와 통전시간에 따라 다르다.
② 감전사고는 여름에 적다.
③ 50mA 이상의 전류가 인체에 흐르면 상당히 위험하다.
④ 건조한 옷, 고무장갑 등을 착용하면 좋다.

> 통계상 전기화재와 감전사고는 여름철, 장마철에 집중되고 있다.

 24 ② 25 ① 26 ② 27 ④ 28 ② 29 ② 30 ② 31 ②

32 천장크레인 점검 보수작업 중 감전사고가 발생하였다. 조치방법으로 틀린 것은?

① 즉시 전원을 차단한다.
② 즉시 피해자를 잡아당겨 접촉물로부터 분리시킨다.
③ 감전되어 인사불성에 빠지더라도 전원차단 후 인공호흡을 실시한다.
④ 전원을 차단하기 어려운 경우에는 마른 헝겊이나 플라스틱 등 절연물을 이용하여 접촉물을 제거한다.

> 즉시 피해자를 잡아당기면 감전의 위험이 있으므로 전원 차단 후 절연성 물체를 이용하여 피해자를 접촉물로 부터 분리시킨다.

33 감전 예방에 대한 설명으로 옳지 않은 것은?

① 배선의 절연을 완전하게 한다.
② 감전의 염려가 있는 장소는 위험표시판 및 조명을 충분히 행한다.
③ 점검 수리시는 전원 스위치를 내린다.
④ 작업복은 착용하고 장갑을 사용하지 않는다.

> 감전의 우려가 있는 작업 및 작업장에서는 절연장갑을 착용하도록 한다.

34 전기용접 작업 시 용접기에 의한 감전재해 유발 상황과 가장 거리가 먼 것은?

① 발밑에 물이 있을 때
② 몸에 땀이 배어 있을 때
③ 옷이 비에 젖어 있을 때
④ 앞치마를 하지 않았을 때

> 습기가 많은 창고, 물기가 있는 장소는 감전재해가 유발될 수 있는 환경이다.

35 퓨즈(Fuse)의 설명으로 틀린 것은?

① 전기회로 보호장치이다.
② 퓨즈의 재질은 주석과 납의 합금이다.
③ 전력의 크기에 따라 굵거나 가는 퓨즈를 사용한다.
④ 퓨즈의 재질은 아연과 납의 합금이다.

> 퓨즈(fuse)는 일정한 값 이상의 전류가 흐르면 용단되는 것으로 회로 및 기기를 보호하는 가장 간단한 전류자동차단기로 재질은 주석과 납의 합금이다.

36 저압용 포장퓨즈의 경우 정격용량은 정격전류의 몇 배인가?

① 1.1배　　② 1.25배
③ 1.3배　　④ 1.5배

> 퓨즈의 종류와 정격용량

종류	정격용량
저압용 포장퓨즈	정격전류의 1.1배
고압용 포장퓨즈	정격전류의 1.3배
고압용 비포장퓨즈	정격전류의 1.25배

37 천장크레인에서의 과전류 보호에 대한 설명이다. 틀린 것은?

① 과전류차단장치는 각 분기회로마다 설치되어야 한다.
② 과전류 보호를 위하여 각 부품의 정격전류 또는 도체의 허용전류값 중에서 더 작은 값에 대하여 보호되어야 한다.
③ 과전류 보호용으로 차단기 설치시 차단용량은 해당 전동기 등의 정격전류에 대하여 퓨즈는 250% 이하여야 한다.
④ 전원전압에 직접 접속되는 제어회로 및 제어회로 변압기는 과전류 보호가 되어야 한다.

> 과전류 보호용으로 차단기 또는 퓨즈를 설치시 차단용량은 해당 전동기 등의 정격전류에 대하여 차단기는 250%, 퓨즈는 300% 이하여야 한다.

38 절연저항 측정 시 가장 많이 사용되는 계기는?

① 메거
② 캘빈더블
③ 휘트스톤 브리지
④ 코올라시 브리지

> 메거 테스터는 절연저항 측정기이다.

정답 32 ② 33 ④ 34 ④ 35 ④ 36 ① 37 ③ 38 ①

39 배선 및 전기기기의 점검·정비를 위하여 측정장비로 널리 활용되는 것은?

① 충전기　　② 변압기
③ 멀티테스터　　④ 청진기

40 회로의 전압을 측정하는 데 적합한 계기는?

① 전류테스터
② 저항측정기
③ 메가테스터
④ 멀티테스터

> 멀티테스터는 전압, 전류 및 저항 등의 값을 하나의 계기로 측정할 수 있는 기기이다.

41 440V용 전동기의 절연저항은 최소 얼마 이상이어야 하는가?

① 0.04MΩ
② 0.4MΩ
③ 4MΩ
④ 40MΩ

42 절연저항 측정 단위에서는 메가옴(MΩ)을 사용한다. 400V 전압에서 약 몇 메가옴 이상이 나와야 하는가?

① 0.4MΩ
② 0.5MΩ
③ 0.6MΩ
④ 0.7MΩ

> 절연전선의 절연저항치

전로의 사용전압 구분		절연저항
400V 미만	대지전압 150V 이하인 경우	0.1MΩ
	대지전압 150V 초과 300V 이하인 경우	0.2MΩ
	사용전압 300V 초과 400V 미만인 경우	0.3MΩ
400V 이상		0.4MΩ

43 전기기기 사용시 절연불량의 원인으로 틀린 것은?

① 습기가 많다.
② 가스가 많다.
③ 주위온도가 낮다.
④ 먼지가 많다.

44 다음 절연종류 중 가장 높은 온도 상승에 견딜 수 있는 것은?

① A종　　② B종
③ E종　　④ F종

> 절연종류와 최고 허용온도
> • A종 : 105℃
> • B종 : 130℃
> • E종 : 120℃
> • F종 : 155℃

45 크레인의 전기기기에서 사용하는 절연에 관한 용어 중 "B종" 절연의 허용 최고 온도는?

① 90℃　　② 120℃
③ 130℃　　④ 155℃

> 절연종류와 허용온도

절연종류	최고 허용온도
Y종	90℃
A종	105℃
E종	120℃
B종	130℃
F종	155℃
H종	180℃
C종	180℃ 이상

정답 39 ③　40 ④　41 ②　42 ①　43 ③　44 ④　45 ③

CHAPTER 04 줄걸이 용구 및 방법

Craftsman Overhead Travelling Crane Operator

STEP 01 줄걸이 용구

1. 와이어로프(wire rope)

1) 와이어로프의 개요

① 와이어로프는 여러 번 가공한 소선을 여러 개 꼬아서 스트랜드(strand)를 만들고 가운데 심강을 넣고 스트랜드를 다시 꼬아서 만든 것을 말한다.
② 표시방법은 명칭, 구성, 기호, 꼬임방법, 종류, 로프의 직경으로 한다.
③ 종류의 일반적인 형상은 KS D 3514에 규정되어 있으며, 종류는 1~17호의 17종이 있다.
④ 와이어로프의 구성기호가 "6×27"로 표시되어 있는 경우 6은 꼬임의 수량(strand수), 27은 소선의 수량(wire수)을 의미한다.
⑤ KS 표준에 따른 로프 1가닥의 길이는 원칙적으로 200m, 500m 및 1000m로 한다.
⑥ 파단 하중에 의한 로프의 구분

종별	소선의 공칭 인장강도	적요
E종	1320N/mm^2	비도금 및 도금(도금 후 냉간가공한 것을 포함)
G종	1470N/mm^2	도금(도금 후 냉간가공한 것을 포함)
A종	1620N/mm^2	비도금 및 도금(도금 후 냉간가공한 것을 포함)
B종	1770N/mm^2	비도금 및 도금(도금 후 냉간가공한 것을 포함)

[와이어로프의 구조]

2) 와이어로프의 구성

① 소선
㉮ 탄소강에 특수 열처리를 하여 사용. 표준 인장강도는 135~180kg/mm^{2}이다.
㉯ 소선의 결함

접촉구조	설명
점 접촉구조	· 가장 일반적으로 사용되는 와이어로프이다. · KS D 3514에 규정된 1~7호까지의 것이 있다. · 스트랜드 내·외층의 소선이 교차되어 접촉하고 있다. · 내·외층을 별도로 제작할 수 있어 값이 저렴하고, 구성이 간단하다. · 점 접촉부에 소선 면압이 증가하며 눌린 자국이 생기기 쉽다.
선 접촉구조	· 내외층을 한 조각으로 동시에 꼬아 합쳐서 만들고 소선이 교차하지 않도록 한 것이다. · 각 소선이 선모양으로 길게 접촉되어 있기 때문에 눌린 흔적이 생기지 않으며, 점 접촉구조보다 굽힘에 대해 강하다. · 소선의 조합에 따라 실형, 워링톤형, 필러형, 워링톤실형, 세미실형 등의 형식이 있다.

　　　㉰ 소선의 마모 원인
　　　　㉠ 시브(활차)의 지름이 적을 때
　　　　㉡ 와이어로프와 시브의 접촉면이 불량할 때
　　　　㉢ 외부 소선은 다른 물체와 접촉이 심할 때
　　　　㉣ 내부 소선은 과다한 하중, 무리한 굽힘, 주유가 부족할 때
　② 스트랜드(strand)
　　　㉮ 심선과 소선의 조합으로 로프의 중간 단계라고 할 수 있다.
　　　㉯ 스트랜드의 수는 3줄에서 18줄까지 있으나 보통 6줄이 사용되며, 각각의 재료와 개수에 따라 활용 용도가 달라진다.
　③ 심강 : 중심선을 말하며 사용 목적으로는 충격하중의 흡수, 부식방지, 소선끼리 마찰에 의한 마모방지, 스트랜드의 위치를 올바르게 하는데 있다.
　　　㉮ 섬유심 : 가장 많이 사용되는 심으로 재료는 마, 화학섬유 등이며 부식방지용으로 적당하다. 고열작업에는 사용하지 않는다.
　　　㉯ 공심 : 스트랜드 한 줄을 심강으로 사용된 것으로 굽힘 하중이 반복되는 곳에는 부적당하며, 물체를 매달아 놓는 고정하중이 발생하는 곳에 사용. 고온에서 적합하다.
　　　㉰ 철심(와이어심) : 심강으로 와이어로프를 사용한 것
　　　　㉠ IWRC(Independent Wire Rope Core) : 고열에서 사용되며(200℃ 고열작업), 절단하중이 크다.
　　　　㉡ CFRC(Center Filler Rope Core) : 심강인 와이어를 외측 와이어 스트랜드의 움푹한 데까지 들어가도록 꼬아 합친 것이다.

실(seal)형　　워링톤형　　필러형　　워링톤실형　세미실(semi seal)형
[선 접촉구조]

3) 와이어로프의 꼬임방법

① 로프의 꼬임과 스트랜드의 꼬임의 관계에 따른 구분

구분	보통꼬임(Regular-lay)	랭꼬임(Lang-lay)
외관	스트랜드와 소선의 꼬임 방향이 반대 (소선과 로프 축이 평행)	스트랜드와 소선의 꼬임 방향이 동일 (소선과 로프 축이 각도를 가짐)
장점	· 휨성이 좋으며 밴딩경사가 크다. · 킹크(kink)가 잘 일어나지 않는다. · 꼬임이 강하기 때문에 변형이 적다.	· 밴딩경사가 적다. · 마모가 적고 내구성이 우수하다 · 마모가 큰 곳에 사용 가능하다.
단점	국부적인 마모가 심하다.	킹크 또는 풀림이 쉽다.
용도	일반 제조 제품 산업용	광산, 삭도(索道)용

② 와이어로프의 꼬임 방향에 따른 구분 : S 꼬임, Z 꼬임

[와이어로프의 꼬임]   [케이블 연결(고정)]

4) 와이어로프의 지름(직경) 측정 방법

① 와이어로프의 직경 측정은 로프의 끝에서 1.5m 이상 떨어진 곳에서 측정한다.
② 2~3개 지점을 측정해서 평균값으로 한다.
③ 측정하는 직경은 와이어로프 외접원의 가장 큰 부분의 직경으로 한다.
④ 와이어로프의 지름 측정은 버니어 캘리퍼스를 사용한다.
⑤ 소선의 지름 측정은 마이크로미터를 사용한다.

[버니어 캘리퍼스를 이용한 측정방법]

5) 와이어로프의 단말가공

① 소켓(socket) 고정법 : 줄걸이용이 아닌 고정용으로 사용되는 방법으로 와이어로프의 고리를 만들 부분을 소켓에 끼워서 스트랜드와 소선을 풀어낸 다음, 합금 또는 합성수지를 소켓 안쪽에 부으

면 굳어지면서 와이어로프가 빠지지 않도록 하는 고정법이다.
  ㉮ 현수교 등 하중이 크게 걸리는 곳에 주로 사용한다.
  ㉯ 정확하게 가공하면 효율이 100% 이다.
  ㉰ 소켓의 종류에는 개방형과 밀폐형, 브릿지형이 있다.
② 아이스플라이스(eye splice) 고정법(엮어 넣기) : 와이어로프의 스트랜드를 벌려 끼우는 방법과 감아 끼우는 방법이 있다. 로프의 엮어 넣는 길이는 로프 지름의 30~40배가 적당하며 줄걸이용 와이어로프에 많이 사용된다.
③ 로크(Lock) 고정법(압축고정법) : 파이프 형태의 슬립(slip)에 와이어로프를 넣고 압착하여 고정시킨 방법으로 로프의 절단하중과 거의 동일한 효율을 가지며, 주로 슬링용(sling) 로프에 많이 사용된다.
④ 클립(clip) 고정법 : 줄걸이용이 아닌 고정용으로 사용되며 와이어로프의 끝을 원하는 고리의 크기만큼 구부린 다음 클립을 채워 고정하는 방법이다.
  ㉮ 와이어로프 직경이 16mm 이하에서의 클립 수는 4개 이상으로 하고 클립간의 간격은 와이어로프 직경의 6배 이상으로 하여야 한다.
  ㉯ 클립의 새들은 로프의 힘이 걸리는 쪽에 있도록 한다.
  ㉰ 하중을 걸기 전후에 단단하게 조여 준다.
  ㉱ 가능한 심블(thimble)을 부착하도록 한다.
  ㉲ 심블을 사용할 경우에는 심블이 이탈되지 않도록 용접되어야 한다.
  ㉳ 남은 부분을 시징(seizing)하도록 한다.
⑤ 웨지(Wedge, 쐐기) 고정법 : 끝을 시징한 와이어로프를 소켓 안에서 구부려 그 속에 쐐기를 넣어 고정시키는 방법으로 줄걸이용이 아닌 고정용으로 사용되며, 다음과 같은 특징이 있다.
  ㉮ 작업이 간편하고 현장에서 쉽게 적용할 수 있는 가공방법이다.
  ㉯ 장력을 받는 로프의 방향을 직선이 되도록 유의하여야 한다.
  ㉰ 로프지름에 비해 웨지가 작을 경우 로프형태가 파괴되고 효율이 저하된다.

고정법	형태	효율
소켓 (합금, Socket)	개방형(위) 밀폐형(아래)	100%
아이스플라이스 (Eye Splice)		6mm : 90% 9mm : 88% 12mm : 86% 18mm : 82%
로크 (Lock)		24mm : 95% 26mm : 92.5%

클립 (Clip)		75~80%
웨지 (쐐기, Wedge)		75~90%

> **참고** 시징(Seizing)
> · 와이어로프를 절단하였을 때 절단된 끝 부분이 풀리는 것을 방지하기 위하여 절단 부분의 양 끝을 철사로 감아 마감 처리하는 것을 말한다.
> · 시징의 폭은 와이어로프 직경의 2~3배가 적당하다.

6) 와이어로프의 안전율

① 일반적인 안전율은 절단하중을 안전하중으로 나눈 값으로 사용된다.

㉮ 안전율(안전계수) = 절단하중과 안전하중의 비(比) = $\dfrac{\text{절단하중}}{\text{안전하중}}$

㉯ 절단하중 : 로프는 하중이 증가할수록 어느 정도 늘어나지만, 탄성한계 이상이 걸리면 절단이 된다. 즉, 파괴될 때의 하중을 절단하중이라 한다.

㉰ 안전하중 : 로프에 걸리는 하중은 시브의 방법, 굽힘 강도, 마찰, 충격 등을 고려하여 훅, 로프, 줄걸이 용구 등이 파괴될 때보다 훨씬 적은 하중으로 목표를 정해 사용 한계가 되는 것을 말한다.

② 와이어로프의 안전율

와이어로프의 종류	안전율
· 권상용 와이어로프 · 지브의 기복용 와이어로프 · 횡행용 와이어로프 및 케이블 크레인의 주행용 와이어로프	5.0
· 지브의 지지용 와이어로프 · 보조로프 및 고정용 와이어로프	4.0
· 케이블 크레인의 주 로프 및 레일로프	2.7
· 운전실 등 권상용 와이어로프	10.0

③ 권상용 및 지브의 기복용 와이어로프에 있어서 달기기구 및 지브의 위치가 가장 아래쪽에 위치할 때 드럼에 2바퀴 이상 감기어 남아있어야 한다.

④ 상시 온도가 80℃ 이상인 고열장소에 사용하는 크레인의 와이어로프(다만, 차열판을 설치하는 등의 방법으로 80℃ 이하에서 사용되는 로프는 제외) 및 드럼에 다층으로 감기는 와이어로프는 철심이 들어있는 와이어로프를 사용해야 한다.

⑤ 와이어로프의 안전율은 와이어로프의 절단하중의 값을 해당 와이어로프에 걸리는 하중의 최대값으로 나눈 값으로 한다. 이 경우 권상용 및 지브의 기복용 와이어로프에 있어서는 이들 와이어로

프의 중량 및 시브의 효율을 포함하여 계산하는 것으로 한다.

7) 와이어로프의 점검 및 관리

① 와이어로프 보관 방법
㉮ 습기가 없고 환기가 잘되는 건물 내에 보관한다.
㉯ 고열, 해풍 및 직사광선을 피한다.
㉰ 산, 아황산가스 등에 침식되지 않도록 한다.
㉱ 사용되었던 로프는 세척을 한 후 그리스로 도포하여 보관한다.
㉲ 지면에 직접 닿지 않고, 눈에 잘 띄는 사용이 빈번한 장소에 보관한다.

② 와이어로프를 사용해서는 안 되는 것
㉮ 이음매가 있는 것
㉯ 와이어로프의 한 꼬임(스트랜드)에서 끊어진 소선의 수가 10% 이상인 것(필러선은 제외)
㉰ 지름의 감소(마모)가 공칭 지름의 7%를 초과하는 것
㉱ 심하게 변형되었거나 부식된 것(부식이 심하면 강도가 약 40~50% 감소됨)
㉲ 열 및 전기충격에 의해 손상된 것
㉳ 부풀거나 변형된 것
㉴ 꺾임으로 인한 영구 변형된 것
㉵ 소선 및 스트랜드가 돌출되었거나 빠져 나온 것
㉶ 국부적인 직경의 증가 또는 감소가 발생된 것
㉷ 훅에 거는 고리 부분의 섬유 심강이 빠져 나온 것
㉸ 압축 고정 소켓 부분에 균열이 있거나 압축이 덜 된 것

③ 와이어로프의 손상원인
㉮ 드럼, 시브 등의 접촉에 의한 외부 마모, 소선과 소선의 접촉에 의한 내부 마모 및 부식에 의한 로프 단면적 감소가 있다.
㉯ 표면 경화에 의한 로프의 질적 변화가 있다.
㉰ 로프의 변형 및 충격, 과하중이 걸릴 때 등이 있다.

8) 와이어로프의 단선 방지책

㉮ 가능한 S꼬임을 사용하지 말 것
㉯ 선 접촉 구조의 로프를 사용할 것
㉰ 드럼, 시브의 지름을 크게 하고 과하중 및 충격을 주지 말 것

㉣ 부식 방지로 항상 윤활유나 그리스(grease)을 발라 줄 것
㉤ 짐을 매다는 경우 2줄걸이 이상으로 하며 매다는 각도는 60° 이내일 것

> **참고** 로프의 킹크(kink)
> - 로프가 꼬인 상태로 얽히거나 고리가 생긴 것을 말하며 로프에 가장 큰 파단하중을 감소시키기 때문에 킹크가 발생한 로프는 교환하여야 한다.
> - (+)킹크는 와이어로프의 꼬임 방향으로 비틀림이 생겨 꼬임이 강해지는 쪽으로 꼬인 것이고, (-)킹크는 꼬임이 풀리는 방향으로 생기는 것을 말한다.
> - 와이어로프에서 킹크가 발생될 경우 파단하중 감소율은 (+)킹크는 40% 감소하고, (-)킹크는 60% 정도 감소한다.

2. 체인(chain)

1) 체인(cahin)의의 종류

① 롤러체인(roller chain) : 크레인에서 리미트 스위치의 전동에 사용되는 전동장치용 체인이다.
② 링크체인(link chain)
  ㉮ 체인블록, 레버블록, 호이스트 크레인의 권상장치, 대형 선박의 닻 등에 사용되는 권상용(줄걸이용) 체인으로, 사용온도는 400℃ 까지 사용가능하다.
  ㉯ 링크체인의 종류
    ㉠ 숏 링크체인(shot link chain)
    ㉡ 롱 링크체인(long link chain)
    ㉢ 스터드 링크체인(stud link chain) : 링크에 스터드(stud, 지주)를 용접하여 붙인 체인으로 스터드가 없는 체인에 비해 강도가 증가된다.

[체인(cahin)의 종류]

2) 체인의 특징

① 내열성이 좋다.
② 체인은 탄성 등으로 어느 정도의 충격하중을 흡수할 수 있다.
③ 미끄럼이 없이 일정한 속도비를 얻을 수 있다.
④ 체인의 길이를 신축시킬 수 있고 다축 전동이 가능하다.
⑤ 내유·내습성이 크다.
⑥ 내열성이 좋다.
⑦ 큰 동력을 전달 시킬 수 있고 그 효율도 95 % 이상이 된다.

⑧ 수명이 길고 유지보수가 용이 하다.

3) 권상용 체인의 기준
① 안전율(체인 절단하중의 값을 해당 체인에 걸리는 하중의 최대값으로 나눈 값)은 5 이상일 것
② 연결된 5개의 링크를 측정하여 연신율이 제조당시 길이의 5% 이하일 것(습동면의 마모량 포함)
③ 링크 단면의 지름 감소가 해당 체인의 제조시보다 10 % 이하일 것
④ 균열이 없을 것
⑤ 심한 부식이 없을 것
⑥ 깨지거나 홈 모양의 결함이 없을 것
⑦ 심한 변형 등이 없을 것

> **참고** 체인의 단점
> · 소음 진동이 나기 쉽고, 이로 인해 고속회전에 부적합하다.
> · 윤활이 필요하다. 체인의 윤활은 마찰에 의한 열이 발생하므로 그리스를 이용한다.

3. 섬유벨트 슬링(sling)

1) 섬유벨트 슬링의 개요 및 종류
① 섬유벨트 슬링의 개요
㉮ 크레인의 훅이나 기타 권상기구에 화물을 달기 위한 것으로 봉제된 웹(web, 원사를 거미줄 모양으로 직조한 벨트모양의 것) 요소로 구성된 것을 말한다.

양끝 아이형

엔드리스형

쇠걸이 부착형(왼쪽 일반형, 오른쪽 리빙형)

[섬유벨트 슬링]

㉯ 섬유벨트 슬링은 조선소나 하역 현장 등에서 강관이나 스테인레스 강 등과 같이 미끄러짐이나 제품의 손상을 방지하기 위해 많이 사용된다.

② 섬유벨트 슬링의 형식

형식	기호	비고
양끝 아이형(양끝 고리형)	E	양쪽 끝에 아이(eye, 웹의 끝을 꺽어 접어서 만든 벨트슬링의 눈 모양의 부분)가 있는 것
엔드리스형	N	양 끝 아이가 없이 연결된 둥그런 형태의 것
쇠걸이 부착(붙이)형	K	양끝 아이형에서 아이에 일반형 또는 리빙형의 쇠걸이(fitting)를 달아 놓은 형태의 것

2) 섬유벨트 슬링의 특징

① 와이어로프나 체인보다 가볍다.
② 취급이 용이하며 유연성이 우수하다.
③ 하물의 손상을 방지할 수 있다.
④ 와이어로프에 비해 강도가 매우 약해 취급에 주의가 필요하다.

3) 벨트 슬링의 표면손상 등에 따른 폐기기준

① 아이부분
  ㉮ 아이부의 재봉선이 닳아서 속의 흰 부분이 보이거나 종방향의 실에 손상이 발생한 경우
  ㉯ 아이부에 현저하게 잘려진 부분이 있거나 마찰파손, 찢어진 파손 등이 있는 경우
  ㉰ 재봉실이 절단되어 아이의 형 붕괴가 발생한 경우
② 봉제 부분
  ㉮ 절단, 마찰에 의해 발생된 손상 등 각종 손상이 발생한 경우
  ㉯ 봉제부에 봉제실이 여러 군데 절단되어 있고 봉제부의 오버랩(overlap)부가 조금이라도 뜯어져 있는 경우

[섬유벨트 슬링의 명칭]

③ 몸체 부분
    ㉮ 슬링 표면에 폭방향 전체로 원단에 손상이 발생하여 종방향의 실에 손상이 발생한 경우
    ㉯ 로프의 섬유올이 보이지 않을 정도로 닳아서 일어나 있는 경우
    ㉰ 두께 방향으로 1/3에 상당하는 손상이 발생한 경우
    ㉱ 폭 방향으로 마모 또는 손상이 발생한 경우

4) 벨트 슬링 사용시 주의사항
① 모서리에 거스러미가 있는 하물에는 반드시 받침을 사용하고, 옆으로 미끄러지지 않도록 주의한다.
② 사용온도는 100℃ 이하로 하고 상온을 크게 넘어서 사용하는 경우에는 제조자의 지시에 의하여 사용하중을 줄인다.
③ 물, 기름 등에 젖으면 미끄러지기 쉬우므로 주의한다.
④ 하물은 균형이 맞게 매단다.
⑤ 대강 매달기(초크 매달기)인 경우에는 깊이 조이기를 하도록 한다.
⑥ 짐을 매단 채로 오랜 시간 방치해서는 안 된다.
⑦ 극단적인 비틀림, 매듭 또는 서로 걸린 상태로 사용해서는 안 된다.
⑧ 짐의 아래로부터 빼낼 때 벨트 슬링을 손상하지 않도록 주의한다.
⑨ 비틀린 상태로 오랜 시간 가압하든가 모가 난 모양의 것으로 가압한 상태로 방치해서는 안 된다.
⑩ 지면이나 바닥 위를 끈다든지, 쇠걸이붙이인 것을 높은 곳에서 떨어뜨린다든지 해서는 안 된다.
⑪ 다른 인양 기구 또는 보조 기구류와 조합하여 사용할 때에는 연결 부분에서 벨트슬링이 손상되는 일이 없도록 주의한다.
⑫ 벨트 슬링은 열, 햇빛, 약품 영향을 받지 않는 장소에 보관한다.
⑬ 화학 약품에 사용한 뒤에는 충분히 물로 씻어서 보관한다.
⑭ 점검 결과, 폐기하기로 한 벨트 슬링이나 쇠걸이를 보수하든가 사용 하중을 줄이는 등으로 해서 다시 사용해서는 안 된다.

4. 줄걸이용 보조기구

1) 샤클(shackle)
① 샤클은 와이어로프 또는 체인 등을 연결하거나 고정시키는데 사용하는 줄걸이용 보조기구이다.
② 샤클의 호칭기호는 SWL(안전작업하중, safety working load) 또는 WLL(한계작업하중, working load limit)로 표기하며, 샤클 볼트의 직경은 인치로 표기한다.
③ 샤클의 종류에는 곧은 샤클(D형, 스트레이트형)과 굽은 샤클(만곡형, 보우형)이 있으며, 줄걸이 및 체인에는 핀(pin)의 발이 짧은 것이 유리하며, 여러 개의 로프를 모으는 경우에는 굽은 샤클이 유리하다.
③ 샤클의 사용전 확인사항
    ㉮ 허용 인양 하중을 확인하여야 한다.
    ㉯ 나사부 및 핀(pin)의 상태를 확인하여야 한다.
    ㉰ 안전작업하중(SWL)을 확인하여야 한다.

④ 샤클 사용시 주의사항
　㉮ 샤클에 표시된 등급, 사용 하중 등을 확인한 후 사용한다.
　㉯ 샤클은 반드시 사용 하중 이하의 하중에서 사용한다.
　㉰ 샤클의 볼트·너트 및 핀은 규정의 것을 사용한다.
　㉱ 아크 스트라이크가 일어나는 사용법을 따라서는 안 된다.
　㉲ 샤클을 다른 부재에 용접하여 사용해서는 안 된다.
　㉳ 영구 변형된 샤클을 사용해서는 안 된다.
　㉴ 샤클의 부착 및 하중은 세로 방향으로 하중이 걸리도록 사용한다.
　㉵ 볼트·너트 및 둥근 플러그를 사용하는 형식의 샤클은 반드시 분할 핀을 사용하여야 한다.
　㉶ 샤클의 볼트 또는 핀에 세로 방향 하중을 초과하는 하중이 작용하는 사용법을 따라서는 안 된다.
　㉷ 샤클핀이 회전하는 조건으로 인양해서는 안된다.

2) 클램프(clamp, 조임쇠)
　① 주로 철판을 줄걸이 작업할 때 사용되는 줄걸이용 보조기구이다.
　② 클램프의 종류
　　㉮ 수직형 클램프 : 권상하중을 감아 올린 상태에서 개구부가 수직이 되는 것
　　㉯ 수평형 클램프 : 권상하중을 감아 올린 상태에서 개구부가 수평이 되는 것
　② 클램프 사용시 주의사항
　　㉮ 변형되어 있는 것 또는 균열이 있는 것을 사용해서는 안 된다.
　　㉯ 세로 인양 작업에는 수직용 클램프, 가로 인양 작업에는 수평용 클램프를 사용한다.
　　㉰ 사용 하중(최대 사용 하중, 최소 사용 하중) 및 사용 판 두께의 범위 내에서 사용한다.
　　㉱ 1점 인양으로 중심을 매달아 올려도 하물이 흔들려 클램프가 분리될 우려가 있으므로 1점 인양은 피한다.
　　㉲ 클램프를 인양 하물에 부착하는 경우 개구부의 안쪽까지 완전히 삽입해 이탈 방지용 잠금 장치를 걸어 사용한다.
　　㉳ 캠 및 죠(톱니)의 눈금이 막힌 것은 반드시 제거하고 사용한다.
　　㉴ 캠 및 죠가 마모(제조자 기준에 따름)된 것은 사용하지 않는다.
　　㉵ 인양 하물을 잡는 부분에 기름, 도료, 녹 및 스케일 등이 부착된 경우에는 잘 제거하고 사용한다.
　　㉶ 인양 하물이나 클램프에 충격 하중이 작용하는 일이 없도록 충분히 주의한다.
　　㉷ 150℃ 이상인 고온의 물체를 줄걸이 하는 데 사용하지 않는다.
　　㉸ 2매 이상을 겹쳐서 매달거나 보호대를 사용하지 않는다.
　　㉹ 인양 고리에 직접 체인 슬링이나 와이어로프를 끼워서 사용하지 않는다.

> **참고** 산업안전보건기준에 관한 규칙 제170조(링 등의 구비)
> ① 사업주는 엔드리스(endless)가 아닌 와이어로프 또는 달기 체인에 대하여 그 양단에 훅·샤클·링 또는 고리를 구비한 것이 아니면 크레인 또는 이동식 크레인의 고리걸이 용구로 사용해서는 아니 된다.
> ② 제1항에 따른 고리는 꼬아넣기[(아이 스플라이스(eye splice)를 말한다. 이하 같다)], 압축멈춤 또는 이러한 것과 같은 정도 이상의 힘을 유지하는 방법으로 제작된 것이어야 한다. 이 경우 꼬아넣기는 와이어로프의 모든 꼬임을 3회 이상 끼워 짠 후 각각의 꼬임의 소선 절반을 잘라내고 남은 소선을 다시 2회 이상(모든 꼬임을 4회 이상 끼워 짠 경우에는 1회 이상) 끼워 짜야 한다.

㉔ 용접하여 사용하지 않는다.
㉕ 1줄로 2점 권상을 하지 않는다.

3) 아이볼트(eye bolt)와 아이너트(eye nut)
① 아이볼트는 구조물이 외부에서 줄걸이를 하기 힘들 때 구조물에 구멍을 뚫은 다음 아이볼트를 끼워 너트로 조인 후 하물을 인양할 때 사용되는 것으로 천장크레인으로 부품을 들어 올릴 때 주로 사용하는 볼트이다.
② 머리 부분에 쓰여 있는 호칭 지름의 매달릴 하중을 찾아 허용하중이 넘는 하중은 걸지 말아야 한다.
③ 수직으로 작업하는 것이 원칙이나, 부득이한 경우 볼트 중심선의 45°이내에서 사용한다.

곧은 샤클(D형)   굽은 샤클(만곡형)   아이볼트   수직용 클램프   수평용 클램프
[줄걸이용 보조 기구]

4) 기타 줄걸이용 보조기구
① 링(ring)
  ㉮ 환상 형태로 와이어로프, 체인 등의 줄걸이 기구를 훅에 직접 걸지 못할 때 사용하는 줄걸이용 보조기구이다.
  ㉯ 링에 걸린 줄걸이 기구의 장력보다 링의 장력이 커야 한다. 즉, 링에 걸린 줄걸이 기구보다 링의 강도가 커야 한다.
② 스위벨(swivel, 회전고리)
  ㉮ 줄걸이 작업시 와이어로프의 자전(풀리는 방향으로 도는 것)을 방지하기 위해 사용한다.
  ㉯ 훅 자체에 달린 것과 별도의 것도 있다.
③ 해커(hacker)
  ㉮ 철판, 철제 파이프, 철제 형강 등을 들어올려 이송하는데 사용된다.
  ㉯ 줄걸이 작업을 할 때 인양각도는 60° 이내로 하며, 해커를 거는 폭의 각도는 30° 이내로 해야 한다.

링(ring)   스위벨(swivel)   해커(hacker)

STEP_01 줄걸이 용구
적중예상문제

01 줄걸이 용구에 해당되지 않는 것은?
① 와이어로프 ② 조인트
③ 체인   ④ 샤클

> 줄걸이 용구
> • 줄걸이 용구 : 와이어로프, 체인, 섬유벨트 슬링 등
> • 줄걸이용 보조기구 : 샤클, 클램프, 아이볼트와 아이너트, 링, 스위벨, 해커 등

02 천장크레인에서 물건을 매다는 도구로서 가장 많이 사용하는 것은?
① 벨트   ② 그물
③ 와이어로프 ④ 체인

> 와이어로프는 여러 번 가공한 소선을 여러 개 꼬아서 스트랜드(strand)를 만들고 가운데 심강을 넣고 스트랜드를 다시 꼬아서 만든 것으로 매다는 도구로 가장 많이 사용된다.

03 와이어로프에서 소선을 꼬아 합친 것은?
① 심강   ② 트레드
③ 공심   ④ 스트랜드

> 소선은 탄소강에 특수 열처리를 하여 사용하며, 표준 인장강도는 135~180kg/mm² 이다. 이러한 소선을 꼬아 만든 것이 스트랜드(strand)이다.

04 다음 중 줄걸이용 와이어로프(Wire Rope)의 구성요소가 아닌 것은?
① 소선   ② 스트랜드(Strand)
③ 심강   ④ 철심

> 와이어로프의 구조

05 와이어로프의 심강을 3가지 종류로 구분한 것은?
① 섬유심, 공심, 와이어심
② 철심, 동심, 아연심
③ 섬유심, 랭심, 동심
④ 와이어심, 아연심, 랭심

> 심강의 종류
> • 섬유심 : 가장 많이 사용되는 심으로 재료는 마, 화학섬유 등이며 부식방지용으로 적당하다. 고열작업에는 사용하지 않는다.
> • 공심 : 스트랜드 한 줄을 심강으로 사용된 것으로 굽힘 하중이 반복되는 곳에는 부적당하며, 물체를 매달아 놓는 고정하중이 발생하는 곳에 사용. 고온에서 적합하다.
> • 철심(와이어심) : 심강으로 와이어로프를 사용한 것이다.

06 와이어로프에 심강을 사용하는 목적으로 틀린 것은?
① 충격하중의 흡수
② 스트랜드의 위치를 올바르게 유지
③ 소선끼리의 마찰에 의한 마모 방지
④ 와이어 소선의 절약

> 심강의 사용목적
> • 충격하중의 흡수
> • 부식 방지
> • 소선끼리 마찰에 의한 마모 방지
> • 스트랜드의 위치를 올바르게 유지

07 같은 직경의 와이어로프 중 소선수가 많아지면 와이어는 어떻게 되는가?
① 마모가 강해진다.
② 소선수가 많아져도 관계없다.
③ 뻣뻣해진다.
④ 부드러워진다.

> 같은 직경일 경우 소선수가 많은 와이어로프일수록 와이어로프는 부드러워진다.

정답 01 ② 02 ③ 03 ④ 04 ④ 05 ① 06 ④ 07 ④

08 와이어로프(wire wope) 표시방법의 순서로 맞는 것은?

① 명칭 → 기호 → 꼬임방법 → 구성 → 종류 → 로프지름
② 명칭 → 로프지름 → 종류 → 구성 → 기호 → 꼬임방법
③ 구성 → 기호 → 꼬임방법 → 종류 → 로프지름 → 명칭
④ 명칭 → 구성 → 기호 → 꼬임방법 → 종류 → 로프지름

🔍 와이어로프의 표시방법은 명칭, 구성, 기호, 꼬임방법, 종류, 로프의 직경으로 한다.

09 그림에서 와이어로프의 직경을 가장 올바르게 측정한 값은?

① A
② B
③ $\dfrac{A+B}{2}$
④ A, B 모두 같다.

🔍 와이어로프 직경의 측정

옳은 측정 방법 / 틀린 측정 방법

10 와이어로프에 대해서 틀린 것은?

① 와이어로프에 강심을 쓰는 이유는 큰 절단 하중을 얻기 위해서이다.
② 와이어로프의 재질은 구리가 주로 사용되며 강도는 50~60kgf/cm² 정도이다.
③ 와이어로프의 부식을 방지하기 위해 섬유심을 사용한다.
④ 고정활차의 와이어로프는 로프에 걸리는 응력이 크게 작용한다.

🔍 와이어로프의 기초가 되는 소선은 탄소강에 특수 열처리를 하여 사용하며, 표준 인장강도는 135~180kg/mm²이다.

11 와이어로프의 꼬임방식에서 스트랜드와 로프의 꼬임 방향이 같은 꼬임은?

① 보통꼬임
② 랭꼬임
③ 요철꼬임
④ 시브꼬임

🔍 와이어로프의 꼬임방법
• 보통꼬임 : 스트랜드와 소선의 꼬임 방향이 반대인 것
• 랭꼬임 : 스트랜드와 소선의 꼬임 방향이 같은 것

12 와이어로프의 보통꼬임(Regular-lay)과 랭꼬임(Lang-lay)을 비교할 때 보통꼬임의 장점이 아닌 것은?

① 휨성이 좋고 밴딩경사가 크다.
② 킹크(kink)가 잘 일어나지 않는다.
③ 마모가 적고 내구성이 우수하다.
④ 꼬임이 강하기 때문에 변형이 적다.

🔍 스트랜드와 소선의 꼬임 방향이 동일한 랭꼬임이 보통꼬임에 비해 마모가 적고 내구성이 우수하다.

13 와이어로프에 관한 설명 중 틀린 것은?

① 랭꼬임은 소선의 경사가 완만하며 외부와의 접촉면이 길다.
② 보통꼬임은 스트랜드와 와이어로프의 꼬임 방향이 서로 반대이다.
③ 보통꼬임은 외부와 접촉 면적이 작아서 마모는 크지만 킹크 발생이 적고 취급이 용이하다.
④ 랭꼬임은 보통꼬임에 비해서 손상도가 심해 장시간의 사용에 불리하다.

🔍 랭꼬임의 특징
• 스트랜드와 소선의 꼬임 방향이 같다.
• 소선과 외부 접촉 면적이 길어서 마모가 적고, 유연하며 수명이 길다.
• 꼬임이 풀리기 쉽고, 킹크(kink) 발생이 쉽다.

정답 08 ④ 09 ① 10 ② 11 ② 12 ③ 13 ④

14 크레인용 와이어로프에 대한 설명 중 올바른 것은?

① 보통꼬임은 랭꼬임에 비해서 소선 꼬기의 경사가 완만하다.
② 꼬임이 되풀리는 경우가 적고 킹크가 생기는 경향이 적은 것이 보통꼬임이다.
③ 와이어로프의 직경의 허용차는 ±7%이다.
④ 크레인용 와이어로프는 주로 아연도금을 한 파단강도가 높은 것을 사용한다.

> 보통꼬임의 특징
> • 스트랜드와 소선의 꼬임 방향이 반대이다.
> • 외부와 접촉면이 작아서 마모가 크다.
> • 킹크(kink, 반듯했던 것이 구부러지거나 뒤틀린 상태) 발생이 적고 취급이 용이하다.

15 천장크레인용 와이어로프에 대한 설명으로 틀린 것은?

① 와이어로프의 재질은 탄소강이며 소선의 강도는 135~180kgf/mm² 정도이다.
② 고열작업용으로 스트랜드 한 줄을 심으로 하여 만든 로프도 있다.
③ 와이어로프의 꼬기와 스트랜드의 꼬기의 방향이 반대인 것을 랭꼬임이라 한다.
④ 랭꼬임이 보통꼬임 보다 손상율이 적으며 장시간 사용에도 잘 견딘다.

> 와이어로프의 꼬임방법
> • 보통꼬임 : 스트랜드와 소선의 꼬임 방향이 반대인 것
> • 랭꼬임 : 스트랜드와 소선의 꼬임 방향이 같은 것

16 와이어로프를 선정할 때 주의해야 할 사항이 아닌 것은?

① 용도에 따라 손상이 적게 생기는 것을 선정한다.
② 하중의 중량이 고려된 강도를 갖는 로프를 선정한다.
③ 심강(core)은 사용 용도에 따라 결정한다.
④ 높은 온도에서 사용할 경우 반드시 도금한 로프를 선정한다.

> 높은 온도에서 와이어로프를 사용할 때는 일반적으로 도금한 로프를 사용하지 않는다.

17 강심(鋼芯) 로프의 선정에 관한 설명 중 적합하지 않을 것은?

① 큰 절단하중을 필요로 하는 경우
② 신율을 적게 할 필요가 있을 경우
③ 고온에서 사용되어지는 경우
④ 부식을 적게 하여야 할 경우

> 일반적으로 강심은 철심 중 IWRC(Independent Wire Rope Core)를 뜻하며, 강심은 섬유심과 비교하여 절단하중이 높고 신율이 적으며, 로프의 형태변형이 적고 열에 잘 견디는 반면 섬유심에 비해 유연성이 떨어지는 단점이 있다.

18 천장크레인 와이어로프(wire rope)에 대한 설명으로 틀린 것은?

① 직경 30mm인 와이어로프를 클립(clip) 고정할 때 클립수는 최소 4개는 되어야 한다.
② 같은 굵기의 와이어로프 일지라도 소선이 가늘고 수가 많은 것이 더 강하다.
③ 와이어로프 끝의 시징 폭은 대체로 로프 직경의 2~3배가 작당하다.
④ 와이어로프 직경이 32mm가 넘으면 합금고정으로 하는 것이 양호하다.

> 와이어로프 지름(직경)에 따른 클립 수(단, 클립 간의 간격은 로프 지름의 6배 이상)

로프 지름 (mm)	클립 수
16 이하	4개
16 초과 28 이하	5개
28 초과	6개 이상

19 같은 굵기의 와이어로프 일지라도 소선이 가늘고 수가 많은 것에 대한 설명 중 맞는 것은?

① 유연성이 좋으나 더 약하다.
② 유연성이 좋고 더 강하다.
③ 유연성이 나쁘고 더 약하다.
④ 유연성은 나빠도 더 강하다.

> 같은 직경인 경우 소선이 가늘고 수가 많을수록 유연성이 좋아지고, 더 강하다.

정답 ▶ 14 ② 15 ③ 16 ④ 17 ④ 18 ① 19 ②

20 와이어로프 선정에 있어서 거리가 제일 먼 것은?

① 사용빈도 ② 작업환경조건
③ 하중의 종류 ④ 사용상의 마모

> 사용상의 마모 정도는 와이어로프 선정 시 고려사항이 아니다. 다만 사용 중 지름의 감소(마모)가 공칭 지름의 7%를 초과한다면 폐기하여야 한다.

21 와이어로프는 KS 규격 어디에 있는가?

① KS D ② KS H
③ KS B ④ KS A

> 와이어로프 종류의 일반적인 형상은 KS D 3514에 규정되어 있으며, 종류는 1∼17호의 17종이 있다.

22 와이어로프 규격에서 "6호품 6×37 B종 보통 S 꼬임"에서 B종의 의미는?

① 소선의 굵기를 표시하는 기호이다.
② 소선의 재료가 황동(brass)임을 표시한다.
③ 소선의 공칭 인장강도의 구분을 의미한다.
④ 소선의 색채가 청색인 것을 의미한다.

> 와이어로프 규격의 종별 표시는 소선의 공칭 인장강도에 따른 분류이다.

23 KS 표준에 따른 로프 1가닥의 길이에 해당되지 않는 것은?

① 100m ② 200m
③ 500m ④ 1,000m

> KS 표준에 따른 로프 1가닥의 길이는 원칙적으로 200m, 500m 및 1000m로 한다.

24 와이어로프(Wire Rope)의 구성 기호 중 6×24는?

① 6은 스트랜드수, 24는 소선수
② 6은 소선수, 24는 스트랜수
③ 6은 안전율, 24는 와이어 직경
④ 6은 와이어 직경, 24는 안전율

> 와이어로프의 구성기호가 "6×24"로 표시되어 있는 경우 6은 꼬임의 수량(strand수), 24는 소선의 수량(wire수)을 의미한다.

25 소선의 공칭 인장강도가 가장 큰 로프는?

① A종
② B종
③ E종
④ G종

> 파단 하중에 의한 로프의 구분
>
> | 종별 | 소선의 공칭 인장강도 | 적요 |
> |---|---|---|
> | E종 | 1320N/mm^2 | 비도금 및 도금 |
> | G종 | 1470N/mm^2 | 도금 |
> | A종 | 1620N/mm^2 | 비도금 및 도금 |
> | B종 | 1770N/mm^2 | 비도금 및 도금 |

26 와이어로프 소선에 대한 설명으로 틀린 것은?

① 탄소강에 특수 열처리를 하여 사용. 표준 인장강도는 135∼180kg/mm^{2}이다.
② 점 접촉구조가 가장 일반적으로 사용되는 와이어로프이다.
③ 선 접촉구조는 점 접촉구조보다 굽힘에 대해 약하다.
④ 점 접촉구조는 값이 저렴하고 구성이 간단하다.

> 선 접촉구조는 각 소선이 선모양으로 길게 접촉되어 있기 때문에 눌린 흔적이 생기지 않으며, 점 접촉구조보다 굽힘에 대해 강하다.

27 다음 중 소선의 마모 원인으로 가장 거리가 먼 것은?

① 시브(활차)의 지름이 클 때
② 외부 소선은 다른 물체와 접촉이 심할 때
③ 와이어로프와 시브의 접촉면이 불량할 때
④ 과다한 하중이나 주유가 부족할 때

> 소선의 마모 원인
> • 시브(활차)의 지름이 적을 때
> • 와이어로프와 시브의 접촉면이 불량할 때
> • 외부 소선은 다른 물체와 접촉이 심할 때
> • 내부 소선은 과다한 하중, 무리한 굽힘, 주유가 부족할 때

 20 ④ 21 ① 22 ③ 23 ① 24 ① 25 ② 26 ③ 27 ①

28 와이어로프 심강의 사용 목적이 아닌 것은?

① 스트랜드의 위치 선정
② 부식방지
③ 소선의 마찰에 의한 마모방지
④ 충격하중의 분산

> 심강은 와이어로프의 중심선을 말하며 사용 목적은 충격하중의 흡수, 부식방지, 소선끼리 마찰에 의한 마모방지, 스트랜드의 위치를 올바르게 하는 것이다.

29 줄걸이용 와이어로프를 엮어넣기로 고리를 만들려고 한다. 이 때 엮어넣는 적정 길이(splice)는?

① 와이어로프 지름의 5~10배
② 와이어로프 지름의 10~20배
③ 와이어로프 지름의 20~30배
④ 와이어로프 지름의 30~40배

> 엮어넣기는 단말부 스트랜드를 로프 본체의 꼬임 반대방향으로 밀어넣는 방법으로 이 때 엮어넣은 적정 길이는 와이어로프 지름의 30~40배 정도이다.

30 아래 〈그림〉에서 와이어로프의 직경을 가장 올바르게 측정한 것은?

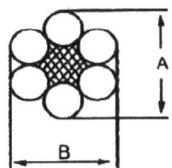

① A
② B
③ $\dfrac{A+B}{2}$
④ A, B 모두 같다.

> 와이어로프 직경의 측정

옳은 측정 방법   틀린 측정 방법

31 와이어로프의 안전율을 계산하는 방법이 맞는 경우는?

① 로프의 절단하중 ÷ 로프에 걸리는 최대하중
② 로프의 절단하중 ÷ 로프에 걸리는 최소하중
③ 로프에 걸리는 최대하중 ÷ 로프의 절단하중
④ 로프에 걸리는 최소하중 ÷ 로프의 절단하중

> 안전율(안전계수) = 절단하중과 안전하중의 비(比)
> $= \dfrac{\text{절단하중}}{\text{안전하중}}$

32 다음 중 가장 큰 안전율이 요구되는 와이어로프는?

① 권상용 와이어로프
② 지브의 지지용 와이어로프
③ 운전실 등 권상용 와이어로프
④ 케이블 크레인의 주 로프 및 레일로프

> 와이어로프의 안전율

와이어로프의 종류	안전율
· 권상용 와이어로프 · 지브의 기복용 와이어로프 · 횡행용 와이어로프 및 케이블 크레인의 주행용 와이어로프	5.0
· 지브의 지지용 와이어로프 · 보조로프 및 고정용 와이어로프	4.0
· 케이블 크레인의 주 로프 및 레일로프	2.7
· 운전실 등 권상용 와이어로프	10.0

33 와이어로프의 안전율이 5이고 절단하중이 20,000kgf일 때 안전하중은?

① 6,000kgf
② 5,000kgf
③ 4,000kgf
④ 2,000kgf

> 안전율(안전계수) = $\dfrac{\text{절단하중}}{\text{안전하중}}$
> ∴ 안전하중 = $\dfrac{\text{절단하중}}{\text{안전율}} = \dfrac{20000}{5} = 4000$[kgf]

정답 28 ④ 29 ④ 30 ① 31 ① 32 ③ 33 ③

34 안전계수가 6이고, 안전하중이 30톤인 기중기 와이어로프의 절단하중은 몇 톤인가?

① 5톤   ② 36톤
③ 120톤   ④ 180톤

🔍 안전율(안전계수) = 절단하중 / 안전하중
∴ 절단하중 = 안전하중 × 안전율 = 30톤 × 6 = 180톤

35 와이어로프(wire rope) 안전율에 대한 설명으로 맞는 것은?

① 보조로프 및 고정용 와이어로프 안전율은 6이다.
② 권상용 와이어로프 안전율은 5이다.
③ 지브의 지지용 와이어로프 안전율은 6이다.
④ 횡행용 와이어로프 및 케이블 크레인의 주행용 와이어로프 안전율은 7이다.

🔍 와이어로프의 안전율

와이어로프의 종류	안전율
• 권상용 와이어로프 • 지브의 기복용 와이어로프 • 횡행용 와이어로프 및 케이블 크레인의 주행용 와이어로프	5.0
• 지브의 지지용 와이어로프 • 보조로프 및 고정용 와이어로프	4.0
• 케이블 크레인의 주 로프 및 레일로프	2.7
• 운전실 등 권상용 와이어로프	10.0

36 다음 중 와이어로프의 직경의 허용차 표시로 맞는 것은?

① +7%~-7%   ② +7%~0%
③ 0%~7%   ④ 50%

🔍 지름의 감소(마모)가 공칭 지름의 7%를 초과하는 와이어로프를 사용해서는 안 된다. 따라서, 직경의 허용차는 +7%~0% 이다.

37 공칭직경 20mm의 와이어로프 지름을 측정하였더니 18.5mm이었다. 직경 감소율 및 사용 가능여부는?

① 7.5%, 사용 가능
② 7.5%, 사용 불가
③ 9.3%, 사용 불가
④ 9.3%, 사용 가능

🔍 마모율 = (20-18.5)/20 × 100 = 7.5%. 마모율이 7%를 초과하면 폐기하여야 하므로 사용 불가하다.

38 와이어로프(wire rope) 안전율에 대한 설명으로 맞는 것은?

① 운전실 등의 권상용 와이어로의의 안전율은 2.7이다.
② 권상용 와이어로프 안전율은 5이다.
③ 지브의 지지용 와이어로프 안전율은 10이다.
④ 횡행용 와이어로프 및 케이블 크레인의 주행용 와이어로프 안전율은 6이다.

39 와이어로프의 꼬임 방향으로 비틀림이 생겨 꼬임이 강해지는 쪽으로 꼬인 상태의 킹크가 발생한 경우 파단하중 감소율은 일반적으로 몇 % 정도인가?

① 20%
② 40%
③ 60%
④ 80%

🔍 와이어로프에서 킹크가 발생될 경우 파단하중 감소율은 (+)킹크는 40% 감소하고, (-)킹크는 60% 정도 감소한다. 보기의 설명 중 꼬임 방향으로 비틀림이 생겨 꼬임이 강해지는 쪽으로 꼬인 상태의 킹크는 (+) 킹크이다.

40 와이어로프 손상방지를 위해 주의해야 할 사항 중 틀린 것은?

① 올바른 각도로 매달아 과하중이 되지 않도록 할 것
② 권상, 권하 작업시 항상 적당한 받침을 둘 것
③ 불탄 짐은 가급적 피할 것
④ 하중을 매달 경우에는 가급적 1줄로 매달 것

🔍 와이어로프로 매다는 작업을 할 경우에는 가급적 2줄 걸이 이상으로 한다.

 34 ④ 35 ② 36 ② 37 ② 38 ② 39 ② 40 ④

41 와이어 손상의 분류에 대한 설명으로 틀린 것은?

① 와이어는 사용 중 시브 및 드럼 등의 접촉에 의해 마모가 생기는데 이때 직경 감소가 7%를 초과하여 마모시 교환한다.
② 사용 중 소선의 단선이 전체 소선수의 50%가 단선이 되면 교환한다.
③ 과하중을 들어올릴 경우 내외층의 소선이 맞부딪치게 되어 피로현상을 일으키게 된다.
④ 열의 방향으로 강도가 저하되는데 이때 심강이 철심일 경우 30℃까지 사용이 가능하다.

🔍 와이어로프를 사용해서는 안 되는 것
- 이음매가 있는 것
- 와이어로프의 한 꼬임(스트랜드)에서 끊어진 소선의 수가 10% 이상인 것(필러선은 제외)
- 지름의 감소(마모)가 공칭 지름의 7%를 초과하는 것
- 심하게 변형되었거나 부식된 것(부식이 심하면 강도가 약 40~50% 감소됨)
- 열 및 전기충격에 의해 손상된 것
- 부풀거나 변형된 것
- 꺾임으로 인한 영구 변형된 것
- 소선 및 스트랜드가 돌출되었거나 빠져나온 것
- 국부적인 직경의 증가 또는 감소가 발생된 것
- 훅에 거는 고리 부분의 섬유 심강이 빠져나온 것
- 압축 고정 소켓 부분에 균열이 있거나 압축이 덜 된 것

42 "와이어로프의 사용한도는 소선수 ( )% 이상 절단된 경우와 직경감소가 원직경의 ( )% 이상인 경우이다." 에서 ( ) 에 들어갈 수치는?

① 7, 10   ② 10, 7
③ 10, 15   ④ 15, 10

🔍 한 꼬임(스트랜드)에서 끊어진 소선의 수가 10% 이상인 것(필러선은 제외)과 지름의 감소(마모)가 공칭 지름의 7%를 초과하는 와이어로프를 사용해서는 안 된다.

43 와이어로프 교체기준에 맞지 않는 사항은?

① 1회 꼬임 소선수의 10% 이상이 단선된 경우
② 로프 직경의 감소가 공칭직경의 7% 이하인 것
③ 킹크 현상이 발생했던 로프
④ 현저한 형의 변형, 부식이 발생한 경우

🔍 지름의 감소(마모)가 공칭 지름의 7%를 초과하는 경우 교체하여야 한다.

44 크레인에 사용하는 와이어로프의 교체기준에 해당되지 않는 것은?

① 와이어로프의 한 꼬임에서 소선의 수가 10% 이상 파단된 경우
② 와이어로프 지름감소가 공칭지름의 7%를 초과한 경우
③ 심한 부식이나 변형된 경우
④ 이음매가 없는 것

🔍 이음매가 있는 와이어로프는 교체하여야 한다.

45 와이어로프 교체시기가 아닌 것은?

① 녹이 생겨 심하게 부식된 것
② 소선의 수가 10% 이상된 것
③ 공칭지름이 3% 초과된 것
④ 킹크가 생긴 것

🔍 지름의 감소(마모)가 공칭 지름의 7%를 초과하는 경우 교체하여야 한다.

46 와이어로프에 킹크 현상이 가장 발생하기 쉬운 경우는?

① 새로운 로프를 취급할 경우
② 새로운 로프를 교환 후 약 10회 작동하였을 경우
③ 로프가 사용한도가 되었을 경우
④ 로프가 사용한도가 지났을 경우

🔍 킹크 현상은 새로운 로프를 취급할 경우 발생하기 쉬우며, 특히 랭꼬임(Lang-lay)인 경우 보통꼬임(Regular-lay)에 보다 킹크가 더 쉽게 발생한다.

47 와이어로프(wirerope)의 마모한도에 따른 교환기준을 설명한 것으로 맞는 것은?

① 킹크(kink)가 발생한 경우
② 로프에 그리스가 많이 발라진 경우
③ 마모로 직경의 감소가 공칭 직경의 3% 이상인 경우
④ 로프의 한 꼬임(스트랜드를 의미) 사이에서 소선의 수가 5% 끊어진 경우

정답 41 ② 42 ② 43 ② 44 ④ 45 ③ 46 ① 47 ①

🔍 **와이어로프 사용금지 기준**
- 이음매가 있는 것
- 와이어로프의 한 꼬임(스트랜드)에서 끊어진 소선의 수가 10% 이상인 것(필러선은 제외)
- 지름의 감소(마모)가 공칭 지름의 7%를 초과하는 것
- 심하게 변형되었거나 부식된 것(부식이 심하면 강도가 약 40~50% 감소됨)
- 열 및 전기충격에 의해 손상된 것
- 부풀거나 변형된 것
- 꺾임으로 인한 영구 변형된 것
- 소선 및 스트랜드가 돌출되었거나 빠져 나온 것
- 국부적인 직경의 증가 또는 감소가 발생된 것
- 훅에 거는 고리 부분의 섬유 심강이 빠져 나온 것
- 압축 고정 소켓 부분에 균열이 있거나 압축이 덜 된 것

48 와이어로프의 손상 원인이 아닌 것은?

① 와이어로프의 단면적 감소
② 와이어로프의 질적 변화
③ 와이어로프의 변형
④ 와이어로프의 중량 변화

🔍 **와이어로프의 손상원인**
- 드럼, 시브 등의 접촉에 의한 외부 마모
- 소선과 소선의 접촉에 의한 내부 마모
- 부식에 의한 로프 단면적 감소
- 표면 경화에 의한 로프의 질적 변화
- 로프의 변형 및 충격, 과하중

49 와이어로프용 윤활유의 구비조건이 아닌 것은?

① 유막을 형성하는 힘이 작아야 한다.
② 로프에 잘 스며들도록 침투력이 있어야 한다.
③ 내산화성이 커야 한다.
④ 사용 조건 하에서 녹지 않아야 한다.

🔍 윤활유는 유막을 형성하는 힘이 커야 한다.

50 건설현장에서 내 와이어로프 점검 시 적절한 방법이 아닌 것은?

① 파단상태의 점검
② 제작방법 점검
③ 형상변형 점검
④ 마모 및 부식상태 점검

🔍 현장에서 와이어로프 제작방법을 점검할 수는 없다.

51 와이어로프의 손질 방법에 대한 설명 중 틀린 것은?

① 와이어로프의 외부는 항상 기름칠을 하여 둔다.
② 킹크된 부분은 즉시 교체한다.
③ 비에 젖었을 때는 수분을 마른 걸레로 닦은 후 기름을 칠하여 둔다.
④ 와이어로프의 보관장소는 직접 햇빛이 닿는 곳이 좋다.

🔍 **와이어로프 보관 방법**
- 습기가 없고 환기가 잘되는 건물 내에 보관한다.
- 고열, 해풍 및 직사광선을 피한다.
- 산, 아황산가스 등에 침식되지 않도록 한다.
- 사용되었던 로프는 세척을 한 후 그리스로 도포하여 보관한다.
- 지면에 직접 닿지 않고, 눈에 잘 띄는 사용이 빈번한 장소에 보관한다.

52 와이어의 양 끝을 고정하는 방법으로 틀린 것은?

① 소켓가공이라고도 하며 가공을 양호하게 하면 잔류 강도가 100%로 되는 것이 합금고정이다.
② 직경이 32mm 이상의 굵은 와이어로프는 합금고정이 양호하다.
③ 합금고정의 소켓 재질은 주철제를 사용한다.
④ 클립고정과 쐐기고정을 병용하여 고정하면 효과가 훨씬 높아진다.

🔍 소켓고정(합금고정)은 줄걸이용이 아닌 고정용으로 사용되는 방법으로 와이어로프의 고리를 만들 부분을 소켓에 끼워서 스트랜드와 소선을 풀어낸 다음, 합금 또는 합성수지를 소켓 안쪽에 부으면 굳어지면서 와이어로프가 빠지지 않도록 하는 고정법이다.

53 크레인에서 와이어로프를 장치할 때 고정방법으로 가장 효율이 높고 양호한 방법은?

① 합금고정
② 클립고정
③ 쐐기고정
④ 엮어넣기

🔍 소켓고정(합금고정)은 정확하게 가공하면 효율이 100%로 현수교 등 하중이 크게 걸리는 곳에서도 사용된다.

정답 48 ④ 49 ① 50 ② 51 ④ 52 ③ 53 ①

54 와이어로프 끝의 고정법 중 쐐기 고정법은?

> ① 클립(Clip)고정, ② 웨지(쐐기, Wedge)고정, ③ 로크(Lock)고정, ④ 아이스플라이스(Eye Splice)고정

55 클립(Clip) 고정이 가장 적합하게 된 것은?

56 크레인의 와이어로프를 클립으로 조이고자 한다. 이 때 클립 간격은 얼마가 가장 적당한가?

① 와이어로프 직경의 2배
② 와이어로프 직경의 4배
③ 와이어로프 직경의 6배
④ 와이어로프 직경의 10배

> 클립 간의 간격은 로프 지름의 6배 이상으로 한다.

57 와이어로프의 지름이 36mm일 때 클립의 최소 수는 몇 개인가?

① 3개 ② 4개
③ 5개 ④ 6개

> 와이어로프 지름에 따른 클립 수
>
> | 로프 지름 (mm) | 클립 수 |
> | --- | --- |
> | 16 이하 | 4개 |
> | 16 초과 28 이하 | 5개 |
> | 28 초과 | 6개 이상 |

58 와이어의 절단부분 양끝이 되풀리는 것을 방지하기 위하여 가는 철사로 묶는 것을 무엇이라 하는가?

① 시징
② 킹크
③ 스트랜드
④ 파워로크

> 시징(Seizing)이란 와이어로프를 절단하였을 때 절단된 끝 부분이 풀리는 것을 방지하기 위하여 절단 부분의 양 끝을 철사로 감아 마감 처리하는 것을 말하며, 시징의 폭은 와이어로프 직경의 2~3배가 적당하다.

59 와이어로프(wire rope)의 도유에 대한 설명으로 가장 올바른 것은?

① 와이어로프의 심강줄이 섬유심인 경우 도유할 필요가 없다.
② 스트랜드나 와이어로프에 작동유가 도유되어 있으므로 도유할 필요가 없다.
③ 와이어로프는 정기적으로 도유해야 한다.
④ 탄소강 재질로 인장강도가 커서 도유할 필요성이 없다.

> 섬유심은 가장 많이 사용되는 심강으로 재료는 마, 화학섬유 등이며 부식방지용으로 적당하다. 고열작업에는 사용하지 않는다.

60 체인에 대한 설명 중 틀린 것은?

① 고온이나 수중 작업시 와이어로프 대용으로 체인을 사용한다.
② 떨어진 두 축의 전동장치에는 주로 링크 체인을 사용한다.
③ 체인에는 크게 링크 체인과 롤러 체인이 있다.
④ 롤러 체인의 내구성은 핀과 부시의 마모에 따라 결정된다.

> 링크체인(link chain)은 체인블록, 레버블록, 호이스트 크레인의 권상장치, 대형 선박의 닻 등에 사용되는 권상용(줄걸이용) 체인으로, 사용온도는 400℃ 까지 사용가능하다.

정답 54 ② 55 ③ 56 ③ 57 ④ 58 ① 59 ① 60 ②

61 체인의 특징이 아닌 것은?

① 미끄럼이 없이 일정한 속도비를 얻을 수 있다.
② 내유, 내습성이 크다.
③ 내열성이 좋다.
④ 충격에는 매우 약하다.

> 체인은 탄성 등으로 어느 정도의 충격하중을 흡수할 수 있다.

62 매다는 체인에서 점검해야 할 사항이 아닌 것은?

① 마모　② 변형
③ 균열　④ 킹크

> 킹크(kink)는 로프가 꼬인 상태로 얽히거나 고리가 생긴 것을 말하며 로프에 가장 큰 파단하중을 감소시키기 때문에 킹크가 발생한 로프는 교환하여야 한다.

63 줄걸이용 체인의 안전계수는 얼마 이상이어야 하는가?

① 3　② 4
③ 5　④ 6

> 권상용 체인의 안전율은 5 이상이어야 한다.

64 신품 체인을 구입하여 사용한 후 임의의 5개 링 길이를 측정 시 신장이 몇 % 이상이면 사용하지 말아야 하는가?

① 3%　② 5%
③ 7%　④ 12%

> 연결된 5개의 링크를 측정하여 연신율이 제조당시 길이의 5% 이하(습동면의 마모량 포함)이어야 한다.

65 매다는 체인을 새로 구입하여 연결된 5개의 링크의 길이를 재어 보았더니 200mm이었다. 이 체인의 연결된 5개의 링크의 길이가 몇 mm 이상되면 사용이 불가한가?

① 204mm　② 205mm
③ 208mm　④ 210mm

> 연결된 5개의 링크를 측정하여 연신율이 제조당시 길이의 5% 이하가 기준이므로 200×0.05 = 10mm, 따라서 210mm 이상이면 5% 이상이 되므로 교체하여야 한다.

66 매다는 체인의 설명 중 틀린 것은?

① 장기사용으로 연결 부분의 안쪽이 마모된다.
② 균열이 있을 경우에는 전기용접으로 보수하여 재사용하는 것이 좋다.
③ 링크의 이음매가 벗겨질 수도 있으므로 유의하여야 한다.
④ 링크의 단면 직경이 제조시보다 10% 이상 감소한 것은 사용할 수 없다.

> 균열이 있거나 심한 부식이 있는 경우, 깨지거나 홈 모양의 결함이 있는 경우, 심한 변형 등이 있는 경우에는 사용이 금지된다.

67 링크체인에 대한 설명으로 틀린 것은?

① 링크체인은 신품 구입시 단면 직경과 길이를 재어두어야 한다.
② 링크체인은 링크가 균열되었을 때 용접하여 사용하면 안 된다.
③ 오래 사용 후 5개의 링크 길이가 처음보다 10% 이상 늘어났으면 사용을 못한다.
④ 링크단면 직경이 제조 당시보다 10% 이상 감소된 것은 사용 못한다.

> 권상용 체인의 기준
> • 안전율(체인 절단하중의 값을 해당 체인에 걸리는 하중의 최대값으로 나눈 값)은 5 이상일 것
> • 연결된 5개의 링크를 측정하여 연신율이 제조당시 길이의 5% 이하일 것(습동면의 마모량 포함)
> • 링크 단면의 지름 감소가 해당 체인의 제조시보다 10 % 이하일 것
> • 균열이 없을 것
> • 심한 부식이 없을 것
> • 깨지거나 홈 모양의 결함이 없을 것
> • 심한 변형 등이 없을 것

68 체인의 윤활에 가장 적합한 것은?

① 그리스　② 휘발유
③ 등유　④ 유압유

> 체인의 윤활은 마찰에 의한 열이 발생하므로 그리스를 이용한다.

61 ④　62 ④　63 ③　64 ②　65 ④　66 ②　67 ③　68 ①

69 섬유벨트 슬링의 형식과 거리가 먼 것은?

① 양끝 아이형
② 합금고정형
③ 쇠걸이 부착형
④ 엔드리스형

🔍 섬유벨트 슬링의 형식

형식	기호	비고
양끝 아이형 (양끝 고리형)	E	양쪽 끝에 아이(eye, 웹의 끝을 꺾어 접어서 만든 벨트슬링의 눈 모양의 부분)가 있는 것
엔드리스형	N	양 끝 아이가 없이 연결된 둥그런 형태의 것
쇠걸이 부착 (붙이)형	K	양끝 아이형에서 아이에 일반형 또는 리빙형의 쇠걸이(fitting)를 달아 놓은 형태의 것

70 섬유벨트 슬링의 특징에 대한 설명으로 틀린 것은?

① 와이어로프나 체인보다 가볍다.
② 취급이 용이하며 유연성이 우수하다.
③ 하물의 손상을 방지할 수 있다.
④ 와이어로프에 비해 강도가 매우 강하다.

🔍 섬유벨트 슬링은 와이어로프에 비해 강도가 매우 약해 취급에 주의가 필요하다.

71 섬유벨트 슬링의 폐기기준으로 옳지 않은 것은?

① 재봉실이 절단되어 아이의 형 붕괴가 발생한 경우
② 재봉실이 절단되어 아이의 형 붕괴가 발생한 경우
③ 두께 방향으로 1/5에 상당하는 손상이 발생한 경우
④ 폭 방향으로 마모 또는 손상이 발생한 경우

🔍 두께 방향으로 1/3에 상당하는 손상이 발생한 경우 폐기하여야 한다.

72 벨트 슬링 사용시의 주의사항으로 틀린 것은?

① 사용온도는 200℃ 이하로 한다.
② 대강 매달기(초크 매달기)인 경우에는 깊이 조이기를 하도록 한다.
③ 벨트 슬링은 열, 햇빛, 약품 영향을 받지 않는 장소에 보관한다.
④ 화학 약품에 사용한 뒤에는 충분히 물로 씻어서 보관한다.

🔍 사용온도는 100℃ 이하로 하고 상온을 크게 넘어서 사용하는 경우에는 제조자의 지시에 의하여 사용하중을 줄인다.

73 와이어로프 또는 체인 등을 연결하거나 고정시키는데 사용하는 줄걸이용 보조기구는?

① 섬유벨트   ② 샤클
③ 아이볼트   ④ 아이너트

🔍 샤클은 와이어로프 또는 체인 등을 연결하거나 고정시키는데 사용하는 줄걸이용 보조기구로 곧은 샤클(D형, 스트레이트형)과 굽은 샤클(만곡형, 보우형)이 있다.

74 샤클에 각인된 SWL의 의미가 맞는 것은?

① 안전 작업 하중
② 제작 회사 마크
③ 샤클의 절단하중
④ 샤클의 재질

🔍 샤클의 호칭기호는 SWL(안전작업하중, safety working load) 또는 WLL(한계작업하중, working load limit)로 표기한다.

75 샤클(shackle)에 대한 설명으로 틀린 것은?

① 샤클의 호칭기호는 인치로 표기한다.
② 샤클의 종류에는 곧은 샤클과 굽은 샤클이 있다.
③ 샤클을 다른 부재에 용접하여 사용해서는 안 된다.
④ 여러 개의 로프를 모으는 경우에는 굽은 샤클이 유리하다.

🔍 샤클의 호칭기호는 SWL 또는 WLL로 표기하며, 샤클 볼트의 직경은 인치로 표기한다.

정답 69 ② 70 ④ 71 ③ 72 ① 73 ② 74 ① 75 ①

76 샤클 사용 시 주의사항으로 틀린 것은?

① 샤클은 반드시 사용 하중 이하의 하중에서 사용한다.
② 샤클을 다른 부재에 용접하여 사용해서는 안 된다.
③ 샤클의 부착 및 하중은 가로 방향으로 하중이 걸리도록 사용한다.
④ 샤클핀이 회전하는 조건으로 인양해서는 안된다.

🔍 샤클의 부착 및 하중은 세로 방향으로 하중이 걸리도록 사용한다.

77 줄걸이용 보조기구 중 줄걸이 작업시 와이어로프의 자전을 방지하기 위해 사용되는 기구는?

① 링(ring)
② 클램프(clamp)
③ 스위벨(swivel)
④ 해커(hacker)

🔍
- 링 : 환상 형태로 와이어로프, 체인 등의 줄걸이 기구를 훅에 직접 걸지 못할 때 사용한다.
- 클램프 : 주로 철판을 줄걸이 작업할 때 사용되는 줄걸이용 보조기구이다.
- 스위벨 : 줄걸이 작업시 와이어로프의 자전(풀리는 방향으로 도는 것)을 방지하기 위해 사용한다.
- 해커 : 철판, 철제 파이프, 철제 형강 등을 들어올려 이송하는 데 사용된다.

78 줄걸이 작업 시 클램프(clamp)에 대한 내용으로 틀린 것은?

① 주로 철판을 줄걸이 작업할 때 사용하며, 수직용 클램프와 수평형 클램프가 있다.
② 캠 및 죠(톱니)의 눈금이 막힌 것은 반드시 제거하고 사용한다.
③ 세로 인양 작업에는 수평용 클램프, 가로 인양 작업에는 수직용 클램프를 사용한다.
④ 클램프를 인양 하물에 부착하는 경우 개구부의 안쪽까지 완전히 삽입해 이탈 방지용 잠금 장치를 걸어 사용한다.

🔍 권상하중을 감아 올린 상태에서 개구부가 수직이 되는 수직형과 권상하중을 감아 올린 상태에서 개구부가 수평이 되는 수평형 클램프로 구분하며, 세로 인양 작업에는 수직용 클램프, 가로 인양 작업에는 수평용 클램프를 사용한다.

79 아이볼트 사용 시 부득이한 경우 볼트 중심선의 몇 도(°) 이내에서 사용하는 것이 가능한가?

① 15° 이내
② 30° 이내
③ 45° 이내
④ 60° 이내

🔍 아이볼트는 수직으로 작업하는 것이 원칙이나, 부득이한 경우 볼트 중심선의 45° 이내에서 사용한다.

80 줄걸이 용구의 안전계수를 나타낸 공식은?

① 안전계수 = $\dfrac{절단하중}{안전하중}$

② 안전계수 = $\dfrac{허용응력}{극강하중}$

③ 안전계수 = $\dfrac{극강하중}{절단하중}$

④ 안전계수 = $\dfrac{허용응력}{절단하중}$

정답 76 ③ 77 ③ 78 ③ 79 ③ 80 ①

STEP 02 줄걸이 방법

1. 줄걸이 작업의 역학

1) 질량 및 중량
    ① 질량(mass)
        ㉮ 장소나 상태에 따라 달라지지 않는 물질의 고유한 양으로 물체가 본래부터 가지고 있는 역학적 기본량을 질량이라 한다.
        ㉯ 질량은 중력의 영향을 받지 않으며 어떤 물체의 무게는 그 물체의 고유한 양인 질량에 따라 그 값이 결정된다.
        ㉰ 질량의 사용기호는 m으로 표시하며, 단위는 kg, g, mg, t(ton) 등을 사용한다.
    ② 중량(weight)
        ㉮ 뉴턴의 중력법칙에서 중력의 세기를 결정하는 중력 질량으로 물체가 위치해있는 그 장소에서 받는 힘을 말한다.
        ㉯ 지구에서는 약 9.8[N]의 중력 가속도가 발생한다. 따라서, 지구에서의 물체의 중량(W)은 "9.8×물체의 질량(kg)" 이다.
    ③ 뉴턴의 중력법칙
        ㉮ 제1운동 법칙 : 관성의 법칙
        ㉯ 제2운동 법칙 : 가속도의 법칙
        ㉰ 제3운동 법칙 : 작용, 반작용의 법칙
    ④ 중량과 체적
        ㉮ 물체의 중량 = 체적 × 비중
        ㉯ 물체의 체적
            ㉠ 사면체의 체적(m^3) = 가로(m) × 세로(m) × 높이(m)
            ㉡ 삼각기둥의 체적(m^3) = 밑넓이(m^2) × 높이(m) ÷ 3 (밑넓이 = 밑면의 가로 × 세로 ÷ 3)
            ㉢ 원기둥의 체적(m^3) = 지름(m)^2 × 높이(m) × $\frac{\pi}{4}$
            ㉣ 원뿔의 체적(m^3) = 지름(m)^2 × 높이(m) × 0.262

> **참고** 주요 물질의 비중 크기
> 납(11.34) 〉 동(8.9) 〉 강(7.8) 〉 주철(7.2) 〉 아연(7.1) 〉 선철(7.0) 〉 알루미늄(2.7) 〉 점토(2.55) 〉 콘크리트(2.3) 〉 벽돌(2.2) 〉 흙(2.01)

2) 하중(load)
    ① 하중의 정의 : 물체나 구조물 등에 가해지는 힘을 말하며 사용단위는 N(뉴턴) 또는 kN(킬로뉴턴)으로 크레인 등의 정격하중이나 시험하중과 같이 질량의 의미로 사용될 때는 kg 또는 t(톤)을 사용한다.
    ② 하중에 동반되는 속도에 따른 분류
        ㉮ 정하중 : 크기나 위치, 방향 등이 시간의 경과와 더불어 변화하지 않는 정지하고 있는 하중을 말한다.

㉴ 동하중(활하중) : 정하중에 대하여 동적으로 작용하는 하중으로 그 크기, 방향이이 일정하지 않은 하중을 말하며, 다음의 몇가지로 구분할 수 있다.
  ㉠ 반복하중(되풀이하중) : 하중의 크기가 거의 일정한 사이를 변화하며 그 하중의 방향이 인장할 때는 인장한 만큼 압축하는 경우에는 압축만이 연속해서 반복 작용하는 하중을 말한다.
  ㉡ 교번하중 : 하중의 크기만이 아니고 방향도 정부로 변화해서 반복하는 하중을 말하며, 예를 들어 인장과 압축이 교대로 작용하는 경우가 여기에 해당한다.
  ㉢ 충격하중 : 비교적 단시간에 충격적으로 작용하는 하중을 말하며, 하중 가운데 재료에 가장 큰 영향을 준다.
③ 물체에 가해지는 하중의 작용방향에 따른 분류
  ㉮ 굽힘하중(휨하중) : 굽힘의 작용을 주는 하중을 말한다. 보와 같은 것에 하중이 작용하면 활 모양으로 구부러진다. 이렇게 휘도록 작용하는 힘을 굽힘 하중이라 한다.
  ㉯ 비틀림하중 : 재료가 우력(couple)의 작용을 받으면 비틀린다. 이렇게 비틀리게 작용하는 힘을 비틀림 하중이라 한다.
  ㉰ 전단하중(전단력) : 물체 내의 근접한 평행 2면에 크기가 같고 방향이 반대로 작용하는 하중. 이 하중은 작용하면, 2면은 서로 미끄럼을 일으킨다.
  ㉱ 인장하중 : 하중이 작용하면서 물체를 늘리려고 작용되는 하중을 말한다.
  ㉲ 압축하중 : 하중이 작용하면서 물체를 압축시키려고 작용되는 하중을 말한다.
  ㉳ 복합하중 : 하중의 모든 종류 중에서 동시에 2가지 이상 하중이 작용할 때를 복합하중이라 한다.

3) 힘(force)
① 힘의 정의 : 힘이란 정지하고 있는 물체의 속도나 운동 방향을 바꾸거나 물체의 형태를 변화시키는 작용을 하는 물리적 양을 말한다.
② 힘의 3요소
  ㉮ 작용 방향 : 힘이 작용하는 방향으로서 화살표의 방향이다.
  ㉯ 힘의 크기 : 작용하는 힘의 크기를 의미하며 화살표의 길이이다.
  ㉰ 힘의 작용점 : 힘이 작용하는 위치로 화살표 끝점의 위치이다.
③ 힘의 합성 : 어떠한 물체에 2개 이상의 힘이 작용될 때 2개 이상의 힘을 하나의 힘으로 합칠 수 있다. 합쳐진 힘을 합력이라 하며, 합력을 산출하는 것을 힘의 합성이라고 한다.
④ 힘의 분해 : 물체에 작용되는 하나의 힘을 어떠한 각도가 형성된 2개 이상의 힘으로 나눈 것을 힘의 분해라고 한다.
⑤ 힘의 모멘트 : 힘이 물체를 회전시키려고 하는 작용의 크기 즉, 어떤 점으로부터 힘의 크기와 거리를 곱한 값(예 : 스패너로 너트를 조일 경우 너트의 회전 중심선에서 스패너의 길이가 짧을수록 힘이 많이 들고 길이가 길수록 힘이 적게 든다.)

> **참고** **힘의 모멘트**
> 힘의 모멘트(M) = 힘의 크기(F) × 길이(L)

[힘의 3요소]

4) 무게중심

① 일반적으로 임의의 물체에 대하여 무게중심을 구할 때는 물체에 작용하는 모든 중력의 합력을 구하여 합력의 작용점을 무게중심으로 정의한다. 또한 이러한 특성으로 인하여 무게중심에서 물체에 작용하는 토크의 총합은 0이 되어 회전하지 않고 안정적인 상태를 유지할 수 있다.

② 물체의 형상에 따라 무게중심의 위치가 변하게 되는데, 무게중심에 따른 형상의 안정 조건은 다음과 같다.

　㉮ 물체의 무게중심이 낮은 곳에 위치한다.
　㉯ 물체와 지면과의 접촉면(밑바닥)이 넓다.
　㉰ 물체의 무게 W가 무겁다.

③ 줄걸이 작업 시 짐의 무게중심에 대하야 주의할 사항

　㉮ 짐의 무게중심 판단은 정확히 할 것
　㉯ 짐의 무게중심은 가급적 낮출 것
　㉰ 무게중심의 바로 위에 훅을 유도할 것
　㉱ 무게중심이 짐의 위쪽에 있는 것이나 전후, 좌우로 치우친 것은 주의할 것

5) 줄걸이 로프에 걸리는 하중

① 줄걸이를 하였을 때 훅에 걸린 와이어로프의 각도(α)를 조각도라고 한다.

② 한 줄에 걸리는 하중 = $\dfrac{부하물의 하중}{줄걸이수 \times 조각도}$

③ 2줄 걸이에서 1줄에 걸리는 하중 계산의 실제

　㉮ 로프 하나를 2줄 걸이로 하여 1,000kgf의 짐을 90°로 걸어 올렸을 때 한 줄에 걸리는 무게(kgf)를 구하는 방법

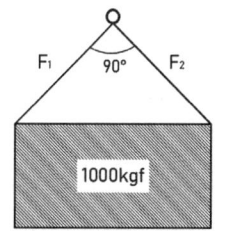

$$F_1 = \dfrac{1000}{2 \times \cos\dfrac{90°}{2}} = \dfrac{1000}{2 \times \cos 45°} \fallingdotseq 707[kgf]$$

㉯ 로프 하나를 2줄 걸이로 하여 2,000kgf의 짐을 60°로 걸어 올렸을 때 한 줄에 걸리는 무게(kgf)를 구하는 방법

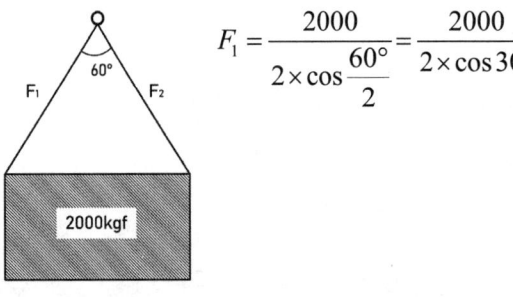

$$F_1 = \frac{2000}{2 \times \cos\frac{60°}{2}} = \frac{2000}{2 \times \cos 30°} ≒ 1155[kgf]$$

㉰ 그림과 같이 로프의 각과 길이가 서로 다른 로프에서 F_1과 F_2에 걸리는 인장하중을 구하는 방법(화물의 중심이 비대칭인 경우의 화물을 인양할 경우), 하중(w) = 10ton, α = 20°, β = 15°인 경우

$$F_1 = \frac{W \times \sin\alpha}{\sin\alpha + \sin\beta} = \frac{10 \times \sin 20°}{\sin 20° + \sin 15°} ≒ 5.69 ton$$

$$F_2 = \frac{W \times \sin\beta}{\sin\alpha + \sin\beta} = \frac{10 \times \sin 15°}{\sin 20° + \sin 15°} ≒ 4.31 ton$$

2. 줄걸이 방법

1) 줄걸이 용구와 줄걸이 방법 안전수칙

① 짐의 중량, 모양에 적합한 가장 안전한 줄걸이 용구를 선택한다.
② 줄걸이 용구로서 와이어로프나 체인을 선정할 경우에는 먼저 매다는 각도를 정하여 짐의 모양이나 중량에 적합한 강도와 길이를 선택해야 한다.
③ 매다는 각도는 원칙적으로 60° 이하로 하고 최대각도는 90° 이하를 유지한다.
④ 특수한 형인 것이나 막대모양으로 길이가 긴 짐을 매달 때는 그에 적합한 빔을 매다는 금속 공구로 매단다.
⑤ 수가 많은 것은 상자모양인 금속공구를 사용하는 편이 안전하다.
⑥ 짐이 돌거나 기준 위치에서 벗어날 때가 있어 위험하므로 한 줄로 매다는 것은 절대로 금한다.
⑦ 밑에 쌓인 것을 들어낼 때는 반드시 위에 있는 것을 먼저 들어내고 나서 들어내도록 한다.

⑧ 하물을 안정시키기 위해 중심보다 약간 윗부분에 매단다.
⑨ 훅 해지장치의 기능을 확인한다.

2) 일반적인 줄걸이 작업 절차

① 사용하는 크레인 등의 정격하중을 확인한다. 특히 아웃트리거 장비, 지브 신축 기능 및 기복 기능이 있는 기계는 그 상태에서 정격하중이 크게 변화하므로 주의하여야 한다.
② 형상, 크기 및 재질을 조사한다.
③ 하물의 질량을 가능한 한 정확히 파악한다.
④ 하물의 중심 위치를 명확히 한다.
⑤ 줄걸이 방법(거는 방법, 감는 방법, 줄걸이 위치)을 정한다.
⑥ 줄걸이 용구를 선정한다.
⑦ 줄걸이 작업을 한다.
⑧ 운반 경로를 확인한다.
⑨ 하물을 유도한다.
⑩ 보관하는 곳을 확인하고 보관방법, 적재방법 및 포개는 방법을 결정한다.
⑪ 하물을 착지시킨다.
⑫ 하물의 안정을 확인한다.
⑬ 줄걸이 용구를 제거한다.

3) 하물의 줄걸이

명칭	줄걸이 예	설명
1줄걸이		· 하물이 회전할 위험 상존하며 회전에 의해 로프 꼬임이 풀려 약하게 되므로 원칙적으로 적용 금지 · 1줄걸이 시 가능한 아이(Eye)에 슬링(Sling)을 통과시키지 말고, 2줄을 꺾어서 걸면 하물이 안정됨
2줄걸이		· 긴 환봉 등의 줄걸이 작업시 활용
3줄걸이		· U자나 T자형의 형상일 때 적합 · 3점의 중심위치가 무게중심을 중앙으로 환원주상에 등간격이 되어야 함
십자(+)걸이		· 사다리꼴의 형상 등에 적합 · 2본의 로프를 십자형으로 거는데 로프의 간격이 똑같도록 함

중심이 치우진 하물의 줄걸이		· 하물의 수평유지를 위하여 주 로프와 보조로프의 길이를 다르게 함 · 무게 중심 바로 위에 훅이 위치하도록 유도 · 좌우 로프의 장력차(差) 주의

4) 짐을 매다는 방법 및 위치

① 짐을 매다는 방법
  ㉮ 줄걸이로 짐을 달아 올리려고 할 때는 조금씩 감아 올려서 로프 등의 팽팽한 정도를 반드시 확인한다.
  ㉯ 짐은 수평으로 매달아 로프 등에 평균적으로 힘이 걸리도록 해야 한다.
  ㉰ 진동이나 흔들림 때문에 로프가 미끄러지거나 한 쪽으로 짐이 몰려서 짐이 빠져 떨어지는 일이 없도록 주의하여야 한다.

② 짐을 매다는 위치
  ㉮ 와이어로프를 거는 아이볼트, 새클 등의 장치가 있는 곳, 미끄러질 염려가 있는 것 등에는 안전을 충분히 고려하여야 하며 필요한 받침을 반드시 사용하여야 한다.
  ㉯ 받침은 짐의 날카로운 모서리가 손상되기 쉬운 곳에 와이어로프를 걸 때에 사용한다.
  ㉰ 다듬질한 면이나 동, 도금체, 절연물 등에 직접 로프를 걸어서는 안 된다.
  ㉱ 로프가 팽팽해졌을 때에 받침이 벗겨지지 않았나를 반드시 확인한다.
  ㉲ 하물의 아이볼트 기타의 부착물이 있는 것은 이것을 이용하도록 한다.
  ㉳ 잘 미끄러지는 곳이나 벗겨지기 쉬운 곳에는 걸지 말며, 부득이 걸어야할 때는 받침 등 적당한 보조구를 사용한다.

5) 운반 경로와 신호의 유도

① 운반경로의 장애물에 대해서 주의한다.
② 매다는 짐의 높이는 원칙적으로 사람 키보다 높게 바닥 위 2m 이상으로 한다.
③ 작업장인 경우 다른 작업자의 위치에 주의한다.
④ 운반 경로는 부근의 기계나 시설 상황을 잘 보아서 정하여야 한다.
⑤ 유도의 방법은 정해진 신호로 방향을 기중기 운전자에게 전한 다음 반드시 한 사람이 확실하고 명료하게 정해진 방법으로 실시한다.
⑥ 신호자는 크레인 운전자가 가장 잘 보이는 위치를 선택한다.

6) 짐을 푸는 방법과 쌓는 방법

① 다음 작업을 하기 쉽도록 받침대 위에다 놓을 것
② 미끄러지거나 경사지지 않도록 주의할 것
③ 진동이나 동요로 인하여 무너지는 일이 없도록 물림을 넣거나 십자(+)형으로 묶는 것이 좋다.

STEP_02 줄걸이 방법
적중예상문제

01 하중의 분류 중 크기나 위치, 방향 등이 시간의 경과와 더불어 변화하지 않는 하중은?

① 정하중 ② 반복하중
③ 교번하중 ④ 충격하중

> 하중의 분류 중 크기나 위치, 방향 등이 시간의 경과와 더불어 변화하지 않는 하중을 정하중이라 하며, 변화하는 하중을 동하중 또는 활하중이라 한다. 보기 중 반복하중, 교번하중, 충격하중은 동하중에 해당된다.

02 힘의 3요소는?

① 힘의 크기, 힘의 무게, 힘의 단위
② 힘의 방향, 힘의 작용점, 힘의 크기
③ 힘의 크기, 힘의 방향, 힘의 강도
④ 힘의 무게, 힘의 거리, 힘의 작용점

> 힘의 3요소
> • 작용 방향 : 힘이 작용하는 방향으로서 화살표의 방향
> • 힘의 크기 : 작용하는 힘의 크기를 의미하며 화살표의 길이
> • 힘의 작용점 : 힘이 작용하는 위치로 화살표 끝점의 위치

03 힘의 모멘트가 M = P × L 일 때 P와 L은?

① P = 힘, L = 길이
② P = 길이, L = 면적
③ P = 무게, L = 체적
④ P = 부피, L = 넓이

> 힘의 모멘트(M) = 힘의 크기(F) × 길이(L)

04 하물의 중량을 구하는 방법으로 맞는 것은?

① 체적 × 비중량
② 넓이 × 높이
③ 넓이 × 체적
④ 넓이 × 비중량

> 중량은 체적에 비중을 곱한 값이다.

05 비중은 같은 체적에서 물체의 중량과 무엇의 중량과의 비인가?

① 상온의 바닷물의 중량
② 4℃의 순수한 물의 중량
③ 0℃의 순수한 물의 중량
④ 10℃~15℃의 순수한 물의 중량

> 비중은 물질의 고유 특성으로서 기준이 되는 물질의 밀도에 대한 상대적인 비를 나타낸다. 일반적으로 액체의 경우 1기압 하에서 4℃의 물을 기준으로 하고, 기체의 경우에는 21℃ 공기를 기준으로 한다.

06 가로 2m, 세로 2m, 높이 2m인 강괴의 무게는? (단, 비중은 8로 한다)

① 6ton ② 16ton
③ 32ton ④ 64ton

> • 중량(무게) = 체적 × 비중량
> • 체적 = 가로 × 세로 × 높이 = 2 × 2 × 2 = 8
> ∴ 중량 = 8 × 8 = 64톤

07 4cm×5cm의 단면적 강봉이 1,000kgf의 인장하중을 받을 때 생기는 인장응력은?

① 40kgf/cm^2 ② 50kgf/cm^2
③ 60kgf/cm^2 ④ 70kgf/cm^2

> 인장응력 = $\dfrac{하중}{단면적}$ = $\dfrac{1000}{4 \times 5}$ = 50kgf/cm^2

08 지름이 2m, 높이가 4m인 원기둥 모양의 목재를 천장크레인으로 운반하고자 한다. 무게는 약 몇 kgf인가?(단, 나무의 1m^3 당 무게는 150kgf로 간주한다)

① 542 ② 942
③ 1,584 ④ 1,884

> • 원기둥의 체적 = 지름(m)^2 × 높이(m) × $\dfrac{\pi}{4}$ = 12.56m^3
> • 무게 = 12.56 × 150kgf = 1884kgf

정답 01 ① 02 ② 03 ① 04 ① 05 ② 06 ④ 07 ② 08 ④

09 보기 그림에서 P를 몇 톤으로 해야 균형이 잡히겠는가?

① 9   ② 8
③ 7   ④ 7

> 15ton × 6m = P × 10m
> ∴ P = $\frac{15 \times 6}{10}$ = 9톤

10 줄걸이 작업시 주의사항으로 틀린 것은?
① 훅 등의 매다는 도구는 매다는 짐의 중심 위에 위치시킬 것
② 권상, 권하 작업시 급격한 충격을 피할 것
③ 매다는 각도는 원칙적으로 60° 이상으로 할 것
④ 권상, 권하 작업 시 안전한가 눈으로 확인할 것

> 매다는 각도는 원칙적으로 60° 이하로 하고 최대각도는 90° 이하를 유지한다.

11 줄걸이 작업방법 중 긴 환봉 등의 줄걸이 작업 시 좋은 방법은?
① 1줄 걸이   ② 2줄 걸이
③ 3줄 걸이   ④ 십자(+) 걸이

> • 1줄 걸이 : 원칙적으로 적용을 금하나 불가피한 경우 2줄을 꺾어서 걸어 하물을 안정시키도록 한다.
> • 2줄 걸이 : 긴 환봉 등의 줄걸이 작업 시 활용한다.
> • 3줄 걸이 : U자나 T자형의 형상에 적합하다.
> • 십자(+) 걸이 : 사다리꼴 형상 등에 적합하며 2본의 로프를 십자형으로 걸되 로프의 간격을 동일하게 하여야 한다.

12 크레인으로 중량물을 인양하기 위해 줄걸이 작업을 할 때의 주의사항으로 틀린 것은?
① 중량물의 중심위치를 고려한다.
② 줄걸이 각도를 최대한 크게 해준다.
③ 줄걸이 와이어로프가 미끄러지지 않도록 한다.
④ 날카로운 모서리가 있는 중량물은 보호대를 사용한다.

> 2줄 걸이로 하물을 인양 시 인양각도가 커지면 커질수록 로프에 걸리는 장력은 증가한다. 이와 반대로 각도가 작아지면 작아질수록 로프에 걸리는 장력은 감소하게 된다.

13 크레인으로 무거운 물건을 위로 달아 올릴 때 주의할 점이 아닌 것은?
① 달아올릴 화물의 무게를 파악하여 제한하중 이하에서 작업한다.
② 매달린 화물이 불안전하다고 생각될 때는 작업을 중지한다.
③ 신호의 규정이 없으므로 작업자가 적절히 한다.
④ 신호자의 신호에 따라 작업한다.

> 크레인의 공통적인 표준 신호 방법에 의하여 신호자의 신호에 따라 작업하여야 한다.

14 천장크레인으로서 하중을 운반할 때 주의할 점에 대한 설명 중 가장 옳은 것은?
① 규정된 하중 이상은 매달지 않는 것이 원칙이나 전에 매달아서 사고가 없었던 하중이면 매달아도 무방하다.
② 보조 와이어로프는 와이어 작업자가 선정하는 것이 좋다.
③ 와이어로프는 훅의 중심에 걸고 매다는 각도는 안전한 각도를 유지하는 것이 좋다.
④ 신호수에게만 의존하여 운전하며, 운반물을 지상에서 높이 달아 운반하는 것이 좋다.

15 천장크레인으로 짐을 운반하고자 한다. 줄걸이가 완료되었을 때 운전자가 권상작업을 가장 올바르게 한 것은?
① 훅은 짐의 중심위치에 정확히 맞추고 주행과 권상을 동시 작동한다.
② 줄걸이 와이어가 완전히 힘을 받아 팽팽해지면 일단 정지한다.
③ 권상작동은 흔들릴 위험이 없으므로 항상 최고 속도로 운전한다.
④ 훅이 짐의 중심 위치에 정확히 맞으면 권상을 계속하여 2m 이상 높이에서 멈춘다.

정답 09 ① 10 ③ 11 ② 12 ② 13 ③ 14 ③ 15 ②

> 줄걸이로 짐을 달아 올리려고 할 때는 조금씩 감아 올려서 로프 등의 팽팽한 정도를 반드시 확인한 뒤 작업하도록 한다.

16 천장크레인의 권상, 권하시 주의할 사항으로 옳지 않은 것은?

① 와이어로프를 풀 때 필요 이상 풀지 말 것
② 와이어 규정 하중을 지킬 것
③ 와이어로프가 홈에서 벗어나지 않도록 운전할 것
④ 와이어로프를 감을 때는 항상 최대속도로 감을 것

> 와이어로프를 감을 때는 천천히 감아야 한다.

17 인양 물체의 중심을 측정하여 인양하여야 한다. 다음 중 잘못된 것은?

① 와이어로프나 매달기용 체인이 벗겨질 우려가 있으면 되도록 높이 인양한다.
② 인양물체를 서서히 올려 지상 약 30cm 지점에서 정지 확인한다.
③ 인양물체의 중심이 높으면 물체가 기울 수 있다.
④ 형상이 복잡한 물체의 무게 중심을 목측한다.

> 와이어로프나 매달기용 체인이 벗겨질 우려가 인양 방법을 재검토하여 안전한 상태로 인항하여야 한다.

18 천장크레인으로 짐을 운반하고자 하는 경우 작업 방법으로 틀린 것은?

① 매단 짐의 운반 시 높이는 최소 2m 이상 유지해야 한다.
② 운반경로는 부근의 기계나 시설 상황을 고려해서 정해야 한다.
③ 신호는 어떠한 경우에도 한 사람의 신호에만 따른다.
④ 부득이한 경우에는 사람 머리 위를 지나가도 무방하다.

> 어떠한 경우에도 매단 짐이 사람 머리 위를 지나도록 해서는 안 된다.

19 크레인 인양작업시 줄걸이 안전사항으로 적합하지 않은 것은?

① 신호자는 크레인 운전자가 잘 볼 수 있는 안전한 위치에서 행한다.
② 2인 이상의 고리 걸이 작업 시에는 상호간에 소리를 내면서 행한다.
③ 신호자는 원칙적으로 1인이다.
④ 권상작업시 지면에 있는 보조자는 와이어로프를 손으로 꼭 잡아 하물이 흔들리지 않게 하여야 한다.

> 권상작업시 와이어로프를 손으로 잡으면 사고의 우려가 있다.

20 와이어로프 줄걸이 작업자가 작업을 실시할 때 고려해야 할 사항과 가장 거리가 먼 것은?

① 짐의 중량   ② 짐의 중심
③ 짐의 부피   ④ 짐을 매는 방법

> 줄걸이 작업 시 주된 고려 사항
> • 정격하중 및 권상하중
> • 하물의 중량 및 중심위치
> • 줄걸이용 방법
> • 줄걸이 용구의 강도와 길이

21 천장크레인으로 짐을 운반해 와서 지정한 장소에 내리는 작업중이다. 이 때 올바르지 못한 운전 방법은?

① 지면에 닿기전 약 30cm 정도에서 일단 정지한다.
② 받침대가 놓여 있는 정해진 위치에 그대로 권하하여 와이어를 푼다.
③ 정해진 위치라도 꼭 신호수의 신호에 따라 내려야 한다.
④ 지면에 가까워지면 권하속도를 서서히 줄인다.

22 줄걸이 작업 시 주의사항으로 거리가 먼 것은?

① 정격하중 및 권상하중을 확인한다.
② 하물의 중량 및 중심위치를 판단한다.
③ 하물을 중심보다 약간 아랫부분을 매단다.
④ 훅 해지장치의 기능을 확인한다.

정답 16 ④ 17 ① 18 ④ 19 ④ 20 ③ 21 ② 22 ③

🔍 하물을 안정시키기 위해 중심보다 약간 윗부분에 매달아야 한다.

23 부하물이 위험물이며 대하중이고, 작업장 주위에 기계나 시설물이 없이 넓은 곳이며, 작업 인원도 없는 곳에서 신호수의 유도를 받으며 작업을 할 때 가장 양호한 운전방법은?

① 최소 높이 2m를 유지하며 서행한다.
② 가능한 지면에서 낮게 올려 서행한다.
③ 넓은 곳인 만큼 최대한 빠른 속도로 작업이 이루어지도록 운전한다.
④ 주위에 위험 요소가 없으므로 신호수의 유도를 받지 않고 운전자 스스로 판단하여 작업하도록 한다.

🔍 매다는 짐의 높이는 원칙적으로 사람 키보다 높게 바닥 위에서 2m 이상으로 하여야 하지만, 하물이 대하중으로 작업장 주변의 안전사고 우려가 없다면 가능한 지면에서 낮게 올려 서행하여 이동하는 것이 좋다.

24 운반물을 올리는 작업으로 옳지 않은 것은?

① 운반물이 지상으로부터 떨어지지 않은 상태에서 로프를 장력이 걸릴 때까지 감고 일단 정지한다.
② 운반물이 지상으로부터 떨어짐과 동시에 적당한 높이로 올리면서 주행한다.
③ 권상과 주행은 동시에 행하지 않는다.
④ 훅(hook)은 운반물 중심선 상부에 위치하도록 한다.

🔍 매다는 짐의 높이는 원칙적으로 사람 키보다 높게 바닥 위에서 2m 이상으로 한다.

25 크레인으로 물건을 달아 올릴 때 가장 적절하지 못한 것은?

① 수직으로 달아 올린다.
② 제한용량 이상을 달지 않는다.
③ 옆으로 달아 올린다.
④ 신호에 따라 움직인다.

🔍 하물은 수직으로 달아 올려야 한다.

26 천장크레인으로 물건을 운반할 때의 주의사항으로 틀린 것은?

① 경우에 따라서는 규정 무게의 15% 미만은 초과할 수 있다.
② 적재물이 떨어지지 않도록 한다.
③ 로프 등의 안전 여부를 항상 점검한다.
④ 운반 중 사람이 다치지 않도록 한다.

🔍 어떠한 경우라도 정격하중을 초과해서 물건을 운반해서는 안된다.

27 와이어로프의 안전계수가 5이고 절단하중이 20,000kgf일 때 안전하중은?

① 6,000kgf ② 5,000kgf
③ 4,000kgf ④ 2,000kgf

🔍 • 안전율(안전계수) = $\dfrac{\text{절단하중}}{\text{안전하중}}$
• 안전하중 = $\dfrac{\text{절단하중}}{\text{안전율}} = \dfrac{20000}{5} = 4000\,kgf$

28 4.8ton의 부하물을 4줄걸이로 하여 각도 60°로 매달았을 때 한쪽 줄에 걸리는 하중은 약 몇 ton 인가?

① 0.69 ton ② 1.23 ton
③ 1.39 ton ④ 1.46 ton

🔍 하중 = $\dfrac{\text{부하물의 하중}}{\text{줄걸이 수} \times \text{조각도}}$
= $\dfrac{4.8}{4 \times \cos\frac{60°}{2}} = \dfrac{4.8}{4 \times \cos 30°} ≒ 1.39\,[ton]$

29 로프 한 개로 2줄걸이로 하여 1,000kgf의 짐을 90°로 걸어 올렸을 때 한줄에 걸리는 하중(kgf)은?

① 250kgf ② 500kgf
③ 707kgf ④ 6930kgf

🔍 하중 = $\dfrac{\text{부하물의 하중}}{\text{줄걸이 수} \times \text{조각도}}$
= $\dfrac{1000}{2 \times \cos\frac{90°}{2}} = \dfrac{1000}{2 \times \cos 45°} ≒ 707\,[ton]$

정답 23 ② 24 ② 25 ③ 26 ① 27 ③ 28 ③ 29 ③

30 가로 10m, 세로 1m, 높이 0.2m인 금속화물이 있다. 이것을 4줄걸이 30°로 들어 올릴 때 한 개의 와이어에 걸리는 하중은 약 얼마인가? (단, 금속의 비중은 7.8이다.)

① 3.9톤　　② 7.8톤
③ 4.04톤　　④ 15.6톤

- 중량(무게) = 체적 × 비중량
- 체적 = 가로 × 세로 × 높이 = 10 × 1 × 0.2 = 2
- 중량 = 2 × 7.8 = 15.6톤
- 하중 = $\frac{부하물의 하중}{줄걸이 수 \times 조각도}$
  = $\frac{15.6}{4 \times \cos\frac{30°}{2}}$ = $\frac{15.6}{4 \times \cos 15°}$ ≒ 4.04[ton]

31 40ton의 부하물이 있다. 이 부하물을 들어 올리기 위해서는 20mm 직경의 와이어로프를 몇 가닥으로 해야 하는가? (단, 20mm 와이어의 절단하중은 20ton이며 안전계수는 7로 하고, 와이어 자체의 무게는 0으로 계산한다.)

① 2가닥(2줄 걸이)
② 8가닥(8줄 걸이)
③ 14가닥(14줄 걸이)
④ 20가닥(20줄 걸이)

- 안전율(안전계수) = $\frac{절단하중}{안전하중}$
- 절단하중 = 안전율 × 안전하중 = 7 × 40 = 280ton
- ∴ 와이어로프 가닥 수 = $\frac{280}{20}$ = 14가닥

32 그림과 같이 줄걸이용 와이어로프로 짐을 달아 올릴 때 안전각도(α)는 일반적으로 얼마 이내로 하여야 하는가?

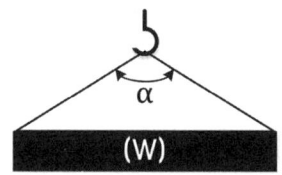

① 30° 이내　　② 45° 이내
③ 60° 이내　　④ 70° 이내

- 매다는 각도는 원칙적으로 60° 이하로 하여야 한다.

33 동일 조건에서 2줄 걸기 작업의 줄걸이 각도 α 중 로프에 장력이 가장 크게 걸리는 각도는?

① α = 30° 일 때
② α = 60° 일 때
③ α = 90° 일 때
④ α = 120° 일 때

- 2줄 걸이로 하물을 인양 시 인양각도가 커지면 커질수록 로프에 걸리는 장력은 증가한다. 이와 반대로 각도가 작아지면 작아질수록 로프에 걸리는 장력은 감소하게 된다.

34 정격하중 100톤의 천장크레인을 제작한다면 6×24 직경이 20mm인 와이어로프를 몇 가닥으로 이상으로 해야 하는가? (단, 와이어로프 절단하중 20톤, 안전계수는 7로 한다)

① 5가닥　　② 10가닥
③ 30가닥　　④ 35가닥

- 절단하중 = 안전율 × 안전하중 = 7 × 100 = 700ton
- ∴ 와이어로프 가닥 수 = $\frac{700}{20}$ = 35가닥

35 크레인 작업 시 매다는 짐의 높이는 원칙적으로 몇 m 이상으로 하는 것이 권장되는가?

① 0.5m　　② 1m
③ 2m　　④ 5m

- 매다는 짐의 높이는 원칙적으로 사람 키보다 높게 바닥 위 2m 이상으로 한다.

정답　30 ③　31 ③　32 ③　33 ④　34 ④　35 ③

CHAPTER 05 안전관리 및 관계 법령

Craftsman Overhead Travelling Crane Operator

STEP 01 크레인 작업안전

1. 작업 및 운전 관련 안전사항

1) 안전작업 방법
① 인양할 하물을 바닥에서 끌어당기거나 밀어 작업하지 않는다.
② 유류 드럼이나 가스통 등 운반 도중에 떨어져 폭발하거나 누출될 가능성이 있는 위험물 용기는 보관함에 담아 안전하게 매달아 운반한다.
③ 고정된 물체를 직접 분리, 제거하는 작업을 하지 않는다.
④ 인양중인 하물이 작업자의 머리 위로 통과하지 않도록 근로자의 출입을 미리 통제한다.
⑤ 인양할 하물이 보이지 않는 경우에는 어떠한 동작도 하지 않는다.

2) 운전실 조작식 천장 주행 크레인의 운전
① 정격하중, 성능 및 안전장치 기능을 완전히 이해하고 자격을 갖춘 자가 운전한다.
② 운전 전에 주행로 및 크레인에 접촉할 만한 장애물 존재 여부, 급유 및 볼트, 너트의 체결상태, 기계실, 운전실 등의 레버, 스위치 정지상태 등을 확인한다.
③ 지상에 설치된 승강용 계단이나 사다리의 출입문은 확실히 닫아 관계자 외의 출입을 금지시킨다.
④ 출입문용 열쇠는 운전자 본인이 휴대하고 관리한다.
⑤ 신호가 명확하지 않을 때에는 크레인 운전을 중단하고 신호수에게 재확인한다.
⑥ 운전 중 갑자기 경보음이 울리면 즉시 크레인의 주행을 정지하고, 그 원인을 파악, 제거한 후 작업한다.
⑦ 운전 중 정전이 될 때에는 핸들을 모두 정위치에 놓고 주 스위치를 끈 후 송전이 될 때까지 기다린다.
⑧ 지상 20~30cm에서 일단정지 확인 후 물체를 들어 올리며, 정해진 위치에 내려놓기 직전에 일단 정지 후 천천히 바닥에 내려놓는다.

3) 줄걸이 및 운반작업 실시 방법
① 운반물의 중량과 무게중심을 정확히 파악하도록 한다.
② 항상 올바른 줄걸이 방법을 사용하도록 한다.(두줄걸이 이상)
③ 운반물이 각이 진 경우에는 모서리 부분에 와이어로프 보호대를 댄 후 줄걸이를 한다.
④ 운반물의 위치나 진행 방향을 조정할 때는 유도 로프 등 특수 공기구를 사용하도록 한다.
⑤ 줄걸이 완료 후 운반물 권상 전에는 안전지대로 대피 후 지정된 자의 신호에 의해 작동하도록 한다.

⑥ 운반물은 반드시 수직 상태에서 권상하고 주행과 횡행의 동시 동작을 금지하도록 한다.
⑦ 파이프를 권상 시에는 조금씩 감아올려 로프의 신장, 화물의 움직임 등을 확인한다.
⑧ 물건을 들어 올릴 때는 20cm 정도 들어 올린 후 중심이 맞지 않으면 내려놓고 다시 중심을 맞춘 후 들어 올린다.
⑨ 크레인에 운반물을 매달아 운반할 때에는 반드시 경보음을 울리도록 한다.
⑩ 운반물을 놓을 때는 지면 가까이에서 일단 정지 후 주변 안전성 여부를 확인(인적, 물적)한 후 운반물을 내려놓도록 한다.
⑪ 줄걸이 작업 완료 후 와이어로프 등 줄걸이 용구 회수는 인력으로 한다.
⑫ 줄걸이 용구(와이어로프, 벨트 슬링, 링크 체인 등)가 훅에서 체결된 상태로 훅을 권상 시에는 권상되는 줄걸이 용구가 주변 물체 또는 작업자의 신체 부위와 접촉되지 않도록 한다.
⑬ 원형 파이프인 경우에는 적재대에 내려놓고 붕괴되지 않도록 받침목을 고인다.
⑭ 여러 개의 운반물을 한꺼번에 운반 시 물건이 낙하하지 않도록 포대에 담아 운반한다.

4) 천장크레인 운전 중 유의사항
① 운전 중에 다른 사람이 크레인에 타지 않도록 한다.
② 운전자는 다음의 경우 운전을 중지하고 신호수에게 주의를 준다.
    ㉠ 신호가 불투명하거나 규정의 신호가 아닐 때
    ㉡ 2인 이상이 신호를 할 때
    ㉢ 지정된 신호수 이외의 다른 자가 신호할 때
    ㉣ 매달린 물체의 중량이 크레인의 정격하중 이상이라는 것을 알았을 때
③ 물체를 매단 상태로 공중에 대기하는 경우에는 안전통로나 작업장 위에서 대기하도록 한다.
④ 운전 중에 경보를 실시할 경우는 다음과 같다.
    ㉠ 크레인의 운전이 시작될 때
    ㉡ 미끄러지기 쉬운 물건, 기타 위험한 물체를 운반할 때
    ㉢ 물체를 매달고 이동할 경우 진행방향으로 사람이 가고 있을 때
    ㉣ 기타 운전자가 위험을 느낄 때
⑤ 줄걸이 와이어로프는 사람의 힘으로 뺀다.

5) 중량물 들어올리기 작업 전 조치사항
① 작업 전 조종자, 신호자, 줄걸이 작업자의 신호 방법을 협의하고 준수한다.
② 작업 전 와이어로프 상태 확인(굵기, 손상 및 꼬임 여부 등) 후 이상이 없는 것만 사용한다.
③ 피트 등 개구부 위에서 줄걸이 작업 시 추락 방지를 위한 안전 작업 발판 설치 후 사용한다.
④ 크레인 훅은 반드시 훅 해지 장치를 부착, 설치한다.(단, 빔, C-Hook 제외)
⑤ 와이어로프 단말부 풀림 상태를 확인한다.
⑥ 100kg 이상의 중량물 운반, 상하차 시는 작업 지휘자를 지정해야 한다.
⑦ 파이프 등 원형 중량물 위에서 줄걸이 시에는 받침목을 고이고 작업한다.
⑧ 현장 조건에 적합한 줄걸이 도구를 요청해야 하며 입고 시 적합성(불량품 등)을 확인하여 부적합한 것은 즉시 교환 조치해야 한다.
⑨ 정해진 용량을 초과해서 줄걸이 작업을 해서는 안 된다.

⑩ 규격별, 형태별 보관대를 설치하여 걸어두고 관리해야 한다.
⑪ 사용 중인 도구가 불안전한 상태(터짐, 단선, 늘어남, 함몰, 크랙 등) 발생 시 즉시 폐기해야 한다.
⑫ 줄걸이 작업은 산업안전보건법령에 따른 특별 안전보건교육 대상 작업으로 해당 작업자는 16시간 이상 교육을 이수해야 하며 소속 부서장은 이 결과를 기록 유지 관리해야 한다.
⑬ 해당 공장에서 줄걸이 용구 파손품은 즉시 폐기 등 적절하게 조처해야 한다.
⑭ 크레인 조종자와 줄걸이 작업자와의 정확한 수신호 방법은 법규에서 정한 신호 절차에 따라야 한다.

6) 천장크레인 안전운전
① 주행 방향에 접촉할 장애물이 있는지 먼저 확인하고 주행한다.
② 스위치 및 각종 기능을 점검하고 확인한다.
③ 승강용 계단 사다리 출입문 상태를 확인한다.
④ 진행방향 위험을 느낄 때 경보기를 울린다.
⑤ 운전 종료시에는 후크를 정해진 곳까지 감아올린다.
⑥ 정격하중을 초과하는 작업을 금지한다.
⑦ 화물 위에 작업자가 탑승하는 행위를 금지한다.
⑧ 후크 해지 장치가 없는 것은 사용을 금지한다.
⑨ 운전 중 점검 및 급유를 금지한다.

7) 무선 조작식 천장크레인 운전
① 주행레일 및 이동방향의 물체 확인 후 주행한다.
② 지정된 자만이 운전하고 사용 전 모든 기능이 정상인지 확인한다.
③ 걸어가면서 운전할 때는 안전통로 상태 등을 확인한다.
④ 흔들림, 충돌 예방을 위해 안전거리를 유지한다.
⑤ 리모콘은 지정된 장소에 보관한다.

> **참고** **신호수의 권한**
> · 해당 크레인의 운행 및 가동을 정지할 수 있다.
> · 해당 건설기계 작업 계획서 동선 이외의 이동을 금지하여야 한다.
> · 조종자는 신호수의 지시에 따라야 하며, 신호수가 배치되지 않거나, 시야에서 벗어나면 작업을 중지한다.
> · 모든 관리자 및 근로자는 작업통제 구간 내 진입 시 신호수의 허락을 받아야 한다.

2. 점검 및 정비

1) 기계장치의 점검
① 강 구조 부분
  ㉮ 거더, 새들, 크래브, 운전실 등 강구조부분의 용접부위 균열, 찢어짐, 터짐 여부 점검
  ㉯ 볼트, 너트의 풀림 여부 점검
  ㉰ 운전실 승차계단 등의 청결상태 및 미끄럼 여부 점검
  ㉱ 점검, 보수를 위한 사다리, 정비대 등의 고정상태 점검
② 운전실

㉮ 각종 조명 및 경보장치 작동여부 점검
　㉯ 비상 정지 스위치 작동여부 점검
　㉰ 운전실 출입문의 잠금상태 점검
　㉱ 운전자 시야 확보를 위한 유리창 청결상태 점검(밀폐형 운전실)
　㉲ 운전실 내부의 각종 전기스위치 작동상태 점검
③ 훅 블록
　㉮ 훅 고리 부분의 마모, 비틀림, 벌어짐 여부 점검
　㉯ 훅 해지상태 작동 여부 점검
④ 시브
　㉮ 시브의 플랜지부 또는 와이어로프가 닿아 회전하는 부분의 마모 여부 점검
　㉯ 시브 베어링 급유 상태 및 회전상태 점검
　㉰ 시브를 통과하는 와이어로프의 마모 및 소선 절단 여부 점검
⑤ 휠(차륜)
　㉮ 차륜 플랜지 마모 여부 점검
　㉯ 차륜을 지지하는 베어링의 급유상태 및 소음 여부 점검
　㉰ 차륜 직경의 마모가 허용 한도 내에 있는지 여부 점검
⑥ 레일
　㉮ 레일의 균열 및 두부(레일 머리부분)의 변형여부 점검
　㉯ 볼트의 풀림, 탈락 여부 점검
　㉰ 레일 측면 마모 및 레일 엇갈림 여부 점검
　㉱ 레일 밑의 고무 탈락 여부 점검
⑦ 브레이크
　㉮ 작동상태 점검
　㉯ 라이닝과 드럼 면과의 간격은 균등한지 여부 점검
　㉰ 라이닝 마모상태 점검
　㉱ 내부 베어링의 소음여부 점검
　㉲ 제동 스프링의 장력 점검
⑧ 브레이크 드럼
　㉮ 브레이크 드럼의 발열여부 점검
　㉯ 마모 및 요철 발생 여부 점검
　㉰ 과열로 인한 변형 및 균열 여부 점검
⑨ 베어링
　㉮ 발열 및 소음 여부 점검
　㉯ 급유상태 점검(베어링 하우징의 1/2~1/3정도)
⑩ 축이음
　㉮ 감속기축과 차륜축을 연결하는 커플링 양측의 중심선 일치여부 점검
　㉯ 윤활 상태 점검
　㉰ 체인 축이음의 경우 커버 이탈 여부 점검

㉒ 기어 축이음의 경우 리버볼트 풀림 여부 점검
　⑪ 와이어로프 드럼
　　　㉮ 와이어로프 규격은 알맞은 것을 사용하는지 점검
　　　㉯ 드럼에 감겨져 있는 부분을 관찰하여 소선의 탈선 여부 점검
　　　㉰ 끝처리의 가공이 잘 되어 있는지 점검
　　　㉱ 와이어로프가 감기는 홈의 마모상태 점검
　⑫ 도유기
　　　㉮ 급유 오일통의 오일 충전 점검
　　　㉯ 회전체의 마모 및 이탈 점검
　　　㉰ 과도한 주유상태 점검
　⑬ 오일 및 윤활유
　　　㉮ 거품, 악취, 변색여부 점검
　　　㉯ 윤활유의 온도는 70℃ 이내를 유지
　　　㉰ 2000시간 또는 6개월 사용 후 교환 점검

2) 전기장치의 점검
　① 전동기
　　　㉮ 전동기 회전시 진동 및 소음발생 점검
　　　㉯ 전동기의 발열상태 점검
　　　㉰ 전동기의 취부볼트의 풀림상태 점검
　　　㉱ 카본 브러시의 마모여부 점검(마모한도 50%)
　② 집전장치
　　　㉮ 집전장치 취부 볼트 풀림 점검
　　　㉯ 카본 브러시의 마모상태 점검
　　　㉰ 천장크레인 운행 중 스파크 발생 점검
　③ 저항기
　　　㉮ 그리드판의 결손, 변형, 리드선의 물림상태 점검
　　　㉯ 저항기의 과도한 발열상태 점검
　　　㉰ 저항기의 전원 접속부의 고정볼트의 풀림 및 스파크 발생 여부 점검
　④ 리프팅 마그네트
　　　㉮ 리프팅 마그네트의 흡착력이 정상인지 점검
　　　㉯ 잔류자기 제거 스위치의 작동상태는 정상인지 점검
　　　㉰ 전원 케이블은 정상인지 점검
　⑤ 컨트롤러 및 메인스위치
　　　㉮ 컨트롤러 조작 중 손을 놓았을 때 자동으로 정위치로 복귀하는지 점검
　　　㉯ 컨트롤러 내부의 스파크 발생 여부 점검
　　　㉰ 과전류시 메인스위치의 차단은 정상적으로 되는지 점검

3. 천장크레인의 관리와 보수

1) 보전방법
① 예방보전 : 고장이 일어날 것 같은 부분을 계획적으로 교환 수리하는 방법. 권상장치는 예방 보전에 속한다.
② 사후보전 : 고장이 발생한 후에 교환 수리를 하는 보전 방법. 주행, 횡행장치는 사후보전에 속한다.
③ 구조 부분의 점검은 1개월에 1번 점검, 1년에 1번 정밀점검을 받아 수리한다.
④ 기타 사항
  ㉮ 기내 배선의 절연을 완전하게 한다.
  ㉯ 수전설비, 전기기기 등에서 감전될 우려가 있는 곳은 안전커버를 한다.
  ㉰ 정전, 운전종료, 점검 및 수리시에는 전원스위치를 내린다.
  ㉱ 보수 중에는 다른 사람이 스위치를 넣지 않게 "수리 중" 표시를 한다.
  ㉲ 복장은 피부가 노출되지 않게 하고, 건조한 옷을 착용하며 절연이 양호한 신발을 착용한다.
  ㉳ 감전사고 방지를 위한 장치에는 접지, 누전차단기, 메인라인 스위치 등이 있다.
  ㉴ 작업장에서 전기설비에 접근제한 및 위험 표지를 붙여야 하는 곳은 직류 250V, 교류 220V 이상의 전압이 흐를 때이다.

2) 급유법
① 천장크레인의 감속기어 오일은 여름철에는 점도가 높을 것을, 겨울에는 점도가 낮은 것을 사용한다.
② 오일 교환 시기는 약 2000시간마다 교환한다.
③ 감속기어 케이스의 급유법은 유욕식이며 케이스의 1/4정도 오일을 채워준다.
④ 진동이 심하고 먼지가 많은 개방기어에는 그리스를 발라주는 것이 좋다.
⑤ 고속회전하는 부분은 저점도의 오일을 주유한다.
⑥ 베어링의 오일 교환시는 솔벤트, 경유 등으로 잘 세척, 건조시킨 후 그리스를 주유하며 1회 충진하면 2000시간 정도 사용가능하며, 베어링케이스의 1/2~1/3정도 급유한다.
⑦ 브레이크 휠과 라이닝, 레일의 상면, 벨트 등에는 기름이 부착되어서는 안 된다.

STEP_01 크레인 작업안전
적중예상문제

01 화물을 지상에 내릴 때 정확하게 설명된 것은?
① 속도를 올릴 때와 같이 한다.
② 기계 조립 시에도 일반속도와 같이 한다.
③ 훅의 진동이 없으면 빨리 내려도 된다.
④ 적당한 높이까지 내린 후 천천히 내린다.

> 하물을 지상에 내릴 때는 와이어로프가 인장력을 받고 있는 상태에서 일단정지하고 확인한 다음 천천히 내린다.

02 전체적으로 둥글면서 울퉁불퉁한 부하물의 줄걸이를 마친 후 운전자가 약 10cm 정도 권상해보니 부하물이 빙글빙글 돌면서 좌우로 약 30cm 정도 간격으로 흔들린다. 이 때 가장 쉽고 안전하게 할 수 있는 방법은?
① 제자리에 권하시킨 후 줄걸이를 다시 한다.
② 주행 및 횡행을 사용하여 흔들림을 잡아준다.
③ 흔들림이 별로 크지 않으니까 그대로 운전해도 상관없다.
④ 사이렌을 계속 울리면서 작업을 진행한다.

> 하물이 흔들리거나 회전하는 등의 문제가 있으면 제자리에 권하시킨 후 줄걸이를 다시 하여 회전하거나 흔들림이 없도록 하여야 한다.

03 무거운 물체를 인양하기 위하여 체인 블록을 사용할 때 안전상 가장 적절한 것은?
① 체인이 느슨한 상태에서 급격히 잡아당기면 재해가 발생할 수 있으므로 안전을 확인할 수 있는 시간적 여유를 가지고 작업한다.
② 무조건 굵은 체인을 사용하여야 한다.
③ 내릴 때는 하중 부담을 줄이기 위해 최대한 빠른 속도로 실시한다.
④ 이동시는 무조건 최단거리 코스로 빠른 시간 내에 이동시켜야 한다.

04 신호자의 신호에 의하지 않고 운전할 수 있는 경우는?
① 공장장이 허락한 경우
② 비상시의 급정지 시
③ 신호자의 신호가 잘못되었다고 생각될 때
④ 작업사항이 잘못되었을 경우

> 비상시의 급정시는 신호자의 신호에 의하지 않고 운전할 수 있다.

05 천장크레인이 작동 중에 위험한 상황이 발생되어 신호수가 아닌 모르는 사람이 정지신호를 보내왔다. 이 때 운전자는 어떻게 행동해야 하는가?
① 무조건 정지시키고 난 후 확인한다.
② 신호수가 아니므로 상관없이 작업 진행한다.
③ 신호수에게 물어본다. 가까이에 신호수가 없으면 사이렌을 울린다.
④ 운전자가 주위 확인 후 정지한다.

> 비상시에는 신호수의 신호가 아니더라고 일단 정지 후 안전을 확인하도록 한다.

06 신호수의 준수사항이 아닌 것은?
① 신호수는 운전자로부터 눈에 잘 띄는 표시를 한다.
② 신호수는 규정된 신호요령에 의거 신호한다.
③ 두 대의 기중기로 물건 권상시 두 사람의 신호수가 신호한다.
④ 짐 밑에 들어가거나 짐 위에 타는 사람이 없도록 한다.

> 두 대의 기중기로 물건 권상시에는 신호수를 한 사람으로 정하여 해당 신호수의 신호에 따라 작업한다.

정답 01 ④ 02 ① 03 ① 04 ② 05 ① 06 ③

07 천장크레인 작업의 안전수칙을 열거한 것 중 적합하지 않은 것은?

① 달아올린 짐 밑의 사람의 통행을 막는다.
② 운반물을 작업자 상부로 운반한다.
③ 지정된 신호수 외에는 신호를 하지 않는다.
④ 임의로 스위치 박스에 손대지 않도록 한다.

🔍 인양중인 하물이 작업자의 머리 위로 통과하지 않도록 근로자의 출입을 미리 통제하여야 하며, 운반물을 작업자 상부로 운반해서는 안 된다.

08 천장크레인 운전시작 전 고려하여야 할 사항으로 틀린 것은?

① 작업내용과 작업순서에 대하여 관계자와 충분히 협의한다.
② 크레인이 이동하는 영역 내에 장애물이 없는지를 사전에 확인한다.
③ 방호장치의 이상유무를 확인한다.
④ 이동할 물품의 종류 등에 대해서 고려할 필요가 없으며 신속한 작업의 고려가 우선이다.

🔍 운반한 물품의 종류 및 형태에 따라 적합한 줄걸이 용구 및 방법을 선택해야 하는 만큼 이에 대한 고려가 반드시 필요하다.

09 크레인의 안전운전을 위한 운전시작 전 점검사항이 아닌 것은?

① 크레인의 주행로상 혹은 크레인이 이동하는 영역 내의 장애물 유무 확인
② 크레인 정지기구 및 레일 클램프와 같은 고정장치 해제 유무
③ 크레인 부하시험시 과부하방지장치 동작 상태 확인
④ 운전실 내 각종 레버와 스위치의 이상 유무

🔍 크레인의 과부하방지장치는 정격하중의 1.1배 권상시 경보와 함께 권상동작이 정지되고 횡행, 주행동작 및 과부하를 증가시키는 동작이 불가능한 구조로 운전시작 전 점검사항은 아니다.

10 운전 전 배전반의 점검 중 가장 옳은 것은?

① 전원 신호등의 점등을 확인한다.
② 제어기를 운전하여 본다.
③ 크래브(crab)의 움직임을 확인한다.
④ 주행, 횡행시의 요동 또는 속도를 확인한다.

🔍 배전반은 전동기 보호 및 제어, 전원의 개폐를 목적으로 설치되는 것으로 전원 신호등의 점등을 확인함으로써 점검이 가능하다.

11 크레인운전 중 안전운전을 위하여 가장 중요한 것은?

① 운전실 내의 정리정돈 상태
② 주행로 상에 장애물 대처방법
③ 운전자와 신호수와의 신호
④ 권상 상한거리

🔍 크레인 작업은 운전자와 신호수의 신호를 통해 이루어진다.

12 크레인 작업의 위험성이 아닌 것은?

① 줄걸이 작업방법 불량에 의한 화물의 낙하
② 감속기 오일 등의 폭발로 인한 화재
③ 줄걸이용 와이어로프가 훅에서 이탈되어 추락
④ 크레인과 벽체와의 안전통로 미확보로 인한 협착

🔍 감속기는 동력을 원래의 속도보다 낮은 속도로 큰 힘을 증대시키기 위한 장치로 작은 기어로 큰 기어를 돌림으로써 속도를 낮추고 모멘트를 이용하여 힘을 증대시킨다. 따라서, 감속기 오일 등의 폭발로 인한 화재는 크레인 작업의 위험성과는 거리가 멀다.

13 크레인 본 작업을 시작하기 전 장비 상태를 파악하기 위해 사전 운전점검 사항과 가장 관계가 먼 것은?

① 브레이크 기능
② 클러치 기능
③ 훅 균열 검사
④ 와이어로프 감김 상태

🔍 운전점검은 본 작업 시작 전 장비 상태를 파악하기 위한 것으로 훅 균열 검사는 사전 운전점검 사항과 거리가 멀다.

정답 07 ② 08 ④ 09 ③ 10 ① 11 ③ 12 ② 13 ③

14 크레인을 이용한 운반작업에 있어서 고려해야 할 사항으로 알맞지 않은 것은?

① 한 번에 많은 하물을 운반하여 운반 횟수를 줄인다.
② 이동하는 거리를 짧게 한다.
③ 될 수 있는 한 전용의 줄걸이 용구를 사용한다.
④ 위험 범위를 명확히 한다.

> 하물은 정격하중의 범위 내에서 형태와 종류에 따라 적정하게 운반하도록 한다.

15 천장크레인을 급출발, 급정지하면 안되는 이유와 가장 거리가 먼 것은?

① 크레인에 기계적 무리를 가하지 않도록 하기 위하여
② 갑자기 출발하면 밑에 있는 운전자가 피할 틈이 없어 위험하므로
③ 취급 물건이 관성에 의하여 심하게 흔들리면 매우 위험하므로
④ 갑자기 과전류가 흘러 전기장치에 무리가 생길 수 있으므로

16 주행·횡행의 동시 작동 중 크래브를 급정지할 경우의 영향으로 옳지 않은 것은?

① 로프에 영향을 준다.
② 크래브 자체에 영향을 준다.
③ 주행 레일에 영향을 준다.
④ 횡행차륜에는 영향을 미치나 주행차륜에는 영향이 없다.

> 크래브를 급정지할 경우 주행, 횡행차륜 등 크레인의 모든 곳이 영향을 받는다.

17 천장크레인에 있어서 운전을 하고자 할 때 최초에 행하여야 할 사항은?

① 권상용 제어기의 노치만을 '0' 노치에 두고 메인 스위치를 'ON'으로 작동시킨다.
② 주행용 제어기의 노치만을 '0' 노치에 두고 메인 스위치를 'ON'으로 작동시킨다.
③ 모든 제어기의 노치에 상관없이 메인 스위치를 'ON'으로 작동시킨다.
④ 모든 제어기의 노치를 '0' 노치에 두고 메인 스위치를 'ON'으로 작동시킨다.

> 천장크레인에서 운전을 하고자 할 때에는 최초 모든 제어기의 노치를 "0" 노치에 두고 메인 스위치를 ON으로 작동시킨다.

18 천장크레인 주행에 대한 설명으로 적합하지 않은 것은?

① 급격한 주행을 하지 말 것
② 주행과 동시 운반물을 권상, 권하시키지 말 것
③ 운반물 위에 사람이 타고 있을 때는 주행을 서서히 할 것
④ 주행로 상에 장애물이 있을 때는 주행을 멈출 것

> 운반물 위에는 사람이 탑승해서는 절대 안 된다.

19 천장크레인 작업에서 안전담당자의 임무가 아닌 것은?

① 작업방법과 근로자의 배치를 결정하고 작업을 지휘
② 재료의 결함 유무 또는 기구 및 공구의 기능을 점검하고 불량품을 제거하는 일
③ 작업 중 안전대와 안전모의 착용 상황을 감시하는 일
④ 작업을 지휘하는 자를 선임하여 그에 의하여 작업을 실시하도록 조치하는 일

> 작업을 지휘하는 자를 선임하여 그에 의하여 작업 실시하도록 조치하는 일은 작업반장의 임무이다.

20 천장크레인으로 물건을 운반할 때 주의할 점으로 틀린 것은?

① 경우에 따라서 정격하중 무게보다 약간 초과할 수 있다.
② 적재물이 떨어지지 않도록 한다.
③ 로프의 안전 여부를 점검한다.
④ 운반중 작업자의 위치에 주의한다.

> 어떠한 경우라도 정격하중을 초과한 하물의 운반은 금한다.

정답 14 ① 15 ② 16 ④ 17 ④ 18 ③ 19 ④ 20 ①

21 와이어로프의 작업자가 짐의 중심을 잘못 잡아 훅(hook)에 로프를 걸었을 때 발생할 수 있는 사고와 거리가 먼 것은?

① 짐이 생각지도 않은 방향으로 간다.
② 매단 짐이 회전하여 로프가 비틀린다.
③ 과하중으로 크레인에 손상을 준다.
④ 짐이 한 쪽 방향으로 쏠려 넘어진다.

22 천장크레인으로 하물을 권상할 때의 운전방법 중 가장 양호한 것은?

① 하물을 조금씩 들어 올리고 그때마다 제어기를 OFF시켜 브레이크 지지능력을 확인하다.
② 천장크레인은 정격하중의 110%는 들어올릴 수 있으므로 평소와 같이 권상한다.
③ 지면에서 20cm쯤 위치에서 일단정지하고, 줄걸이 이상 여부를 확인 후 계속 권상한다.
④ 안전을 위하여 작업을 하지 않는다.

🔍 물건을 들어 올릴 때는 20cm 정도 들어 올린 후 중심이 맞지 않으면 내려놓고 다시 중심을 맞춘 후 들어 올린다.

23 천장크레인의 운동속도에 대한 설명 중 틀린 것은?

① 권상장치에서의 속도는 양정이 짧은 것은 빠르게, 긴 것은 느리게 작동되게 한다.
② 권상장치에서의 속도는 하중이 가벼우면 빠르게, 무거우면 느리게 작동되게 한다.
③ 위험물을 운반시는 가능한 저속으로 운전함이 좋다.
④ 주행속도는 가능한 저속으로 운전하는 것이 좋다.

🔍 양정(lift)이란 훅(hook)이 움직일 수 있는 최대의 수직거리를 말하는 것으로 양정과 관계없이 천천히 작동되도록 한다.

24 천장크레인에서 리모콘 크레인의 취급에 대하여 설명한 것으로 틀린 것은?

① 걸어가면서 운전하는 경우는 안전통로를 이용한다.
② 화장실 용무 등 운전을 일시 정지할 경우는 제어기의 전원 스위치를 끈다.
③ 리모콘 크레인은 운전시작 전 제어기의 제어방향과 당해 크레인의 작동방향과의 일치 여부는 확인할 필요가 없다.
④ 휴식기나 작업종료시 크레인 작업을 종료할 때에는 제어기에서 키를 빼서 소정의 장소에 보관한다.

🔍 운전시작 전 제어기의 제어방향과 당해 크레인의 작동방향과의 일치 여부를 반드시 확인하여야 한다.

25 크레인의 안전운전을 위한 운전 중 점검사항이 아닌 것은?

① 중량물을 인양하면서 자주 권상 브레이크 및 주행, 횡행 브레이크의 동작 상태를 점검해 본다.
② 주행, 횡행 리미트스위치를 작동하기 전에 장애물에 주의한다.
③ 운전 중 기계 각 부의 이상음, 이상 진동, 열 등을 수시로 확인한다.
④ 정격하중 이상의 중량물을 절대 인양하지 않는다.

🔍 브레이크 작동 여부를 하물을 인양하면서 점검하면 하물의 흔들림은 물론 크래브 등의 기계장치에 무리를 줄 수 있다.

26 크레인 운전 중의 일반적 주의사항으로 틀린 것은?

① 운전 중에는 필요에 따라 경보를 울리는 등의 방법으로 주위의 작업자에게 주의를 준다.
② 필요 이상의 빈번한 시동정지는 기계부품이나 전기부품의 수명이 단축되므로 불필요한 인칭운전은 자제한다.
③ 운전 중에 정전이 된 경우는 컨트롤 핸들을 정지 위치에 두고 전원 스위치를 끄고 대기한다.
④ 운전 중에 이상음이나 이상진동이 발생한 경우는 그날의 작업이 종료된 후 크레인 보수담당자에게 보고한다.

🔍 운전 중에 이상음이나 이상진동이 발생한 경우에는 일단 크레인 운전을 중지한 후 점검을 실시하도록 한다.

정답 21 ③ 22 ③ 23 ① 24 ③ 25 ① 26 ④

27 크레인 운전 후 점검해야 할 조치사항으로 틀린 것은?

① 각 브레이크의 제동상태를 확인한다.
② 운전일지를 기록하여 보관한다.
③ 각 스위치는 정지 위치에 두되 배전반의 스위치는 차단하지 말고 그대로 둔다.
④ 각 동작 부위의 이완 및 풀림을 주의 깊게 확인한다.

🔍 크레인 운전이 완료되면 각 스위치는 정지 위치로 두고, 배전반의 스위치는 차단하도록 한다.

28 운전 종료 후 스위치의 차단 순서는?

① 전원측에서 부하측으로
② 부하측에서 전원측으로
③ 가까이 있는 스위치에서 먼 스위치로
④ 순서가 없이 차단해도 무방하다.

🔍 전원 차단 시는 반드시 부하측으로부터 메인(Main)측의 순서로 행한다.

29 천장크레인 보수관리에 대해 틀린 것은?

① 예방보전과 사후보전으로 구분할 수 있다.
② 고장이 일어날 것 같은 부분을 계획적으로 교환수리하는 것을 예방보전이라 한다.
③ 권상장치의 수리는 사후보전에 속한다.
④ 고장이 발생한 후에 교환 수리를 하는 것을 사후보전이라 한다.

🔍 권상장치는 예방보전, 주행 및 횡행장치는 사후보전을 통해 보전한다.

30 크레인을 보수·관리하는 데 중요한 부분장치로 예방보전이 가장 필요한 장치는?

① 주행장치   ② 횡행장치
③ 권상장치   ④ 크래브장치

🔍 •예방보전 : 고장이 일어날 것 같은 부분을 계획적으로 교환수리하는 방법으로 권상장치가 해당된다.
•사후보전 : 고장이 발생한 후에 교환 수리를 하는 보전 방법으로 주행 및 횡행장치가 해당된다.

31 천장크레인의 주행시 갑자기 장애물을 발견했을 때 가장 먼저 취해야 할 것은?

① 분전반 스위치를 전부 끈다.
② 컨트롤러를 전부 제로 노치에 놓는다.
③ 비상스위치(Emergency S/W)를 누른다.
④ 발작동식 페달을 밟는다.

🔍 크레인 운전 중 비상상황 발생 시 비상스위치(Emergency S/W)를 눌러야 한다.

32 천장크레인을 사용하여 작업을 하는 때에 작업 시작 전 점검사항 중 매일 점검을 하기에 가장 곤란한 것은?

① 권과방지장치, 브레이크, 클러치 및 운전장치의 기능
② 과부하방지장치의 조정 여부
③ 주행로의 상측 및 트롤리가 횡행하는 레일의 상태
④ 와이어로프가 통하고 있는 곳의 상태

🔍 크레인 사용 작업 시작 전 점검사항
• 권과방지장치·브레이크·클러치 및 운전장치의 기능
• 주행로의 상측 및 트롤리(trolley)가 횡행하는 레일의 상태
• 와이어로프가 통하고 있는 곳의 상태

33 차륜 주행 관련 점검사항으로 가장 거리가 먼 것은?

① 베어링의 마모 상태
② 레일의 굽음
③ 차륜의 중심선 일치 여부
④ 차륜의 열전도율

🔍 차륜 및 레일의 점검
• 차륜 플랜지 마모 여부 점검
• 차륜을 지지하는 베어링의 급유상태 및 소음 여부 점검
• 차륜 직경의 마모가 허용 한도 내에 있는지 여부 점검
• 레일의 균열 및 두부(레일 머리부분)의 변형여부 점검
• 볼트의 풀림, 탈락 여부 점검
• 레일 측면 마모 및 레일 엇갈림 여부 점검
• 레일 밑의 고무 탈락 여부 점검

정답 27 ③ 28 ② 29 ③ 30 ③ 31 ③ 32 ② 33 ④

34 천장크레인의 보수관리에 대한 설명 중 틀린 것은?

① 퓨즈는 적정용량의 것을 사용한다.
② 고장에 대하여 사전에 계획적으로 교환·수리하는 것을 예방보전이라 한다.
③ 기중기의 권상장치는 사후보전으로 한다.
④ 천장기중기의 전기장치는 예방보전하는 것이 좋다.

🔍 권상장치는 예방보전, 주행 및 횡행장치는 사후보전으로 한다.

35 차륜의 점검 및 보수에 관한 설명으로 적절하지 못한 것은?

① 각 차륜의 중심선이 일치하는가를 점검한다.
② 차륜의 주행 레일과 기체 간의 직각을 유지하는지 점검한다.
③ 차륜을 교환 또는 육성가공할 경우 해당 차륜 한 개만을 수리하는 것이 원칙이다.
④ 차륜 베어링의 마모와 급유에 항상 주의한다.

🔍 차륜을 교환 또는 육성가공할 경우 모든 차륜을 수리 혹은 교체하는 것이 원칙이다.

36 천장크레인의 주기적인 정비를 위한 예비 품목과 가장 거리가 먼 것은?

① 퓨즈
② 브레이크 라이닝
③ 전동기 브러시
④ 제어반(판넬)

🔍 예비품은 고장이 일어나기 쉽고, 마모가 잘되는 부품의 정비 시간을 단축시키기 위해 준비해 둔다.

37 크레인 운전 후 전동기 부분의 발열이 심한 것을 발견하였다. 발열의 원인으로서 가장 거리가 먼 것은?

① 사용빈도가 높았다.
② 부하가 과대하였다.
③ 저항기가 부적정하였다.
④ 단선이 되었다.

🔍 전선이 단선되면 전동기가 회전하지 못해 작업을 할 수 없다. 따라서, 발열의 원인으로는 적절하지 않다.

38 장크레인 점검 보수작업 중 감전사고가 발생하였다. 조치 방법으로 틀린 것은?

① 즉시 전원을 차단한다.
② 즉시 피해자를 잡아당겨 접촉물로부터 분리시킨다.
③ 감전되어 인사불성에 빠지더라도 전원 차단 후 인공호흡을 실시한다.
④ 전원을 차단하기 어려운 경우에는 마른 헝겊이나 플라스틱 등 절연물을 이용하여 접촉물 제거한다.

🔍 감전사고 시 즉시 피해자를 떼어내려고 맨손으로 피해자를 잡으면 본인도 감전될 수 있기 때문에 주의가 필요하다.

39 고속 회전에 알맞은 윤활유의 일반적 성질은?

① 고점도의 윤활유
② 고온도의 윤활유
③ 저점도의 윤활유
④ 아무것이나 무방하다.

🔍 진동이 심하고 먼지가 많은 개방기어에는 그리스를 발라주는 것이 좋으며, 고속회전하는 부분은 저점도의 오일을 주유한다.

40 윤활유가 유입되거나 묻어서는 안되는 것은?

① 와이어로프 및 드럼
② 베어링 및 하우징
③ 롤러 체인 및 스프로켓
④ 브레이크 드럼

🔍 제동작용을 하는 브레이크 라이닝이나 드럼에 윤활유와 그리스가 묻으면 안 된다.

정답 34 ③ 35 ③ 36 ④ 37 ④ 38 ② 39 ③ 40 ④

STEP 02 안전관리일반

1. 산업안전일반

1) 안전관리와 재해
   ① 안전사고와 재해
      ㉮ 안전사고 : 고의성이 없는 어떤 불안전한 행동이나 조건이 선행되어 발생하는 사고
      ㉯ 재해(Loss, Calamity) : 안전사고의 결과로 일어난 인명피해 및 재산의 손실
      ㉰ 무재해 사고(near accident, 아차사고) : 인명이나 물적 등 일체의 피해가 없는 사고
   ② 산업재해의 통계적 분류
      ㉮ 사망 : 업무로 인해서 목숨을 잃게 되는 경우
      ㉯ 중경상 : 부상으로 인하여 8일 이상의 노동 상실을 가져온 상해 정도
      ㉰ 경상해 : 부상으로 1일 이상 7일 이하의 노동 상실을 가져온 상해 정도
      ㉱ 무상해 사고 : 응급처치 이하의 상처로 작업에 종사하면서 치료를 받는 상해 정도
   ③ 무재해운동의 3원칙 : 무(zero)의 원칙, 선취의 원칙, 전원참가의 원칙

2) 재해의 원인
   ① 직접원인(물적요인)
      ㉮ 불안전한 행동(행위) : 위험장소 접근, 안전장치의 기능 제거, 복장·보호구의 잘못사용, 기계·기구 잘못사용, 운전 중인 기계장치의 손질, 불안전한 속도 조작, 위험물 취급 부주의, 불안전한 상태 방치, 불안전한 자세 동작, 감독 및 연락 불충분
      ㉯ 불안전한 상태 : 물 자체 결함, 안전 방호장치 결함, 보호구의 결함, 물의 배치 및 작업장소 결함, 작업환경의 결함, 생산 공정의 결함, 경계표시·설비의 결함
   ② 간접원인
      ㉮ 기술적 원인 : 건물·기계장치 설계 불량, 구조·재료의 부적합, 생산 공정의 부적당, 점검·정비·보존 불량
      ㉯ 교육적 원인 : 안전의식의 부족, 안전수칙의 오해, 경험훈련의 미숙, 작업방법의 교육 불충분, 유해위험 작업의 교육 불충분
      ㉰ 관리적 원인 : 안전관리 조직 결함, 안전수칙 미제정, 작업준비 불충분, 인원배치 부적당, 작업지시 부적당

3) 재해예방의 4원칙
   ① 손실우연의 원칙 : 사고에 의해서 생기는 손실(상해)의 종류와 정도는 우연적이다.
   ② 원인계기의 원칙 : 모든 재해는 필연적인 원인에 의해서 발생한다.
   ③ 예방가능의 원칙 : 재해는 원칙적으로 모두 방지가 가능하다.
   ④ 대책선정의 원칙
      ㉮ 기술적 대책(공학적 대책) : 안전설계, 작업행정 개선, 안전기준의 설정, 환경설비의 개선 등
      ㉯ 교육적 대책 : 안전교육 및 훈련의 실시
      ㉰ 관리적 대책 : 적합한 기준 설정, 각종 규정 및 수칙의 준수, 전 종업원의 기준 이해, 경영자 및 관리자의 솔선수범, 부단한 동기부여와 사기 향상

4) 재해율 계산
    ① 연천인율 : 근로자 1,000명당 1년간에 발생하는 재해자 수를 뜻한다.

    $$연천인율 = \frac{재해자수}{평균 근로자수} \times 1,000$$

    ② 도수율(빈도율) : 도수율은 연 100만 근로시간당 몇 건의 재해가 발생했는가를 나타낸다.

    $$도수율 = \frac{재해자수}{연간 총근로시간} \times 1,000,000$$

    ③ 연천인율과 도수율의 관계 : 연천인율과 도수율의 관계는 그 계산기준이 다르기 때문에 정확히 환산하기는 어려우나 재해발생율을 서로 비교하려 할 경우 다음 식이 성립한다.

    $$연천인율 = 도수율 \times 2.4 \ \text{또는} \ 도수율 = \frac{연천인율}{2.4} \times 1,000$$

    ④ 강도율 : 산업재해의 경중의 정도를 알기 위해 많이 사용되며, 근로시간 1,000시간당 발생한 근로손실 일수를 뜻한다.

    $$강도율 = \frac{총 근로손실일수}{연간 총근로시간} \times 1,000$$

2. 안전표지와 색채

1) 안전보건표지의 색채
    ① 금지표지 : 바탕은 흰색, 기본모형은 빨간색, 관련 부호 및 그림은 검은색
    ② 경고표지 : 바탕은 노란색, 기본모형, 관련 부호 및 그림은 검은색. 다만, 인화성물질 경고, 산화성물질 경고, 폭발성물질 경고, 급성독성물질 경고, 부식성물질 경고 및 발암성·변이원성·생식독성·전신독성·호흡기과민성 물질 경고의 경우 바탕은 무색, 기본모형은 빨간색(검은색도 가능)
    ③ 지시표지 : 바탕은 파란색, 관련 그림은 흰색
    ④ 안내표지 : 바탕은 흰색, 기본모형 및 관련 부호는 녹색 또는 바탕은 녹색, 관련 부호 및 그림은 흰색
    ⑤ 출입금지표지 : 글자는 흰색바탕에 흑색. 단, 다음 글자는 적색
        ㉮ ○○○제조/사용/보관 중
        ㉯ 석면취급/해체 중
        ㉰ 발암물질 취급 중

2) 안전보건표지의 색도기준 및 용도

색채	색도기준	용도	사용례
빨간색	7.5R 4/14	금지	정지신호, 소화설비 및 그 장소, 유해행위의 금지
		경고	화학물질 취급장소에서의 유해·위험 경고
노란색	5Y 8.5/12	경고	화학물질 취급장소에서의 유해·위험 경고 이외의 위험 경고, 주의 표지 또는 기계방호물
파란색	2.5PB 4/10	지시	특정 행위의 지시 및 사실의 고지
녹색	2.5G 4/10	안내	비상구 및 피난소 사람 또는 차량의 통행 표시
흰색	N9.5	–	파란색 또는 녹색에 대한 보조색
검은색	N0.5	–	문자 및 빨간색 또는 노란색에 대한 보조색

3) 안전보건표지의 종류와 형태

금지표지	출입금지	보행금지	차량통행금지	사용금지	탑승금지	금연	화기금지	물체이동금지
경고표지	인화성물질경고	산화성물질경고	폭발성물질 경고	급성독성물질 경고	부식성물질경고	방사성물질경고	고압전기경고	매달린물체경고
	낙하물 경고	고온 경고	저온 경고	몸균형상실 경고	레이저광선 경고	발암성·변이원성·생식독성·전신독성·호흡기 과민성물질 경고		위험장소 경고
지시표지	보안경 착용	방독마스크 착용	방진마스크 착용	보안면 착용	안전모 착용	귀마개 착용	안전화 착용	안전장갑 착용	안전복 착용
안내표지	녹십자 표지	응급구호 표지	들것	세안장치	비상용기구	비상구	좌측비상구	우측비상구

3. 수공구 · 전동공구 사용시 주의사항

1) 스패너 렌치
① 스패너의 입이 너트 폭과 맞는 것을 사용하고 입이 변형된 것은 사용치 않는다.
② 스패너를 너트에 단단히 끼워서 앞으로 잡아 당길 때 힘이 걸리도록 한다.
③ 스패너를 두 개로 연결하거나 자루에 파이프를 이어 사용해서는 안 된다.
④ 멍키 렌치는 웜과 랙의 마모에 유의하여 물림상태를 확인한 후 사용한다.
⑤ 멍키 렌치는 아래 턱 방향으로 돌려서 사용한다.

[여러가지 공구]

⑥ 복스 렌치는 볼트, 너트 주위를 완전히 감싸게 되어 사용 중에 미끄러지지 않는다.
⑦ 토크 렌치는 볼트나 너트의 조임력을 규정값에 정확히 맞도록 하기 위해 사용하며, 오픈 엔드 렌치는 연료 파이프 피팅을 풀고 조일 때 사용한다.

2) 해머
① 자루가 꺾여질 듯 하거나 타격면이 닳아 경사진 것은 사용하지 않는다.
② 쐐기를 박아서 자루가 단단한 것을 사용한다.
③ 작업에 맞는 무게의 해머를 사용하고 또 주위상황을 확인하고 한두번 가볍게 친 다음 본격적으로 두들긴다.
④ 장갑이나 기름 묻은 손으로 자루를 잡지 않는다.
⑤ 재료에 변형이나 요철이 있을 때 해머를 타격하면 한쪽으로 튕겨서 부상당할 수 있으므로 주의한다.
⑥ 담금질한 것은 함부로 두들겨서는 안 된다.
⑦ 물건에 해머를 대고 몸의 위치를 정하여 발을 힘껏 딛고 작업한다.
⑧ 처음부터 크게 휘두르지 않고 목표에 잘 맞기 시작한 후 차차 크게 휘두른다.

3) 정 작업시 안전수칙
① 머리가 벗겨진 정은 사용하지 않는다.
② 정 머리에 기름이 묻어 있으면 깨끗이 닦아내고 사용한다.
③ 날끝이 결손된 것이나 둥글어진 것은 사용하지 않는다.

④ 방진안경을 착용하며 반대편의 차폐막을 설치한다.
⑤ 정 작업은 처음에는 가볍게 두들기고 목표가 정해진 후에 차츰 세게 두들긴다. 또 작업이 끝날 때에는 타격을 약하게 한다.
⑥ 담금질한 재료를 정으로 쳐서는 안 된다.
⑦ 절삭 면을 손가락으로 만지거나 절삭 칩을 손으로 제거하지 않도록 한다.

4) 연삭기 작업의 안전수칙
① 안전 커버를 떼고 작업해서는 안 된다.
② 숫돌 바퀴에 균열이 있는가 확인한다.
③ 나무 해머로 가볍게 두드려 보아 맑은 음이 나는가 확인한다. 만약 상처가 있으면 탁음이 난다.
④ 숫돌차의 과속 회전은 파괴의 원인이 되므로 유의한다.
⑤ 숫돌차의 표면이 심하게 변형된 것은 반드시 수정(dressing)해야 한다.
⑥ 받침대(rest)는 숫돌차의 중심선보다 낮게 하지 않는다. 작업 중 일감이 빨려 들어갈 위험이 있기 때문이다.
⑦ 숫돌차의 주면과 받침대와의 간격은 3mm 이내로 유지해야 한다.
⑧ 연삭 숫돌을 교환한 후에는 시운전을 3분 이상 한 후에 작업을 시작하여야 한다.
⑨ 숫돌 바퀴가 안전하게 끼워졌는지 확인한다.
⑩ 연삭기의 커버는 충분한 강도를 가진 것으로 규정된 치수의 것을 사용한다.
⑪ 숫돌차의 측면에 서서 연삭해야 하며 반드시 보호안경을 써야 한다.

4. 용접 관련 작업

1) 가스 용접 작업을 할 때의 안전수칙
① 봄베 주둥이 쇠나 몸통에 녹이 슬지 않도록 오일이나 그리스를 바르면 폭발한다.
② 토치는 반드시 작업대 위에 놓고 기름이나 그리스가 묻지 않도록 한다.
③ 가스를 완전히 멈추지 않거나 점화된 상태로 방치해 두지 말아야 한다.
④ 봄베는 던지거나 넘어뜨리지 말아야 한다.
⑤ 산소 용기의 보관 온도는 40℃ 이하로 해야 한다.
⑥ 아세틸렌 밸브를 먼저 열고 점화한 후 산소 밸브를 연다.
⑦ 점화는 성냥불로 직접하지 않으며, 반드시 소화기를 준비해야 한다.
⑧ 산소 용접할 대 역류·역화가 일어나면 빨리 산소 밸브부터 잠가야 한다.
⑨ 운반할 때에는 운반용으로 된 전용 운반차량을 사용한다.

> **참고** 고압가스 용기의 도색
>
> | 가스의 종류 | 도색의 구분 | 가스의 종류 | 도색의 구분 |
> |---|---|---|---|
> | 액화석유가스(LPG) | 회색 | 산소 | 녹색(호스는 흑색 또는 녹색) |
> | 수소 | 주황색 | 아세틸렌 | 황색(호스는 적색) |

2) 산소-아세틸렌 사용할 때의 안전수칙
   ① 산소는 산소병에 35℃에서 150기압으로 압축 충전한다.
   ② 아세틸렌의 사용 압력은 1기압이며, 1.5기압 이상이면 폭발할 위험성이 있다.
   ③ 산소 봄베에서 산소의 누출여부를 확인하는 방법으로 가장 안전한 것은 비눗물 사용이다.
   ④ 산소통의 메인 밸브가 얼었을 때 40℃ 이하의 물로 녹여야 한다.
   ⑤ 아세틸렌 도관(호스)은 적색, 산소 도관은 흑색으로 구별한다.

3) 카바이드를 취급할 때 안전수칙
   ① 밀봉해서 보관한다.
   ② 인화성이 없는 곳에 보관한다.
   ③ 저장소에 전등을 설치할 경우 방폭 구조로 한다.
   ④ 카바이드를 습기가 있는 곳에 보관을 하면 수분과 카바이드가 작용하여 아세틸렌 가스를 발생시키고, 소석회로 변화한다.
   ⑤ 카바이드 저장소에는 전등 스위치가 옥내에 있으면 위험하다.

5. 운반·작업상의 안전

1) 작업시의 크레인 안전사항
   ① 크레인 안전 규칙에 정해진 자가 운전하도록 한다.
   ② 과부하 제한, 경사각의 제한, 기타 안전 수칙의 정해진 사항을 준수한다.
   ③ 운전자 교체시 인수인계를 확실히 하고 필요조치를 행한다.
   ④ 크레인 승강은 지정된 사다리를 이용하여 오르고 내린다.
   ⑤ 매일 작업개시 전 권과 방지 장치, 브레이크, 클러치, 컨트롤러 기능, 와이어 로프의 이상 여부 등을 점검하고, 움직일 때는 경적이나 전등을 밝힌다.
   ⑥ 정비 점검시는 반드시 안전표시를 부착한다.
   ⑦ 위로 올릴 때는 훅 화물이 중심에 똑바로 되도록 하여 움직인다.
   ⑧ 화물 위에 사람이 승차하지 않도록 한다.
   ⑨ 크레인은 신호수와 호흡을 맞춰 운반한다.
   ⑩ 주행, 횡행, 선회 운전 시 급격한 이동을 금한다.
   ⑪ 운전 중에 정지할 경우에는 컨트롤러를 정지 위치에 놓고 메인 스위치를 내린다.
   ⑫ 운전 중에 점검, 송유 등을 하지 않는다.
   ⑬ 운전실을 이탈하지 않는다. 이탈시는 필히 스위치를 내린다.

2) 작업장의 정리정돈 사항
   ① 작업장에 불필요한 물건이나 재료 등을 제거하여 정리정돈을 철저히 하여야 한다.
   ② 작업 통로상에는 통행에 지장을 초래하는 장애물을 놓아서는 안되며 용접선, 그라인더선, 제품 적재 등 작업장에 무질서하게 방치하면 발이 걸려 낙상 사고를 당한다.
   ③ 벽이나 기둥에 불필요한 것이 있으면 제거하여야 한다.
   ④ 작업대 및 캐비닛 위에 물건이 불안전하게 놓여 있다면 안전하게 정리정돈하여야 한다.
   ⑤ 각 공장 통로 바닥에 기름기가 없어야 하며, 기름기를 완전히 제거할 수 없을 경우에는 모래를 깔

아 낙상 사고를 방지하여야 한다.
⑥ 어두운 조명은 교체 사용하며, 제품 및 물건들을 불안전하게 적치해서는 안 된다.
⑦ 각 공장 작업장의 통로 표식을 폭 넓이 80cm 이상 황색으로 표시해야 한다.
⑧ 노후 및 퇴색한 안전표시판 및 각종 안전표시판을 교체 부착하여 안전의식을 고취시킨다.
⑨ 작업장 바닥에 기름을 흘리지 말아야 하며 흘린 기름은 즉시 제거한다.
⑩ 공구 등은 사용 후 공구함, 공구대 등 지정된 장소에 두어야 한다.
⑪ 작업이 끝나면 항상 정리정돈을 해야 한다.

3) 작업 복장의 착용 요령
① 작업 종류에 따라 규정된 복장, 안전모, 안전화 및 보호구를 착용하여야 한다.
② 복장은 몸에 알맞은 것을 착용해야 한다.(주머니가 많은 것도 좋지 않다.)
③ 작업복의 소매와 바지의 단추를 풀면 안 되며, 상의의 옷자락이 밖으로 나오지 않도록 하여 단정한 옷차림을 갖추어야 한다.
④ 수건을 허리에 차거나 어깨나 목에 걸지 않도록 한다.
⑤ 오손된 작업복이나 지나치게 기름이 묻은 작업복은 착용할 수 없다.
⑥ 신발은 가죽 제품으로 만든 튼튼한 안전화를 착용하고 장갑은 작업 용도에 따라 적합한 것을 착용한다.

6. 안전모

1) 안전모의 선택 방법
① 작업 성질에 따라 머리에 가해지는 각종 위험으로부터 보호할 수 있는 종류의 안전모를 선택해야 한다.
② 규격에 알맞고 성능 검정에 합격한 제품이어야 한다(성능 검정은 한국산업안전공단에서 실시하는 성능 시험에 합격한 제품을 말함).
③ 가볍고 성능이 우수하며 머리에 꼭 맞고 충격 흡수성이 좋아야 한다.

2) 안전모의 종류
안전모는 다음의 표와 같이 다양한 종류가 있으므로 작업 내용에 따라 선정되어야 한다. 또 안전모를 착용하였을 때의 효과를 높이기 위해서는 사용시에 벗겨지는 일이 없도록 턱끈을 확실히 조이는 등 올바른 착용 방법에 대해 작업자에게 지도하는 것이 중요하다.

종류기호	사용 구분	모체의 재질	내전압성
AB	물체의 낙하 또는 비래(날아옴) 및 추락에 의한 위험을 방지 또는 경감시키기 위한 것	합성수지	비내전압성
AE	물체의 낙하 또는 비래(날아옴)에 의한 위험을 방지 또는 경감하고, 머리 부위 감전에 의한 위험을 방지하기 위한 것	합성수지(FRP)	내전압성
ABE	물체의 낙하 또는 비래(날아옴) 및 추락에 의한 위험을 방지 또는 경감하고, 머리 부위 감전에 의한 위험을 방지하기 위한 것	합성수지(FRP)	내전압성

※ 내전압성이란 7,000V 이하의 전압에 견디는 것을 말한다.
※ FRP : Fiber Glass Reinfocest Plastic(유리섬유 강화 플라스틱)

3) 안전모의 명칭 및 규격

산업 현장에서 사용되는 안전모의 각 부품 명칭은 다음 그림과 같다. 모체는 합성수지 또는 강화 플라스틱제이며 착장제 및 턱끈은 합성면포 또는 가죽이고 충격 흡수용으로 발포성 스티로폴을 사용하며, 폭은 10mm 이상이어야 한다. 안전모의 무게는 턱끈 등의 부속품을 제외한 무게가 440g을 초과해서는 안된다.

①		모체
②		머리받침끈
③	착장체	머리고정대
④		머리받침고리
⑤		충격흡수재
⑥		턱끈
⑦		모자챙(차양)

[안전모의 명칭]

7. 기타 보호구 관련 사항

1) 보호구의 구비조건

① 착용이 간편할 것
② 작업에 방해가 되지 않도록 할 것
③ 유해 · 위험요소에 대한 방호성능이 충분할 것
④ 재료의 품질이 양호할 것
⑤ 구조와 끝마무리가 양호할 것
⑥ 외양과 외관이 양호할 것

2) 보호구의 사용원칙

① 보호구는 보호구 사용을 필요로 하는 작업에서는 반드시 착용할 것
② 보호구는 위험 대상물에 대해 충분한 보호 효과를 가질 것
③ 보호구는 착용한 사람에게 유해한 작용을 미치지 않을 것
④ 보호구는 착용이 간편하며 작업하기 쉬울 것
⑤ 보호구는 견고하며 내구성이 있고 외관도 미려할 것

3) 보호구의 종류와 적용 작업

보호구의 종류	구분	적용 작업 및 작업장
호흡용 보호구	방진마스크	분체작업, 연마작업, 광택작업, 배합작업
	방독마스크	유기용제, 유기가스, 미스트, 흄발생작업
	송기마스크, 산소호흡기, 공기호흡기	저장조, 하수구 등 청소 및 산소결핍 위험작업장
청력 보호구	귀마개, 귀덮개	소음발생 작업장

보호구의 종류	구분	적용 작업 및 작업장
안구 및 시력 보호구	전안면 보호구	강력한 분진비산작업과 유해광선 발생작업
	시력보호 안경	유해광선 발생 작업보호의와 장갑, 장화
안전화, 안전장갑	장갑	피부로 침입하는 화학물질 또는 강산성물질 취급 작업
	장화	피부로 침입하는 화학물질 또는 강산성물질 취급 작업
보호복	방열복, 방열면	고열발생 작업장
	전신보호복	강산 또는 맹독유해물질이 강력하게 비산되는 작업
	부분보호복	강산 또는 맹독유해물질이 심하게 비산되지 않는 작업
피부보호크림	–	피부염증 또는 홍반 유발 물질에 노출되는 작업장

4) 안전화 등급 및 사용 장소

① 중작업용 안전화 : 광업, 건설업 및 철광업등에서 원료취급, 가공, 강재취급 및 강재 운반, 건설업 등에서 중량물 운반작업, 가공대상물의 중량이 큰 물체를 취급하는 작업장으로서 날카로운 물체에 의해 찔릴 우려가 있는 장소

② 보통작업용 안전화 : 기계공업, 금속가공업, 운반, 건축업 등 공구 가공품을 손으로 취급하는 작업 및 차량 사업장, 기계 등을 운전조작하는 일반작업장으로서 날카로운 물체에 의해 찔릴 우려가 있는 장소에서 사용

③ 경작업용 안전화 : 금속 선별, 전기제품 조립, 화학제품 선별, 반응장치 운전, 식품 가공업 등 비교적 경량의 물체를 취급하는 작업장으로서 날카로운 물체에 의해 찔릴 우려가 있는 장소에서 사용

8. 화재안전

1) 연소의 3요소
① 가연물 : 목재, 종이 등 산소와 반응하여 발열 반응하는 물질
② 산소공급원 : 산소, 공기 등
③ 점화원 : 전기불꽃, 정전기불꽃, 충격마찰의 불꽃, 단열압축, 나화 및 고온표면 등

2) 소화효과
① 냉각소화 : 냉각에 의한 소화방법, 액체의 증발잠열 또는 열용량이 큰 고체를 이용
② 질식소화 : 산소의 공급을 차단하는 소화방법, 산소농도 저하로 인한 소화
③ 제거소화 : 가연물을 제거하여 소화, 기체 및 액체로 인한 대화재의 경우 유일한 소화법
④ 억제소화 : 연속적 관계의 차단 소화방법, 할로겐, 알칼리 금속 첨가로 불활성화

3) 화재등급별 소화방법

구분	A급 화재	B급 화재	C급 화재	D급 화재
명칭	일반화재	유류화재	전기화재	금속화재(Al, Mg)
주 소화효과	냉각	질식	냉각, 질식	질식

구분	A급 화재	B급 화재	C급 화재	D급 화재
적응 소화제	• 물 소화기 • 강화액 소화기	• CO_2 소화기 • 포말 소화기 • 분말 소화기 • 증발성 액체 소화기	• 유기성 소화액 • CO_2 소화기 • 분말 소화기	• 건조사 • 팽창 질석 • 팽창 진주암
구분색	백색	황색	청색	–

4) 이산화탄소(CO_2) 및 할로겐화합물 소화약제의 특징

① 소화속도가 빠르다.
② 저장에 의한 변질이 없어 장기간 저장이 용이하다.
③ 밀폐공간에서는 질식 및 중독의 위험성 때문에 사용이 제한된다.
④ 전기 절연성이 우수하며 부식성이 없다.

5) 소화기 사용방법

① 포말소화기 사용법
  ㉮ 노즐의 끝을 손으로 막고 통을 옆으로 눕힌다.
  ㉯ 밑의 손잡이를 잡고 소화 약액이 혼합되도록 흔든다.
  ㉰ 노점을 화점에 향하고 손을 놓는다.

② 분말소화기 사용법
  ㉮ 안전핀을 뽑는다.
  ㉯ 호스를 불꽃에 향하게 한다.
  ㉰ 레버를 힘껏 누른다.
  ㉱ 화점 부위에 접근하여 방사한다.

STEP_02 안전관리일반
적중예상문제

01 다음 중 안전보건표지의 종류가 아닌 것은?
① 안내표지
② 허가표지
③ 지시표지
④ 금지표지

> 안전보건표지의 종류 : 금지표지, 경고표지, 지시표지, 안내표지

02 산업안전 색채 종류 중 빨간색으로 표시되지 않는 것은?
① 방화표지
② 주의표지
③ 금지표지
④ 방향표지

> 안전보건표지의 색채
> • 금지표지 : 바탕은 흰색, 기본모형은 빨간색, 관련 부호 및 그림은 검은색
> • 경고표지 : 바탕은 노란색, 기본모형, 관련 부호 및 그림은 검은색. 다만, 인화성물질 경고, 산화성물질 경고, 폭발성물질 경고, 급성독성물질 경고, 부식성물질 경고 및 발암성·변이원성·생식독성·전신독성·호흡기과민성 물질 경고의 경우 바탕은 무색, 기본모형은 빨간색(검은색도 가능)
> • 지시표지 : 바탕은 파란색, 관련 그림은 흰색
> • 안내표지 : 바탕은 흰색, 기본모형 및 관련 부호는 녹색 또는 바탕은 녹색, 관련 부호 및 그림은 흰색

03 안전보건표지 중 안내표지의 바탕색으로 맞는 것은?
① 흑색
② 녹색
③ 적색
④ 백색

> 안내표지 : 바탕은 흰색, 기본모형 및 관련 부호는 녹색 또는 바탕은 녹색, 관련 부호 및 그림은 흰색

04 산업안전 녹색표지 부착위치로서 잘못된 것은?
① 안전모의 좌·우면
② 안전완장
③ 작업복의 우측 어깨
④ 작업복의 오른쪽 가슴위치

05 다음 그림의 안전보건표지가 나타내는 것은?

① 녹십자 표지
② 출입금지
③ 인화성 물질경고
④ 보안경 착용

> 안전보건표지

06 안전보건표지에서 그림이 표시하는 것으로 맞는 것은?

① 독극물 경고
② 폭발물 경고
③ 고압전기 경고
④ 낙하물 경고

> 안전보건표지

독극물 경고	폭발물 경고	낙하물 경고

07 안전보건표지에서 그림이 나타내는 것으로 맞는 것은?

① 비상구 표지
② 방사선 위험 표지
③ 탑승 금지 표지
④ 보행금지 표지

정답 01 ② 02 ② 03 ② 04 ④ 05 ① 06 ③ 07 ④

08 다음 그림은 안전보건표지의 어떠한 내용을 나타내는가?

① 지시표지　　② 금지표지
③ 경고표지　　④ 안내표지

09 다음의 안전보건표지가 나타내는 것은?

① 비상구　　　② 출입금지
③ 인화성 물질 경고　④ 보안경 착용

10 건설기계 조종사가 일반적인 작업조건에 의해 생길 수 있는 직업병은?

① 난청　　　② 납 중독
③ 신경통　　④ 벤젠 중독

11 산업안전에서 안전의 3요소와 가장 거리가 먼 것은?

① 관리적 요소
② 자본적 요소
③ 기술적 요소
④ 교육적 요소

12 다음은 재해 발생시 조치요령이다. 조치순서로 맞는 것은?

㉠ 운전정지　　㉡ 2차 재해방지
㉢ 피해자 구조　㉣ 응급처치

① ㉠-㉢-㉡-㉣
② ㉠-㉢-㉣-㉡
③ ㉢-㉣-㉠-㉡
④ ㉢-㉣-㉡-㉠

13 작업장에서 안전모를 쓰는 이유는?

① 작업원의 사기 진작을 위해
② 작업원의 안전을 위해
③ 작업원의 멋을 위해
④ 작업원의 합심을 위해

14 감전되거나 전기화상을 입을 위험이 있는 작업에서 제일 먼저 작업자가 구비해야할 것은?

① 완강기
② 구급차
③ 보호구
④ 신호기

> 감전 등의 위험이 있는 작업장에서는 내전압성을 갖춘 안전모 등의 보호구를 착용하여야 한다.

15 안전작업 사항으로 잘못된 것은?

① 전기장치는 접지를 하고, 이동식 전기기구는 방호장치를 한다.
② 엔진에서 배출되는 일산화탄소에 대비한 통풍장치를 설치한다.
③ 담뱃불은 발화력이 약하므로 어느 곳에서나 흡연해도 무방하다.
④ 주요 장비 등은 조작자를 지정하여 누구나 조작하지 않도록 한다.

16 안전보호구 선택 시 유의사항으로 틀린 것은?

① 보호구 검정에 합격하고 보호성능이 보장될 것
② 착용이 용이하고 크기 등 사용자에게 편리할 것
③ 작업 행동에 방해되지 않을 것
④ 반드시 강철로 제작되어 안전 보장형일 것

> 보호구의 구비조건
> • 착용이 간편할 것
> • 작업에 방해가 되지 않도록 할 것
> • 유해·위험요소에 대한 방호성능이 충분할 것
> • 재료의 품질이 양호할 것
> • 구조와 끝마무리가 양호할 것
> • 외양과 외관이 양호할 것

17 안전사고와 부상의 종류에서 중상해란 어느 정도의 상해를 말하는가?

① 부상으로 1주 이상의 노동 손실을 가져온 상해정도
② 부상으로 2주 이상의 노동 손실을 가져온 상해정도
③ 부상으로 3주 이상의 노동 손실을 가져온 상해정도
④ 부상으로 4주 이상의 노동 손실을 가져온 상해정도

> 산업재해의 통상적인 분류에 의하면 중경상은 부상으로 인하여 8일 이상의 노동손실을 가져온 상해정도를 말하며, 안전사고와 부상의 종류에서 중상해란 부상으로 2주 이상의 노동손실을 가져온 상해정도를 말한다.

18 일반공구 사용법에서 안전한 사용법에 적합치 않은 것은?

① 녹이 생긴 볼트나 너트에는 오일을 넣어 스며들게 한 다음 돌린다.
② 렌치에 파이프 등의 연장대를 끼워서 사용하여서는 안된다.
③ 언제나 깨끗한 상태로 보관한다.
④ 렌치의 조정 조에 잡아당기는 힘이 가해져야 한다.

> 렌치는 잡아당길 수 있는 위치에서 작업하도록 하며, 렌치의 조정 조에 잡아 당기는 힘이 가해져서는 안 된다.

19 작업에 필요한 수공구의 보관에 알맞지 않는 것은?

① 공구함을 준비하여 종류와 크기별로 보관한다.
② 사용한 수공구는 방치하지 말고 소정의 장소에 보관한다.
③ 날이 있거나 뾰족한 물건은 위험하므로 뚜껑을 씌워둔다.
④ 회전숫돌은 오래 사용하기 위하여 수분이 있는 곳에 보관한다.

20 작업장에서 수공구 재해예방 대책으로 잘못된 사항은?

① 결함이 없는 안전한 공구 사용
② 공구의 올바른 사용과 취급
③ 공구는 항상 오일을 바른 후 보관
④ 작업에 알맞은 공구 사용

> 공구는 면 걸레로 깨끗이 닦아서 지정된 장소에 보관하여야 한다.

 14 ③ 15 ③ 16 ④ 17 ② 18 ④ 19 ④ 20 ③

21 스패너, 렌치를 사용할 때의 주의사항으로 적합하지 않는 것은?

① 너트에 맞는 것을 사용한다.
② 스패너 또는 렌치는 뒤로 밀어 돌려야 한다.
③ 해머 대용으로 사용하지 않는다.
④ 무리한 힘을 가하지 않는다.

🔍 스패너나 렌치는 앞으로 잡아 당길 때 힘이 걸리도록 해야 한다.

22 수공구 사용상의 재해의 원인이 아닌 것은?

① 잘못된 공구 선택   ② 사용법의 미숙지
③ 공구의 점검 소홀   ④ 연마된 공구 사용

23 렌치 사용시 적합지 않는 것은?

① 너트에 맞는 것을 사용할 것
② 렌치를 몸 밖으로 밀어 움직이게 할 것
③ 해머 대용으로 사용치 말 것
④ 파이프 렌치를 사용할 때는 정지상태를 확실히 할 것

🔍 렌치는 앞으로 잡아 당길 때 힘이 걸리도록 해야 한다.

24 복스렌치가 오픈렌치보다 많이 사용되는 이유로 가장 적합한 것은?

① 볼트, 너트 주위를 완전히 감싸게 되어 있어서 사용 중 미끄러지지 않는다.
② 여러 가지 크기의 볼트, 너트에 사용할 수 있다.
③ 값이 싸며, 적은 힘으로 작업할 수 있다.
④ 가볍고, 사용하는데 양손으로 사용할 수 있다.

🔍 복스 렌치는 오픈 렌치와 규격이 동일하지만, 여러 방향에서 사용이 가능하며, 볼트나 너트 주위를 완전히 감싸게 되어 있어서 사용 중에 미끄러지지 않은 장점이 있다.

25 소켓 렌치 사용에 대한 설명으로 틀린 것은?

① 임펙트용으로 사용되므로 수작업시는 사용하지 않도록 한다.
② 큰 힘으로 조일 때 사용한다.
③ 오픈 렌치와 규격이 동일하다.
④ 사용 중 잘 미끄러지지 않는다.

🔍 소켓 렌치는 큰 힘으로 조일 때 사용하며 수작업 시 효과적으로 사용된다.

26 수공구인 렌치를 사용할 때 지켜야 할 안전사항으로 옳은 것은?

① 볼트를 조일 때 렌치를 해머로 쳐서 조이면 강하게 조일 수 있다.
② 볼트를 풀 때 렌치를 당겨서 힘을 받도록 한다.
③ 렌치는 연장대를 끼워서 조이면 큰 힘을 조일 수 있다.
④ 볼트를 풀 때 지렛대 원리를 이용하여 렌치를 밀어서 힘이 받도록 한다.

27 스패너 작업 방법으로 안전상 올바른 것은?

① 스패너로 죄고 풀 때 항상 앞으로 당긴다.
② 스패너로 볼트를 죌 때는 앞으로 당기고 풀 때는 뒤로 민다.
③ 스패너 사용시 몸의 중심을 항상 옆으로 한다.
④ 스패너의 입이 너트의 치수보다 조금 큰 것을 사용한다.

28 드라이버 사용방법으로 틀린 것은?

① 날 끝이 홈의 폭과 길이에 맞는 것을 사용한다.
② 날 끝이 수평이어야 한다.
③ 전기작업시에는 절연된 자루를 사용한다.
④ 작은 공작물은 가능한 손으로 잡고 작업한다.

🔍 작은 크기의 부품인 경우 바이스에 고정시키고 작업하도록 한다.

29 드라이버(driver)의 올바른 사용법으로 가장 적절하지 않는 것은?

① 날 끝이 재료의 홈에 맞는 것을 사용한다.
② 공작물을 바이스(vise)에 고정시킨다.
③ 강하게 조여있는 작은 공작물은 손으로 단단히 잡고 조인다.
④ 전기작업시 절연된 손잡이를 사용한다.

정답 ▶ 21 ② 22 ④ 23 ② 24 ① 25 ① 26 ② 27 ① 28 ④ 29 ③

30 일반적으로 장갑을 착용하고 작업을 하게 되는데, 안전을 위하여 오히려 장갑을 사용하지 않아야 하는 작업은?

① 전기 용접 작업
② 해머 작업
③ 타이어 교환 작업
④ 건설기계 운전

🔍 해머작업 시 장갑을 끼면 미끄러질 수 있기 때문에 장갑은 착용하지 말아야 한다.

31 해머 사용 중 사용법이 틀린 것은?

① 타격면이 닳아 경사진 것은 사용하지 않는다.
② 장갑이나 기름묻은 손으로 자루를 잡지 않는다.
③ 담금질한 것은 단단하므로 한 번에 정확히 타격한다.
④ 물건에 해머를 대고 몸의 위치를 정한다.

🔍 해머를 사용할 때는 처음에는 작게 휘두르고 차차 크게 휘두르며, 열처리 된 재료는 해머리 타격하지 않아야 한다.

32 해머 사용 시 주의사항이 아닌 것은?

① 쐐기를 박아서 자루가 단단한 것을 사용한다.
② 기름이 묻은 손으로 자루를 잡지 않는다.
③ 타격면이 닳아 경사진 것은 사용하지 않는다.
④ 처음에는 크게 휘두르고, 차차 작게 휘두른다.

🔍 처음에는 작게 휘두르고, 차차 크게 휘두른다.

33 다음 중 일반 드라이버 사용시 안전수칙으로 틀린 것은?

① 정을 대신할 때는 드라이버를 사용한다.
② 드라이버에 충격압력을 가하지 말아야 한다.
③ 자루가 쪼개졌거나 또한 허술한 드라이버는 사용하지 않는다.
④ 드라이버의 끝을 항상 양호하게 관리하여야 한다.

🔍 드라이버를 정 대신으로 사용해서는 안 된다.

34 인화성 물질이 아닌 것은?

① 아세틸렌 가스
② 가솔린
③ 프로판 가스
④ 산소

🔍 인화성 가스(flammable gas)
• 대기 중 산소농도가 보통인 경우에도 발화할 수 있는 가스
• 공기, 산소 또는 아산화질소와 일정 비율로 혼합될 경우 발화할 수 있는 가스

35 아세틸렌 가스 용기의 취급 방법 중 틀린 것은?

① 용기의 온도는 50℃ 이하로 유지할 것
② 용기는 반드시 세워서 보관할 것
③ 전도, 전락 방지 조치를 할 것
④ 충전용기와 빈 용기는 명확히 구분하여 각각 보관할 것

🔍 아세틸렌 가스 용기의 온도는 40℃ 이하로 유지하여야 한다.

36 다음에서 산소가스 용접기에 사용되는 용기의 도색으로 모두 맞는 것은?

| ㉠ 산소 – 녹색   ㉡ 수소 – 흰색 |
| ㉢ 아세틸렌 – 황색 |

① ㉠
② ㉡, ㉢
③ ㉠, ㉢
④ ㉠, ㉡, ㉢

🔍 용기와 도관의 색
• 산소 : 용기 녹색, 도관 녹색
• 아세틸렌 : 용기 황색, 도관 적색

37 산소 아세틸렌 가스용접에서 토치의 점화시 작업의 우선순위 설명으로 올바른 것은?

① 토치의 아세틸렌 밸브를 먼저 연다.
② 토치의 산소 밸브를 먼저 연다.
③ 산소 밸브와 아세틸렌 밸브를 동시에 연다.
④ 혼합가스밸브를 먼저 연 다음 아세틸렌 밸브를 연다.

🔍 산소 아세틸렌 가스용접에서 토치 점화 시에는 토치의 아세틸렌 밸브를 먼저 열고 점화한 후 산소 밸브을 연다.

정답 30 ② 31 ③ 32 ④ 33 ① 34 ④ 35 ① 36 ③ 37 ①

38 용접 작업시 유해 광선으로 눈에 이상이 생겼을 때 응급처치 요령으로 적당한 것은?

① 안약을 넣고 안대를 한다.
② 온수 찜질 후 치료한다.
③ 냉수로 씻어낸 다음 치료한다.
④ 바람을 마주보고 눈을 깜박거린다.

> 용접 작업 시 유해광선이 눈에 들어오면 전광성 안염 등의 눈병이 발생한다. 따라서, 유해광선으로 인해 눈에 이상이 생기면 냉수로 씻어낸 후필요한 치료를 하여야 한다.

39 가스누설 검사에 가장 좋고 안전한 것은?

① 아세톤　② 비눗물
③ 순수한 물　④ 성냥불

40 연삭기의 안전한 사용방법이 아닌 것은?

① 숫돌측면 사용제한
② 보안경과 방진마스크 착용
③ 숫돌덮개 설치 후 작업
④ 숫돌과 받침대 간격 6mm 이상 유지

> 연삭기의 숫돌에는 직경 5cm 이상의 덮개를 씌워야 하며, 탁상용 연삭기 사용 시에는 작업받침대와 숫돌 간격을 3mm 이내로 하여야 한다.

41 일반적으로 정밀한 부속품을 세척하기 위해 가장 안전한 것은?

① 와이어 브러시
② 걸레
③ 건
④ 에어건

42 사고로 인한 재해가 가장 많이 발생할 수 있는 것은?

① 기관　② 벨트, 풀리
③ 동력전달장치　④ 래크

> 벨트, 풀리는 협착(물건에 끼워진 상태 또는 말려든 상태)에 의한 재해가 빈번하게 발생할 수 있다.

43 위험기계기구에 설치하는 방호장치가 아닌 것은?

① 급정지 장치
② 자동전격 방지장치
③ 역화방지 장치
④ 하중측정 장치

44 벨트 취급에 대한 안전사항 중 틀린 것은?

① 벨트 교환시 회전을 완전히 멈춘 상태에서 한다.
② 벨트의 회전을 정지할 때 손으로 잡고서 한다.
③ 벨트의 적당한 장력을 유지하도록 한다.
④ 벨트에 기름이 묻지 않도록 한다.

> 벨트의 회전을 멈출 때 손으로 잡고서 하면 사고 우려가 있다.

45 벨트를 풀리에 걸 때는 어떤 상태에서 걸어야 하는가?

① 회전을 정지시킨 후
② 저속으로 회전할 때
③ 중속으로 회전할 때
④ 고속으로 회전할 때

46 기계에 사용되는 방호덮개 장치의 구비 조건으로 틀린 것은?

① 마모나 외부로부터 충격에 쉽게 손상되지 않을 것
② 작업자가 임의로 제거 후 사용할 수 있을 것
③ 검사나 급유조정 등 정비가 용이할 것
④ 최소의 손질로 장시간 사용할 수 있을 것

> 기계에 사용되는 방호덮개는 작업자가 임의로 제거할 수 없어야 한다.

47 기계장치의 안전관리를 위해 정지상태에서 점검하는 사항이 아닌 것은?

① 볼트 · 너트의 헐거움
② 스위치 및 외관상태
③ 힘이 걸린 부분의 흠집
④ 이상음 및 진동상태

정답 38 ③　39 ②　40 ④　41 ④　42 ②　43 ④　44 ②　45 ①　46 ②　47 ④

48 전기 기기의 손상방지 대책에 관한 사항으로 옳은 것은?

① 퓨즈 단선시는 철선으로 연결하여 임시 사용한다.
② 퓨즈 단선시는 전선으로 연결 후 계속 사용한다.
③ 코드의 연결은 가급적 길게 한다.
④ 퓨즈 단선시 정격 퓨즈로 교체 후 사용한다.

49 다음 중 보호안경을 끼고 작업해야 하는 사항으로 가장 거리가 먼 것은?

① 산소용접 작업시
② 그라인더 작업시
③ 건설기계 장비 일상점검 작업시
④ 장비의 하부에서 점검 정비 작업시

50 보호안경을 사용하는 설명으로 맞지 않는 것은?

① 유해 광선으로부터 눈을 보호하기 위하여
② 중량물이 떨어질 때 신체를 보호하기 위하여
③ 비산되는 칩으로부터 눈을 보호하기 위하여
④ 유해 약물로부터 눈을 보호하기 위하여

> 중량물이 떨어질 때 신체를 보호하기 위해서는 안전모를 착용해야 한다.

51 작업시 보안경을 반드시 사용해야 하는 것으로 적합하지 않은 것은?

① 장비 밑에서 정비 작업할 때
② 인체에 해로운 가스가 발생하는 작업장
③ 철분, 모래 등이 날리는 작업장
④ 전기용접 및 가스용접 작업장

> 인체에 해로운 가스가 발생하는 작업장에서는 방독마스크를 착용해야 한다.

52 흡연으로 인한 화재를 예방하기 위한 것으로 옳은 것은?

① 금연구역으로 지정된 장소에서 흡연한다.
② 흡연장소 부근에 인화성 물질을 비치한다.
③ 배터리를 충전할 때 흡연은 가능한 삼가하되 배터리의 캡을 열고 했을 때는 관계없다.
④ 담배꽁초는 반드시 지정된 용기에 버려야 한다.

53 가동하고 있는 원동기에서 화재가 발생하였다. 그 소화작업으로 가장 먼저 취해야 할 안전한 방법은?

① 원인분석을 하고, 모래를 뿌린다.
② 경찰에 신고한다.
③ 점화원을 차단한다.
④ 원동기를 가속하여 팬의 바람으로 끈다.

> 화재 발생 시 우선 조치는 점화원을 차단하고 이후 화재 유형에 적합한 소화작업을 한다.

54 화상을 입었을 때 응급조치 중 가장 옳은 것은?

① 빨리 찬물에 담갔다가 아연화 연고를 바른다.
② 빨리 메틸알코올에 담근다.
③ 빨리 옥도정기를 바른다.
④ 빨리 아연화 연고를 바르고 붕대를 감는다.

> 차가운 물에 담그거나 흐르는 찬물로 화상부위를 열을 내려준 후 아연화 연고를 바른다.

55 안전적 측면에서 인화점이 낮은 연료는?

① 화재 발생 위험이 있다.
② 연소상태의 불량 원인이 된다.
③ 압력 저하 요인이 발생한다.
④ 화재 발생 부분에서 안전하다.

> 인화점이 낮다는 것은 낮은 온도에서 쉽게 불이 붙을 수 있다는 것이다.

56 다음 배출물 가스 중에서 인체에 가장 해가 없는 가스는?

① HC
② CO
③ CO_2
④ NOx

 48 ④ 49 ③ 50 ② 51 ② 52 ④ 53 ③ 54 ① 55 ① 56 ③

57 안전적인 측면에서 병 속에 들어 있는 약품을 냄새로 알아보고자 할 때 가장 좋은 방법은?

① 종이로 적셔서 알아본다.
② 숟가락으로 약간 떠내어 냄새를 직접 맡아본다.
③ 내용물을 조금 쏟아서 확인한다.
④ 손바람을 이용하여 확인한다.

58 방화 방지 조치로서 적합하지 않는 것은?

① 가연성 물질을 인화장소에 두지 않는다.
② 유류 취급 장소에는 방화수를 준비한다.
③ 흡연은 정해진 장소에서만 한다.
④ 화기는 정해진 장소에서만 취급한다.

> 유류 화재에는 방화사나 분말소화기, 포말소화기 등을 사용해야 한다.

59 유류 화재시 소화를 위한 방법으로 가장 거리가 먼 것은?

① 방화커튼을 이용하여 화재 진압
② 모래를 사용하여 화재 진압
③ CO_2 소화기를 이용하여 화재 진압
④ 물을 이용하여 화재 진압

60 소화작업에 대한 설명 중 틀린 것은?

① 가연물질의 공급을 차단시킨다.
② 유류화재시 표면에 물을 붓는다.
③ 산소의 공급을 차단한다.
④ 점화원을 발화점 이하의 온도로 낮춘다.

> 유류화재시 표면에 물을 부으면 유류가 물 위에 떠서 불이 더욱 확산될 수 있다.

61 소화작업의 기본 요소가 아닌 것은?

① 가연물질을 제거하면 된다.
② 산소를 차단하면 된다.
③ 점화원을 냉각시키면 된다.
④ 연료를 기화시키면 된다.

62 작업장에서 휘발유 화재가 일어났을 경우 가장 적합한 소화 방법은?

① 물 호스의 사용
② 불의 확대를 막는 덮개의 사용
③ 소다 소화기의 사용
④ 탄산가스 소화기의 사용

> 유류화재는 B급화재로 포말소화기, 이산화탄소(탄산가스) 소화기, 분말 소화기, 증발성 액체 소화기를 적용한다.

63 이산화탄소 소화기의 일반적 특징이 아닌 것은?

① 연소물의 온도를 인화점 이하로 냉각시킨다.
② 저장에 따른 변질이 없다.
③ 전기절연성이 크다.
④ 소화시 부식성이 없다.

> 이산화탄소 소화기의 특징
> • 소화속도가 빠르다.
> • 저장에 의한 변질이 없어 장기간 저장이 용이하다.
> • 밀폐공간에서는 질식 및 중독의 위험성 때문에 사용이 제한된다.
> • 전기 절연성이 우수하며 부식성이 없다.

64 산 · 알칼리 소화기는 어떤 화재에 가장 적합한가?

① A급 화재   ② B급 화재
③ C급 화재   ④ D급 화재

> 산 · 알칼리 소화기는 보통화재인 A급 화재에 사용한다.

65 전기시설과 관련된 화재로 분류되는 것은?

① A급 화재   ② B급 화재
③ C급 화재   ④ D급 화재

> 화재의 등급
> • A급 화재 : 일반화재
> • B급 화재 : 유류, 가스화재
> • C급 화재 : 전기화재
> • D급 화재 : 금속화재(Al, Mg)

66 전기화재 소화시 가장 좋은 소화기는?

① 모래   ② 물
③ 이산화탄소   ④ 포말소화기

정답 57 ④ 58 ② 59 ④ 60 ② 61 ④ 62 ④ 63 ① 64 ① 65 ③ 66 ③

> 전기화재 시에는 유기성 소화액, 이산화탄소 소화기 등을 사용한다.

67 기를 사용이 편리한 곳에 비치하도록 되어 있다. 다음 중 어떤 종류의 소화기가 가장 적합한가?

① A급 화재소화기
② 포말 B소화기
③ ABC소화기
④ 포말소화기

> ABC소화기는 금속화재를 제외한 모든 화재에 적용할 수 있다.

68 폭발의 우려가 있는 가스 또는 분진을 발생하는 장소에서 지켜야 할 일에 속하지 않는 것은?

① 불연성 재료의 사용금지
② 화기의 사용금지
③ 인화성 물질 사용금지
④ 점화의 원인이 될 수 있는 기계사용 금지

> 폭발의 우려가 있는 가스 또는 분진이 발생되는 장소에서는 점화원 및 인화성 물질을 될 수 있는 것들을 사용하지 말아야 한다.

69 다음 중 옳지 못한 것은?

① 전등 삿갓은 종이 및 연소하기 쉬운 것을 사용치 말 것
② 기름 묻은 걸레는 정해진 용기에 보관하여야 한다.
③ 흡연은 정해진 장소에서 할 것
④ 쓰고 남은 기름은 하수구에 버릴 것

70 기계 및 기계장치를 불안전하게 취급할 때 사고가 발생하는 원인을 든 것으로 틀린 것은?

① 안전장치 및 보호장치가 잘 되어 있지 않을 때
② 적합한 공구를 사용하지 않을 때
③ 정리 정돈 및 조명장치가 잘 되어 있지 않을 때
④ 기계 및 기계장치가 너무 넓은 장소에 설치되어 있을 때

71 작업상의 안전수칙으로 적합하지 않은 것은?

① 차를 받칠 때는 안전 잭이나 고임목으로 고인다.
② 벨트 등의 회전부위에 주의한다.
③ 배터리액이 눈에 들어갔을 때는 알칼리유로 씻는다.
④ 기관 시동시에는 소화기를 비치한다.

> 배터리액은 묽은 황산으로 눈에 들어가면 물로 세척하고 전문의의 치료를 받아야 한다.

72 다음 중 건설기계 작업장에서 갖추어야 할 안전용품과 관계가 먼 것은?

① 응급용 의약품　② 방청용 오일
③ 소화용구　　　④ 지혈제

73 작업개시 전 운전자의 조치사항으로 가장 거리가 먼 것은?

① 점검에 필요한 점검내용을 숙지한다.
② 운전하는 장비의 사양을 숙지 및 고장나기 쉬운 곳을 파악하여야 한다.
③ 장비의 이상 유무를 작업 전에 항상 점검하여야 한다.
④ 주행로 상의 복수의 장비가 있을 때는 충돌방지를 위하여 주행로 양측에 콘크리트 옹벽을 친다.

74 야간작업을 할 경우 안전운전 방법으로 틀린 것은?

① 작업장에는 조명이 불필요하고 통로만 조명시설을 한다.
② 전조등 또는 기타 조명장치를 이용한다.
③ 원근감이 불명확해지므로 조명장치를 이용한다.
④ 지면의 고저감의 착각을 일으키기 쉬우므로 안전속도로 운전한다.

> 야간작업 시는 작업장 통로 뿐만 아니라 작업장에도 충분한 조명시설을 해야 한다.

정답 67 ③　68 ①　69 ④　70 ④　71 ③　72 ②　73 ④　74 ①

75 안전한 작업을 하기 위하여 작업복장을 선정할 때의 유의사항으로 가장 거리가 먼 것은?

① 착용자의 취미, 기호 등을 감안하여 적절한 스타일을 선정한다.
② 화기사용 장소에서는 방염성, 불연성의 것을 사용하도록 한다.
③ 상의의 끝이나 바지자락 등이 기계에 말려 들어갈 위험이 없도록 한다.
④ 작업복은 몸에 맞고 동작이 편하도록 제작한다.

🔍 작업 복장은 착용자의 취미, 기호 등이 아니라 안전에 우선을 두어야 한다.

76 작업장에서의 복장에 대하여 유의할 사항으로 틀린 것은?

① 상의의 옷자락이 밖으로 나오지 않도록 한다.
② 작업복은 몸에 맞는 것을 입는다.
③ 기름이 묻은 작업복은 될 수 있는 한 입지 않는다.
④ 수건은 허리춤에 끼거나 목에 감는다.

77 안전사항으로 운전 및 정비 작업시의 작업복으로 적당치 않은 것은?

① 점퍼형으로 상의 옷자락을 여밀 수 있는 것
② 작업용구 등을 넣기 위해 호주머니가 많은 것
③ 소매를 오무려 붙이도록 되어 있는 것
④ 소매를 손목까지 가릴 수 있는 것

🔍 작업복은 가급적 호주머니를 최소화해야 한다.

78 안전작업은 복장의 착용상태에 따라 달라진다. 다음에서 권장사항이 되지 않는 것은?

① 땀을 닦기 위한 수건이나 손수건을 허리나 목에 걸고 작업해서는 안 된다.
② 옷소매는 되도록 폭이 좁게 된 것이나, 단추가 달린 것은 되도록 피한다.
③ 물체 추락의 우려가 있는 작업장에서는 아무리 덥더라도 작업모를 착용해야 한다.
④ 복장을 단정하게 하기 위해 넥타이를 꼭 매야 한다.

79 다음 중 작업복의 조건으로서 가장 알맞은 것은?

① 작업자의 편안함을 위하여 자율적인 것이 좋다.
② 도면, 공구 등을 넣어야 하므로 주머니가 많아야 한다.
③ 작업에 지장이 없는 한 손발이 노출되는 것이 간편하고 좋다.
④ 주머니가 적고 팔이나 발이 노출되지 않는 것이 좋다.

80 물품을 운반할 때 주의할 사항으로 틀린 것은?

① 가벼운 화물은 규정보다 많이 적재하여도 된다.
② 긴 물건을 쌓을 때는 끝에 표시를 한다.
③ 정밀한 물품은 상자에 넣고 쌓는다.
④ 가벼운 것을 위에 무거운 것을 밑에 쌓는다.

🔍 가벼운 화물이더라도 규정에 따라 적재하여야 한다.

81 안전작업 측면에서 장갑을 착용하고 해도 가장 무리가 없는 작업은?

① 연삭 작업을 할 때
② 무거운 물건을 들 때
③ 해머 작업을 할 때
④ 정밀기계 작업을 할 때

🔍 장갑을 착용해서는 안 되는 작업
 • 연삭 작업   • 해머 작업
 • 드릴 작업   • 정밀기계 작업

82 인양 물체의 중심을 측정하여 인양하여야 한다. 다음 중 잘못된 것은?

① 와이어 로프나 매달기용 체인이 벗겨질 우려가 있으면 되도록 높이 인양한다.
② 인양 물체를 서서히 올려 지상 약 30cm 지점에서 정지 확인한다.
③ 인양 물체의 중심이 높으면 물체가 기울 수 있다.
④ 형상이 복잡한 물체의 무게 중심을 목측한다.

🔍 와이어 로프나 매달기용 체인이 벗겨질 우려가 있으면 작업을 중지하고 필요한 조치를 하여야 한다.

정답 75 ① 76 ④ 77 ② 78 ④ 79 ④ 80 ① 81 ② 82 ①

STEP 03 관계법령

1. 크레인 작업 표준신호지침

1) 크레인의 공통적인 표준 신호 방법

운전 구분	1. 운전자 호출	2. 주권사용	3. 보권 사용
수신호	호각 등을 사용하여 운전자와 신호자의 주의를 집중시킨다.	주먹을 머리에 대고 떼었다 붙였다 한다.	팔꿈치에 손바닥을 떼었다 붙였다 한다.
호각신호	아주 길게 아주 길게	짧게 – 길게	짧게 – 길게
운전 구분	4. 운전 방향 지시	5. 위로 올리기	6. 천천히 조금씩 위로 올리기
수신호	집게손가락으로 운전방향을 가리킨다.	집게손가락을 위로 해서 수평원을 크게 그린다.	한 손을 지면과 수평하게 들고 손바닥을 위쪽으로 하여 2, 3회 작게 흔든다.
호각신호	짧게 – 길게	길게 – 길게	짧게 – 짧게
운전 구분	7. 아래로 내리기	8. 천천히 조금씩 아래로 내리기	9. 수평 이동
수신호	팔을 아래로 뻗고(손끝이 지면을 향함) 2, 3회 흔든다.	한 손을 지면과 수평하게 들고 손바닥을 지면 쪽으로 하여 2, 3회 작게 흔든다.	손바닥을 움직이고자 하는 방향의 정면으로 하여 움직인다.
호각신호	길게 – 길게	짧게 – 짧게	강하고 – 짧게
운전 구분	10. 물건 걸기	11. 정지	12. 비상정지
수신호	양쪽 손을 몸 앞에 대고 두 손을 깍지낀다.	한 손을 들어올려 주먹을 쥔다.	양손을 들어올려 크게 2, 3회 좌우로 흔든다.
호각신호	길게 – 짧게	아주 길게	아주 길게 – 아주 길게

운전 구분	13. 작업 완료	14. 뒤집기	15. 천천히 이동
수신호	거수경례 또는 양손을 머리위에 교차시킨다.	양손을 마주보게 들어서 뒤집으려는 방향으로 2, 3회 절도 있게 역전시킨다.	방향을 가리키는 손바닥 밑에 집게손가락을 위로 해서 원을 그린다.
호각신호	아주 길게	길게 - 짧게	짧게 - 길게
운전 구분	16. 기다려라	17. 신호 불명	18. 기중기의 이상 발생
수신호	오른손으로 왼손을 감싸 2, 3회 작게 흔든다.	운전자는 손바닥을 안으로 하여 얼굴 앞에서 2, 3회 흔든다.	운전자는 사이렌을 울리거나 한쪽 손의 주먹을 다른 손의 손바닥으로 2, 3회 두드린다.
호각신호	길게	짧게 - 짧게	강하고 짧게

2) 붐이 있는 크레인 작업 시의 신호방법

운전 구분	1. 붐 위로 올리기	2. 붐 아래로 내리기	3. 붐을 올려서 짐을 아래로 내리기
수신호	팔을 펴 엄지손가락을 위로 향하게 한다.	팔을 펴 엄지손가락을 아래로 향하게 한다.	엄지손가락을 위로 해서 손바닥을 오므렸다 폈다 한다.
호각신호	짧게 - 짧게	짧게 - 짧게	짧게 - 길게
운전 구분	4. 붐을 내리고 짐은 올리기	5. 붐을 늘리기	6. 붐을 줄이기
수신호	팔을 수평으로 뻗고 엄지손가락을 밑으로 해서 손바닥을 폈다 오므렸다 한다.	두 주먹을 몸허리에 놓고 두 엄지손가락을 밖으로 향한다.	두 주먹을 몸허리에 놓고 두 엄지손가락을 서로 안으로 마주 보게 한다.
호각신호	짧게 - 길게	길게 - 길게	짧게 - 짧게

3) 마그네틱(Magnetic) 크레인 사용작업 시의 신호방법

운전 구분	1. 마그넷 붙이기	2. 마그넷 떼기
수신호	양쪽손을 몸 앞에다 대고 꽉 낀다	양손을 몸 앞에서 측면으로 벌린다. (손바닥은 지면으로 향하도록 한다)
호각신호	길게 - 짧게	길게

 참고 천장크레인 작업시 신호수단
수신호(손), 호각신호, 무전기 신호, 깃발신호 등

2. 산업안전보건기준에 관한 규칙

1) 크레인 안전 일반

① 안전밸브의 조정 : 유압을 동력으로 사용하는 크레인의 과도한 압력상승을 방지하기 위한 안전밸브에 대하여 정격하중(지브 크레인은 최대의 정격하중으로 한다)을 건 때의 압력 이하로 작동되도록 조정하여야 한다. 다만, 하중시험 또는 안전도시험을 하는 경우 그러하지 아니하다.

② 해지장치의 사용 : 훅걸이용 와이어로프 등이 훅으로부터 벗겨지는 것을 방지하기 위한 장치(해지장치)를 구비한 크레인을 사용하여야 하며, 그 크레인을 사용하여 짐을 운반하는 경우에는 해지장치를 사용하여야 한다.

③ 경사각의 제한 : 지브 크레인을 사용하여 작업을 하는 경우에 크레인 명세서에 적혀 있는 지브의 경사각(인양하중이 3톤 미만인 지브 크레인의 경우에는 제조한 자가 지정한 지브의 경사각)의 범위에서 사용하도록 하여야 한다.

④ 크레인의 수리 등의 작업

㉮ 같은 주행로에 병렬로 설치되어 있는 주행 크레인의 수리·조정 및 점검 등의 작업을 하는 경우, 주행로상이나 그 밖에 주행 크레인이 근로자와 접촉할 우려가 있는 장소에서 작업을 하는 경우 등에 주행 크레인끼리 충돌하거나 주행 크레인이 근로자와 접촉할 위험을 방지하기 위하여 감시인을 두고 주행로상에 스토퍼(stopper)를 설치하는 등 위험 방지 조치를 하여야 한다.

㉯ 갠트리 크레인 등과 같이 작업장 바닥에 고정된 레일을 따라 주행하는 크레인의 새들(saddle) 돌출부와 주변 구조물 사이의 안전공간이 40cm 이상 되도록 바닥에 표시를 하는 등 안전공간을 확보하여야 한다.

⑤ 폭풍에 의한 이탈 방지 : 순간풍속이 초당 30m를 초과하는 바람이 불어올 우려가 있는 경우 옥외에 설치되어 있는 주행 크레인에 대하여 이탈방지장치를 작동시키는 등 이탈 방지를 위한 조치를 하여야 한다.

⑥ 폭풍 등으로 인한 이상 유무 점검 : 순간풍속이 초당 30m를 초과하는 바람이 불거나 중진(中震) 이상 진도의 지진이 있은 후에 옥외에 설치되어 있는 양중기를 사용하여 작업을 하는 경우에는 미리 기계 각 부위에 이상이 있는지를 점검하여야 한다.

2) 크레인의 설치 · 조립 · 수리 · 점검 또는 해체 작업시 조치사항
① 작업순서를 정하고 그 순서에 따라 작업을 할 것
② 작업을 할 구역에 관계 근로자가 아닌 사람의 출입을 금지하고 그 취지를 보기 쉬운 곳에 표시할 것
③ 비, 눈, 그 밖에 기상상태의 불안정으로 날씨가 몹시 나쁜 경우에는 그 작업을 중지시킬 것
④ 작업장소는 안전한 작업이 이루어질 수 있도록 충분한 공간을 확보하고 장애물이 없도록 할 것
⑤ 들어올리거나 내리는 기자재는 균형을 유지하면서 작업을 하도록 할 것
⑥ 크레인의 성능, 사용조건 등에 따라 충분한 응력(應力)을 갖는 구조로 기초를 설치하고 침하 등이 일어나지 않도록 할 것
⑦ 규격품인 조립용 볼트를 사용하고 대칭되는 곳을 차례로 결합하고 분해할 것

3) 타워크레인의 지지
① 타워크레인을 자립고(自立高) 이상의 높이로 설치하는 경우 건축물 등의 벽체에 지지하도록 하여야 한다. 다만, 지지할 벽체가 없는 등 부득이한 경우에는 와이어로프에 의하여 지지할 수 있다.
② 타워크레인을 벽체에 지지하는 경우 준수사항
  ㉮ 서면심사에 관한 서류 또는 제조사의 설치작업설명서 등에 따라 설치할 것
  ㉯ 서면심사 서류 등이 없거나 명확하지 아니한 경우에는 건축구조 · 건설기계 · 기계안전 · 건설안전기술사 또는 건설안전분야 산업안전지도사의 확인을 받아 설치하거나 기종별 · 모델별 공인된 표준방법으로 설치할 것
  ㉰ 콘크리트구조물에 고정시키는 경우에는 매립이나 관통 또는 이와 동등 이상의 방법으로 충분히 지지되도록 할 것
  ㉱ 건축 중인 시설물에 지지하는 경우에는 그 시설물의 구조적 안정성에 영향이 없도록 할 것
③ 타워크레인을 와이어로프로 지지하는 경우의 준수사항
  ㉮ 위 ②의 ㉮항 또는 ㉯항의 조치를 취할 것
  ㉯ 와이어로프를 고정하기 위한 전용 지지프레임을 사용할 것
  ㉰ 와이어로프 설치각도는 수평면에서 60° 이내로 하되, 지지점은 4개소 이상으로 하고, 같은 각도로 설치할 것
  ㉱ 와이어로프와 그 고정부위는 충분한 강도와 장력을 갖도록 설치하고, 와이어로프를 클립 · 샤클(shackle) 등의 고정기구를 사용하여 견고하게 고정시켜 풀리지 아니하도록 하며, 사용 중에는 충분한 강도와 장력을 유지하도록 할 것
  ㉲ 와이어로프가 가공전선(架空電線)에 근접하지 않도록 할 것

4) 건설물 등과의 사이 통로
① 주행 크레인 또는 선회 크레인과 건설물 또는 설비와의 사이에 통로를 설치하는 경우 그 폭을 0.6미터 이상으로 하여야 한다. 다만, 그 통로 중 건설물의 기둥에 접촉하는 부분에 대해서는 0.4m 이상으로 할 수 있다.

② 통로 또는 주행궤도 상에서 정비·보수·점검 등의 작업을 하는 경우 그 작업에 종사하는 근로자가 주행하는 크레인에 접촉될 우려가 없도록 크레인의 운전을 정지시키는 등 필요한 안전 조치를 하여야 한다.
③ 다음 각 호의 간격을 0.3m 이하로 하여야 한다. 다만, 근로자가 추락할 위험이 없는 경우에는 그 간격을 0.3미터 이하로 유지하지 아니할 수 있다.
　㉮ 크레인의 운전실 또는 운전대를 통하는 통로의 끝과 건설물 등의 벽체의 간격
　㉯ 크레인 거더(girder)의 통로 끝과 크레인 거더의 간격
　㉰ 크레인 거더의 통로로 통하는 통로의 끝과 건설물 등의 벽체의 간격

5) 크레인 작업 시의 조치
① 인양할 하물(荷物)을 바닥에서 끌어당기거나 밀어내는 작업을 하지 아니할 것
② 유류드럼이나 가스통 등 운반 도중에 떨어져 폭발하거나 누출될 가능성이 있는 위험물 용기는 보관함(또는 보관고)에 담아 안전하게 매달아 운반할 것
③ 고정된 물체를 직접 분리·제거하는 작업을 하지 아니할 것
④ 미리 근로자의 출입을 통제하여 인양 중인 하물이 작업자의 머리 위로 통과하지 않도록 할 것
⑤ 인양할 하물이 보이지 아니하는 경우에는 어떠한 동작도 하지 아니할 것(신호하는 사람에 의하여 작업을 하는 경우는 제외한다)
⑥ 조종석이 설치되지 아니한 크레인에 대하여 다음의 조치를 하여야 한다.
　㉮ 고용노동부장관이 고시하는 크레인의 제작기준과 안전기준에 맞는 무선원격제어기 또는 펜던트 스위치를 설치·사용할 것
　㉯ 무선원격제어기 또는 펜던트 스위치를 취급하는 근로자에게는 작동요령 등 안전조작에 관한 사항을 충분히 주지시킬 것
⑦ 타워크레인을 사용하여 작업을 하는 경우 타워크레인마다 근로자와 조종 작업을 하는 사람 간에 신호업무를 담당하는 사람을 각각 두어야 한다.

6) 악천후 및 강풍 시 작업 중지
① 비·눈·바람 또는 그 밖의 기상상태의 불안정으로 인하여 근로자가 위험해질 우려가 있는 경우 : 작업을 중지(다만, 태풍 등으로 위험이 예상되거나 발생되어 긴급 복구작업을 필요로 하는 경우에는 예외임)s
② 순간풍속이 초당 10m를 초과하는 경우 : 타워크레인의 설치·수리·점검 또는 해체 작업을 중지
③ 순간풍속이 초당 15m를 초과하는 경우 : 타워크레인의 운전작업을 중지
④ 폭풍 등으로 인한 이상 유무 점검 : 순간풍속이 초당 30m를 초과하는 바람이 불거나 중진(中震) 이상 진도의 지진이 있은 후에 옥외에 설치되어 있는 양중기를 사용하여 작업을 하는 경우에는 미리 기계 각 부위에 이상이 있는지를 점검

STEP 03 관계법령
적중예상문제

01 그림과 같이 주먹을 머리에 대고 떼었다 붙였다 하며 호각을 짧게, 길게 부는 신호 방법은?

① 보권 사용　　② 주권 사용
③ 위로 올리기　④ 작업 완료

운전구분	주권사용	보권 사용
수신호	주먹을 머리에 대고 떼었다 붙였다 한다.	팔꿈치에 손바닥을 떼었다 붙였다 한다.
호각신호	짧게 - 길게	짧게 - 길게
운전구분	위로 올리기	작업완료
수신호	집게손가락을 위로 해서 수평원을 크게 그린다.	거수경례 또는 양손을 머리위에 교차시킨다.
호각신호	길게 - 길게	아주 길게

02 신호방법 중 오른손 팔꿈치에 손바닥을 떼었다 붙였다 하며 호각을 "짧게, 길게" 취명하는 것은 어떤 신호인가?

① 보권 사용
② 마그넷 떼기
③ 뒤집기
④ 물건 걸기

크레인 작업 표준 신호

운전구분	보권사용	마그넷 떼기
수신호	팔꿈치에 손바닥을 떼었다 붙였다 한다.	양손을 몸 앞에서 측면으로 벌린다. (손바닥은 지면으로 향하도록 한다)
호각신호	짧게 - 길게	길게
운전구분	뒤집기	물건 걸기
수신호	양손을 마주보게 들어서 뒤집으려는 방향으로 2, 3회 절도 있게 역전시킨다.	양쪽 손을 몸 앞에 대고 두 손을 깍지낀다.
호각신호	길게 - 짧게	길게 - 짧게

03 마그네틱(Magnetic) 크레인 신호에서 양손을 몸 앞에다 대고 꽉 끼는 신호는?

① 마그넷 붙이기　② 정지
③ 기다려라　　　④ 신호불명

마그네틱(Magnetic) 크레인 사용작업 시의 신호방법

운전구분	마그넷 붙이기	마그넷 떼기
수신호	양쪽손을 몸 앞에다 대고 꽉 낀다	양손을 몸 앞에서 측면으로 벌린다. (손바닥은 지면으로 향하도록 한다)
호각신호	길게 - 짧게	길게

정답　01 ②　02 ①　03 ①

04 운전자가 사이렌을 울리거나 손바닥을 안으로 하여 얼굴 앞에서 2~3회 흔드는 신호는?

① 기중기의 이상 발생
② 신호 불명
③ 기다려라
④ 작업 완료

🔍 크레인 작업 표준 신호

운전구분	기중기의 이상 발생	신호 불명
수신호	운전자는 사이렌을 울리거나 한쪽 손의 주먹을 다른 손의 손바닥으로 2, 3회 두드린다.	운전자는 손바닥을 안으로 하여 얼굴 앞에서 2, 3회 흔든다.
호각신호	강하고 짧게	짧게 – 짧게
운전구분	기다려라	작업완료
수신호	오른손으로 왼손을 감싸 2, 3회 작게 흔든다.	거수경례 또는 양손을 머리위에 교차시킨다.
호각신호	길게	아주 길게

05 옥외에 지상 (　)m 이상 높이로 설치되어있는 크레인에는 항공법에 따르는 항공장애등을 설치하여야 한다. (　) 안에 알맞은 숫자는?

① 30　　② 40
③ 50　　④ 60

🔍 크레인의 조명장치
• 운전석의 조명상태는 운전에 지장이 없을 것
• 야간작업용 조명은 운전자 및 신호자의 작업에 지장이 없을 것
• 옥외에 지상 60m 이상 높이로 설치되는 크레인에는 항공법에 따른 항공장애등을 설치할 것

06 크레인 신호 중 한 손을 들어 올려 주먹을 쥐는 신호는?

① 정지　　② 비상정지
③ 작업완료　　④ 위로 올리기

🔍 크레인 작업 표준 신호

운전구분	정지	비상정지
수신호	한 손을 들어올려 주먹을 쥔다.	양손을 들어올려 크게 2, 3회 좌우로 흔든다.
호각신호	아주 길게	아주 길게 – 아주 길게
운전구분	위로 올리기	작업완료
수신호	집게손가락을 위로 해서 수평원을 크게 그린다.	거수경례 또는 양손을 머리위에 교차시킨다.
호각신호	길게 – 길게	아주 길게

07 훅걸이용 와이어로프 등이 훅으로부터 벗겨지는 것을 방지하기 위한 산업안전보건법령이 정한 장치를 구비해야 하는데 이 장치는?

① 권과방지장치　　② 리미트스위치
③ 해지장치　　④ 비상정지장치

🔍 훅걸이용 와이어로프 등이 훅으로부터 벗겨지는 것을 방지하기 위한 장치(해지장치)를 구비한 크레인을 사용하여야 하며, 그 크레인을 사용하여 짐을 운반하는 경우에는 해지장치를 사용하여야 한다.

08 크레인 신호 중 〈그림〉과 같이 '양쪽 손을 몸 앞에 대고 두손을 깍지 낀다.'는 수신호는?

① 기다려라
② 기중기의 이상발생
③ 물건 걸기
④ 주권사용

정답 ▶ 04 ② 05 ④ 06 ① 07 ③ 08 ③

운전구분	기다려라	기중기의 이상 발생
수신호	오른손으로 왼손을 감싸 2, 3회 작게 흔든다.	운전자는 사이렌을 울리거나 한쪽 손의 주먹을 다른 손의 손바닥으로 2, 3회 두드린다.
호각신호	길게	강하고 짧게
운전구분	물건 걸기	주권사용
수신호	양쪽 손을 몸 앞에 대고 두 손을 깍지낀다.	주먹을 머리에 대고 떼었다 붙였다 한다.
호각신호	길게 – 짧게	짧게 – 길게

🔍 크레인 작업 표준 신호

🔍 • 발판의 간격은 일정하게 할 것
• 발판과 벽과의 사이는 15cm 이상의 간격을 유지할 것
• 폭은 30cm 이상으로 할 것

09 옥외 크레인을 사용 시 순간풍속이 매초 당 ( )미터를 초과하는 바람이 불어올 우려가 있는 때에는 옥외에 설치되어 있는 주행크레인에 대하여 이탈방지장치를 작동시키는 등 그 이탈을 방지하기 위한 조치를 하여야 한다. ( )에 적합한 풍속은?

① 20
② 30
③ 45
④ 60

🔍 사업주는 순간풍속이 초당 30m를 초과하는 바람이 불어올 우려가 있는 경우 옥외에 설치되어 있는 주행 크레인에 대하여 이탈방지장치를 작동시키는 등 이탈 방지를 위한 조치를 하여야 한다.

10 작업장의 가설 및 사다리식 통로를 설치하는 안전한 방법 중 가장 거리가 먼 것은?

① 경사는 30° 이하로 완만하게 하는 것이 좋다.
② 구조는 견고하여야 좋다.
③ 추락위험이 있는 곳은 안전난간을 설치한다.
④ 발판 간격은 동일해야 하지만 발판 넓이는 관계없이 설치하는 것이 좋다.

11 주행크레인과 건설물 또는 설비와의 사이에 통로를 설치하는 경우 그 폭은 몇 m 이상으로 하여야 하는가?(단, 통로가 건설물의 기둥에 접촉하지 않는 경우이다.)

① 0.2cm
② 0.4cm
③ 0.6cm
④ 1cm

🔍 주행 크레인 또는 선회 크레인과 건설물 또는 설비와의 사이에 통로를 설치하는 경우 그 폭을 0.6미터 이상으로 하여야 한다. 다만, 그 통로 중 건설물의 기둥에 접촉하는 부분에 대해서는 0.4m 이상으로 할 수 있다.

12 갠트리 크레인 등과 같이 작업장 바닥에 고정된 레일을 따라 주행하는 크레인의 새들(saddle) 돌출부와 주변 구조물 사이의 안전공은 몇 cm 이상 되도록 하여야 하는가?

① 10cm
② 20cm
③ 30cm
④ 40cm

🔍 갠트리 크레인 등과 같이 작업장 바닥에 고정된 레일을 따라 주행하는 크레인의 새들(saddle) 돌출부와 주변 구조물 사이의 안전공간이 40cm 이상 되도록 바닥에 표시를 하는 등 안전공간을 확보하여야 한다.

13 일정 규모 이상의 지진이 발생한 후에 크레인을 이용하여 작업을 하는 때에는 미리 크레인의 각 부위의 이상 유무를 점검하여야 하는데 이때의 일정 규모는?

① 약진 이상
② 중진 이상
③ 진도 1 이상
④ 진도 2 이상

🔍 순간풍속이 초당 30m를 초과하는 바람이 불거나 중진(中震) 이상 진도의 지진이 있은 후에 옥외에 설치되어 있는 양중기를 사용하여 작업을 하는 경우에는 미리 기계 각 부위에 이상이 있는지를 점검하여야 한다. 참고로 중진은 진도 4 이상의 지진을 말한다.

정답 09 ② 10 ④ 11 ③ 12 ④ 13 ②

14 타워크레인을 와이어로프로 지지하는 경우의 준수사항으로 틀린 틀린 것은?

① 와이어로프를 고정하기 위한 전용 지지프레임을 사용하도록 한다.
② 와이어로프가 가공전선(架空電線)에 근접하지 않도록 한다.
③ 와이어로프 설치각도는 수평면에서 90° 이내로 한다.
④ 와이어로프와 그 고정부위는 충분한 강도와 장력을 갖도록 설치한다.

> 와이어로프 설치각도는 수평면에서 60° 이내로 하되, 지지점은 4개소 이상으로 하고, 같은 각도로 설치하도록 한다.

15 타워크레인은 풍속이 초당 몇 미터일 때 설치·수리·점검 또는 해체 작업을 중지하여야 하는가?

① 30 　　② 20
③ 15 　　④ 10

> 사업주는 순간풍속이 초당 10미터를 초과하는 경우 타워크레인의 설치·수리·점검 또는 해체 작업을 중지하여야 하며, 순간풍속이 초당 15미터를 초과하는 경우에는 타워크레인의 운전작업을 중지하여야 한다.

정답 14 ③ 15 ④

PART
02

Craftsman Overhead Travelling Crane Operator

공단 기출문제

2014년 3회 공단 기출문제

01 제한 개폐기(limit switch)의 점검 및 보수에 대하여 설명한 것으로 틀린 것은?

① 개폐의 작용점을 잘 맞추어야 한다.
② 작동부분에 소량의 주유 및 접촉면 등의 청결을 철저히 한다.
③ 최대 부하 시와 무부하 시 개폐점이 틀리므로 양쪽에 적합하도록 조정한다.
④ 권상높이를 높이고자 할 때는 제한 개폐기(limit switch)를 제거하고 작업을 한다.

🔍 리미트 스위치는 드럼에 로프가 과권될 경우 전류를 차단하여 회전을 정지시키는 안전장치이므로 제거하고 작업을 해면 안 된다.

02 천장크레인 운전 중 전동기에 열이 나는 원인이 아닌 것은?

① 저속으로 운전하는 경우
② 전압강하가 심한 경우
③ 부하가 클 경우
④ 저항기가 부적당한 경우

🔍 전동기에 열이 발생하는 원인은 전압강하가 심한 경우, 부하가 클 경우, 저항기가 부적당한 경우와 전동기 사용빈도가 많은 경우이다.

03 크래브 트롤리의 권상장치에 사용되는 브레이크는?

① 밴드 브레이크(Band brake)
② 중력 브레이크(Gravity brake)
③ 스러스터 브레이크(Thruster brake)
④ 마그넷 브레이크(Magnet brake)

🔍 마그넷 브레이크는 권상장치와 산업기계에 많이 사용되며, 교류(A.C) 마그넷브레이크와 직류(D.C) 마그넷브레이크가 있다.

04 급전(집전)설비에 대한 설명으로 옳지 않은 것은?

① 집전장치는 트롤리선에서 전원을 크레인 내에 도입하는 부분이다.
② 주행전선 가설 시 선과 선의 거리는 150~300mm로 한다.
③ 주행전선 가설 시 지상 및 기체 외부에서 보기 쉬운 장소에 황색 표시등을 설치하여 통전상태를 표시한다.
④ 기내 배선은 지상 전원설비로부터의 집전장치에서 각 전동기 및 전기기구에 이르는 배선을 말한다.

🔍 주행전선 가설 시 지상 및 기체외부에서 보기 쉬운 장소에 적색 표시등을 설치하여 통전상태를 표시한다.

05 감속기의 부품이 아닌 것은?

① 기어 ② 축
③ 베어링 ④ 새들

🔍 새들은 천장크레인 건물기둥의 양쪽에 설치된 주행레일 위에 얹힌 구조물이다.

06 중추형 권과방지장치의 특징과 거리가 먼 것은?

① 매달린 중추의 위치에서 동작하므로 동작위치의 오차가 적다.
② 동작 후의 복귀거리가 짧다.
③ 권상드럼의 회전수와 관련이 있어 와이어로프 교환 시 위치를 조정할 필요가 있다.
④ 권상위치 제한은 가능하나, 권하위치의 제한은 불가능하다.

🔍 중추형 권과방지장치는 권상드럼의 회전과 관계없이 와이어로프를 교환한 후 위치의 재조정이 필요 없다.

07 천장주행크레인의 주행차륜과 레일에 대한 설명으로 옳지 않은 것은?

① 차륜의 재질은 주철품인 경우 FC25 이상으로 해야 한다.
② 차륜의 재질은 주강품인 경우 SC46 이상으로 해야 한다.
③ 각강 레일은 SS50 이상의 일반압연강재를 사용한다.
④ 차륜을 표면경화 할 경우 Hs=5 이하, 픽은 30mm 이상으로 한다.

> 차륜을 표면 경화할 경우 Hs=35 이상, 픽은 5mm 이상으로 한다.

08 천장크레인에서 건물의 양 끝이나 천장크레인끼리 서로 충돌 시 충격을 완화시켜 주며 피해를 감소시켜 주는 장치는?

① 레일 스토퍼(rail stopper)
② 주행 버퍼 스토퍼(buffer stopper)
③ 앤드 스토퍼(end stopper)
④ 크래브 스토퍼(crab stopper)

> 주행 버퍼 스토퍼는 스프링이나 단단한 고무 또는 유압을 이용하여 서로 충돌 시 충격을 완화시켜 주는 스토퍼이다.

09 15kW의 전동기로 12m/min의 속도로 권상할 경우 권상 하중은?(단, 전동기를 포함한 크레인의 효율은 65%이다.)

① 5톤
② 10톤
③ 15톤
④ 20톤

> 권상하중 = (6.12×전동기출력×권상기효율)/권상속도 = (6.12×15×0.65)/12 = 5[ton]

10 크레인의 용량을 표시하는 아래 용어 중 훅, 버킷 등 달아 올림 기구의 무게에 상당하는 하중을 뺀 것은?

① 시험하중
② 선회하중
③ 정격하중
④ 최대정격총하중

> 정격하중과 권상하중
> • 권상하중(hoisting load) : 들어 올릴 수 있는 최대의 하중을 말한다.
> • 정격하중(rated load) : 크레인의 권상하중에서 훅, 크래브 또는 버킷 등 달기기구의 중량에 상당하는 하중을 뺀 하중을 말한다. 다만, 지브가 있는 크레인 등으로서 경사각의 위치, 지브의 길이에 따라 권상능력이 달라지는 것은 그 위치의 권상하중에서 달기기구의 중량을 뺀 하중 가운데 최대치를 말한다.

11 천장주행크레인 크래브(Crab) 프레임 등의 용접부에 대한 비파괴 검사 방법이 아닌 것은?

① 자분탐상검사(Magnet Particle Testing : MT)
② 와전류탐상검사(Eddy Current Testing : ECT)
③ 초음파탐상검사(Ultrasonic Testing : UT)
④ 낙중시험검사(Falling weight Testing : FWT)

> 낙중시험검사(FWT)는 파괴검사 방법이다.

12 천장크레인의 비상정지스위치를 작동시키면 어떻게 되는가?

① 권상중인 화물을 자동으로 지면에 내려놓는다.
② 작동중인 동력이 차단된다.
③ 권상을 제외한 모든 전동기의 동력을 차단한다.
④ 주행 중인 크레인을 서서히 정지시킨다.

> 비상정지 스위치를 작동시키면 작동중인 동력이 차단된다.

13 크레인의 훅(Hook)에 걸린 와이어로프의 이탈을 방지하기 위한 안전장치는?

① 충돌방지장치
② 해지장치
③ 리미트스위치
④ 미끄럼방지장치

> 훅의 해지장치는 줄걸이 용구를 훅에 걸고 작업 시 이탈을 방지하기 위한 안전장치이다.

14 〈그림〉에서 지시하는 곳(플리트 각도)의 가장 양호한 각도는?

① 4° 이내
② 8° 이내
③ 10° 이내
④ 20° 이내

> 와이어로프의 감기
> • 권상장치 등의 드럼에 홈이 있는 경우 플리트 각도 : 4° 이내
> • 권상장치 등의 드럼에 홈이 없는 경우 플리트 각도 : 2° 이내
> • 권상장치 등의 드럼에 로프를 다층으로 감는 경우 로프가 쌓이는 것을 방지하기 위하여 플랜지부에서의 플리트 각도 : 0.5° 이상 4° 이내

15 다음 〈그림〉에서 유니버셜 제어기의 Ⓐ 방향이 횡행이고, Ⓑ 방향이 주행이라면, Ⓒ 방향에 대한 설명 중 옳은 것은?

① 권상의 방향이다.
② 권하의 방향이다.
③ 권상과 주행의 동시작업이다.
④ 주행과 횡행의 동시작업이다.

16 정격하중에 상당하는 부하물을 달았을 때 제동용 브레이크에서의 제동력은 토크 최대값의 몇 배 이상이어야 하는가?

① 1
② 1.5
③ 2
④ 3

> 제동토크(torque) 값(권상 또는 기복장치에 2개 이상의 브레이크가 설치되어 있을 때는 각각의 브레이크 제동토크 값을 합한 값)은 크레인의 정격하중에 상당하는 하중을 권상 시 해당 크레인의 권상 또는 기복장치의 토크 값(해당 토크 값이 2개 이상 있을 때는 그 값 중 최대의 값)의 1.5배 이상이어야 한다.

17 제조 시 또는 장기간 반복 사용한 훅에 적합한 열처리 방법은?

① 뜨임
② 풀림
③ 담금질
④ 불림

> 풀림은 재료를 가공경화하여 열처리하는 방법이다.

18 전동기에서 스파크(Spark)가 발생하는 원인이 아닌 것은?

① 접촉점 간의 전압이 높을 때
② 접촉면이 거칠 때
③ 접촉점을 흐르는 전류가 정격 이상일 때
④ 주파수가 낮을수록

> 전기 스파크는 주파수가 높을수록, 접촉면이 거칠수록, 접촉점 간 전압이 높을수록, 교류보다 직류에서 많이 발생한다.

19 다음 중 천장크레인 권상장치의 주요 구성요소가 아닌 것은?

① 전동기
② 감속기
③ 브레이크
④ 캠버

> 천장크레인 권상장치의 주요 구성요소는 드럼, 드럼케이스, 감속장치, 전동기, 브레이크, 리미트스위치, 와이어로프 등이다.

20 천장크레인의 주행레일 연결부의 틈새는?

① 3mm 이하
② 4mm 이하
③ 5mm 이하
④ 6mm 이하

> 주행레일
> • 연결부의 틈새는 천정크레인은 3mm, 기타 크레인은 5mm 이하일 것
> • 레일 연결부의 엇갈림은 상하 0.5mm 이하, 좌우 0.5mm 이하일 것
> • 레일측면의 마모는 원래 규격치수의 10% 이내일 것
> • 주행레일의 높이편차는 기준면으로부터 최대 ±10mm 이내이고, 좌우레일의 수평차는 10mm 이내, 레일의 구배량은 주행길이 2m 마다 2mm를 초과하지 않을 것
> • 주행레일의 진직도는 전 주행길이에 걸쳐 최대 10mm이내이고, 수평방향의 휨 량은 주행길이 2m마다 ±1mm 이내일 것

21 2차 측 저항의 조정 저항값을 증감함으로써 회전속도를 가감하는 전동기는?

① 직류 직권전동기
② 교류 농형 유도전동기
③ 직류 분권전동기
④ 교류 권선형 전동기

🔍 교류 권선형 전동기는 2차 저항에 의해 속도를 제어하며, 농형 전동기에 비해 효율이 좋지 않지만 기동력은 우수하다.

22 너트의 종류별 설명으로 틀린 것은?

① 사각너트 : 건축용, 목공용 너트
② 나비너트 : 공구가 필요치 않고 손으로 조일 수 있는 너트
③ 둥근너트 : 일반적으로 많이 사용되는 너트
④ 캡너트 : 유체의 누출을 방지하기 위한 너트

🔍 둥근너트는 일반적으로 쓰이는 육각너트를 쓸 수 없는 경우나 너트의 높이를 작게 해야 할 경우 사용된다.

23 제어반에서 주전원 차단기나 퓨즈가 자주 차단될 때 점검해야 할 사항과 가장 거리가 먼 것은?

① 전선로 상호간의 절연저항 점검
② 퓨즈 용량이 맞는지 점검
③ 과부하 여부 점검
④ 전선로의 길이 점검

🔍 제어반에서 차단기나 퓨즈가 차단되는 원인은 전선로간의 절연 저항이나 퓨즈용량, 과부하의 영향을 받아서이다.

24 측압을 받는 곳에 쓰이는 베어링은?

① 트러스트(Thrust) 베어링
② 레이디얼(Radial) 베어링
③ 평면(Plane) 베어링
④ 분할 베어링

🔍 트러스트 베어링은 하중이 축선 방향으로 작용하는 부분의 베어링이다.

25 변압기의 1차 권수 80회, 2차 권수 320회인 경우, 1차 측에 25V의 전압을 가하면 2차 전압(V)은?

① 50
② 72
③ 100
④ 125

🔍 전압과 권선비 관계식
$N_1/N_2 = V_1/V_2$에서
$V_2 = V_1 \times (N_2/N_1) = 25 \times (320/80) = 100[V]$이다.

26 크레인 운전 전 확인사항으로 틀린 것은?

① 운전실의 각 레버, 컨트롤러 핸들, 스위치 등이 정상인가를 확인한다.
② 무부하로 운전을 행하여 각 안전장치, 브레이크 기능을 알아본다.
③ 운전개시 시에는 앵커 또는 레일 클램프를 확실히 작동시켜 둔다.
④ 전임 사용자로부터 전달받은 사항을 확인하고, 그 내용을 파악하여 둔다.

🔍 운전개시 전에는 앵커 또는 레일 클램프가 해제된 상태이어야 한다.

27 두 개의 동작을 한 개의 핸들(Handle)로서 동시에 조작하는 제어기는?

① 유니버셜 식
② 크랭크 식
③ 수평 식
④ 마그네트 식

🔍 유니버셜식 제어기는 1개의 레버로 2개의 제어기를 동시 또는 단독으로 조작할 수 있다.

28 저항기의 온도상승 요인이 아닌 것은?

① 통풍이 불량하다.
② 사용빈도가 높다.
③ 인칭운전의 빈도가 높다.
④ 최종 노치의 운전이 길다.

🔍 저항기 중간 노치의 운전시간이 길 때 과열되어 온도 상승요인이 될 수 있다.

29 베어링의 온도상승 원인으로 가장 거리가 먼 것은?

① 정격속도를 초과한 경우
② 과하중이 작용한 경우
③ 베어링의 수명이 초과한 경우
④ 베어링의 유격이 과대한 경우

> 베어링의 유격이 과대한 경우 소음이 발행하며 베어링이 손상될 수 있다.

30 크레인 운전 후 점검 및 조치사항으로 틀린 것은?

① 각 브레이크의 제동상태를 확인한다.
② 각 동작부위의 이완 및 풀림을 주의 깊게 확인한다.
③ 배전반의 스위치는 차단하지 말고 그대로 둔다.
④ 운전일지를 기록하여 보관한다.

> 각 스위치를 정지 위에 두고 배전반의 스위치는 차단한다.

31 훅의 열처리 방법으로 실온에서 냉각시켜 가단성을 높이고 깨지기 쉬운 성질을 줄이는 것은?

① 담금질   ② 구상화처리
③ 석출경화   ④ 풀림

> 풀림은 훅의 장시간 사용으로 표면경화가 발생을 방지하기 위하여 재료를 가공경화를 하는 열처리방법이다.

32 치차면은 원추형이고, 동력을 직각(90°)으로 전달할 경우에 사용되는 치차는?

① 베벨기어
② 랙과 피니언
③ 스퍼기어(평기어)
④ 헬리컬 기어

> 베벨기어는 동력을 직각으로 전달하고, 두 축이 교차할 때 동력 전달에 사용된다.

33 크레인의 급유에 대하여 설명한 것 중 틀린 것은?

① 윤활유는 점도, 유막의 강도, 변질 가능성 등을 고려하여 선정한다.
② 그리스 니플에 급유 시에는 그리스 건을 사용한다.
③ 집중급유장치는 수동 또는 전동으로 급유관 및 분배 변을 통하여 각각의 축 베어링에 일정량을 급유하는 방법이다.
④ 그리스컵이나 그리스건 식은 집중급유장치에 비하여 급유 시간이 짧게 걸린다.

> 그리스컵이나 그리스건 식은 집중급유장치에 비하여 급유시간이 많이 걸린다.

34 축(shift)에 관한 설명 중 틀린 것은?

① 기계장치의 일부로써 회전에 의한 운동이나 동력을 전달하는 역할을 한다.
② 회전축과 전동축 두 가지로 구분한다.
③ 기계를 돌리기 위하여 동력을 전달하는 축을 전동축이라 한다.
④ 축끼리의 연결은 축 커플링 또는 조인트라 한다.

> 축은 일반적으로 베어링(bearing)에 지지되어 강도, 힘 그 밖의 기계적 필요조건을 구비하여 회전 및 왕복운동을 하는 기계요소를 말하며, 작용 하중에 따라 차축, 스핀들, 전동축으로 구분된다.

35 전동기에서 미끄럼(slip)을 구하는 공식은? (단, S : Slip, Ns : 동기속도, N : 전동기속도, P : 극수)

① $S = Ns - \dfrac{P \times Ns}{Ns} \times 100\%$
② $S = \dfrac{N \times Ns}{P} \times 100\%$
③ $S = \dfrac{Ns + N}{Ns} \times 100\%$
④ $S = \dfrac{Ns - N}{Ns} \times 100\%$

36 우리나라에서 사용되고 있는 전력계통의 주파수는?

① 50Hz
② 60Hz
③ 70Hz
④ 80Hz

> 우리나라의 교류 전원 상용주파수는 60Hz 이다.

37 천장크레인을 작동시킬 때의 전원투입 순서는?

① 부하 측에서 전원 측으로
② 전원 측에서 부하 측으로
③ 순서를 가릴 필요가 없다.
④ 운전자 가까이에 있는 스위치부터 켠다.

🔍 천장크레인 작동 시 전원 투입순서는 전원측에서 부하측으로 한다.

38 축(shaft)에는 홈을 가공치 않고 보스(boss)에만 홈을 가공하여 축의 표면과 보스의 홈에 모양이 일치하도록 가공하여 박은 키(Key)를 무엇이라 하는가?

① 성크키(Sunk Key)
② 반달키(Woodruff Key)
③ 안장키(Saddle Key)
④ 접선키(Tangential Key)

🔍 • 성크키(묻힘키, sunk key)
  – 드라이빙키 : 축과 보스에 다 같이 홈을 파서 사용하며, 기울기가 1/100이며, 해머로 때려 박는다.
  – 세트키 : 축과 보스에 다 같이 홈을 파서 사용하며, 축심에 평행으로 끼우고 보스를 밀어 넣는다.
• 반달키(woodruff key) : 축이 약해지는 결점이 있으나 공작기계 핸들축과 같은 테이퍼 축에 사용한다.
• 안장키(saddle key) : 축은 키홈을 절삭치 않고 보스에만 홈을 파서 사용하며, 극 경하중용으로 마찰력으로 고정시킨다.
• 접선키(tangential key) : 축과 보스에 접선방향으로 홈을 파서 사용하며, 역전하는 경우는 120° 각도로 두 곳에 설치한다.

39 천장크레인에서 전기 스파크가 일어났을 때 운전자가 가장 먼저 취해야할 조치는?

① 퓨즈를 끊는다.
② 메인 전원을 차단(OFF)한다.
③ 레버를 급속히 중립위치로 한다.
④ 전동기 전원을 차단(OFF)한다.

🔍 메인 전원을 차단하고 이상 유무를 확인하도록 한다.

40 천장크레인의 배전판에 설치되는 기기가 아닌 것은?

① 유니버설 컨트롤러
② 과전류 개폐기
③ 단락보호장치
④ 퓨즈

🔍 배전판에는 과전류개폐기, 전원개폐기, 퓨즈, 단락보호장치, 전압계 등이 있다.

41 분진이 발생하는 작업 장소에서 착용하는 일반적인 보호구는?

① 방독마스크
② 헬멧
③ 귀덮개
④ 방진마스크

🔍 방진마스크는 공기 중의 분진을 들어 마시지 않도록 하기 위해 사용하는 마스크이다.

42 다음 중 인화성이 가장 큰 물질은?

① 산소
② 질소
③ 황산
④ 알코올

🔍 알코올의 인화점은 12℃이다.

43 산업재해를 예방하기 위한 재해예방 4원칙으로 틀린 것은?

① 대량 생산의 원칙
② 예방 가능의 원칙
③ 원인 계기의 원칙
④ 대책 선정의 원칙

🔍 산업재해 재해예방 4원칙은 손실 우연의 원칙, 예방 가능의 원칙, 원인 계기의 원칙, 대책 선정의 원칙 이다.

44 안전표지 색채 중 대피장소 또는 방향 표시의 색채는?

① 파란색
② 녹색
③ 빨간색
④ 노란색

🔍 안전보건표지의 색채
• 빨간색(금지, 경고) : 정지신호, 소화설비 및 그 장소, 유해행위의 금지, 화학물질 취급장소에서의 유해·위험 경고
• 노란색(경고) : 화학물질 취급장소에서의 유해·위험 경고 이외의 경고, 주의 표지 또는 기계방호물
• 파란색(지시) : 특정 행위의 지시 및 사실의 고지
• 녹색(안내) : 비상구 및 피난소, 사람 또는 차량의 통행 표시
• 흰색 : 파란색 또는 녹색에 대한 보조색
• 검은색 : 문자 및 빨간색 또는 노란색에 대한 보조색

45 안전한 해머작업을 위한 해머 상태로 옳은 것은?

① 머리가 깨어진 것
② 쐐기가 없는 것
③ 타격 면에 홈이 있는 것
④ 타격 면이 평탄한 것

🔍 해머작업 시에는 장갑을 착용하지 않아야 하며, 타격면이 평탄한 것을 사용한다.

46 화재 시 소화원리에 대한 설명으로 틀린 것은?

① 기화소화법은 가연물을 기화시키는 것이다.
② 냉각소화법은 열원을 발화온도 이하로 냉각하는 것이다.
③ 질식소화법은 가연물에 산소공급을 차단하는 것이다.
④ 제거소화법은 가연물을 제거하는 것이다.

🔍 소화효과
• 냉각소화 : 냉각에 의한 소화방법, 액체의 증발잠열 또는 열용량이 큰 고체를 이용
• 질식소화 : 산소의 공급을 차단하는 소화방법, 산소농도 저하로 인한 소화
• 제거소화 : 가연물을 제거하여 소화, 기체 및 액체로 인한 대화재의 경우 유일한 소화법
• 억제소화 : 연속적 관계의 차단 소화방법, 할로겐, 알칼리 금속 첨가로 불활성화

47 벨트를 풀리에 걸 때 가장 올바른 방법은?

① 회전을 정지시킨 때
② 저속으로 회전할 때
③ 중속으로 회전할 때
④ 고속으로 회전할 때

🔍 벨트를 풀리에 걸 때는 회전을 정지시킨 후 안전하게 건다.

48 안전 관리상 보안경을 사용해야 하는 작업과 가장 거리가 먼 것은?

① 장비 밑에서 정비 작업을 할 때
② 산소 결핍 발생이 쉬운 장소에서 작업을 할 때
③ 철분 또는 모래 등이 날리는 작업을 할 때
④ 전기용접 및 가스용접 작업을 할 때

🔍 산소결핍 발생이 쉬운 장소에서는 호흡용 보호구를 착용하고 작업을 한다.

49 화상을 입었을 때 응급조치로 옳은 것은?

① 된장을 바른다.
② 메틸알코올에 담근다.
③ 미지근한 물에 담근다.
④ 시원한 물에 담근다.

🔍 화상을 입었을 때 응급조치방법은 우선 냉수나 식염수 등을 이용하여 화상부위의 화기를 식힌다.

50 안전표지의 구성요소가 아닌 것은?

① 모양   ② 색깔
③ 내용   ④ 크기

🔍 안전표지의 구성요소는 모양, 색깔, 내용이다.

51 줄걸이용 체인을 사용해야 되는 곳으로 적합하지 않은 곳은?

① 고열물 작업 장소
② 수중 작업 장소
③ 마그넷 크레인의 마그넷 지지
④ 천장크레인의 완충장치

52 줄걸이용 와이어로프의 안전율은 몇 이상인가?

① 2   ② 3
③ 4   ④ 5

🔍 와이어로프의 안전율

와이어로프의 종류	안전율
권상용 와이어로프, 지브의 기복용 와이어로프, 횡행용 와이어로프 및 케이블 크레인의 주행용 와이어로프	5.0
지브의 지지용 와이어로프, 보조로프 및 고정용 와이어로프	4.0
케이블 크레인의 주 로프 및 레일로프	2.7
운전실 등 권상용 와이어로프	10.0

53 화물의 중량을 구하는 방법으로 옳은 것은?

① 체적 × 비중
② 넓이 × 높이
③ 넓이 × 체적
④ 넓이 × 비중

🔍 화물의 중량 = 체적×비중. 단, 체적 = 가로×세로×높이이다.

54 다음 〈그림〉과 같이 1,500kgf의 짐을 90°로 걸어 올렸을 때 한 줄에 걸리는 무게는 약 몇 [kgf]인가? (단, 로프의 수는 2줄임)

① 1,050
② 1,060
③ 1,500
④ 1,750

🔍 1줄에 걸리는 하중 = $\dfrac{\text{부하물의 하중}}{\text{줄걸이 수} \times \text{조각도}} = \dfrac{1500}{2 \times \cos\frac{90°}{2}}$
$= \dfrac{1500}{2 \times \cos 45°} ≒ 1060[kgf]$

55 〈그림〉과 같이 양손의 손바닥을 앞으로 하여 머리 위에서 급히 좌우로 2~3회 흔드는 작업신호는?

① 호출
② 신호 불명
③ 비상 정지
④ 작업 완료

56 「와이어로프의 사용한도는 소선수가 ( )% 이상 절단된 경우와 직경의 감소가 원직경의 ( )% 이상인 경우이다.」에서 ( )에 들어갈 각각의 숫자는?

① 7, 10
② 10, 7
③ 10, 15
④ 15, 10

🔍 사용이 금지되는 와이어프
• 이음매가 있는 것
• 와이어로프의 한 꼬임에서 끊어진 소선(素線)(필러선은 제외)의 수가 10% 이상(비자전로프의 경우에는 끊어진 소선의 수가 와이어로프 호칭지름의 6배 길이 이내에서 4개 이상이거나 호칭지름 30배 길이 이내에서 8개 이상)인 것
• 지름의 감소가 공칭지름의 7%를 초과하는 것
• 꼬인 것
• 심하게 변형되거나 부식된 것
• 열과 전기충격에 의해 손상된 것

57 줄걸이 작업 시의 안전사항으로 틀린 것은?

① 정지 시 역 브레이크는 되도록 쓰지 말 것
② 가능한 매다는 물체의 중심을 높게 할 것
③ 매다는 물체의 중량 판정을 정확히 할 것
④ 가능하면 한 가닥으로 중량물을 인양하지 말 것

🔍 줄걸이 작업 시 가능한 매다는 물체의 중심을 낮게 해야 한다.

58 와이어로프 선정 시의 고려사항과 가장 거리가 먼 것은?

① 사용빈도
② 작업환경조건
③ 하중의 종류
④ 와이어로프의 자체중량

🔍 와이어로프는 사용빈도, 작업환경조건, 하중의 종류 등을 고려하여 선정하도록 한다.

59 신호수의 준수사항이 아닌 것은?

① 신호수는 운전자에게 정확한 신호로 전달한다.
② 신호수는 규정된 신호방법에 의거 신호한다.
③ 대형 화물을 권상할 때는 반드시 2명의 신호수를 배치한다.
④ 짐 밑에 들어가거나 짐 위에 타는 사람이 없도록 한다.

🔍 신호수는 1인을 배치하며, 수신호·경적을 정확하게 사용하여야 한다.

60 와이어로프의 주요 구성요소가 아닌 것은?

① 소선　　　② 스트랜드
③ 심강　　　④ 클립

🔍 와이어로프 구성요소는 소선, 스트랜드, 심강으로 구성되어 있다.

정답 2014년 3회

01 ④	02 ①	03 ④	04 ③	05 ④
06 ③	07 ④	08 ②	09 ①	10 ③
11 ④	12 ②	13 ②	14 ①	15 ④
16 ②	17 ②	18 ④	19 ④	20 ①
21 ④	22 ③	23 ④	24 ①	25 ③
26 ③	27 ①	28 ④	29 ④	30 ③
31 ④	32 ①	33 ④	34 ②	35 ④
36 ②	37 ②	38 ③	39 ②	40 ①
41 ④	42 ④	43 ①	44 ②	45 ④
46 ①	47 ①	48 ②	49 ④	50 ④
51 ④	52 ④	53 ①	54 ②	55 ③
56 ②	57 ②	58 ④	59 ③	60 ④

2014년 4회 공단 기출문제

01 감속기의 소음발생 원인에 해당하지 않는 것은?

① 윤활유의 공급이 과다한 경우5
② 감속기 제작 상측의 평행도가 맞지 않은 경우
③ 기어의 치면에 흠집이 있는 경우
④ 기어의 백래시(Backlash)가 너무 작은 경우

> 윤활유가 부족하거나 부적당한 오일이면 소음이 발생한다.

02 크레인 리미트 스위치의 종류가 아닌 것은?

① 크랭크식   ② 스크루식
③ 캠식   ④ 중추식

> 권상장치의 권과방지장치
> • 중추식 : 훅(hook)의 접촉으로 인하여 작동
> • 스크루식(나사식) : 드럼의 회전에 의하여 작동하며, 연동장치에 의해 피드나사가 회전하면 그것과 맞물리는 너트(nut)가 이동하여 개폐기의 레버를 움직여 접점에 개폐를 행하는 방식
> • 캠식 : 드럼과 연동되어 회전을 하고, 원판 모양으로 주위에 배치된 볼록 및 오목 캠에 의해 스위치의 레버를 작동

03 천장크레인의 주요 구조에 해당하지 않는 것은?

① 거더(Girder)   ② 새들(Saddle)
③ 크래브(Crab) ④ 훅(Hook)

> 천장크레인의 주요 구조는 크래브, 거더, 새들, 횡행장치, 주행장치, 권상장치, 운전실 등이 있다.

04 천장크레인에서 통로의 설치조건으로 틀린 것은?

① 통로 바닥면은 미끄러지거나 넘어지는 등의 위험이 없는 구조여야 한다.
② 통로의 폭은 최소 60cm 이상이어야 한다.
③ 정격하중이 3톤 이상인 천장크레인의 거더에는 통로를 설치하여야 한다.
④ 통로에 설치되는 난간의 높이는 90cm 이상이어야 한다.

> 통로의 설치
> • 천장주행크레인, 갠트리크레인 및 언로더에 있어서는 정격하중이 3톤 이상의 크레인 거더 및 지브형 크레인 등의 지브에는 폭 40cm 이상의 통로를 전 길이에 걸쳐서 설치해야 한다. 다만, 점검대 또는 그 밖에 해당 크레인을 점검할 수 있는 설비가 구비되어 있는 것은 제외 할 수 있다.
> • 크레인 거더 또는 수평 지브위에 설치된 트롤리 및 그 밖에 장치의 횡행 및 수평지브의 선회에 설치되는 통로부분은 바닥면으로부터 높이 90cm 이상의 튼튼한 손잡이로 된 난간이 설치되어야 하고 중간대 및 바닥면으로부터 높이 10cm 이상의 발끝막이판을 설치할 것
> • 바닥면은 미끄러지거나 넘어지는 등의 위험이 없는 구조일 것

05 크레인의 권상용 와이어로프는 달기기구 및 지브의 위치가 가장 아래쪽에 위치할 때 드럼에 몇 바퀴 이상 감기어 남아 있어야 하는가?

① 1바퀴
② 2바퀴
③ 3바퀴
④ 4바퀴

> 드럼은 훅의 위치가 가장 낮은 곳에 위치할 때 클램프 고정이 되지 않은 로프가 드럼에 2바퀴 이상 남아 있어야 하며, 훅의 위치가 가장 높은 곳에 위치할 때 해당 감김 층에 대하여 감기지 않고 남아있는 여유가 1바퀴 이상인 구조여야 한다.

06 나사형 권과방지장치를 설명한 것으로 틀린 것은?

① 권상드럼의 회전수와 관계가 없다.
② 상하한 전양정에서 작동하므로 정지 정도가 나쁘다.
③ 와이어로프를 교환한 경우에는 권과방지장치를 재조정하여야 한다.
④ 스프로킷을 교환하는 경우에 기어의 치수를 변경시키면 양정 간격을 확보할 수 없다.

> 스크루식(나사식)은 드럼의 회전에 의하여 작동하며, 연동장치에 의해 피드나사가 회전하면 그것과 맞물리는 너트(nut)가 이동하여 개폐기의 레버를 움직여 접점에 개폐를 행하는 방식으로 권상드럼의 회전수와 비례하여 이동한다.

07 권선의 변환·수리 시 잘못해서 계자의 회전방향을 거꾸로 결선하면 역전하여 위험하므로 이런 경우 회로를 자동적으로 차단하는 기기는?

① 무전압 보호장치
② 타임 릴레이
③ 역상 보호계전기
④ 역전 연동기

08 천장크레인의 제어반 구조로 틀린 것은?

① 내부 배선은 전용의 단자를 사용할 것
② 외함의 구조는 충전부가 노출되도록 오픈형일 것
③ 제어반에는 과전류 보호용 차단기 또는 퓨즈가 설치되어 있을 것
④ 제어반에는 제어반의 명칭, 전원의 정격이 표시된 이름판을 각각 붙일 것

> 제어반 외함의 구조는 충전부가 노출되지 않도록 폐쇄형이어야 한다.

09 유압 압상 브레이크(Thruster Brake)의 설명 중 틀린 것은?

① 전동기, 원심펌프, 실린더, 피스톤으로 구성되어 있다.
② 유압을 발생시켜 압상력을 얻어 제동이 일어난다.
③ 전자 브레이크에 비해 충격이 작아 각부의 파손 및 마모가 적다.
④ 동작시간이 빨라 속도제어용으로 사용하는 것이 아니고, 오로지 정지의 목적으로만 사용한다.

> 유압 압상 브레이크는 권상장치에 사용되며, 속도제어용으로 사용한다.

10 작업 중 와이어로프 등이 훅에서 이탈되는 것을 방지하기 위하여 훅에 설치되는 장치는?

① 권과방지장치
② 감속장치
③ 해지장치
④ 제동장치

> 훅 해지장치는 와이어로프가 훅에서 이탈되는 것을 방지하기 위해 설치되는 장치이다.

11 버퍼 스토퍼(Buffer Stopper)에 대한 설명으로 맞는 것은?

① 경질고무나 스프링 또는 유압을 이용하여 충돌시 완충시켜 주는 장치이다.
② 전기식과 기계식이 있다.
③ 권상장치에 부착하는 안전장치이다.
④ 차륜에 부착하여 차륜의 마모를 방지해 준다.

> 주행 버퍼스토퍼는 경질고무나 스프링 또는 유압을 이용하여 서로 충돌 시 충격을 완화시켜 주는 장치이다.

12 천장크레인의 주행레일의 연결부 틈새는 몇 [mm] 이하여야 하는가?

① 10
② 15
③ 3
④ 5

> 주행레일
> • 연결부의 틈새는 천정크레인은 3mm, 기타 크레인은 5mm 이하일 것
> • 레일 연결부의 엇갈림은 상하 0.5mm 이하, 좌우 0.5mm 이하일 것
> • 레일측면의 마모는 원래 규격치수의 10% 이내일 것
> • 주행레일의 높이편차는 기준면으로부터 최대 ±10mm 이내이고, 좌우레일의 수평차는 10mm 이내, 레일의 구배량은 주행길이 2m 마다 2mm를 초과하지 않을 것
> • 주행레일의 진직도는 전 주행길이에 걸쳐 최대 10mm이내이고, 수평방향의 휨 량은 주행길이 2m마다 ±1mm 이내일 것

13 천장크레인 운전실의 구비조건과 가장 거리가 먼 것은?

① 운전실에는 적절한 조명을 갖출 것
② 운전실은 달기기구의 흔들림과 연동되도록 트롤리에 설치할 것
③ 운전자가 안전한 운전을 할 수 있는 충분한 시야를 확보할 수 있을 것
④ 운전자가 용이하게 조작할 수 있는 위치에 개폐기 및 경보 장치 등을 설치할 것

🔍 운전실 또는 운전대의 구조
- 운전자가 안전한 운전을 할 수 있는 충분한 시야를 확보할 수 있을 것
- 운전자가 쉽게 조작할 수 있는 위치에 개폐기, 제어기, 브레이크, 경보장치 등을 설치할 것
- 운전자가 접촉하는 것에 의해 감전위험이 있는 충전부분에는 감전방지를 위한 덮개나 울을 설치할 것
- 분진이 현저하게 발산하는 장소에 설치하는 크레인의 운전실은 분진의 침입을 방지할 수 있는 구조일 것
- 물체의 낙하, 비래 등의 위험이 있는 장소에 설치되는 크레인의 운전대에는 안전망 등 안전한 조치를 할 것
- 운전실 등은 훅 등의 달기기구와 간섭되지 않아야 하며 흔들림이 없도록 견고하게 고정할 것

14 횡행레일 양 끝에 설치하는 횡행차륜 정지용 스토퍼(Stopper)의 높이는?

① 횡행차륜 지름의 1/2 이상
② 횡행차륜 지름의 1/3 이상
③ 횡행차륜 지름의 1/4 이상
④ 횡행차륜 지름의 1/5 이상

🔍 레일의 정지기구
- 크레인의 횡행레일에는 양끝부분 또는 이에 준하는 장소에 완충장치, 완충재 또는 해당 크레인 횡행 차륜 지름의 4분의 1 이상 높이의 정지 기구를 설치해야 한다.
- 크레인의 주행레일에는 양끝부분 또는 이에 준하는 장소에 완충장치, 완충재 또는 해당 크레인 주행 차륜 지름의 2분의 1 이상 높이의 정지 기구를 설치해야 한다.

15 천장크레인 주행용 레일(Rail)의 구배량은?

① 주행길이 2m당 0.5mm를 초과하지 않을 것
② 주행길이 2m당 2mm를 초과하지 않을 것
③ 주행길이 10m당 1mm를 초과하지 않을 것
④ 주행길이 10m당 2mm를 초과하지 않을 것

🔍 주행레일의 높이편차는 기준면으로부터 최대 ±10mm 이내이고, 좌우레일의 수평차는 10mm 이내, 레일의 구배량은 주행길이 2m 마다 2mm를 초과하지 않아야 한다.

16 옥내에 설치된 크레인에서 횡행을 제동하기 위한 브레이크를 설치하지 않아도 되는 속도는?

① 20m/min 이하   ② 30m/min 이하
③ 40m/min 이하   ④ 50m/min 이하

🔍 크레인은 횡행을 제동하기 위한 브레이크를 설치해야 한다. 다만, 횡행속도가 매분당 20m 이하로서 옥내에 설치되거나 인력으로 횡행되는 크레인에는 적용하지 않는다.

17 천장크레인의 횡행장치는?

① 크레인 전체를 움직이기 위한 장치이다.
② 크레인에서 짐을 들어 올리거나 내리기 위한 장치이다.
③ 센터포스트를 중심으로 선회하기 위한 장치이다.
④ 크래브 또는 트롤리를 크레인의 거더 위에서 수평방향으로 이동시키기 위한 장치이다.

🔍 주행(travelling)이란 크레인 일체가 이동하는 것을 말하며, 횡행(traversing)이란 크래브(crab) 또는 트롤리(trolley)가 거더, 트랙, 로프, 지브 등을 따라 이동하는 것을 말한다.

18 천장크레인 권상장치의 주요 구성요소에 해당하지 않는 것은?

① 전동기   ② 감속기
③ 브레이크   ④ 경보장치

🔍 권상장치의 구성요소는 전동기, 감속기, 브레이크 등이다.

19 다음 중 크레인에서 사용하는 훅의 일반적인 재질은?

① 기계구조용 탄소강
② 구조용 고장력 탄소강
③ 용접 구조용 압연강
④ 리벳용 원형강

🔍 훅의 재질로는 탄소강 단강품이나 기계구조용 탄소강을 사용한다.

20 전동기의 보호, 제어 및 전원의 개폐를 목적으로 설치된 것은?

① 권과방지장치   ② 배전함
③ 집전장치   ④ 리미트 스위치

🔍 배전함은 전동기의 보호, 제어 및 전원의 개폐를 목적으로 설치된다.

21 배선 및 전기기기의 점검·정비를 위하여 측정 장비로 널리 활용되는 것은?

① 충전기
② 변압기
③ 멀티테스터
④ 청진기

> 멀티테스터는 하나의 장치로 전류, 저항, 전압 등을 측정하는 장비로 사용한다.

22 슬라이딩 베어링에서는 원통 모양의 베어링 메탈을 끼워 사용하는데, 이것을 무엇이라고 하는가?

① 저널
② 롤러
③ 부시
④ 붐

> 부시는 파이프 모양으로 슬라이딩 베어링에 사용한다.

23 다음 중 급유주기가 가장 짧은 것은?

① 구름 베어링 하우징
② 개방치차
③ 부시(미끄럼 베어링)
④ 롤러 체인

> 부시(bush)의 급유 주기는 최소 8시간 이내이다.

24 천장크레인 운전 작업 시 전동기가 발열하는 원인이 아닌 것은?

① 사용빈도가 높을 경우
② 부하가 과대할 경우
③ 전압강하가 심할 경우
④ 단선되었을 경우

> 단선된 경우 전동기가 작동되지 않는다.

25 크레인 운전 시의 안전수칙으로 알맞지 않은 것은?

① 정격하중을 초과하는 작업 금지
② 매일 작업 개시 전 브레이크, 클러치, 컨트롤러 기능 및 와이어로프의 이상 여부 등을 점검
③ 지정된 신호수에 의해 명확한 신호를 받아 작업
④ 화물의 적재장소가 협소한 경우에는 통로 확보를 위해 권상한 상태를 유지

> 화물을 권상한 상태를 유지하는 것을 금지한다.

26 플렉시블 커플링 러버(Rubber)의 가장 주된 역할은?

① 유연성 및 쇼크 흡수성을 부여하기 위해서
② 커플링 볼트를 보호하기 위해서
③ 브레이크 슈를 보호하기 위해서
④ 브레이크 모터의 센터링을 좋게 하기 위해서

> 플렉시블 커플링 러버는 두 개의 축을 정확히 일치시키기 어려울 때나 진동 및 충격을 흡수하는 목적으로 사용한다.

27 축은 그대로 두고 보스에만 홈을 판 키는?

① 새들키
② 평키
③ 성크키
④ 미끄럼키

> - 안장키(saddle key) : 축은 키홈을 절삭치 않고 보스에만 홈을 파서 사용하며, 극 경하중용으로 마찰력으로 고정시킨다.
> - 평키(flat key) : 축에 자리만 평편하게 가공하며 보스에 기울기(1/100)가 있다. 경하중에 쓰이며, 안장 키이 보다는 강하다.
> - 묻힘키(sunk key)
>   - 드라이빙키 : 축과 보스에 다 같이 홈을 파서 사용하며, 기울기가 1/100이며, 해머로 때려 박는다.
>   - 세트키 : 축과 보스에 다 같이 홈을 파서 사용하며, 축심에 평행으로 끼우고 보스를 밀어 넣는다.
> - 패더키(feather key) : 묻힘키의 일종으로 미끄럼키라고도 한다. 축방향으로 보스의 이동이 가능하며 보스와의 간격이 있어 회전 중 이탈을 막기 위해 고정하는 수가 많다.

28 권선형 유도전동기의 속도조정 목적으로 사용되는 것은?

① 슬립링
② 회전자
③ 고정자
④ 2차 저항기

> 2차 저항기는 권선형 유도전동기의 속도조정을 목적으로 사용된다.

29 다음 절연재료의 종류 중 가장 높은 온도 상승에 견딜 수 있는 것은?

① A종
② B종
③ E종
④ F종

절연의 종류	허용 최고온도(℃)
Y종	90
A종	105
E종	120
B종	130
F종	155
H종	180
C종	180 초과

절연의 종류 및 허용 최고온도

30 퓨즈(Fuse)의 설명으로 가장 거리가 먼 것은?

① 전기회로 보호장치이다.
② 퓨즈의 재료는 주석과 납 등이 있다.
③ 퓨즈는 회로에 병렬로 연결한다.
④ 과대전류가 흐르면 녹아 끊어져 전류를 차단한다.

퓨즈는 회로에 직렬로 연결한다.

31 다음 중 산업안전보건법상 크레인의 최초 검사 후 안전검사 주기는?(단, 건설현장에서 사용하지 아니함을 전제한다.)

① 2년에 1회
② 1년에 1회
③ 1년에 2회
④ 1년에 4회

크레인은 사업장에 설치가 끝난 날부터 3년 이내 최초 안전검사를 하고, 그 이후부터는 2년 마다 안전검사를 실시한다.

32 비교적 대용량의 크레인에 사용하는 트롤리선의 종류는?

① 경동 트롤리선 ② 앵글 트롤리선
③ 레일 트롤리선 ④ 황경동 트롤리선

트롤리선의 종류
• 경동 트롤리선 : 중·소형 천장크레인에 사용
• 앵글 동바 트롤리선 : 앵글에 구리판을 부착한 것
• 레일 트롤리선 : 레일에 구리판을 부착 또는 레일을 직접 이용한 것. 대용량 크레인에 사용

33 구름 베어링 하우징에 1/3 정도 그리스를 급유하면 일반적으로 몇 시간 후 재급유를 하여야 하는가?

① 약 1,000시간 ② 약 2,000시간
③ 약 3,000시간 ④ 약 4,000시간

구름베어링 하우징에 1/3 정도 그리스를 급유하면 약 2,000시간 사용가능하다.

34 전동기 회전수를 구하는 계산식은? (단, N : 회전수, f : 주파수, P : 극수, s : slip)

① $N = 120\dfrac{f}{P}(1-s)$
② $N = 120\dfrac{P}{f}(1-s)$
③ $N = \dfrac{f}{120}P(10-s)$
④ $N = 120\dfrac{P}{(1-s)} \times f$

35 천장크레인 전장품(電裝品)의 예비품으로 반드시 확보되지 않아도 되는 것은?

① 전자접촉기 팁과 코일
② 브레이크 라이닝과 코일
③ 터미널 박스와 주 인입 개폐기
④ 퓨즈와 램프

36 운전작업 중의 일반사항으로 틀리게 설명한 것은?

① 운전 중에 운전수는 짐이나 작업 장소로부터 주의력을 다른 곳으로 돌려서는 안 된다.
② 운전 중 전원이 차단되면 즉시 제어기를 OFF 위치에 놓아야 한다.
③ 주행 시작시마다 사이렌을 울려 여러 사람에게 주의하게 해야 한다.
④ 옆 크레인의 스러스트 브레이크가 OFF일 때 운전자가 없으면 조금씩 밀어나가는 작업은 무방하다.

운전자가 없이 밀어나가는 작업을 하면 안 된다.

37 크레인 운전자가 갖추어야 할 기본사항이 아닌 것은?

① 크레인을 설계할 수 있는 능력이 있어야 한다.
② 크레인의 올바른 운전방법을 습득하여야 한다.
③ 크레인 관련 법령, 지침을 충분히 이해한다.
④ 크레인의 동작특성을 충분히 이해한다.

🔍 크레인을 설계하는 능력은 크레인설계자가 하는 일이다.

38 두 축이 서로 직접 교차하여 맞물려 돌아가는 기어는?

① 평 기어   ② 내접 기어
③ 베벨 기어 ④ 더블 헬리컬 기어

🔍 베벨기어는 두 축이 직각으로 만나고, 축이 교차할 때의 동력을 전달하는데 사용한다.

39 전동기를 접지하는 목적으로 가장 적합한 것은?

① 감전을 방지하기 위해
② 누전을 방지하기 위해
③ 전동기의 과열을 방지하기 위해
④ 전동기에 전기를 공급하기 위해

🔍 전동기에 의한 감전을 방지하기 위해 필요한 설비가 접지이다.

40 동력전달용 나사에서 사다리꼴나사의 특징이 아닌 것은?

① 사각나사보다 제작이 어렵고 정밀도가 낮다.
② 마모에 대한 조정이 쉽다.
③ 동력전달이 정확하다.
④ 강도가 크다.

🔍 사다리꼴나사는 사각나사보다 제작이 쉽고 정밀도가 높다.

41 안전율을 구하는 공식으로 맞는 것은?

① 안전율 = 이동하중/고정하중
② 안전율 = 시험하중/정격하중
③ 안전율 = 사용하중/절단하중
④ 안전율 = 절단하중/사용하중

🔍 안전율(=안전계수) = 절단하중/사용(정격, 안전) 하중

42 줄걸이 용구에 해당되지 않는 것은?

① 와이어로프(Wire Rope)
② 조인트(Joint)
③ 체인(Chain)
④ 새클(Shackle)

🔍 조인트는 축끼리 연결에 사용한다.

43 줄걸이 와이어로프의 끝단 처리방법과 그 효율이 옳게 짝지어진 것은?

① 소켓고정 : 100%
② 코터(쐐기)고정 : 100%
③ 클립고정 : 90%~95%
④ 아이 스플라이스(Eye Splice)고정 : 65%~70%

🔍 줄걸이 와이어로프 끝단 처리방법과 효율
- 소켓 고정 : 100%
- 코터(쐐기) 고정 : 65~70%
- 클립 고정 : 80~85%
- 아이스플라이스 고정 : 75~90%

44 와이어로프 랭꼬임에 대한 설명으로 틀린 것은?

① 보통꼬임보다 손상도가 적다.
② 보통꼬임에 비하여 킹크를 잘 일으키지 않는다.
③ 로프의 꼬임방향과 스트랜드의 꼬임방향이 같다.
④ 보통꼬임보다 사용 수명이 길다.

🔍 랭꼬임의 특징
- 스트랜드와 소선의 꼬임 방향이 같다.
- 소선과 외부 접촉 면적이 길어서 마모가 적고, 유연하며 수명이 길다.
- 꼬임이 풀리기 쉽고, 킹크(kink) 발생이 쉽다.

45 와이어로프 선정에 있어서 고려할 사항으로 가장 거리가 먼 것은?

① 차륜의 답면   ② 사용상의 마모
③ 사용 빈도   ④ 하중의 종류

🔍 와이어로프 선정 시 고려할 사항은 사용상의 마모, 사용빈도, 하중의 종류 등이 있다.

46 〈그림〉과 같이 주먹을 머리에 대고 떼었다 붙였다 하여 호각을 짧게, 길게 부는 신호 방법은?

① 보권사용　　② 주권사용
③ 위로 올리기　④ 작업완료

47 와이어로프 사용 중 (+)킹크(kink) 현상이 발생했다면 이 로프의 절단하중은 신품 기준으로 몇 [%] 저하되었는가?

① 약 90~95%　② 약 50~80%
③ 약 20~40%　④ 변함없다.

🔍 킹크에 의한 절단하중의 감소율

와이어로프상태	감소율(%)
킹크 없음	0
(+) 킹크	25~40
(-) 킹크	50~80

48 와이어로프 지름일 가늘 때 사용하는 짝감아 걸이는?

① 　②
③ 　④

49 다음 〈그림〉과 같이 1,500kgf의 짐을 90°로 걸어 올렸을 때, 한 줄에 걸리는 무게는 약 몇 [kgf]인가?

① 1,500　② 1,350
③ 1,060　④ 750

🔍 1줄에 걸리는 하중 = $\dfrac{\text{부하물의 하중}}{\text{줄걸이 수} \times \text{조각도}} = \dfrac{1500}{2 \times \cos\dfrac{90°}{2}}$
$= \dfrac{1500}{2 \times \cos 45°} ≒ 1060[kgf]$

50 줄걸이 작업 시 짐을 매달아 올릴 때 주의사항으로 맞지 않는 것은?

① 매다는 각도는 60° 이내로 한다.
② 짐을 전도시킬 때는 가급적 주위를 넓게 하여 실시한다.
③ 큰 짐 위에 작은 짐을 얹어서 짐이 떨어지지 않도록 한다.
④ 전도 작업 도중 중심이 달라질 때는 와이어로프 등이 미끄러지지 않도록 주의한다.

🔍 큰 짐 위에 작은 짐을 얹으면 떨어지기 쉬우므로 떨어지지 않도록 매어두는 것이 좋다.

51 작업 시 준수해야 할 안전사항으로 틀린 것은?

① 대형 물건의 기중 작업 시 신호 확인을 철저히 할 것
② 고장 중인 기기에는 표시를 해 둘 것
③ 정전시에는 반드시 전원을 차단할 것
④ 자리를 비울 때 장비 작동은 자동으로 할 것

🔍 운전석을 비울 때 훅은 최대한 올려놓은 상태이어야 한다.

52 크레인으로 중량물을 운반할 때의 주의사항으로 틀린 것은?

① 시선은 반드시 운반물만을 주시한다.
② 운반물이 추락하지 않도록 한다.
③ 규정 무게를 초과하여 들어 올리지 않는다.
④ 운반물이 흔들리지 않도록 한다.

🔍 크레인 운전자의 시선을 주위를 넓게 바라보아야 한다.

53 6각 볼트·너트를 조이고 풀 때 가장 적합한 공구는?

① 바이스　　② 플라이어
③ 드라이버　④ 복스렌치

> 복스렌치는 공구의 끝부분이 볼트나 너트를 완전히 감싸게 되어 있는 형태의 렌치이다.

54 사고의 원인 중 가장 많은 부분을 차지하는 것은?

① 불가항력　　② 불안전한 환경
③ 불안전한 행동　④ 불안전한 지시

> 사고를 많이 발생시키는 순서는 불안전한 행동 – 불안전한 조건 – 불가항력 순이다.

55 작업 개시 전에 실시하는 훅(Hook)의 점검기준이 아닌 것은?

① 균열이 없는 것을 사용할 것
② 개구부가 원래 간격의 5%를 초과하지 않을 것
③ 단면 지름의 감소가 원래 지름의 5%를 초과하지 않을 것
④ 두부 및 만곡의 내측에 홈이 있는 것을 사용할 것

> 훅 블록 또는 달기기구
> • 훅 본체는 균열 또는 변형 등이 없어야 하고, 국부마모는 원 치수의 5% 이내일 것
> • 훅 블록 또는 달기기구에는 정격하중이 표기되어 있을 것
> • 볼트, 너트 등은 풀림 또는 탈락이 없을 것
> • 해지장치는 균열, 변형 등이 없을 것

56 화재 시 연소의 주요 3요소로 틀린 것은?

① 고압　　　② 가연물
③ 점화원　　④ 산소

> 화재연소의 3요소는 가연물, 점화원, 산소이다.

57 다음 중 장갑을 끼고 작업할 때 가장 위험한 작업은?

① 건설기계 운전 작업　② 타이어 교환 작업
③ 해머 작업　　　　　④ 오일 교환 작업

> 장갑을 착용해서는 안 되는 작업 : 연삭 작업, 해머 작업, 드릴 작업, 정밀기계 작업

58 가스용접 시 사용하는 봄베의 안전수칙으로 틀린 것은?

① 봄베를 넘어뜨리지 않는다.
② 봄베를 던지지 않는다.
③ 산소 봄베는 40℃ 이하에서 보관한다.
④ 봄베 몸통에는 녹슬지 않도록 그리스를 바른다.

> 봄베 몸통에 녹 방지를 위해 그리스나 오일을 바르면 폭발할 수 있다.

59 근로자 1,000명당 1년간에 발생하는 재해자 수를 나타낸 것은?

① 도수율　　② 강도율
③ 연천인율　④ 사고율

> 연천인율 = $\dfrac{재해자수}{평균근로자수} \times 1000$

60 작업환경 개선방법으로 가장 거리가 먼 것은?

① 채광을 좋게 한다.
② 조명을 밝게 한다.
③ 부품을 신품으로 모두 교환한다.
④ 소음을 줄인다.

> 작업환경은 작업시간 · 작업방법 · 작업자세 등 작업조건과 작업상태를 의미한다.

정답 2014년 4회

01 ①	02 ①	03 ④	04 ②	05 ②
06 ①	07 ③	08 ②	09 ④	10 ③
11 ①	12 ③	13 ②	14 ③	15 ②
16 ①	17 ④	18 ②	19 ①	20 ②
21 ③	22 ③	23 ②	24 ④	25 ④
26 ①	27 ③	28 ②	29 ④	30 ③
31 ①	32 ③	33 ②	34 ①	35 ③
36 ④	37 ①	38 ②	39 ①	40 ①
41 ④	42 ②	43 ①	44 ②	45 ①
46 ②	47 ③	48 ①	49 ③	50 ①
51 ④	52 ①	53 ②	54 ③	55 ④
56 ①	57 ③	58 ④	59 ③	60 ③

2015년 1회 공단 기출문제

01 천장크레인의 용량은 정격하중과 스팬으로 표기하는 것이 보통이지만 한 가지를 더 추가한다면?

① 양정 ② 권상속도
③ 횡행속도 ④ 주행속도

> 천장크레인의 용량은 정격하중(주권과 보권), 스팬의 길이와 천장크레인의 높이를 나타내는 양정으로 표기한다.

02 다음 중 크레인의 훅 블록 또는 달기구의 구비조건이 아닌 것은?

① 훅의 국부 마모는 원치수의 10% 이내일 것
② 훅 블록에는 정격하중이 표기 되어 있을 것
③ 훅 부의 볼트, 너트 등은 풀림, 탈락이 없을 것
④ 훅 해지 장치는 균열, 변형 등이 없을 것

> 훅 블록 또는 달기기구
> • 훅 본체는 균열 또는 변형 등이 없어야 하고, 국부마모는 원치수의 5% 이내일 것
> • 훅 블록 또는 달기기구에는 정격하중이 표기되어 있을 것
> • 볼트, 너트 등은 풀림 또는 탈락이 없을 것
> • 해지장치는 균열, 변형 등이 없을 것

03 크레인 권상 브레이크의 제동 토크는 정격하중에 상당하는 하중을 걸고 권상 시 권상 토크의 몇 배 이상 이어야 하는가?

① 1.5배 ② 2배
③ 2.5배 ④ 3배

> 제동토크(torque) 값(권상 또는 기복장치에 2개 이상의 브레이크가 설치되어 있을 때는 각각의 브레이크 제동토크 값을 합한 값)은 크레인의 정격하중에 상당하는 하중을 권상 시 해당 크레인의 권상 또는 기복장치의 토크 값(당해 토크 값이 2개 이상 있을 때는 그 값 중 최대의 값)의 1.5배 이상이어야 한다.

04 크레인의 과부하 방지장치용 시브 피치원 직경과 통과하는 와이어로프 지름의 비는 얼마 이상이어야 하는가?

① 2 이상 ② 3 이상
③ 4 이상 ④ 5 이상

> 권상장치 등의 이퀄라이저 시브 피치원 직경과 해당 이퀄라이저 시브(sheave)를 통과하는 와이어로프 지름과의 비는 10 이상으로 하고, 과부하방지 장치용의 시브 피치원 직경과 해당 시브를 통과하는 와이어로프 지름과의 비는 5 이상으로 할 수 있다.

05 천장크레인 구동축의 안전조건과 가장 거리가 먼 것은?

① 축은 변형 또는 마모가 없을 것
② 축에 가공된 키 홈은 균열 또는 변형이 없을 것
③ 축에 사용된 키는 풀림, 빠짐 및 변형이 없을 것
④ 축심은 축의 회전속도와 비례하는 진동을 할 것

> 크레인의 구동축의 축심은 축을 회전시켰을 때 진동이 없어야 한다.

06 거더 중 부식에 강하며 대 하중, 편심 하중을 받는데 가장 유리한 것은?

① 플레이트 거더 ② 트러스 거더
③ 박스 거더 ④ 강관구조 거더

> 박스 거더는 전면을 강판으로 둘러싸인 박스모양으로 공간 이용이 용이하고, 부식에 강하며, 중형 이상의 용량(20~50톤)인 크레인에 주로 사용된다.

07 크레인에 사용되는 훅에 대한 설명 중 틀린 것은?

① 훅의 재질은 단조강을 사용한다.
② 양훅은 일반적으로 소형 크레인(소용량)에 사용된다.
③ 장기간 사용하면 벤딩, 경화가 일어나므로 일정기간 사용 후 소둔 처리한다.
④ 훅은 사용 상태에 따라 편훅과 양훅이 있다.

> 훅은 매다는 하중이 50톤 이하 일 때는 편훅을 사용하고, 50톤 이상 일 때는 양훅을 사용한다.

08 직류전동기가 아닌 것은?

① 분권전동기   ② 농형 유도전동기
③ 복권전동기   ④ 직권전동기

> 전동기 종류 : 직류전동기(DC)는 직권·분권·복권전동기가 있고, 교류전동기(AC)는 농형·권선형 전동기가 있다.

09 드럼 홈의 지름은 와이어로프의 공칭지름보다 몇 [%] 크게 하는 것이 좋은가?

① 10   ② 20
③ 30   ④ 40

> 와이어로프 드럼 본체의 홈은 와이어로프 공칭지름보다 10% 크게 제작한다.

10 천장크레인 운전실에 대한 설명으로 옳지 않은 것은?

① 거더의 한쪽 끝 상단부에 설치한다.
② 운전실 내부에는 배전반, 제어기, 브레이크 페달 등이 운전에 편리하도록 배치되어 있다.
③ 개방형은 단열을 하지 않는다.
④ 밀폐형은 매연, 혹서·혹한 시에 대한 대책을 세울 수 있다.

> 천장크레인의 운전실은 거더의 한쪽 끝 하단부에 설치하고, 내부에는 배전반, 제어기, 브레이크 페달 등이 배치되어 있다.

11 브레이크 드럼과 라이닝에 대하여 기술한 것이다. 틀린 것은?

① 드럼의 제동 면이 과열하면 마찰계수가 증가한다.
② 드럼과 라이닝의 간격은 드럼직경의 $\frac{1}{150}$ ~ $\frac{1}{200}$ 이다.
③ 드럼은 열팽창에 의하여 직경 변화가 있다.
④ 드럼 제동면의 요철이 2mm에 도달하면 가공 또는 교환하여야 한다.

> 브레이크 드럼의 제동면이 과열하면 마찰계수가 감소하여 라이닝 재질이 변하므로 150℃를 초과하면 안 된다.

12 크레인 권상장치용 제한 개폐기(limit switch)에 대한 설명으로 맞는 것은?

① 전기적으로 되어 있으므로 고장이 없다.
② 드럼에 로프가 과권이 될 경우 전류를 차단하여 회전을 정지시키는 장치이다.
③ 드럼의 회전수를 조정하는 장치이다.
④ 필히 주전원을 연결하고 조정 작업을 하여야 한다.

> 리미트 스위치는 권상, 횡행, 주행 등 각 장치의 운동에 대한 과행방지기구로 권상용의 경우 로프가 과권이 될 때 전류를 차단하여 드럼 회전을 정지시키는 장치이다.

13 비상정지장치에 대한 설명으로 부적합한 것은?

① 비상 시 조작할 경우에만 작동된다.
② 운전자가 조작 가능한 위치에 설치한다.
③ 작동된 경우에는 동력이 차단되어야 한다.
④ 위험구역에 접근하면 자동으로 작동되어야 한다.

> 비상정지장치는 천장크레인 작동 중 돌발상황이 발생되어 안전사고의 위험이 있을 때 그 상황을 인지한 운전자나 지상의 작업자가 비상스위치를 눌러 크레인을 정지시키는 장치이다.

14 비상정지장치가 작동된 후의 상태가 아닌 것은?

① 주행레버의 작동불능상태
② 횡행레버의 작동불능상태
③ 권상레버의 작동불능상태
④ 모든 조명의 소등상태

> 비상정지장치가 작동되면 작동 중인 크레인에 연결된 동력이 차단되어 모든 기기가 작동불능상태가 되지만 모든 조명은 소등이 되지 않는다.

15 천장크레인 좌우 차륜의 직경 차 한도로 알맞은 것은?

① 구동륜 - 원치수의 0.3%, 종동륜 - 원치수의 0.5%
② 구동륜 - 원치수의 0.2%, 종동륜 - 원치수의 0.5%

③ 구동륜 - 원치수의 0.3%, 종동륜 - 원치수의 0.2%
④ 구동륜 - 원치수의 0.2%, 종동륜 - 원치수의 0.3%

> 🔍 크레인 좌우 주행차륜의 직경차이 한도는 구동륜은 원치수의 0.2% 이고, 종동륜은 원치수의 0.5% 이내 이다. 또한 차륜직경의 마모한도는 원치수의 3% 이내이다.

16 제어기(Controller)의 설명으로 옳지 않은 것은?

① 전동기의 1차와 2차 제어를 실시하는 것을 직접 가역제어기라 한다.
② 1차의 보조회로를 직접 접촉하여 전자코일을 제어하는 것을 마스터 컨트롤러라 한다.
③ 핸들의 외형 구조에 따라 크랭크식과 레버식이 있다.
④ 제어조작기구에 따라 드럼형과 캠형의 두 종류가 있다.

> 🔍 제어기는 전동기의 1차와 2차 제어를 직접하는 직접가역식과 1차의 주회로를 전자접촉으로 전자코일을 제어하는 마스터 컨트롤러(master controller)가 있다.

17 전동기에 대한 설명으로 옳지 않는 것은?

① 교류전동기는 기동회전력이 크고 부하의 변동에 따라 속도가 변화하는 정출력 특성이 있으므로 크레인의 감아돌림, 프로펠러, 팬 등에 사용된다.
② 교류 권선형 유도전동기는 고정자 및 회전자의 양쪽에 권선이 있으며, 이 회전자의 권선에 슬립 링을 통해서 외부저항을 증감하면 부하를 걸었을 때 속도를 가감할 수 있다.
③ 직류전동기에서 전기자는 회전부분을 가리키며, 코일이 들어가는 슬롯이 있는 성층철심으로 구성된다.
④ 교류전동기 고정자의 슬롯에 넣은 코일은 위상이라는 3개의 권선을 형성하도록 연결되어 있다.

> 🔍 보기 ①항은 교류전동기가 아닌 직류 직권전동기의 특징이다.

18 크레인 용어 중 양정을 옳게 표현한 것은?

① 주행레일과 레일의 간격
② 횡행레일과 레일의 간격
③ 건물바닥이나 지상에서 크레인 상면까지의 거리
④ 상한 리미트 스위치 작동지점부터 하한 리미트 스위치 작동지점까지의 수직 거리

> 🔍 양정이란 훅을 권상 시 상한 리미트 스위치가 작동하는 최고의 높이에서 권하 시 하한 리미트 스위치가 작동하는 최저의 위치까지의 거리를 의미한다.

19 어떤 천장크레인의 시험하중이 110톤일 때 이 크레인으로 작업할 수 있는 하중의 범위는?

① 100톤 이하
② 120톤 이하
③ 125톤 이하
④ 175톤 이하

> 🔍 천장크레인의 시험하중은 정격하중의 110%(1.1배)이다.

20 과부하 방지장치의 구비조건이 아닌 것은?

① 안전인증품일 것
② 정격하중의 1.1배 권상 시 경보와 함께 권상, 횡행, 주행 동작이 불가능한 구조일 것
③ 과부하 시 운전자가 용이하게 조정할 수 있는 곳에 설치할 것
④ 임의로 조정할 수 없도록 봉인되어 있을 것

> 🔍 과부하 방지장치(안전밸브는 제외) 부착 기준
> • 안전인증품 일 것
> • 정격하중의 1.1배 권상 시 경보와 함께 권상동작이 정지되고 횡행, 주행동작 및 과부하를 증가시키는 동작이 불가능한 구조일 것. 다만, 지브형 크레인은 정격하중의 1.05배 권상 시 경보와 함께 권상동작이 정지되고 과부하를 증가시키는 동작이 불가능한 구조일 것
> • 임의로 조정할 수 없도록 봉인되어 있을 것
> • 시험시 풍속은 8.3m/s를 초과하지 않을 것
> • 접근하기 쉬운 장소에 설치해야 하며, 과부하 시 운전자가 용이하게 경보를 들을 수 있을 것
> • 과부하 방지장치는 한번 작동이 될 경우 과부하가 제거되고 해당 제어기가 중립 또는 정지위치로 돌아갈 때까지는 동작 상태를 유지 할 것

21 저항기에 있어서 중간속도로 장시간 운전할 경우 일어나는 현상에 대한 설명으로 가장 적합한 것은?

① 저항기의 온도가 상승한다.
② 전동기의 온도가 내려간다.
③ 다른 속도의 운전과 전동기 온도는 동일하다.
④ 정격속도로 운전하는 것보다 유리하다.

> 저항기는 크레인 작동 중 온도가 상승하며 그 허용값은 350℃ 정도이나 정지된 때에는 상온이다.

22 천장크레인의 운동속도에 대한 설명 중 틀린 것은?

① 권상장치에서 속도는 양정이 짧은 것과 권상능력이 큰 것은 빠르게 작동하도록 한다.
② 권상장치에서 속도는 하중이 가벼운 것보다 무거운 것을 느리게 작동되게 한다.
③ 위험물을 운반 시는 가능한 저속으로 운전함이 좋다.
④ 주행속도는 가능한 저속으로 운전하는 것이 좋다.

> 크레인의 권상장치에서 속도는 양정이 짧은 것과 권상능력이 큰 것은 느리게 작동하도록 하여야 한다.

23 다음 중 크레인의 안전작업과 거리가 먼 것은?

① 크레인의 탑승은 지정된 사다리를 이용한다.
② 신호수의 사소한 신호에도 주의를 한다.
③ 정격하중 이상의 중량물 권상을 금지한다.
④ 크레인의 정지 시는 신속한 정지를 위하여 역상제동을 사용한다.

> 크레인 정지 시 하물, 마그네트 등은 모두 정해진 위치에 내린 후 메인 스위치를 끈다.

24 변압기는 어떤 원리를 이용한 전기장치인가?

① 전자 유도작용   ② 전류의 화학작용
③ 정전 유도작용   ④ 전류의 발열작용

> 변압기는 전자 유도작용에 의하여 한편의 권선에 공급한 교류전기를 다른 편의 권선에 동일 주파수의 교류전기의 전압으로 변환시켜주는 역할을 한다.

25 전기 기기의 불꽃(Spark) 발생을 막기 위한 방법으로 틀린 것은?

① 스위치류의 개폐를 신속히 행한다.
② 스위치의 접촉면에 먼지나 이물질이 없도록 한다.
③ 접촉면을 매끄럽게 유지시킨다.
④ 교류보다 직류를 많이 사용해야 한다.

> 전기 스파크는 주파수가 클수록 많이 발생하고, 교류보다 직류에서 많이 발생하므로 교류전동기를 많이 사용하는 것이 좋다.

26 볼베어링에서 볼을 적당한 간격으로 유지시키는 것은?

① 부시(bush)
② 레이스(race)
③ 하우징(housing)
④ 리테이너(retainer)

> 볼베어링은 볼 또는 로울러와 볼과 볼의 간격을 유지하며 가이드 역할을 하는 리테이너로 구성되어 있다.

27 다음 구름 베어링에 대한 설명으로 틀린 것은?

① 과열의 위험이 적다.
② 마찰계수가 적고 동력 손실이 적다.
③ 윤활유가 적게 들고 급유에 드는 수고가 적다.
④ 저널의 길이를 짧게 할 수 있다.

> 회전축 또는 왕복운동을 하는 축을 지지하여 축에 작용하는 하중을 부담하는 요소를 베어링이라 하고, 베어링에 접촉된 부분을 저널이라 하는데, 구름 베어링은 저널의 길이를 짧게 할 수 없다.

28 양축이 동일평면 내에 있고, 그 축선이 30° 이하의 각도로 교차하는 경우에 사용되는 축 이음으로서 훅 조인트라고도 하며, 양축 단에 각각 요크(yoke)를 부착하고, 이것을 십자형의 핀으로 자유로이 회전할 수 있도록 연결한 축 이음은?

① 플렉시블 커플링
② 자재이음(유니버설 조인트)
③ 오울덤 커플링(Oldham's coupling)
④ 고정축이음

> 자재이음(유니버셜 조인트)은 두 축이 비교적 떨어진 위치에 있는 경우나 두 축의 각도(편각)가 큰 경우에 이 두 축을 연결하기 위하여 사용되는 축이음(커플링)의 일종이다.

29 운전 중 컨트롤러(Controller) 베어링에 기름이 마르거나 레버(Lever) 조정이 불량하였을 때 나타나는 현상으로 가장 적합한 것은?

① 스파크가 일어난다.
② 핸들(레버)이 무겁다.
③ 작동이 안 된다.
④ 정지한다.

> 운전 중 베어링에 윤활유가 없거나 레버의 조정이 불량하거나 이물이 혼입되어 있으면 핸들(레버)이 무겁다.

30 다음은 전동기 분해순서를 열거한 것이다. 바르게 순서대로 열거한 항목은?

ⓐ 외선 커버의 급유용 그리스 니플과 부속 파이프 및 외선 커버를 분해한다.
ⓑ 고정자와 회전자를 분리한 후 베어링을 뽑는다.
ⓒ 슬립링 측의 측함 커버 취부 볼트를 뽑은 후 슬립링 측의 베어링을 분해한다.
ⓓ 외선 팬을 뽑고 브라켓을 분리시킨다.

① ⓐ - ⓑ - ⓒ - ⓓ
② ⓐ - ⓒ - ⓑ - ⓓ
③ ⓓ - ⓐ - ⓑ - ⓒ
④ ⓐ - ⓒ - ⓓ - ⓑ

31 크레인 작업종료 시의 주의사항으로 틀린 것은?

① 크레인은 작업을 종료한 위치에 정지시켜 둔다.
② 주 배선용 차단기를 내려놓는다.
③ 전용의 줄 걸이 작업 용구를 사용하고 있는 경우는 소정의 위치에 내려놓는다.
④ 훅 블록은 작업자나 차량의 통행에 지장을 주지 않는 높이까지 권상시켜 둔다.

> 크레인 작업 종료 시 크레인을 정해진 위치에 정지하고 각 조작 레버 혹은 컨트롤러를 "0" 점에 놓은 후 부하측부터 전원측으로 NFB(no fuse breaker)를 차단시킨다.

32 다음은 기어에 대하여 서로 관계있는 것 끼리 묶어 놓았다. 틀린 것은?

① 두 축이 평행 - 헬리컬기어
② 두 축이 교차 - 인터널 기어(내 치차)
③ 두 축이 평행도 아니고 교차도 아님 - 웜기어
④ 두 축이 평행 - 스퍼기어(평 치차)

> 인터널 기어(내접기어)는 두 축의 회전 방향이 같으며 높은 감속비를 필요로 하는 곳에서 사용한다.

33 천장크레인의 자동 도유 장치는 일반적으로 어느 곳에 도유하는가?

① 주행 차륜 축
② 주행 차륜 보스
③ 주행 차륜 플랜지
④ 주행 레일기어

> 크레인의 자동 도유 장치는 상단에 있는 오일 통에서 호스를 통해 오일이 공급되며, 주행 차륜 플랜지에 적당량의 오일을 묻혀 레일 측면과 차륜 플랜지의 마모를 줄일 수 있다.

34 전기 저항의 설명으로 틀린 것은?

① 물질 속을 전류가 흐르기 쉬운가 어려운가의 정도를 표시하며, 단위는 옴(Ω)이다.
② 온도 1℃ 상승하였을 때 변화한 저항 값의 비가 재료의 고유저항 또는 비저항이다.
③ 도체의 저항은 그 길이에 비례하고 단면적에 반비례한다.
④ 도체의 접촉면에 생기는 접촉 저항이 크면 열이 발생하고 전류의 흐름이 떨어진다.

> 고유저항 또는 비저항은 단위면적당 단위길이당 도체의 전기저항을 말한다.

35 천장크레인에 사용하는 전원은 주로 몇 볼트를 사용하는가?

① 110
② 440
③ 540
④ 640

> 천장크레인에서 사용하는 전압은 220V, 440V, 3,300V 이지만, 주 사용전원은 440볼트이다.

36 Bearing의 식별기호이다. 안지름에 해당하는 번호는?

$$\underline{62}\ \underline{05}\ \cdot 2RSR\ \cdot \underline{N}\ \cdot \underline{C}$$
ⓐ ㉠ ㉡ ㉢ ㉣

① ㉠ ② ㉡
③ ㉢ ④ ㉣

🔍 ㉠ 형식번호와 지름번호(6 : 단열흡형, 2 : 경하중형), ㉡ 베어링 내경(안지름), ㉢ 베어링 외륜 외경

37 천장크레인을 급출발, 급정지하면 안 되는 사유와 가장 거리가 먼 것은?

① 크레인에 기계적 무리를 가하지 않도록 하기 위하여
② 갑자기 출발하면 인양 화물의 움직임이 비교적 적으므로
③ 취급 물건이 관성에 의하여 심하게 흔들리면 매우 위험하므로
④ 갑자기 과전류가 흘러 전기장치에 무리가 갈 수 있으므로

🔍 천장크레인을 급출발시키면 인양 화물의 움직임이 갑자기 커져 낙하 위험이 있다.

38 다음 중 브러시를 사용하지 않는 전동기는?

① 직류 전동기
② 권선형 유도전동기
③ 정류자 전동기
④ 농형 유도전동기

🔍 농형 유도전동기는 구조가 간단하고 튼튼하여 운전 중 성능은 좋으나, 기동 시 성능이 좋지 않아 슬로 스타터가 필요하지만 브러시를 사용하지는 않는다.

39 임시수리에 대해서 기술한 것으로 맞지 않는 것은?

① 순회검사에서 발견한 것으로 수리를 필요로 하는 사항
② 돌발적으로 생긴 고장에 대하여 바로 수리를 행하는 사항
③ 정기검사까지의 기간이 길 때 사용 정도에 따라서 중간에 국부적으로 검사 수리하는 사항
④ 고장이 생기지는 않았으나 운전자가 고장 가능성이 있다고 판단하고 수리하는 사항

🔍 ④항은 연간 정비사항이다.

40 운전 전 배전반의 점검 중 가장 옳은 것은?

① 파워(Power) 램프의 점등을 확인한다.
② 제어기를 운전하여 본다.
③ 크래브의 움직임을 확인한다.
④ 주행, 횡행 시의 요동 또는 속도를 확인한다.

🔍 크레인 운전 전 배전반 점검은 파워 램프의 점등 유무를 확인해야 한다.

41 와이어로프의 굵기는 무엇으로 나타내는가?

① 외접원의 직경   ② 원둘레
③ 스트랜드의 직경 ④ 내접원의 직경

🔍 와이어로프 지름(직경)을 측정할 때는 외접원을 측정하며 와이어로프의 단면적을 봤을 때는 직경이 큰 것을 측정한다.

42 권상용 체인으로 적합하지 않는 것은?

① 안전율이 5 이상일 것
② 연결된 5개의 링크를 측정하여 연신율이 제조 당시 길이의 7% 이하일 것
③ 링크 단면의 지름감소가 당해 체인의 제조 시보다 10% 이하일 것
④ 심한 부식이 없을 것

🔍 권상용 체인
• 안전율은 5 이상일 것
• 연결된 5개의 링크를 측정하여 연신율이 제조당시 길이의 5% 이하일 것(습동면의 마모량 포함)
• 링크 단면의 지름 감소가 해당 체인의 제조 시보다 10 % 이하일 것
• 균열이 없을 것
• 심한 부식이 없을 것
• 깨지거나 홈 모양의 결함이 없을 것
• 심한 변형 등이 없을 것

43 와이어로프의 교체시기가 아닌 것은?

① 녹이 생겨 심하게 부식된 것
② 소선의 수가 10% 이상 단선된 것
③ 공칭지름이 3% 초과 마모된 것
④ 킹크가 생긴 것

> 사용이 금지되는 와이어로프
> • 이음매가 있는 것
> • 와이어로프의 한 꼬임에서 끊어진 소선(素線)(필러선은 제외)의 수가 10% 이상(비자전로프의 경우에는 끊어진 소선의 수가 와이어로프 호칭지름의 6배 길이 이내에서 4개 이상이거나 호칭지름 30배 길이 이내에서 8개 이상)인 것
> • 지름의 감소가 공칭지름의 7%를 초과하는 것
> • 꼬인 것
> • 심하게 변형되거나 부식된 것
> • 열과 전기충격에 의해 손상된 것

44 천장크레인에서 하중이 40톤인 화물을 들어올리기 위해서는 와이어로프를 몇 가닥으로 해야 하는가?(단, 와이어로프의 직경은 20mm, 절단하중은 20톤, 자체무게는 0톤이며, 안전계수는 7로 한다.)

① 2가닥(2줄 걸이)
② 8가닥(8줄 걸이)
③ 14가닥(14줄 걸이)
④ 20가닥(20줄 걸이)

> • 와이어로프의 안전하중 = 절단하중/안전계수 = 20/7 = 2.857(톤)
> • 와이어로프의 가닥 수 = 부하물의 하중/안전하중 = 40/2.857 = 14[줄]

45 와이어로프 1줄 걸이 방법의 특징으로 틀린 것은?

① 짐의 중심 잡기가 용이하다.
② 작업이 용이하고 회전이 쉽다.
③ 달아올리는 순간 짐이 돌거나 이동하기 쉽다.
④ 짐이 한쪽으로 치우치면 동여 맨 로프에서 짐이 빠져 떨어질 위험이 있다.

> 와이어로프 1줄 걸이는 짐의 올바른 중심잡기가 어렵다.

46 가로 3m, 세로 2m, 높이 1m인 구리의 무게는 몇 [톤(ton)]인가?(단, 구리의 비중은 9로 한다.)

① 0.54
② 5.4
③ 54
④ 540

> 구리의 무게 = 체적×비중 = (3×2×1)×9 = 54[톤]이다.

47 와이어로프 구성기호 6×19의 설명으로 옳은 것은?

① 6은 소선수, 19는 스트랜드 수
② 6은 안전계수, 19는 절단하중
③ 6은 스트랜드수, 19는 절단하중
④ 6은 스트랜드수, 19는 소선수

> 와이어로프 구성기호는 스트랜드 수×소선 수 이므로, 구성기호 6×19 에서 6은 스트랜드 수 이고 19는 소선 수이다.

48 줄걸이 작업 시의 기본적인 주의사항으로 틀린 것은?

① 줄걸이 작업 중 훅은 운반물체의 중심 위에 위치시킬 것
② 권하 작업 시 급격한 충격을 피할 것
③ 줄걸이 각도는 원칙적으로 60° 이상으로 할 것
④ 권하 작업 시 안전사항을 눈으로 확인할 것

> 줄걸이 작업 시 줄걸이 각도는 원칙적으로 60° 이내로 한다.

49 크레인용 와이어로프에 대한 설명으로 틀린 것은?

① 와이어로프의 재질은 탄소강이며, 소선의 강도는 135~180kgf/mm^2 정도이다.
② 고열 작업용으로 스트랜드 한 줄을 심으로 하여 만든 로프도 있다.
③ 와이어로프의 꼬기와 스트랜드의 꼬기 방향이 반대인 것은 랭꼬임이라 한다.
④ 랭꼬임이 보통꼬임보다 손상율이 적으며, 장시간 사용에도 잘 견딘다.

> 와이어로프의 꼬기와 스트랜드의 꼬기가 같은 방향이면 랭꼬임이고, 꼬기 방향이 반대이면 보통꼬임이라 한다.

50 와이어로프 작업자가 줄걸이 작업을 실시할 때 짐의 중량에 따른 안전작업 방법이 아닌 것은?

① 짐의 중량을 어림짐작하여 작업한다.
② 정격하중을 넘는 무게의 짐을 매달지 않는다.
③ 상례적으로 정해진 짐의 전문적인 줄걸이 용구를 만들어 작업한다.
④ 짐의 중량 판단에 자신이 없을 때는 상급자에게 문의하여 작업한다.

> 와이어로프 작업자는 화물을 권상하고자 할 때 중량의 정확한 추정이 필요하다.

51 안전보건표지의 종류와 형태에서 〈그림〉의 안전 표지판이 나타내는 것은?

① 병원 표지　② 비상구 표지
③ 녹십자 표지　④ 안전지대 표지

> 안내표지의 종류

52 해머 사용 시 주의사항이 아닌 것은?

① 쐐기를 박아서 자루가 단단한 것을 사용한다.
② 기름 묻은 손으로 자루를 잡지 않는다.
③ 타격면이 닳아 경사진 것은 사용하지 않는다.
④ 처음에는 크게 휘두르고 차차 작게 휘두른다.

> 해머 작업을 할 때 처음에는 작게 휘두르고 차차 크게 휘두른다.

53 훅(Hook)의 점검과 관리 방법을 설명한 것 중 맞는 것은?

① 입구의 벌어짐이 5% 이상 된 것은 교환하여야 한다.
② 훅의 안전계수는 3 이하이다.
③ 훅의 마모, 균열 및 변형 등을 점검하여야 한다.
④ 훅의 마모는 와이어로프가 걸리는 곳에 5mm의 홈이 생기면 그라인딩 한다.

> 훅의 안전계수는 5 이상이고, 훅 입구의 벌어짐이 5% 이상 된 것은 폐기하여야 하며, 훅의 마모는 와이어로프가 걸리는 곳에 2mm 이상의 홈이 생기면 그라인딩한다.

54 볼트머리나 너트의 크기가 명확하지 않을 때나 가볍게 조이고 풀 때 사용하며 크기는 전체 길이로 표시하는 렌치는?

① 소켓 렌치
② 조정 렌치
③ 복스 렌치
④ 파이프 렌치

> 조정 렌치는 조(Jaw)의 폭을 자유로이 조정하여 사용할 수 있는 공구로 볼트·너트를 풀거나 조이는 작업에 사용하며, 호칭치수는 전체 길이로 나타낸다.

55 정비작업 시 안전에 가장 위배되는 것은?

① 깨끗하고 먼지가 없는 작업환경을 조성한다.
② 회전 부분에 옷이나 손이 닿지 않도록 한다.
③ 연료를 가득 채운 상태에서 연료통을 용접한다.
④ 가연성 물질을 취급 시 소화기를 준비한다.

> 연료를 채운 상태에서 연료통을 용접하면 폭발 및 화재의 위험이 있다.

56 다음 중 기계작업 시 적절한 안전거리를 가장 크게 유지해야 하는 것은?

① 프레스　② 선반
③ 절단기　④ 전동 띠톱 기계

> 전동 띠톱 기계는 비산물에 의한 재해 우려가 있으므로 안전 덮개를 씌우고 충분한 안전거리를 확보한 상태로 작업해야 한다.

57 구급처치 중에서 환자의 상태를 확인하는 사항과 가장 거리가 먼 것은?

① 의식
② 상처
③ 출혈
④ 격리

> 격리는 법정감염병, 검역감염병으로 부터의 감염을 방지하기 위해 환자나 보균자 등 타인에게 감염시킬 우려가 있는 사람을 일반의 사회생활 환경에서 분리하는 것은 의미하는 의학용어이다.

58 공장에서 엔진 등 중량물을 이동하려고 한다. 가장 좋은 방법은?

① 여러 사람이 들고 조용히 움직인다.
② 체인 블록이나 호이스트를 사용한다.
③ 로프로 묶어 인력으로 당긴다.
④ 지렛대를 이용하여 움직인다.

> 사람이 이동시킬 수 없는 무거운 중량물은 체인 블록이나 권상(호이스트)장치를 사용하는 것이 좋다.

59 화재의 분류가 옳게 된 것은?

① A급 화재 : 일반 가연물 화재
② B급 화재 : 금속 화재
③ C급 화재 : 유류 화재
④ D급 화재 : 전기 화재

> 화재의 분류
> • A급 화재 : 일반 가연물 화재
> • B급 화재 : 유류(기름) 화재
> • C급 화재 : 전기 화재
> • D급 화재 : 금속 화재

60 중량물을 들어 올리거나 내릴 때 손이나 발이 중량물과 지면 등에 끼어 발생하는 재해는?

① 낙하
② 충돌
③ 전도
④ 협착

> 협착은 기계의 움직이는 부분사이 또는 움직이는 부분과 고정 부분 사이에 신체 또는 신체의 일부분이 끼이거나 물리는 것을 의미한다.

정답 2015년 1회

01 ①	02 ①	03 ①	04 ④	05 ④
06 ③	07 ②	08 ②	09 ①	10 ①
11 ①	12 ②	13 ④	14 ①	15 ②
16 ②	17 ①	18 ④	19 ①	20 ③
21 ①	22 ①	23 ④	24 ①	25 ④
26 ④	27 ④	28 ②	29 ②	30 ④
31 ①	32 ②	33 ③	34 ②	35 ②
36 ②	37 ②	38 ④	39 ④	40 ①
41 ①	42 ②	43 ③	44 ③	45 ①
46 ③	47 ④	48 ③	49 ③	50 ①
51 ③	52 ④	53 ①, ③	54 ②	55 ③
56 ④	57 ④	58 ②	59 ①	60 ④

2015년 2회 공단 기출문제

01 마그넷 브레이크 점검결과 라이닝 두께가 30% 감소되었을 때 조치 방법으로 가장 적절한 것은?

① 스트로크를 조정한다.
② 라이닝을 교환한다.
③ 브레이크 드럼직경을 크게 한다.
④ 마모한도에 달할 때 까지 계속 사용한다.

> 브레이크 라이닝 두께의 마모한도는 50%까지 이므로 30% 감소되었으면 스트로크를 조정한 후 다시 사용한다.

02 천장크레인용 시브 홈의 마모 한도는?

① 와이어로프 원 직경의 50%
② 와이어로프 원 직경의 40%
③ 와이어로프 원 직경의 30%
④ 와이어로프 원 직경의 20%

> 시브
> • 시브 본체는 균열, 변형 등이 없을 것
> • 시브 홈은 이상 마모가 없어야 하고, 마모한도는 와이어로프 지름의 20% 이하일 것

03 리미트 스위치(Limit S/W)에 대한 설명 중 틀린 것은?

① 보통 권상장치에 사용하나, 필요에 따라 주행·횡행에도 설치·사용할 수 있다.
② 권하 시 리미트 스위치가 작동하는 지점은 드럼에 와이어로프가 약 3바퀴 정도 남아있는 지점이다.
③ 비상용 리미트 스위치는 상용 리미트 스위치가 고장이 났을 때 작동하는 것이다.
④ 횡행 리미트 스위치는 중추식이 이용된다.

> 중추형 리미트 스위치는 훅의 접촉으로 인하여 작동하는 비상용 스위치로 훅의 과상승 방지용으로 사용된다.

04 천장크레인에서 일반적으로 가장 널리 사용되는 차륜 구동방식으로 맞는 것은?

① 1륜과 3륜
② 3륜과 6륜
③ 5륜과 7륜
④ 2륜과 4륜

> 천장크레인에서 차륜 구동방식은 4륜으로 2륜 구동하는 방식과 8륜으로 4륜 구동하는 방식이 많이 사용된다.

05 크레인에서 횡행속도가 얼마 이상일 경우 횡행레일의 차륜 정지기구에 리미트 스위치 등 전기적 정지장치를 설치하여야 하는가?

① 20m/min 이상
② 32m/min 이상
③ 40m/min 이상
④ 48m/min 이상

> 횡행 속도가 매 분당 48m 이상인 크레인의 횡행레일에는 차륜 정지 기구에 도달하기 전의 위치에 리미트스위치 등 전기적 정지장치가 설치되어야 한다.

06 천장크레인에 설치되어 있는 통로에 관한 설명으로 틀린 것은?

① 통로의 바닥면은 미끄러지거나 넘어질 위험이 없어야 한다.
② 통로의 폭은 40cm 이하로 해야 한다.
③ 통로에는 바닥면으로부터 높이 90cm 이상의 안전난간이 설치되어야 한다.
④ 통로에는 바닥면으로부터 높이 10cm 이상의 발끝막이 판이 설치되어야 한다.

> 통로의 설치
> • 천장주행크레인, 갠트리크레인 및 언로더에 있어서는 정격하중이 3톤 이상의 크레인 거더 및 지브형 크레인 등의 지브에는 폭 40cm 이상의 통로를 전 길이에 걸쳐서 설치해야 한다. 다만, 점검대 또는 그 밖에 해당 크레인을 점검할 수 있는 설비가 구비되어 있는 것은 제외 할 수 있다.
> • 크레인 거더 또는 수평 지브위에 설치된 트롤리 및 그 밖에 장치의 횡행 및 수평지브의 선회에 설치되는 통로부분은 바닥면으로부터 높이 90cm 이상의 튼튼한 손잡이로 된 난간이 설치되어야 하고 중간대 및 바닥면으로부터 높이 10cm 이상의 발끝막이판을 설치할 것
> • 바닥면은 미끄러지거나 넘어지는 등의 위험이 없는 구조일 것

07 와이어로프의 지름이 20mm인 경우 한국산업표준에서 정하고 있는 제조 시 지름의 허용차는 얼마인가?

① 0 ~ −7% ② 0 ~ +7%
③ 0 ~ −5% ④ 0 ~ +5%

🔍 한국산업표준에서 정하는 와이어로프 직경의 허용차는 0 ~ +7%이다.

08 훅(Hook)에 대한 내용 중 틀린 것은?

① 50톤 이상의 훅은 고리가 반드시 1쪽만으로 되어 있어야 하중을 집중해서 들어 올릴 수 있다.
② 훅에는 와이어로프 슬링, 와이어로프걸이용 기구 등이 이탈되는 것을 방지하는 해지장치가 부착되어야 한다.
③ 훅의 강도는 각 부분에 인장하중, 압축하중, 전단하중이 걸리므로 그 응력을 이겨내는 강도를 필요로 하므로 안전계수 5 이상의 것을 사용한다.
④ 훅 사용 중에 줄걸이 부분의 마모는 원치수의 5% 이하이고, 2mm 이하일 때는 다듬어서 사용한다.

🔍 훅에 매다는 화물의 중량이 50톤 이하는 1쪽 현수 훅을 사용하고, 50톤 이상인 것은 양쪽 현수 훅을 사용한다.

09 천장주행크레인의 크래브(Crab) 프레임 위에 설치되는 기계 구성품이 아닌 것은?

① 드럼 ② 권상용 전동기
③ 횡행용 전동기 ④ 주행용 전동기

🔍 크래브 프레임 상단에는 드럼, 권상용 전동기, 횡행용 전동기가 설치되어 있다.

10 사용 중인 천장크레인에서 저항기의 발열온도는 몇 [°C]까지 허용되는가?

① 150 ② 250
③ 350 ④ 550

🔍 운전 중인 천장크레인에서 저항기의 발열온도 한계는 350°C 이내이다.

11 천장크레인 배전반의 설치목적이 아닌 것은?

① 전동기 보호 ② 전동기 제어
③ 발전기 구동제어 ④ 전원의 개폐

🔍 천장크레인의 배전반은 전동기 보호, 전동기 제어, 전원의 개폐를 위해 설치한다.

12 전자 브레이크 라이닝 20% 마모 시 상태를 가장 올바르게 표현한 것은?

① 전자석이 손상될 염려가 있다.
② 브레이크 드럼과 라이닝의 간격이 좁아진다.
③ 사용 가능 범위에 있는 상태이므로 정상 사용이 가능하다.
④ 브레이크 드럼의 면이 손상될 우려가 있다.

🔍 전자 브레이크 라이닝 두께의 마모한도는 50% 이내이다.

13 일반적으로 차륜의 재료로 사용되지 않는 것은?

① 주철 ② 주강
③ 특수 주강 ④ 구리

🔍 차륜의 재질에는 차륜압과 사용 상태에 따라 주철 또는 주강이나 특수 주강, 특수 단강 등이 사용된다.

14 천장크레인 주행장치의 동력전달부분에 관한 설명으로 틀린 것은?

① 단일전동기로서 단일감소기어 케이스에 출력을 공급하는 구조를 중앙기어 케이스 구동식이라 한다.
② 출력축이 전동기 양쪽으로 연결된 2중 전동기를 사용하는 것을 중앙전동기 구동식이라 한다.
③ 중앙전동기 구동과 중앙기어 케이스의 복합 형태를 이중기어 케이스 구동식이라 한다.
④ 독립륜 구동식은 2개의 전동기가 각각 독립적으로 설치되어 있다.

🔍 중앙전동기 구동식은 출력축이 전동기 양쪽으로 연결된 단일 전동기를 사용한다.

15 크레인에 과부하 방지장치(안전밸브는 제외)를 부착 시 해당되는 내용이 아닌 것은?

① 법 규정에 의한 안전인증품일 것
② 정격하중의 1.1배 권상 시 경보와 함께 권상 작동이 정지될 것
③ 선회, 횡행 및 주행 작동이 가능한 구조일 것
④ 임의로 조정할 수 없도록 봉인되어 있을 것

> 과부하 방지장치(안전밸브는 제외) 부착 기준
> - 안전인증품 일 것
> - 정격하중의 1.1배 권상 시 경보와 함께 권상동작이 정지되고 횡행, 주행동작 및 과부하를 증가시키는 동작이 불가능한 구조일 것. 다만, 지브형 크레인은 정격하중의 1.05배 권상 시 경보와 함께 권상동작이 정지되고 과부하를 증가시키는 동작이 불가능한 구조일 것
> - 임의로 조정할 수 없도록 봉인되어 있을 것
> - 시험 시 풍속은 8.3m/s를 초과하지 않을 것
> - 접근하기 쉬운 장소에 설치해야 하며, 과부하 시 운전자가 용이하게 경보를 들을 수 있을 것
> - 과부하 방지장치는 한번 작동이 될 경우 과부하가 제거되고 해당 제어기가 중립 또는 정지위치로 돌아갈 때까지는 동작 상태를 유지 할 것

16 천장크레인의 비상정지장치에 대한 설명으로 틀린 것은?

① 비상정지장치가 작동되어도 권하 동작만은 중지되지 아니 한다.
② 비상정지장치의 누름버튼은 돌출형이고 적색이어야 한다.
③ 비상정지장치는 접근이 용이한 곳에 배치되어야 한다.
④ 비상정지장치가 작동된 경우 수동으로 전원을 복귀시키는 구조이어야 한다.

> 운전 중인 천장크레인의 비상정지장치가 작동한 경우 모든 동력이 차단되어 운행이 중지된다.

17 양정이 50m를 넘는 천장크레인의 사용하중 결정법으로 가장 적당한 것은?

① 와이어로프의 절단하중을 정격하중으로 한다.
② 와이어로프의 안전율은 정격하중에 훅과 블록의 무게만을 고려하여 정한다.
③ 와이어르프의 안전율은 정격하중에 훅, 블록 및 로프 중량까지를 고려하여 정한다.
④ 와이어로프의 안전율은 정격하중에 대하여 정격하중을 2~3으로 하는 것이 적당하다.

> 와이어로프 안전율은 정격하중에 훅, 블록 및 로프 중량까지를 고려하여 결정한다.

18 와이어로프를 드럼에서 최대로 풀었을 때 드럼에 최소 몇 바퀴 이상 남겨 놓아야 하는가?

① 1바퀴   ② 2바퀴
③ 4바퀴   ④ 6바퀴

> 드럼은 훅의 위치가 가장 낮은 곳에 위치할 때 클램프 고정이 되지 않은 로프가 드럼에 2바퀴 이상 남아 있어야 하며, 훅의 위치가 가장 높은 곳에 위치할 때 해당 감김 층에 대하여 감기지 않고 남아있는 여유가 1바퀴 이상인 구조여야 한다.

19 전동기 브러시 마모한도는 원치수의 몇 [%] 이하이어야 하는가?

① 20   ② 30
③ 40   ④ 50

> 전동기 브러시 마모한도는 원치수의 50% 이하 이어야 한다.

20 와이어로프 등이 훅으로부터 이탈되는 것을 방지하는 안전장치는?

① 훅 고정장치   ② 훅 해지장치
③ 로프 고정장치   ④ 로프 해지장치

> 훅 해지장치는 훅에 걸린 줄걸이용 와이어로프가 이탈하지 못하도록 설치된 것이다.

21 천장크레인에서 리모컨 크레인의 작업에 대하여 설명으로 틀린 것은?

① 걸어가면서 운전하는 경우는 안전통로를 이용한다.
② 화장실 용무 등 운전을 일시 정지할 경우는 제어기의 전원 스위치를 끈다.
③ 리모컨 크레인은 운전시작 전 제어기의 제어 방향과 당해 크레인의 작동 방향과의 일치여부는 확인할 필요가 없다.

④ 휴식 시나 작업 종료 시 크레인 작업을 종료할 때에는 제어기에서 키를 빼어 조정의 장소에 보관한다.

🔍 리모컨 크레인은 운전 시작 전 제어기의 제어방향과 크레인의 작동방향과의 일치여부를 확인할 필요가 있다.

22 윤활제의 구비조건으로 틀린 것은?

① 유성이 좋을 것
② 점도가 클 것
③ 화학적으로 안전할 것
④ 인화점이 높을 것

🔍 윤활유는 유성이 좋으며, 화학적으로 안전하여야 하고, 인화점이 높으며, 점도가 적당하여야 한다.

23 크레인 운전 중에 경보음이 울리는 경우로 바람직하지 않은 경우는?

① 크레인의 운전을 시작할 때
② 미끄러지기 쉬운 물건, 기타 위험물을 운반할 때
③ 하중을 매달고 이동 중 진행 방향에 사람이 있는 경우
④ 크레인 운전 중에는 항상 경보를 울린다.

24 천장크레인에서 주권, 보권이 동시에 표시되어 있을 때 천장크레인의 사용 방법으로 맞는 것은?

① 주감기의 정격하중 이내로 한다.
② 보조감기의 정격하중 이내로 한다.
③ 주감기 및 보조감기 하중의 합계 이내로 한다.
④ 주감기에서 보조감기의 하중을 뺀 값 이내로 한다.

🔍 천장크레인에 주권·보권이 동시에 표시되어 있어도 주 감기의 정격하중 이내로 한다.

25 피치원의 지름이 30cm, 잇수 12인 평치차의 모듈은 얼마 인가?

① 3.6
② 2.5
③ 3.3
④ 2.4

🔍 평치차의 모듈(M) = 피치원의 지름(D)/잇수(Z) = 30/12 = 2.5

26 440V용 전동기의 절연저항은 최소 얼마 이상이어야 하는가?

① 0.04MΩ
② 0.4MΩ
③ 4MΩ
④ 40MΩ

🔍 배선의 절연저항
 • 대지전압 150V 이하 : 0.1MΩ
 • 대지전압 150V~300V : 0.2MΩ
 • 사용전압 300V~400V : 0.3MΩ
 • 사용전압 400V 이상 : 0.4MΩ

27 20Ω의 저항에 1.2A의 전류를 흐르게 하려면 몇 [V]의 전압에 필요한가?

① 10
② 15
③ 21
④ 24

🔍 전압(V) = 저항(Ω) × 전류(A) = 20 × 1.2 = 24[V]

28 퓨즈가 끊어지는 원인이 아닌 것은?

① 과부하가 걸렸을 때
② 회전자의 권선이 단락되었을 때
③ 과전류가 흘렀을 때
④ 리미트 스위치(Limit S/W)가 동작했을 때

🔍 리미트 스위치의 동작 여부는 퓨즈의 단락 원인과는 무관하다.

29 운전 중 전동기에 전원이 들어오지 않아 정지되었을 때 가장 먼저 점검하여야 할 것은?

① 과부하 계전기 동작 유무 확인
② 집전기 이탈상태 확인
③ 배선 상태 확인
④ 브레이크 동작 상태 확인

🔍 천장크레인의 전동기 보호를 위해 사용되는 계전기는 과부하 계전기이다.

30 크레인의 일반적인 기동법으로 맞는 것은?

① 2차 저항 기동법
② △Y 기동법
③ 리액터 기동법
④ 소프터 스타터 기동법

🔍 2차 저항 기동법은 권선형 유도전동기 기동법이다.

31 축과 보스에 각각 홈을 파서 때려 박는 일반적인 키 (Key) 방식은?

① 묻힘 키(성크 키)   ② 안장 키(새들 키)
③ 평 키(플랫 키)   ④ 원뿔 키(핀 키)

🔍 묻힘키(sunk key)
• 드라이빙키 : 축과 보스에 다 같이 홈을 파서 사용하며, 기울기가 1/100이며, 해머로 때려 박는다.
• 세트키 : 축과 보스에 다 같이 홈을 파서 사용하며, 축심에 평행으로 끼우고 보스를 밀어 넣는다.

32 크레인의 안전운전을 위한 수칙이 아닌 것은?

① 크레인의 탑승은 지정된 사다리를 이용한다.
② 크레인을 주행할 때 경적을 울리거나 경광등을 작동한다.
③ 크레인을 운전 중에 반드시 운행일지를 기록한다.
④ 지정된 신호수에 의해 명확한 신호를 받아 동작한다.

🔍 크레인 작업종료 후 운행일지를 작성한다.

33 천장크레인 운전요령 중 메인(Main) 스위치를 투입했는데도 운전실의 신호램프가 들어오지 않을 때 가장 옳은 처리방법은?

① 먼저 정비사에게 연락한다.
② 제어기의 전압이 '0' 상태인가 확인한다.
③ 상사에게 보고한다.
④ 모터에서부터 점검한다.

🔍 크레인 운전실의 신호램프가 들어오지 않을 때 제어기의 전압이 '0' 상태인가 확인하고, 메인스위치를 'ON'으로 작동한다.

34 사용 중인 천장크레인은 산업안전보건법 관련에 따라 주기적인 점검 및 검사를 실시하여야 한다. 다음 중 관계가 없는 것은?

① 안전검사
② 작업시작 전 점검
③ 자율안전프로그램에 의한 검사
④ 완성검사

🔍 완성검사는 크레인 제작 완성 시 하는 검사이다.

35 천장크레인의 장치별 정비시기에 대한 설명 중 틀린 것은?

① 천장크레인의 횡행장치는 사후 보전으로 수리한다.
② 천장크레인의 주행장치는 사후 보전으로 수리해도 무방하다.
③ 천장크레인의 권상장치는 사후 보전으로 수리해도 무방하다.
④ 예방 보전이라 함은 고장이 일어날 것 같은 부분을 계획적으로 교환, 수리하는 방법이다.

🔍 예방 보전은 고장이 발생할 것 같은 부분이나 장치를 계획적으로 교환 및 수리하는 방법으로 천장크레인의 권상장치 등의 중요 요소는 예방보전으로 정비하여야 한다.

36 베어링 메탈로 사용하기에 적당하지 않은 것은?

① 화이트 메탈   ② 청동
③ 켈밋   ④ 침탄강

🔍 베어링 메탈 재료는 연한 바탕에 단단한 결정이 미세하게 혼합된 조직인 화이트 메탈, 청동, 켈밋 합금, 주철 등이 있다.

37 화물을 들어 올릴 때의 주의사항으로 거리가 먼 것은?

① 매단 화물 위에는 절대로 타지 말 것
② 섀클로 철판을 세워서 매달 것
③ 줄을 거는 위치는 무게중심보다 낮게 한다.
④ 조금씩 감아올려서 로프 등의 팽팽한 정도를 반드시 확인하여야 한다.

> 섀클(shackle)은 와이어로프나 체인 등을 연결하거나 고정시키는데 사용하는 기구로 철판을 세워 매다는 것과는 거리가 멀다.

38 치차의 마모한계는 피치원에 있어서 치두께 원치수의 40%가 한계이나 보통 몇 [%]에서 교환하는 것이 좋은가?

① 5~10
② 20~30
③ 30~40
④ 30~50

> 기어(치차)의 마모한계는 기어 두께의 원치수의 40% 이내 이나, 보통 20~30% 마모에서 교환하는 것이 좋다.

39 권선형 유도 전동기의 구조에 해당되지 않는 것은?

① 단락형 ② 회전자
③ 고정자 ④ 슬립링

> 권선형 유도전동기는 계자 권선이 있는 고정자, 전동기 안에서 회전하는 회전자, 슬립링으로 구성되어 있다.

40 권선형 3상 유도전동기의 회전방향을 변화시키는 방법으로 적합한 것은?

① 전압을 낮춘다.
② 1차측 공급전원의 3선 중 2선을 바꾼다.
③ 1차측 공급전원의 3선을 모두 바꾼다.
④ 저항기의 저항 값을 변화시킨다.

> 권선형 3상 유도전동기는 정회전에서 역회전으로 변화시키려면 1차측 공급전원의 3선중 2선을 바꾸면 된다.

41 크레인 작업 시의 신호방법으로 바람직하지 않은 것은?

① 신호수단으로 손, 깃발, 호각 등을 이용한다.
② 신호는 절도 있는 동작으로 간단명료하게 한다.
③ 운전자에 대한 신호는 신호의 정확한 전달을 위하여 최소한 2인 이상 한다.
④ 신호자는 운전자가 보기 쉽고 안전한 장소에 위치하여야 한다.

> 작업 중인 운전자에 대한 신호는 정확한 전달을 위해 정해진 한 사람이 한다.

42 줄걸이 작업 시 섬유벨트의 장점이 아닌 것은?

① 취급이 용이하다.
② 제작이 간단하여 값이 많이 싸다.
③ 하물을 손상시키지 않는다.
④ 와이어로프나 체인보다 가볍다.

> 섬유벨트의 가격은 비교적 저렴하나, 와이어로프나 링크체인보다 가격이 많이 싸지는 않다.

43 하중 W의 물건을 1개의 이동활차와 1개의 고정활차를 이용하여 들어 올리려 한다. 하중 W와 힘 F와의 비 W : F는?

① 1 : 1
② 2 : 1
③ 1 : 2
④ 3 : 1

> 당기는 힘(F)는 하중(W)의 1/2 이므로 W : F = 2 : 1이다.

44 와이어로프를 선정할 때 주의할 때 주의해야 할 사항이 아닌 것은?

① 용도에 따라 손상이 적게 생기는 것을 선정한다.
② 하중의 중량이 고려된 강도를 갖는 로프를 선정한다.
③ 심강(Core)은 사용용도에 따라 결정한다.
④ 높은 온도에서 사용할 경우 반드시 도금한 로프를 선정한다.

> 고온에서 와이어로프를 사용할 때는 도금한 로프는 선정하지 않는다.

45 줄걸이 작업자의 안전적 작업방법을 설명한 것으로 거리가 먼 것은?

① 화물의 하중을 어림짐작하여 작업한다.
② 정격하중을 넘는 무게의 화물을 매달지 않는다.
③ 상례적으로 정해진 화물은 전문적인 줄걸이 용구를 만들어 작업한다.
④ 화물의 하중 판단에 자신이 없을 때는 숙련자에게 문의하여 작업한다.

🔍 화물의 하중을 정확히 측정해야 작업의 능률을 향상시키고 안전사고를 미연에 방지할 수 있다.

46 와이어로프에 심강을 사용하는 목적으로 틀린 것은?

① 충격 하중의 흡수
② 스트랜드의 위치를 올바르게 유지
③ 소선끼리의 마찰에 의한 마모 방지
④ 와이어 소선의 절약

🔍 심강은 섬유심·공심·철심으로 나뉘며, 스트랜드의 위치를 올바르게 유지하고 중량물로 인한 충격하중을 흡수하고 소선끼리 발생하는 마찰을 적게하며 마모를 줄이고, 기름을 품고 있어 로프의 내부 녹을 방지한다.

47 크레인에 사용되는 와이어로프 규격에서 로프의 1줄 길이는 몇 [m]를 표준으로 하는가?

① 50m, 100m, 150m
② 100m, 200m, 300m
③ 150m, 250m, 350m
④ 200m, 500m, 1,000m

🔍 한국산업규격 KS D3514의 규정에 의한 와이어로프 1가닥의 길이는 200m, 500m, 1,000m이다.

48 절단하중이 1,200kgf인 와이어로프를 2줄걸이로 해서 600kgf의 화물을 인양할 때 이 와이어로프 안전율은 얼마 인가?

① 3   ② 4
③ 5   ④ 6

🔍 와이어로프의 안전율 = (절단하중 × 로프줄 수 × 도르래조합 효율) / 권상하중 = (1,200 × 2) / 600 = 4

49 와이어로프를 절단하였을 때 절단부분에서 로프의 꼬임이 풀리는 것을 방지하기 위해 끝을 철선으로 묶는 방법은?

① 시징   ② 클립
③ 엮어 넣기   ④ 킹크

🔍 시징(seizing)은 절단된 와이어로프의 끝부분이 풀림을 방지하기 위해 끝단을 철사로 마감처리하는 것이다.

50 운전자가 사이렌을 울리거나 손바닥을 안으로 하여 얼굴 앞에서 2~3회 흔드는 신호는?

① 크레인 이상 발생으로 작업 못함
② 신호불명
③ 줄걸이 작업미비
④ 작업완료

🔍 교재의 크레인 작업 표준 신호지침 참고

51 안전보건표지의 색채 중에서 대피 장소 또는 비상구의 표지에 사용되는 것으로 맞는 것은?

① 빨간색   ② 주황색
③ 녹 색   ④ 청 색

🔍 안전보건표지의 색채
• 빨간색(금지, 경고) : 정지신호, 소화설비 및 그 장소, 유해행위의 금지, 화학물질 취급장소에서의 유해·위험 경고
• 노란색(경고) : 화학물질 취급장소에서의 유해·위험 경고 이외의 경고, 주의 표지 또는 기계방호물
• 파란색(지시) : 특정 행위의 지시 및 사실의 고지
• 녹색(안내) : 비상구 및 피난소, 사람 또는 차량의 통행 표시
• 흰색 : 파란색 또는 녹색에 대한 보조색
• 검은색 : 문자 및 빨간색 또는 노란색에 대한 보조색

52 중량물 운반에 대한 설명으로 틀린 것은?

① 흔들리는 중량물은 사람이 붙잡아서 이동한다.
② 무거운 물건을 운반할 경우 주위 사람에게 인지하게 한다.
③ 규정용량을 초과하여 운반하지 않는다.
④ 무거운 물건을 상승시킨 채 오랫동안 방치하지 않는다.

> 중량물이 심하게 흔들리는 경우 크레인 운전을 정지하여야 한다.

53 일반적으로 연삭기에 부착해야 하는 안전방호장치는?

① 안전덮개
② 급발진장치
③ 양수조작식 방호장치
④ 광전식 안전방호장치

> 연삭기에 부착해야하는 안전방호장치는 안전덮개이다.

54 작업에 필요한 수공구의 보관방법으로 적합하지 않는 것은?

① 공구함을 준비하여 종류와 크기별로 보관한다.
② 사용한 공구는 파손된 부분 등의 점검 후 보관한다.
③ 사용한 수공구는 녹슬지 않도록 손잡이 부분에 오일을 발라서 보관한다.
④ 날이 있거나 뾰족한 물건은 위험하므로 뚜껑을 씌워둔다.

> 오일이 묻은 손잡이는 미끄럼 등으로 사고를 유발할 수 있으므로 수공구 보관 시는 손잡이를 깨끗하게 유지해야 한다.

55 사고의 원인 중 불안전한 행동이 아닌 것은?

① 허가 없이 기계장치 운전
② 사용 중인 공구에 결함 발생
③ 작업 중에 안전장치 기능 제거
④ 부적당한 속도로 기계장치 운전

> 재해의 직접원인(물적요인)
> • 불안전한 행동(행위) : 위험장소 접근, 안전장치의 기능 제거, 복장·보호구의 잘못사용, 기계·기구 잘못사용, 운전 중인 기계장치의 손질, 불안전한 속도 조작, 위험물 취급 부주의, 불안전한 상태 방치, 불안전한 자세 동작, 감독 및 연락 불충분
> • 불안전한 상태 : 물 자체 결함, 안전 방호장치 결함, 보호구의 결함, 물의 배치 및 작업장소 결함, 작업환경의 결함, 생산 공정의 결함, 경계표시·설비의 결함

56 전기용접의 아크 빛으로 인해 눈이 혈안이 되고 눈이 붓는 경우가 있다. 이럴 때 응급조치사항으로 가장 적절한 것은?

① 안약을 넣고 계속 작업한다.
② 눈을 잠시 감고 안정을 취한다.
③ 소금물로 눈을 세정한 후 작업한다.
④ 냉습포를 눈 위에 올려놓고 안정을 취한다.

> 냉습포를 눈 위에 올려놓고 안정을 취하면 눈의 붓기와 안압이 진정된다.

57 벨트 전동장치에 내재된 위험적 요소로 의미가 다른 것은?

① 트랩(Trap)
② 충격(Impact)
③ 접촉(Contact)
④ 말림(Entanglement)

> 벨트 전동장치 내 위험요소는 트랩, 접촉, 말림 등이 있다.

58 작업장에서 지켜야 할 준수사항이 아닌 것은?

① 불필요한 행동을 삼가 할 것
② 작업장에서 급히 뛰지 말 것
③ 대기 중인 차량에는 고임목을 고여둘 것
④ 공구를 전달할 경우 시간절역을 위해 가볍게 던질 것

> 작업장에서 공구 전달 시 공구를 던지면 공구 파손과 안전사고를 유발할 수 있다.

59 화재발생 시 연소조건이 아닌 것은?

① 점화원
② 산소(공기)
③ 발화시기
④ 가연성 물질

> 화재연소의 3요소는 점화원, 산소(공기), 가연성 물질이다.

60 인간공학적인 안전 설정으로 페일세이프에 관한 설명 중 가장 적절한 것은?

① 안전도 검사방법을 말한다.
② 안전통제의 실패로 인하여 원상 복귀가 가장 쉬운 사고의 결과를 말한다.
③ 안전사고 예방을 할 수 없는 물리적 불안전 조건과 불안전 인간의 행동을 말한다.
④ 인간 또는 기계에 과오나 동작상의 실패가 있어도 안전사고를 발생시키지 않도록 하는 통제책을 말한다.

> 페일 세이프(Fail-Safety)
> • 정의 : 인간 또는 기계에 과오나 동작상의 실수가 있어도 안전사고를 발생시키지 않도록 2중 또는 3중으로 통제를 가하도록 한 체제
> • 페일 세이프의 종류 : 다경로 하중 구조, 하중 경감 구조, 교대 구조, 중복 구조

정답 2015년 2회

01 ①	02 ④	03 ④	04 ④	05 ④
06 ②	07 ②	08 ①	09 ④	10 ③
11 ③	12 ③	13 ④	14 ②	15 ③
16 ①	17 ③	18 ②	19 ④	20 ②
21 ③	22 ②	23 ④	24 ①	25 ②
26 ②	27 ②	28 ④	29 ①	30 ①
31 ①	32 ③	33 ②	34 ④	35 ③
36 ④	37 ②	38 ②	39 ①	40 ②
41 ③	42 ②	43 ②	44 ④	45 ①
46 ④	47 ④	48 ②	49 ①	50 ②
51 ③	52 ①	53 ①	54 ③	55 ②
56 ④	57 ②	58 ④	59 ③	60 ④

2015년 3회 공단 기출문제

01 천장크레인에서 전동기의 회전방향을 결정하거나 속도를 조절하는 장치는?

① 새들
② 패널
③ 버퍼
④ 제어기

> 제어기는 천장크레인에서 전동기의 회전방향을 결정하거나 속도를 조절하고, 버퍼(buffer)는 충격을 완화해주는 완충제이다.

02 천장크레인에 사용되는 전선의 색상으로 틀린 것은?

① 주황색 – 접지
② 흑색 – 교류 및 직류 전원선로
③ 적색 – 교류제어회로
④ 청색 – 직류제어회로

> 접지선 – 녹색, 교류 및 직류 전원선 – 흑색, 교류제어회로선 – 적색, 직류제어회로선 – 청색

03 운전자가 펜던트 스위치를 잡고 화물과 함께 이동하는 천장주행크레인에 대한 설명 중 옳은 것은?

① 동일한 주행로 상에 2대의 천장크레인에 대해서는 충돌방지장치를 반드시 설치해야 한다.
② 천장크레인의 주행속도는 분당 70미터 이하이어야 한다.
③ 펜던트 스위치의 전선케이블에는 케이블 보호를 위한 보조와이어로프 등이 설치되어야 한다.
④ 펜던트 스위치 조작전압은 교류인 경우 대지전압 300V 이하이어야 한다.

> • 동일한 주행로 상에 2대 이상 병렬 설치된 것(작업바닥 면에서 펜던트 및 무선원격제어기 등을 조작하며 화물과 운전자가 함께 이동하는 것은 제외)은 크레인이 대면하는 끝 부분에 두 크레인의 충돌을 방지할 수 있는 장치를 설치해야 한다.
> • 펜던트 또는 무선원격제어기를 사용하여 작업바닥 면에서 조작하며 화물과 운전자가 함께 이동하는 크레인의 주행속도는 매 분당 45m 이하여야 한다.
> • 펜던트 스위치에 접속된 케이블은 꼬임이나 무리한 힘이 가해지지 않도록 보조와이어로프 등으로 지지되어야 하고 크레인과의 사이에 접지선이 연결되어 있어야 한다. 다만, 해당 스위치의 외함 구조가 절연제품의 경우에는 접지선을 생략할 수 있다.
> • 조작전압은 대지전압 교류 150V 이하 또는 직류 300V 이하여야 한다.

04 차륜에 대하여 설명한 것 중 틀린 것은?

① 차륜의 재질은 주철, 주강, 특수주강이다.
② 천장크레인 차륜은 보통 양 플랜지의 것이 사용된다.
③ 차륜의 직경은 균일하며 답면 및 플랜지는 열처리가 되어있다.
④ 차륜에는 종동륜만 있다.

> 차륜은 천장크레인이 이동하는데 필요한 구동장치로 구동차륜과 종동차륜이 있다.

05 천장크레인 레일에 있어서 레일의 측면마모와 좌우레일의 수평차는 얼마 이내인가?

① 모두 15mm 이내
② 측면마모는 원래 규격치수의 10% 이내, 좌우레일 수평차는 10mm 이내
③ 측면마모는 원래 규격치수의 25% 이내, 좌우레일 수평차는 25mm 이내
④ 측면마모는 원래 규격치수의 30% 이내, 좌우레일 수평차는 5mm 이내

🔍 주행레일
- 연결부의 틈새는 천정크레인은 3mm, 기타 크레인은 5mm 이하일 것
- 레일 연결부의 엇갈림은 상하 0.5mm 이하, 좌우 0.5mm 이하일 것
- 레일측면의 마모는 원래 규격치수의 10% 이내일 것
- 주행레일의 높이편차는 기준면으로부터 최대 ±10mm 이내이고, 좌우레일의 수평차는 10mm 이내, 레일의 구배량은 주행길이 2m 마다 2mm를 초과하지 않을 것
- 주행레일의 진직도는 전 주행길이에 걸쳐 최대 10mm이내이고, 수평방향의 휨 량은 주행길이 2m마다 ±1mm 이내일 것

06 천장크레인의 주요 안전장치가 아닌 것은?

① 권과방지장치　② 비상정지장치
③ 집전장치　　　④ 과부하방지장치

🔍 집전장치는 주행레일을 따라 고정되어 있는 급전장치에서 미끄럼 접촉에 의해 크레인을 운행하기 위한 전원을 공급받는 장치이다.

07 크레인의 양정에 대한 의미로서 가장 알맞은 것은?

① 로프(rope)가 드럼에 감기는 거리
② 훅(hook)이 상·하한 리밋(limit) 사이를 움직일 수 있는 수직거리
③ 기중기의 트롤리(trolley)가 수평으로 움직일 수 있는 최대 거리
④ 운전실 하면(下面)과 지상과의 거리

🔍 양정은 천장크레인의 높이를 나타내며 훅이 상한 리밋와 하한 리밋 사이를 움직일 수 있는 수직거리이다.

08 천장크레인의 권과방지장치의 종류에 해당하지 않는 것은?

① 스크루형 리미트 스위치
② 캠형 리미트 스위치
③ 굴곡형 리미트 스위치
④ 중추형 리미트 스위치

🔍 권상장치의 권과방지장치
- 중추식 : 훅(hook)의 접촉으로 인하여 작동
- 스크루식(나사식) : 드럼의 회전에 의하여 작동하며, 연동장치에 의해 피드나사가 회전하면 그것과 맞물리는 너트(nut)가 이동하여 개폐기의 레버를 움직여 접점에 개폐를 행하는 방식
- 캠식 : 드럼과 연동되어 회전을 하고, 원판 모양으로 주위에 배치된 볼록 및 오목 캠에 의해 스위치의 레버를 작동

09 완충장치에서 버퍼 스토퍼(buffer stopper)에 사용되지 않는 것은?

① 경질 고무
② 스프링
③ 유압
④ 플레이트 강판

🔍 충격을 완화해주는 스프링, 고무, 나무, 유압식 버퍼가 사용된다.

10 도르래 홈의 마모 한도는 와이어로프 지름의 몇 [%] 이내인가?

① 10%
② 20%
③ 30%
④ 40%

🔍 도르래 등의 기준
- 회전상태가 원활할 것
- 도르래 본체는 균열, 변형, 파손 등이 없을 것
- 도르래 홈은 이상 마모가 없어야 하고, 마모한도는 와이어로프 지름의 20% 이하일 것
- 부시 및 암은 마멸, 균열이 없고 급유상태가 양호할 것
- 브라켓, 키, 핀 등은 파손, 변형 및 휨이 없을 것

11 구조가 간단하고 마모부분이 없으며 유지가 용이하고 정격속도의 1/5의 안정된 저속도를 쉽게 얻을 수 있는 브레이크는?

① 유압 브레이크
② E.C 브레이크
③ D.C 마그넷 브레이크
④ 트러스트 브레이크

🔍 와류브레이크(E.C, eddy current brake)는 권상장치의 속도제어용으로 가장 많이 사용되며 구조가 간단하고 마모부분이 없으며 저속도를 쉽게 얻을 수 있다.

12 드럼은 훅의 위치가 가장 낮은 곳에 위치할 때 클램프 고정이 되지 않는 로프가 드럼에 몇 바퀴 이상 남아 있어야 하는가?

① 1회　　　② 2회
③ 5회　　　④ 7회 이상

드럼은 훅의 위치가 가장 낮은 곳에 위치할 때 클램프 고정이 되지 않은 로프가 드럼에 2바퀴 이상 남아 있어야 하며, 훅의 위치가 가장 높은 곳에 위치할 때 해당 감김 층에 대하여 감기지 않고 남아있는 여유가 1바퀴 이상인 구조여야 한다.

13 권상 장치의 제동 제어용으로 사용이 가장 부적당한 브레이크의 형식은?

① 교류전자 브레이크
② 직류전자 브레이크
③ 유압 압상기 브레이크
④ E.C 브레이크

유압압상기 브레이크는 속도제어용 브레이크로 반응속도가 느린 단점이 있다.

14 천장크레인용 훅(hook)의 입구가 벌어지는 변형량을 시험하는 방법으로 가장 적합한 것은?

① 훅에 정격하중을 동하중으로 작용시켜 입구의 벌어짐이 0.5% 이하이어야 한다.
② 훅에 정격하중의 2배를 정하중으로 작용시켜 입구의 벌어짐이 0.25% 이하이어야 한다.
③ 훅에 최대하중을 동하중으로 작용시켜 입구의 벌어짐이 0.25% 이하이어야 한다.
④ 훅에 정격하중을 정하중으로 작용시켜 입구의 벌어짐이 0.5% 이하이어야 한다.

훅을 제작하고 나서 훅 입구의 치수를 측정한 후 훅에 정격하중의 2배를 정하중으로 작용시켜 훅 입구의 영구변형률이 0.25% 이하이어야 한다.

15 와이어로프의 구성요소가 아닌 것은?

① 소선
② 스트랜드
③ 클립
④ 심강

와이어로프의 구조는 소선, 스트랜드, 심강으로 구성되어 있다.

16 〈그림〉에서 트롤리프레임에 설치된 (A)에 역할로 맞는 것은?

① 트롤리 횡행
② 화물 주행
③ 트롤리선 권상권하
④ 화물 권상권하

17 천장크레인 주행 장치 중 다음 〈그림〉과 같이 각 차륜마다 전동기를 이용하여 구동하는 방식은?

① 중앙 전동기 구동법
② 이중 기어케이스 구동법
③ 중앙 기어케이스 구동법
④ 독립륜 구동법

독립륜 구동식 : 2개의 전동기가 각각 독립적으로 설치

18 천장크레인 좌우레일의 수평 차는 얼마이내 인가?

① ±5mm
② ±10mm
③ ±15mm
④ ±20mm

주행레일
• 연결부의 틈새는 천정크레인은 3mm, 기타 크레인은 5mm 이하일 것
• 레일 연결부의 엇갈림은 상하 0.5mm 이하, 좌우 0.5mm 이하일 것
• 레일측면의 마모는 원래 규격치수의 10% 이내일 것
• 주행레일의 높이편차는 기준면으로부터 최대 ±10mm 이내이고, 좌우레일의 수평차는 10mm 이내, 레일의 구배량은 주행길이 2m마다 2mm를 초과하지 않을 것
• 주행레일의 진직도는 전 주행길이에 걸쳐 최대 10mm이내이고, 수평방향의 휨 량은 주행길이 2m마다 ±1mm 이내일 것

19 과부하방지장치(Overload limiter)에 대한 설명으로 적합한 것은?

① 크레인으로 화물을 들어 올릴 때 최대 허용 하중(적정하중) 이상이 되면 과적재를 알리면서 자동으로 운반 작업을 중단시켜 과적에 의한 사고를 예방하는 방호장치이다.
② 과부하 방지장치는 작동하는 방법에 따라 모터 전자식, 부하식, 기계식으론 구분한다.
③ 기계식은 권상모터에 공급되는 전류 값의 변화에 따라 과전류를 감지하여 제어하는 방식이다.
④ 전기식은 스프링, 방진고무 등의 차짐을 이용하여 마이크로 스위치를 동작시켜 제어 하는 방식이다.

🔍 과부하방지장치란 크레인으로 화물을 들어 올릴 때 최대 허용 하중(적정하중) 이상이 되면 과적재를 알리면서 자동으로 운반 작업을 중단시켜 과적에 의한 사고를 예방하는 방호장치이다.

20 천장크레인에서 크래브(crab)가 거더에 설치되어 있는 레일을 따라 이동하는 것을 무엇이라 하는가?

① 스팬(span)　　② 기복(luffing)
③ 주행(travelling)　　④ 횡행(traversing)

🔍 주행과 횡행
• 주행(travelling) : 크레인 일체가 이동하는 것을 말한다.
• 횡행(traversing) : 크래브(crab) 또는 트롤리(trolley)가 거더, 트랙, 로프, 지브 등을 따라 이동하는 것을 말한다.

21 천장크레인의 권상, 권하 시 주의할 사항으로 옳지 않은 것은?

① 와이어로프를 풀 때 필요 이상 풀지 말 것
② 와이어 규정 하중을 지킬 것
③ 와이어로프가 홈에서 벗어나지 않도록 운전할 것
④ 와이어로프를 감을 때는 항상 최대속도로 감을 것

🔍 권상·권하작업 시 와이어로프를 감을 때는 항상 서서히 1단으로 감아올린다.

22 다음 설명 중에서 틀린 것은?

① 베어링 발열 여부 측정 시 측정온도가 대기 온도와 같을 때 결함이 있다고 본다.
② 평 베어링 점검 시 스며 나오는 오일에 이물질이 있는지 이상 유무를 살펴본다.
③ 운전 시 베어링 이상음이 발생하면 즉시 점검해야 한다.
④ 회전 베어링의 하우징(Housing)에 그리스를 1/3 정도 채우면 약 2000 시간 사용 가능하다.

🔍 베어링의 온도상승범위는 상온 20℃ 이하이며, 베어링 자체온도가 100℃까지는 사용가능하다.

23 매일 작업하는 크레인의 그리스컵에 대한 점검은?

① 주 1회　　② 매일
③ 정기검사 시　　④ 주 2회

🔍 크레인의 그리스컵 점검은 일상(매일)점검 사항이다.

24 크레인 권상전동기의 소요 동력(kW)을 구하는 식으로 맞는 것은?(단, 단위는 권상하중 : 톤, 속도 : m/min)

① $\dfrac{\{정격\ 하중 + 혹(hook)의\ 자중\} \times 권상전동기\ 효율}{6.12 \times 속도}$

② $\dfrac{\{정격\ 하중 + 혹(hook)의\ 자중\} \times 권상전동기\ 효율}{6.12}$

③ $\dfrac{\{정격\ 하중 + 혹(hook)의\ 자중\} \times 권상전동기\ 효율}{6.12 + 속도}$

④ $\dfrac{\{정격\ 하중 + 혹(hook)의\ 자중\} \times 속도}{6.12 + 권상전동기\ 효율}$

🔍 권상전동기 소용 동력(kw)을 구하는 공식 = ④

25 천장크레인의 권하 작업 시 E.C.B(에디 커런트 브레이크)가 작동되는 노치는?

① 0(중립)　　② 1
③ 2　　④ 3

🔍 E.C.B(Eddy Current Brake)는 코일로부터 자속을 발생시켜 그 전자력으로 제동 토크를 발생시키는 속도 제어용 브레이크 장치로 속도가 0이면 제동력이 발생하지 않으며, 천장크레인의 권하 작업 시 노치가 1단일 때 작동된다.

26 1마력(PS)은 약 몇 [W] 인가?

① 약 1.3
② 약 3/4
③ 약 735
④ 약 0.735

> 1마력은 75kg의 물체를 1초에 1m 끌어 올리는 힘으로 1마력 = 75kgf · m/sec = 735W = 0.735[kW]이다.

27 와이어로프를 새것으로 교체하여 사용할 경우 초기 운전 시의 주의사항은?

① 시험하중을 걸고 저속으로 여러 번 운전한 후 사용
② 사용 정격하중을 걸고 저속으로 여러 번 운전한 후 사용
③ 사용 정격하중의 1/2 정도를 걸고 저속으로 여러 번 운전한 후 사용
④ 시험하중을 걸고 고속으로 여러 번 운전한 후 사용

> 와이어로프 교체한 후 사용정격하중의 1/2 정도를 걸고 저속으로 여러 번 운전한 후 사용한다.

28 감속기 오일은 점도검사를 하여 교환하지만 일반적으로 몇 시간 사용 후 교환하는가?

① 1,000
② 2,000
③ 3,000
④ 4,000

> 감속기 오일은 2,000시간 사용 후 교환하여야 한다.

29 치차 또는 차륜 등과 같은 회전체를 축에 고정할 때 보통 사용하는 것은?

① 나사(Screw)
② 베어링(Bearing)
③ 클러치(Clutch)
④ 키(Key)

> 키(key)는 치차 또는 차륜 등과 같은 회전체를 축에 고정시키거나 회전력을 전달함과 동시에 축 방향으로 미끄럼 운동을 할 수 있도록 할 때 사용한다.

30 천장크레인의 전동기 보호를 위하여 주로 사용하고 있는 계전기는?

① 과부하 계전기
② 한시 계전기
③ 전력 계전기
④ 주파수 계전기

> 과부하계전기는 전동기의 전원에 과전류가 흐를 때 전동기를 보호하기 위해 전원을 차단하는 장치이다.

31 천장크레인 관련 설명 중 가장 올바른 것은?

① 전기에너지를 기계에너지로 바꾸는 장치를 발전기라 하며 직류발전기와 교류발전기가 있다.
② 마그넷크레인은 철편을 붙였을 때 전기스위치를 끊어도 잔류자기 때문에 철편이 금방 떨어지지 않는다.
③ 저항체는 전력을 열로 바꾸므로 정지 중에도 약 650℃가 될 때가 있으므로 가연물을 가까이 하면 안 된다.
④ 천장크레인용 저항기는 용량이 크고 진동에 강한 권선형이 적합하다.

> 발전기는 기계에너지를 전기에너지로 변환시키는 장치이고, 저항체의 허용온도는 350℃까지이며, 천장크레인에는 그리드형 저항기가 주로 사용된다.

32 일일점검으로 운전 전 점검사항이 아닌 것은?

① Limit S/W의 작동상태
② Brake의 작동상태
③ 기계식 제동기의 이상발열
④ 운전실의 정리 정돈상태

> 기계식 제동기의 이상발열이나 이상한 소리가 나면 운전 중 점검사항으로 바로 수리하여야 한다.

33 전기 판넬에서 고장개소를 파악하기 앞서 제일 먼저 취해야 할 사항은?

① 주 전원 개폐기를 차단한다.
② 터미널 박스를 열어본다.
③ 변압기를 드라이버로 분해한다.
④ 케이블 묶음을 풀어 놓는다.

> 전기 판넬에서 고장개소를 파악하기 전에 주 전원개폐기를 차단하여야 한다.

34 천장크레인이 운전 중 갑작스런 고장으로 정전되었을 때, 크레인 운전원이 가장 먼저 취해야 할 행동은?

① 각 제어기를 OFF 시킨다.
② 즉시 상급자에게 연락하러 간다.
③ 상급자에게 보고한 다음 고장 여부를 확인한다.
④ 고장 여부를 확인하기 위해 즉시 크레인 위로 올라가 본다.

> 무엇보다 먼저 각 제어기를 OFF하고 다음 조치를 취한다.

35 〈그림〉의 직류전자 브레이크 작동 회로에서 R_2 저항의 용도는?

① 충전용
② 전류 절약용
③ 방전용
④ 전압 분배용

36 구름베어링의 호칭번호 6204의 안지름은 얼마인가?

① 20mm
② 23mm
③ 40mm
④ 104mm

> 6204의 04가 베어링의 안쪽지름 치수이다. 01은 10mm, 02는 15mm, 03은 17mm, 04부터는 5를 곱한 수치가 베어링 안지름이므로 04×5 = 20mm이다.

37 다음 중 천장크레인의 교류 전동기에 사용되는 속도 제어 방법이 아닌 것은?

① 계자 제어
② 직렬 저항 제어
③ 전압 제어
④ 출력 제어

> 전동기의 속도제어 방식에는 계자제어, 직렬 저항 제어, 전압제 어방식이 있으나 계자제어는 계자 전류를 제어하여 속도를 제 어하는 전동기에 사용된다.

38 천장크레인 전동기(motor)에 대한 설명으로 틀린 것은?

① 전동기 운전 시 온도는 120℃까지 허용된다.
② 전동기 형상에서 개방형, 전폐형 등이 있다.
③ 전동기의 분류는 크게 직류전동기와 교류전 동기로 분류 할 수 있다.
④ 전동기 명판에 220V, 100A 정격 1시간 이라 는 것은 220V, 100A 조건에서 1시간 연속사 용 가능하다는 것이다

> 외기 온도가 40℃일 때 전동기 운전 시의 허용온도는 50~60 ℃ 정도이다.

39 기어 이는 나선형이고 물림이 원활하며 큰 하중과 고 속 전동에 주로 쓰이는 기어는?

① 스퍼 기어
② 헬리컬 기어
③ 내접 기어
④ 웜 기어

> • 스퍼기어는 가장 일반적인 기어로 이가 축에 평행하다.
> • 내접기어는 두 축의 회전방향이 같으며 높은 감속비를 요하 는 곳에 사용한다.
> • 웜 기어는 큰 감속비를 얻을 수 있으나 역회전에는 사용되지 않으며 전동효율이 낮고 발열현상이 크다.

40 ( ) 안에 알맞은 숫자는?

> 옥외에 지상 ( )m 이상 높이로 설치되어 있는 크레인에는 항공법 제41조에 따르는 항공장애 등을 설치하여야 한다.

① 30
② 40
③ 50
④ 60

> 크레인의 조명장치
> • 운전석의 조명상태는 운전에 지장이 없을 것
> • 야간작업용 조명은 운전자 및 신호자의 작업에 지장이 없을 것
> • 옥외에 지상 60m 이상 높이로 설치되는 크레인에는 항공법 에 따른 항공장애등을 설치할 것

41 와이어로프 가공방법 중 엮어 넣기를 할 때 엮어 넣는 길이는 로프 지름의 몇 배가 가장 적당한가?

① 5~10배
② 15~20배
③ 20~30배
⑤ 30~40배

> 엮어넣기(splice)는 벌려 끼우기와 감아 끼우기가 있으며, 엮어넣기 길이는 로프 지름의 30~40배가 되어야 하며, 강도는 가는 로프는 100%이고 굵은 로프는 70~80%가 된다.

42 와이어로프(wire rope)의 교환 시기를 설명한 것으로 가장 알맞은 것은?

① 킹크(kink)가 발생한 경우
② 로프에 그리스가 많이 발라진 경우
③ 마모로 지름의 감소가 공칭 직경의 3% 이상인 경우
④ 로프의 한 꼬임(스트랜드를 의미) 사이에서 소선 수의 7% 이상 소선이 절단된 경우

> 사용이 금지되는 와이어로프
> • 이음매가 있는 것
> • 와이어로프의 한 꼬임에서 끊어진 소선(素線)(필러선은 제외)의 수가 10% 이상(비자전로프의 경우에는 끊어진 소선의 수가 와이어로프 호칭지름의 6배 길이 이내에서 4개 이상이거나 호칭지름 30배 길이 이내에서 8개 이상)인 것
> • 지름의 감소가 공칭지름의 7%를 초과하는 것
> • 꼬인 것
> • 심하게 변형되거나 부식된 것
> • 열과 전기충격에 의해 손상된 것

43 〈그림〉의 "한쪽 팔 팔꿈치에 다른 손 손바닥을 떼었다. 붙였다." 하는 신호내용은?

① 천천히 조금씩 아래로 내리기
② 마그넷붙이기
③ 보권사용
④ 위로올리기

> 교재 〈 2. 크레인 작업 표준 신호 지침〉 참고

44 지브 크레인의 지브(붐) 길이(수평거리) 20m 지점에서 10톤의 하물을 줄걸이하여 인양하고자 할 때 이 지점에서 모멘트는 얼마인가?

① 20 ton · m
② 100 ton · m
③ 200 ton · m
④ 300 ton · m

> 모멘트 = 크레인의 지브길이 × 하물 중량
> = 20m × 10ton = 200[ton · m]

45 [6×37]의 규격을 가진 와이어로프는 한 꼬임에서 최대 몇 가닥의 소선이 절단될 때까지 사용이 가능한가?

① 12 가닥
② 22 가닥
③ 32 가닥
④ 42 가닥

> 와이어로프 한 꼬임 사이에서 소선수 10% 이내 절단될 때까지 사용가능하므로, 6×37×0.1 = 22.2이므로 22가닥까지 사용가능하다.

46 사다리꼴 형상의 하물을 인양할 때의 줄걸이 방법으로 가장 올바른 것은?

① 1줄걸이
② 2줄걸이
③ 3줄걸이
④ 십자(+)걸이

> 사다리꼴 모양의 하물 인양 시 흔들림과 안전을 위해 십자걸이 방법을 사용한다.

47 공칭직경 20mm의 와이어로프 지름을 측정 시 18.5mm이었을 경우 직경 감소율 및 사용가능 여부는?

① 7.0%, 사용 가능
② 7.5%, 사용 불가
③ 7.5%, 사용 가능
④ 9.3%, 사용 불가

> 직경감소율 = $\frac{(20 - 18.5)}{20} \times 100$ = 7.5%이므로 와이어로프 마모로 인한 직경감소가 공칭지름의 7% 이상인 경우 사용이 불가능하다.

48 와이어로프의 심강을 3가지 종류로 구분한 것은?

① 섬유심, 공심, 와이어심
② 철심, 동심, 아연심
③ 섬유심, 랭심, 동심
④ 와이어심, 아연심, 랭심

> 와이어로프의 구조는 소선 · 스트랜드 · 심강으로 구성되며, 심강은 섬유심 · 공심 · 와이어심으로 구분한다.

49 2000kgf의 짐을 두 줄걸이로 하여 줄걸이 로프의 각도를 60°로 매달았을 때 한쪽 줄에 걸리는 하중은 약 몇 [kgf]인가?

① 2,310
② 2,000
③ 1,155
④ 578

> 1줄에 걸리는 하중 = $\dfrac{\text{부하물의 하중}}{\text{줄걸이 수} \times \text{조각도}} = \dfrac{2000}{2 \times \cos\dfrac{60°}{2}}$
> $= \dfrac{2000}{2 \times \cos 30°} ≒ 1,155[kgf]$

50 줄걸이 작업 시의 일반 안전수칙과 가장 거리가 먼 것은?

① 인양할 물건의 중량 및 중심위치의 목측을 신중히 행한 후 작업을 실시한다.
② 줄걸이 로프의 걸린 상태를 확인할 때는 초기 장력을 받지 않은 상태에서 행한다.
③ 로프의 직경 및 손상 유무를 확인한다.
④ 체인, 샤클 등의 줄걸이 작업용구의 적정성을 확인 후 작업을 실시한다.

> 줄걸이 로프의 걸린 상태를 확인할 때는 초기장력을 받은 상태에서 행하여야 한다.

51 산업안전보건법령상 안전보건표지의 종류 중 다음 〈그림〉에 해당하는 것은?

① 산화성물질경고
② 인화성물질경고
③ 폭발성물질경고
④ 급성독성물질경고

> 경고표지의 종류
>
> | 인화성물질 경고 | 산화성물질 경고 | 폭발성물질 경고 | 급성독성물질 경고 |
> | 부식성물질 경고 | 방사성물질 경고 | 고압전기 경고 | 매달린물체 경고 |
> | 낙하물 경고 | 고온 경고 | 저온 경고 | 몸균형상실 경고 |
> | 레이저광선 경고 | 발암성·변이원성·생식독성·전신독성·호흡기 과민성물질 경고 | | 위험장소 경고 |

52 작업장에서 전기가 별도의 예고 없이 정전 되었을 경우 전기로 작동하던 기계·기구의 조치방법으로 가장 적합하지 않은 것은?

① 즉시 스위치를 끈다.
② 안전을 위해 작업장을 미리 정리해 놓는다.
③ 퓨즈의 단선 유·무를 검사한다.
④ 전기가 들어오는 것을 알기 위해 스위치를 켜 둔다.

> 정전 또는 운전이 끝났을 때나 점검 및 수리 시에는 반드시 전원스위치를 내려야 한다.

53 기계설비의 위험성 중 접선 물림점(tangential point)과 가장 관련이 적은 것은?

① V벨트
② 커플링
③ 체인벨트
④ 기어와 랙

> 커플링은 어떤 축에서 다른 축으로 회전을 전달하기 위하여 사용되는 장치로 접선 물림점과는 관련이 적은 편이다.

54 다음 중 산업재해 조사의 목적에 대한 설명으로 가장 적절한 것은?

① 적절한 예방대책을 수립하기 위하여
② 작업능률 향상과 근로기강 확립을 위하여
③ 재해 발생에 대한 통계를 작성하기 위하여
④ 재해를 유발한 자의 책임추궁을 위하여

🔍 산업재해 조사의 목적은 적절한 예방대책을 수립하기 위한 것이다.

55 가스용기가 발생기와 분리되어 있는 아세틸렌 용접장치의 안전기 설치위치는?

① 발생기
② 가스용기
③ 발생기와 가스용기 사이
④ 용접토치와 가스용기 사이

🔍 아세틸렌 용접장치의 안전기 설치위치는 취관·분기관·발생기와 가스용기 사이에 설치한다.

56 벨트 취급 시 안전에 대한 주의사항으로 틀린 것은?

① 벨트에 기름이 묻지 않도록 한다.
② 벨트의 적당한 유격을 유지하도록 한다.
③ 벨트 교환 시 회전이 완전히 멈춘 상태에서 한다.
④ 벨트의 회전을 정지시킬 때 손으로 잡아 정지시킨다.

🔍 동력 전동장치에서 벨트 취급 시 가장 재해가 많이 발생하므로 손으로 잡아 벨트의 회전을 정지시키는 것은 위험하다.

57 연삭기의 안전한 사용방법으로 틀린 것은?

① 숫돌 측면 사용제한
② 숫돌덮개 설치 후 작업
③ 보안경과 방진마스크 착용
④ 숫돌과 받침대 간격을 가능한 넓게 유지

🔍 연삭기인 숫돌과 받침대 간격은 가능한 가깝게 유지하여야 한다.

58 다음 중 가열, 마찰, 충격 또는 다른 화학물질과의 접촉 등으로 인하여 산소나 산화재 등의 공급이 없더라도 폭발 등 격렬한 반응을 일으킬 수 있는 물질이 아닌 것은?

① 질산에스테르류
② 니트로 화합물
③ 무기 화합물
④ 니트로소 화합물

🔍 무기화합물은 탄소 이외의 원소로 이루어진 화합물로 폭발성이 높지 않다.

59 다음 중 보호구를 선택할 때의 유의 사항으로 틀린 것은?

① 작업 행동에 방해되지 않을 것
② 사용 목적에 구애받지 않을 것
③ 보호구 성능기준에 적합하고 보호 성능이 보장될 것
④ 착용이 용이하고 크기 등 사용자에게 편리할 것

🔍 보호구 선택 시 사용목적에 따라 적당한 것을 선택하여야 한다.

60 ILO(국제노동기구)의 구분에 의한 근로 불능 상해의 종류 중 응급조치 상해는 며칠간 치료를 받은 다음부터 정상작업에 임할 수 있는 정도의 상해를 의미하는가?

① 1일 미만
② 3~5일
③ 10일 미만
④ 2주 미만

🔍 응급조치상해는 1일 미만의 치료를 받고 다음 날부터 정상작업에 임할 수 있는 정도의 상해를 의미한다.

정답 2015년 3회

01 ④	02 ①	03 ③	04 ④	05 ②
06 ③	07 ②	08 ③	09 ④	10 ②
11 ②	12 ②	13 ②	14 ②	15 ②
16 ④	17 ④	18 ②	19 ①	20 ④
21 ④	22 ①	23 ②	24 ①	25 ②
26 ③	27 ②	28 ②	29 ④	30 ①
31 ②	32 ③	33 ①	34 ①	35 ③
36 ①	37 ①	38 ①	39 ②	40 ④
41 ④	42 ①	43 ②	44 ③	45 ②
46 ④	47 ②	48 ①	49 ③	50 ②
51 ②	52 ④	53 ②	54 ①	55 ③
56 ④	57 ④	58 ②	59 ②	60 ①

2015년 4회 공단 기출문제

01 와이어 로프 직경(d)과 드럼 직경(D)의 비 (D/d)는?

① 10
② 15
③ 20~25
④ 26~30

> 권상 드럼의 직경 D(드럼에 감긴 로프의 중심)와 와이어로프 직경 d의 비는 D/d = 20배 이상이어야 한다.

02 전자 접촉기의 개폐작동 불량 원인과 가장 거리가 먼 것은?

① 전압강하 과다
② 코일 단선
③ 접점의 과다 마모
④ 전동기의 초고속 운전

> 전자 접촉기의 개폐작동 불량원인
> • 전압강하가 크다.
> • 코일이 끊어져 있다.
> • 보조접점과 접촉이 불량하다.
> • 인터록이 파손되어 있거나 조작회로가 잘못되어 있다.

03 주행 차륜 플랜지는 두께의 몇 [%] 이상 마모와 수직에서 몇 [도(°)] 이상의 변형이 생기면 교환 하는가?

① 40%, 20°
② 40%, 10°
③ 50%, 10°
④ 50%, 20°

> 주행 차륜 플랜지 두께의 원치수 50% 이상 마모와 수직위치에서 20° 이상의 변형이 생기면 교환해야 한다.

04 훅을 교환해야 할 상태를 육안으로 가장 간단하고 쉽게 확인할 수 있는 것은?

① 그림에서 M의 치수가 a의 치수와 같아진 것
② A부분의 균열을 확인하기 위하여 비파괴 검사한 것
③ 그림에서 훅의 인장응력이 변화된 것
④ 훅의 A의 치수가 원치수의 20% 이상 마모인 것

> 훅 줄걸이 부분의 마모는 원치수의 5% 이하, 와이어로프가 걸리는 부분 마모의 깊이가 2mm 이하 일 때 다듬어서 사용한다.

05 미끄럼 베어링의 종류가 아닌 것은?

① 일체형
② 분할형
③ 스러스트형
④ 부시형

> 미끄럼 베어링에는 분할형, 스러스트형, 부시형이 있다.

06 전자식 마그넷 브레이크(magnet brake)의 라이닝 두께가 25% 감소한 경우 가장 적합한 조치 방법은?

① 라이닝을 교환한다.
② 브레이크 드럼 지름을 크게 한다.
③ 스트로크를 조정한다.
④ 특별한 조치를 하지 않아도 된다.

> 전자식 마그넷 브레이크의 라이닝 두께가 20~30% 감소되면 스트로크를 조정하여 다시 사용한다.

07 천장크레인에서 버퍼 스토퍼(Buffer Stopper)란?

① 주행차륜에 부착하여 과속을 방지하는 장치
② 주행이나 횡행 시 충돌했을 때 충격을 완화시켜 주는 장치
③ 권상장치의 과권방지용 장치
④ 권하 시 너무 내리는 것을 방지하기 위하여 드럼에 부착하는 장치

🔍 버퍼 스토퍼는 천장크레인이 주행이나 횡행 시 충돌하였을 때 충격을 완화시키기 위해 설치하는 장치이다.

🔍 비상정지장치는 작동된 이후 수동으로 복귀시킬 때까지 회로가 자동으로 복귀되지 않는 구조여야 한다.

08 천장크레인에서 주행레일의 진직도는 전 주행길이에 걸쳐 최대 얼마 이내이어야 하는가?

① 20mm ② 10mm
③ 2mm   ④ 5mm

🔍 주행레일
- 연결부의 틈새는 천정크레인은 3mm, 기타 크레인은 5mm 이하일 것
- 레일 연결부의 엇갈림은 상하 0.5mm 이하, 좌우 0.5mm 이하일 것
- 레일측면의 마모는 원래 규격치수의 10% 이내일 것
- 주행레일의 높이편차는 기준면으로부터 최대 ±10mm 이내이고, 좌우레일의 수평차는 10mm 이내, 레일의 구배량은 주행길이 2m 마다 2mm를 초과하지 않을 것
- 주행레일의 진직도는 전 주행길이에 걸쳐 최대 10mm이내이고, 수평방향의 휨 량은 주행길이 2m마다 ±1mm 이내일 것

09 정전 또는 전압이 비정상적으로 저하되었을 스위치가 자동적으로 열리는 것은?

① 역상보호계전기   ② 무전압보호장치
③ 타임릴레이   ④ 나이프스위치

🔍 무전압 보호장치는 정전 또는 전압이 비정상적으로 저하 되었을 때 스위치가 자동적으로 열리게 하는 장치이다.

10 훅의 재질로 적당한 것은?

① 주철   ② 기계구조용 탄소강
③ 합금 공구강   ④ 구상흑연 주철

🔍 훅의 재질로는 탄소강 단강품이나 기계구조용 탄소강을 사용한다.

11 천장크레인의 비상정지용 누름버튼에 대한 설명 중 틀린 것은?

① 누름버튼을 누르면 작동중인 동력이 차단된다.
② 누름버튼의 머리 부분은 적색이다.
③ 누름버튼의 머리 부분은 돌출되어 있다.
④ 누름버튼은 작동 후 10초 후에 원래상태로 복귀한다.

12 정격하중이 20,000kgf인 천장크레인의 혹(Hook)은 파괴 하중이 최소한 몇 [kgf] 이상인 것을 사용해야 하는가?

① 40,000kgf   ② 60,000kgf
③ 80,000kgf   ④ 100,000kgf

🔍 파괴하중 = 안전계수 × 정격하중 = 5 × 20,000 = 100,000[kgf] 이다.

13 콘텍트 시그먼트(contact segment)와 핑거(finger)가 접촉하여 직접 전동기를 작동 시키는 방식은?

① 유니버셜 제어기
② 캠형 제어기
③ 드럼형 제어기
④ 직렬 제어기

🔍 드럼형 제어기는 콘텍트 시그먼트와 핑거가 접촉하여 직접전동기를 작동시키는 방식으로 전동기의 기동, 역회전, 정지 및 속도를 조절한다.

14 주행용 트롤리선은 늘어남과 하중을 지지하기 위해 몇 [m] 간격 마다 애자로 지지하여야 하는가?

① 3m   ② 6m
③ 9m   ④ 12m

🔍 천장크레인의 전원공급은 트롤리선으로 하며, 선의 배열은 수평배열과 수직배열 방법이 있으며, 경동선은 2m마다, 주행 트롤리선은 6m 간격으로 애자를 사용하여 지지한다.

15 천장크레인 거더의 중량을 경감할 수 있으나 휨이 가장 큰 거더는?

① I빔 거더   ② 강관 거더
③ 트러스 거더 ④ 박스 거더

🔍 강관 구조 거더는 강관(pipe)을 사용한 것으로 거더 자체의 중량을 경감할 수 있는 장점이 있지만, 비틀림(bending)이 큰 단점도 있다.

16 천장크레인의 와이어 드럼의 직경은 어떻게 정하는 것이 가장 좋은가?

① 드럼의 직경은 사용할 와이어로프의 직경보다 20배 이상이 적절하다.
② 드럼의 직경은 사용할 와이어로프의 소선 직경보다 300배 이상이 적절하다.
③ 드럼의 직경은 Crab의 크기에 비례해서 정하는 것이 좋다.
④ 드럼의 직경은 Hook의 크기에 비례해서 정하는 것이 좋다.

> 드럼과 시브의 직경은 와이어로프 직경의 20배 이상 크게 하면 로프의 수명을 연장시킬 수 있다.

17 기계식 과부하 방지장치에 대한 설명으로 옳은 것은?

① 구조가 간단하여 보수가 쉽다.
② 완전개방형 구조이다.
③ 이동형 보호장치로 취급이 간편하다.
④ 별도의 동작 전원이 필요하다.

> 기계식 과부하 방지 장치는 스프링, 방진고무 등이 처짐을 이용하여 마이크로스위치로 동작시켜 제어하는 방식으로 구조가 간단하여 보수가 쉽다.

18 도유기와 리미트 스위치에 대한 설명 중 틀린 것은?

① 차륜 도유기는 차륜 플랜지 또는 레일 측면에 소량의 오일을 자동으로 도유하는 기기이다.
② 차륜 도유기의 오일탱크는 도유기 몸체보다 상부에 위치한다.
③ 상용 리미트 스위치가 하한선에서 작동했을 때 권상훅의 위치는 보통 크래브 하단으로부터 보통 0.5m 정도이다.
④ 중추식 리미트 스위치는 비상용으로 사용한다.

> 상용 리미트 스위치가 작동했을 때 권상 훅과 크래브간 거리는 5m 이상이어야 한다.

19 천장크레인의 운동속도에 관한 사항 중 틀린 것은?

① 권상장치는 양정이 짧은 것이 느리고 긴 것이 빠르다.
② 권상장치는 하중이 가벼우면 빠르고 무거울수록 저속으로 한다.
③ 횡행장치는 스팬의 길이에 관계없이 200m/min 정도의 속도를 채용한다.
④ 주행속도는 작업능력에 큰 관계가 없으므로 가능한 저속으로 한다.

> 천장크레인의 횡행장치는 가능한 한 저속으로 운행하여야 한다.

20 다음 중 주행 제동용으로 주로 사용되는 브레이크는?

① 마그네틱 오일 브레이크(magnetic oil brake)
② 에디 커런트 브레이크(eddy current brake)
③ 오일 디스크 브레이크(oil disk brake)
④ 스피드 컨트롤 브레이크(speed control brake)

> 오일 디스크 브레이크는 전기로 구동하지 않고 유압만으로 작동하는 것으로 주행제동용으로 사용된다.

21 3상 권선형 유도 전동기의 전류 제한 및 속도조정 목적으로 사용되는 것은?

① 브러시(brush)　② 2차 저항기
③ 회전자(rotor)　④ 슬립링(slip ring)

> 저항기는 권선형 유도 전동기의 2차 측에 설치되어 저항값의 크기를 제어기로 제어하여 전동기의 속도를 조절하는 기구로 그리드(grid)형을 주로 사용한다.

22 주기적인 정비를 위한 예비품목 중 가장 거리가 먼 것은?

① 모터 브러시　② 제어반(판넬)
③ 콜렉타 브러시　④ 제어기 접점

> 주기적인 정비를 위한 예비품목은 전동기, 콜렉터브러시, 제어기 접점, 퓨즈, 램프, 브레이크 라이닝, 전자 접촉기 등이 있다.

23 궤도륜 사이에 있는 전동체가 굴림운동을 하며 볼, 원통, 테이퍼 롤러 등의 종류로 분류할 수 있는 베어링은?

① 스러스트 베어링　② 점접촉 베어링
③ 구름 베어링　④ 미끄럼 베어링

> 구름베어링은 전동체, 내륜, 외륜, 리테이너로 구성되어 있다.

24 크레인 점검 작업 시 유의사항으로 틀린 것은?

① 점검작업을 할 때는 "점검중" 등의 위험 표지를 설치한다.
② 정지하여 점검 작업을 할 때는 동력원 스위치를 끄고 한다.
③ 점검작업을 할 때는 필요한 안전 보호구를 착용한다.
④ 동일 주행로상에서 다른 크레인의 주행을 제한하면 곤란하다.

> 동일 주행로상에서 2대의 크레인이 운행하면 사고의 우려가 있으므로 각별히 주의하여야 한다.

25 권상하중 50톤, 권상속도 1.5m/min인 천장크레인의 권상 전동기 출력은 약 얼마인가?(단, 권상 전동기의 효율은 70% 이다.)

① 12.2kW
② 13.0kW
③ 17.5kW
④ 18.5kW

> 권상하중은 (정격하중 + 훅의 자중)이므로
> 전동기의 출력 = (권상하중 × 속도)/(6.12 × 효율)
> = (50 × 1.5)/(6.12 × 70) = 17.5[kW]

26 기어에서 소음이 발생하는 원인이 아닌 것은?

① 백래시(backlash)가 너무 적을 경우
② 기어축의 평행도가 나쁠 경우
③ 치면에 흠이 있거나 다듬질의 정도가 나쁠 경우
④ 오일을 과다하게 급유했을 경우

> 기어 소음 발생원인은 ①, ②, ③항 외에 급유 부족 및 부적당한 오일을 사용한 경우와 피치 및 치형의 오차가 클 때 등이 있다.

27 베어링이 고착되는 경우와 가장 거리가 먼 것은?

① 급유가 불충분한 경우
② 급유 오일의 선정이 잘못된 경우
③ 과부하로 베어링의 유막이 파괴된 경우
④ 저속으로 회전하는 경우

> 베어링은 고속으로 회전하는 경우 고착되기 쉽다.

28 주행 집전장치(Pantograph)의 집전자(Collector shoe)에 주로 사용되는 브러시로 맞는 것은?

① 플라스틱 브러시
② 카본 브러시
③ 은 접점 브러시
④ 알루미늄 브러시

> 천장크레인의 주행 집전장치의 집전자에는 카본 브러시가 주로 사용된다.

29 감속기에 대한 설명 중 틀린 것은?

① 감속기의 제1단 기어는 10% 정도 마모되었을 때 교환하는 것이 좋다.
② 기어 케이스 내에 공급하는 오일은 보통 2,000시간마다 교환한다.
③ 축은 회전축과 전동축으로 구분된다.
④ 커플링은 축이음 장치이다.

> 축에는 회전력을 전달하는 회전축과 회전하는 축을 떠받치는 고정축으로 구분된다.

30 천장크레인용 전동기에서 직류전동기로 가장 많이 사용되는 것은?

① 직권전동기
② 분권전동기
③ 화동복권전동기
④ 농형 유도전동기

> 직류 직권전동기는 기동회전력이 크고 부하의 변동에 따라 속도가 변화하는 정출력 특성이 있으며 직권전동기로 가장 많이 사용된다.

31 입력전압이 440V, 60Hz인 3상 유도전동기에서 극수가 4극, 회전자 속도가 1,760rpm일 때 이 전동기의 슬립율은 약 몇 [%] 인가?

① 2.2
② 4.3
③ 13.2
④ 20.3

> 전동기의 동기속도(Ns) = (120 × 60)/4 = 1,800[rpm]이므로
> 슬립율(S) = (Ns − N)/Ns × 100
> = (1,800 − 1,760)/1,800 × 100 = 2.2[%]

32 원활한 운전작업을 하기 위한 방법 중 틀린 것은?

① 운전 중 운전자는 항상 기계 각부의 이상 음향, 이상진동에 주의한다.
② 정지상태에서 출발시 갑자기 전속력으로 운전해서는 안 된다.
③ 운전자는 물건을 들고 지나온 경로를 되돌아보며 운전을 올바르게 했느냐를 항상 반성하며 운전해야 한다.
④ 작업종료 후에는 꼭 소정의 위치에 정지시킨 후 전원을 OFF 한다.

🔍 크레인의 원활한 운전작업을 위한 방법은 ①, ②, ④항이다.

33 그리스를 주입하면 안 되는 곳은?

① 베어링
② 브레이크 라이닝
③ 감속기 기어
④ 커플링 취부시 모터축 사이

🔍 브레이크 휠과 라이닝, 레일의 상면, 벨트 등에는 그리스를 주입하면 안 된다.

34 트롤리(Trolley) 동선의 좌·우, 고·저차는 기준면에서 몇 [mm] 이하를 유지하여야 하는가?

① ±2
② ±4
③ ±6
④ ±8

🔍 트롤리 동선은 전원 인입의 중요한 부분으로 수분·먼지를 피해야 하며, 케이블 레일의 좌·우, 고·저 차는 기준면에서 2mm 이하이어야 한다.

35 키(Key)의 재료 성질 중 적당한 것은?

① 축재료보다 연한 강철재
② 축재료보다 강한 강철재
③ 마찰계수가 작아 미끄러운 것
④ 축재료보다 강한 주철재

🔍 키는 기어, 벨트풀리 등 회전축에 고정할 때나 회전력을 전달함과 동시에 축방향으로 미끄럼 운동을 할 수 있도록 할 때 사용하는 것으로 축의 재질보다 강한 강철재로 사용한다.

36 크레인을 이용한 운반작업에 있어서 고려해야 할 사항으로 알맞지 않은 것은?

① 한 번에 많은 하물을 운반하여 운반 횟수를 줄인다.
② 이동하는 거리를 짧게 한다.
③ 될 수 있는 한 전용의 줄걸이 용구를 사용한다.
④ 위험범위를 명확히 한다.

37 천장크레인 작업에서 안전담당자의 임무가 아닌 것은?

① 작업방법과 근로자의 배치를 결정하고 작업을 지휘
② 재료의 결함 유무 또는 기구 및 공구의 기능을 점검하고 불량품을 제거
③ 작업 중 안전대와 안전모의 착용상황을 감시
④ 작업을 지휘하는 자를 선임하여 그에 의하여 작업 실시하도록 조치

🔍 ④항은 작업반장의 임무이다.

38 스파크(spark)발생 비율에 대한 사항 중 틀린 것은?

① 접촉면에 요철이 심하면 스파크가 심하다.
② 전로를 닫을 때 보다 열 때가 스파크가 많다.
③ 접촉점 간에 전압이 클수록 스파크가 많다.
④ 교류보다 직류가 스파크가 작다.

🔍 교류보다 직류가 스파크가 크고, 주파수가 높을수록, 접촉면에 요철이 심할수록 스파크가 크다.

39 방폭구조로 된 전기설비의 구비조건이 아닌 것은?

① 시건장치를 할 것
② 접지를 할 것
③ 환기가 잘되도록 할 것
④ 퓨즈를 사용할 것

🔍 폭발사고로부터 보호한다는 방폭구조는 환기 등 모든 것이 제한된 구조이다.

40 크레인 운전조작의 주의사항에 관한 설명으로, 틀린 것은?

① 화물이 지면에서 떨어지는 순간의 권상은 빠른 속도로 권상한다.
② 줄걸이 작업 위치까지 훅을 권하 시킬 때에는 필요 이상으로 권하 시키지 않는다.
③ 화물의 중심 위에 훅의 중심이 오도록 횡행, 주행 조작 등에 의해 위치를 결정한다.
④ 화물위치에 크레인을 이동시킬 경우 훅을 지상의 설비 등에 부딪치지 않을 높이까지 권상하여 크레인을 수평 이동시킨다.

🔍 권상작업을 할 때 화물이 지면에서 떨어지면 천천히 권상하여야 한다.

41 지브크레인에서 줄걸이 작업자의 위치는?(단, 작업반경 밖임)

① 기복, 선회방향의 15°의 위치
② 기복, 선회방향의 25°의 위치
③ 기복, 선회방향의 35°의 위치
④ 기복, 선회방향의 45°의 위치

🔍 지브를 따라 움직이는 크래브에 매달린 달기기구에 의해 하물을 이동시키는 지브크레인은 수직면에서 지브각의 변화를 뜻하는 기복, 선회방향의 45°의 위치에 작업자가 있어야 한다.

42 힘의 3요소는?

① 힘의 크기, 힘의 무게, 힘의 단위
② 힘의 방향, 힘의 작용점, 힘의 크기
③ 힘의 크기, 힘의 방향, 힘의 강도
④ 힘의 무게, 힘의 거리, 힘의 작용점

🔍 힘의 3요소: 힘이 작용한 크기, 힘이 작용한 방향, 힘의 작용점이다.

43 줄걸이 방법 중 훅걸이의 종류가 아닌 것은?

① 짝감기 걸이   ② 어깨 걸이
③ 이중 걸이   ④ 짝감아 걸이

🔍 훅 걸이 종류는 눈 걸이, 반 걸이, 짝감기 걸이, 어깨 걸이, 짝감아 걸이 등이 있다.

44 와이어 손상의 분류에 대한 설명으로 틀린 것은?

① 와이어는 사용 중 시브 및 드럼 등의 접촉에 의해 마모가 생기는데, 이 때 직경 감소가 7% 시 교환한다.
② 사용 중 소선의 단선이 전체 소선수의 50%가 단선이 되면 교환한다.
③ 과하중을 들어올릴 경우 내·외층의 소선이 맞부딪치게 되어 피로현상을 일으키게 된다.
④ 열의 영향으로 강도가 저하되는데 이 때 심강이 철심일 경우 300℃까지 사용이 가능하다.

🔍 와이어로프의 한 꼬임 사이에서 소선수의 10% 이상 소선이 절단된 경우 교환한다.

45 24본선 6꼬임의 와이어로프를 사용할 경우 권상용 드럼과 와이어로프 지름의 비는 최소 얼마 이상으로 해야 하는가?

① 20   ② 30
③ 40   ④ 50

🔍 권상용 드럼의 직경 D와 와이어로프 직경 d 와의 비는 D/d = 20배 이상되어야 한다.

46 크레인 권상장치에 절단하중 37.7ton이 되는 ∅25mm인 와이어로프가 드럼에서 2줄 내려와 설치되어 있다. 이 로프로 약 몇 톤까지 사용 가능한가?
(단, 안전율은 6이다.)

① 6   ② 12
③ 20   ④ 25

🔍 안전하중 = 와이어로프 절단하중/안전율 = 37.7/6 = 6.28[ton] 이므로
부하물의 하중 = 와이어로프 가닥 수 × 안전하중 = 2 × 6.28
= 12.56 ≒ 12[ton]

47 와이어로프의 쐐기 고정법은?

①
②
③
④

🔍 ①항은 클립고정법, ③항은 압축가공법, ④항은 엮어넣기 고정법(스플라이스)

48 건설현장에서 와이어로프 점검 시 적절한 방법이 아닌 것은?

① 파단 상태의 점검
② 제작방법 점검
③ 형상변형 점검
④ 마모 및 부식상태 점검

🔍 제작방법 점검은 와이어로프 제작사의 업무이다.

49 〈그림〉은 작업자가 크레인 운전자에게 어떻게 운전하라는 수신호인가?

① 훅을 돌린다.
② 훅을 올린다.
③ 훅을 내린다.
④ 훅을 정지시킨다.

50 와이어로프의 안전계수가 5이고 절단하중이 20,000kgf일 때 안전하중은?

① 6,000kgf　② 5,000kgf
③ 4,000kgf　④ 2,000kgf

🔍 안전계수 = 절단하중/안전하중 이므로
안전하중 = 20,000/5 = 4,000[kgf]

51 다음 중 일반적으로 장갑을 끼고 작업할 경우 안전상 가장 적합하지 않은 작업은?

① 전기용접 작업
② 타이어교체 작업
③ 건설기계운전 작업
④ 선반 등의 절삭가공 작업

🔍 선반 등의 절삭가공 작업 시 장갑을 끼고 할 경우 장갑에 의해 손이 빨려 들어가 치명적인 사고를 당할 우려가 크다.

52 다음 중 산소결핍의 우려가 있는 장소에서 착용하여야 하는 마스크의 종류는?

① 방독 마스크
② 방진 마스크
③ 송기 마스크
④ 가스 마스크

> 호흡용 보호구
> • 방독 마스크 : 유기용제, 유기가스, 미스트, 흄 발생작업
> • 방진 마스크 : 분체작업, 연마작업, 광택작업, 배합작업
> • 송기 마스크 : 저장조, 하수구 등 산소결핍 작업

53 다음 중 전기설비 화재 시 가장 적합하지 않은 소화기는?

① 포말 소화기
② 이산화탄소 소화기
③ 무상강화액 소화기
④ 할로겐화합물 소화기

> 포말 소화기는 A급 화재인 보통화재, B급 화재인 유류 또는 가스화재에 적합한 소화기이다.

54 크레인 인양작업 시 줄걸이 안전사항으로 적합하지 않은 것은?

① 신호자는 원칙적으로 1인이다.
② 신호자는 크레인운전자가 잘 볼 수 있는 안전한 위치에서 행한다.
③ 2인 이상의 고리 걸이 작업 시에는 상호 간에 소리를 내면서 행한다.
④ 권상 작업 시 지면에 있는 보조자는 와이어로프를 손으로 꼭 잡아 하물이 흔들리지 않게 하여야 한다.

> 하물이 흔들릴 때는 크레인운전자가 빠른 동작으로 주행 및 횡행 조종간을 조작하여 흔들림을 잡아야 한다.

55 다음 중 안전보건표지의 구분에 해당하지 않는 것은?

① 금지표지　② 성능표지
③ 지시표지　④ 안내표지

> 안전보건표지의 구분 : 금지표지, 경고표지, 지시표지, 안내표지

56 다음 중 사용구분에 따른 차광보안경의 종류에 해당하지 않는 것은?

① 자외선용
② 적외선용
③ 용접용
④ 비산방지용

> 차광보안경의 종류
> • 자외선용 : 자외선이 발생하는 장소
> • 적외선용 : 적외선이 발생하는 장소
> • 복합용 : 자외선 및 적외선이 발생하는 장소
> • 용접용 : 산소용접작업등과 같이 자외선, 적외선 및 강렬한 가시광선이 발생하는 장소

57 산업안전보건법상 산업재해의 정의로 옳은 것은?

① 고의로 물적 시설을 파손한 것을 말한다.
② 운전 중 본인의 부주의로 교통사고가 발생된 것을 말한다.
③ 일상 활동에서 발생하는 사고로서 인적 피해에 해당하는 부분을 말한다.
④ 근로자가 업무에 관계되는 건설물·설비·원재료·가스·증기·분진 등에 의하거나 작업 또는 그 밖의 업무로 인하여 사망 또는 부상하거나 질병에 걸리는 것을 말한다.

58 무거운 물건을 들어 올릴 때의 주의사항에 관한 설명으로 가장 적합하지 않은 것은?

① 장갑에 기름을 묻히고 든다.
② 가능한 이동식 크레인을 이용한다.
③ 힘센 사람과 약한 사람과의 균형을 잡는다.
④ 약간씩 이동하는 것은 지렛대를 이용할 수도 있다.

> 기름 묻은 장갑을 사용하면 미끄럼으로 인하여 사고가 발생할 수 있다.

59 산업 재해의 원인은 직접원인과 간접원인으로 구분되는데 다음 직접원인 중에서 불안전한 행동에 해당하지 않는 것은?

① 허가 없이 장치를 운전
② 불충분한 경보 시스템
③ 결함 있는 장치를 사용
④ 개인 보호구 미사용

> 재해의 직접원인(물적요인)
> • 불안전한 행동(행위) : 위험장소 접근, 안전장치의 기능 제거, 복장·보호구의 잘못사용, 기계·기구 잘못사용, 운전 중인 기계장치의 손질, 불안전한 속도 조작, 위험물 취급 부주의, 불안전한 상태 방치, 불안전한 자세 동작, 감독 및 연락 불충분
> • 불안전한 상태 : 물 자체 결함, 안전 방호장치 결함, 보호구의 결함, 물의 배치 및 작업장소 결함, 작업환경의 결함, 생산 공정의 결함, 경계표시·설비의 결함

60 해머 사용 시 안전에 주의해야 될 사항으로 틀린 것은?

① 해머 사용 전 주위를 살펴본다.
② 담금질한 것은 무리하게 두들기지 않는다.
③ 해머를 사용하여 작업할 때에는 처음부터 강한 힘을 사용한다.
④ 대형해머를 사용할 때는 자기의 힘에 적합한 것으로 한다.

> 처음부터 큰 힘을 주어 작업하지 않고, 서서히 타격한다.

정답 2015년 4회

01 ③	02 ④	03 ④	04 ①	05 ①
06 ③	07 ②	08 ②	09 ②	10 ②
11 ④	12 ④	13 ③	14 ②	15 ②
16 ①	17 ①	18 ③	19 ③	20 ③
21 ②	22 ②	23 ③	24 ④	25 ③
26 ④	27 ②	28 ②	29 ③	30 ①
31 ①	32 ③	33 ②	34 ①	35 ②
36 ①	37 ④	38 ④	39 ③	40 ①
41 ④	42 ②	43 ③	44 ②	45 ①
46 ②	47 ②	48 ②	49 ②	50 ③
51 ④	52 ③	53 ①	54 ④	55 ②
56 ④	57 ④	58 ①	59 ②	60 ③

2016년 1회 공단 기출문제

01 천장크레인 운전실의 종류가 아닌 것은?

① 개방형 운전실
② 개방 단열형 운전실
③ 밀폐형 운전실
④ 밀폐 단열형 운전실

> 운전실은 개방형과 밀폐형이 있으나 주로 밀폐형이 사용되며, 밀폐형은 단열·방진·방음·혹서·혹한 등에 유리하다.

02 천장크레인 크래브 부분의 점검사항으로 틀린 것은?

① 크레인 운전 중 크래브에서 발생하는 소음을 점검한다.
② 크래브에 설치된 주행장치의 이상 유무를 점검한다.
③ 크래브에 부착된 안전난간의 이상 유무를 점검한다.
④ 크래브 프레임의 용접부 균열발생 유무를 점검한다.

> 크래브에 설치된 주행장치인 권상장치·횡행장치는 크래브 부분의 점검사항이 아니다.

03 국내에서 천장크레인의 공칭 용량 단위는?

① 톤 ② 파운드
③ 미터 ④ 온스

> 천장크레인의 작업능력은 1회의 작업량, 즉 권상 톤(ton)수로 나타낸다.

04 기어의 두 축이 교차하면서 가장 큰 감속비로 감속하는 기어는?

① 웜과 웜 기어 ② 나사기어
③ 베벨기어 ④ 랙과 피니언

> 웜과 웜기어가 조립되면 역회전을 방지할 수 있으며, 가장 큰 감속비를 얻을 수 있다.

05 콘텍트 시그먼트(contact segment)와 핑거(finger)가 접촉하여 직접 전동기를 작동시키는 방식은?

① 컴비네이션 제어기
② 유니버셜 제어기
③ 캠형 제어기
④ 드럼형 제어기

> 드럼형 제어기는 시그먼트 핑거가 접촉해서 개폐하는 것으로, 구조가 간단하고 견고하여 여러 형태의 크레인 작동 시 직접전동기를 작동시킨다.

06 권하 속도가 빠를수록 좋은 천장크레인은?

① 원료장입 크레인
② 주기 크레인
③ 강괴 크레인
④ 담금질 크레인

> 담금질 크레인은 권하 속도가 빠르면 빠를수록 좋다.

07 홈이 있는 드럼에 와이어로프가 감길 때 와이어로프 방향과 홈 방향과의 각도는 몇 도 이내인가?

① 4
② 8
③ 12
④ 16

> 와이어로프의 감기
> • 권상장치 등의 드럼에 홈이 있는 경우 플리트 각도 : 4° 이내
> • 권상장치 등의 드럼에 홈이 없는 경우 플리트 각도 : 2° 이내
> • 권상장치 등의 드럼에 로프를 다층으로 감는 경우 로프가 쌓이는 것을 방지하기 위하여 플랜지부에서의 플리트 각도 : 0.5° 이상 4° 이내

08 화물을 권상시킬 때, 작업안전을 위해 급정지시킬 수 있도록 설치되어 있는 일종의 방호장치는?

① 충돌방지장치(Anti collision)
② 비상정지장치(Emergency stop switch)
③ 레일클램프장치(Rail clamp)
④ 훅 해지장치(Hook latch)

> 비상정지장치의 비상 정지용 누름 버튼은 적색이고, 머리부분은 돌출형이고, 수동복귀되는 형식이어야 한다.

09 크레인에 설치되는 완충장치에 대한 설명으로 옳지 않은 것은?

① 완충장치는 레일 양 끝단에 설치된 스토퍼에 크레인이 부딪쳤을 때, 충격을 완화시켜 주는 역할을 한다.
② 호이스트나 크래브 트롤리식 스토퍼는 차륜 직경의 1/4 미만의 높이로 레일에 용접하여 사용한다.
③ 주행 레일의 스토퍼는 차륜 직경의 1/2 이상 높이로 한다.
④ 고속 크레인에 사용되는 완충장치에는 경질고무 버퍼, 우레탄고무 버퍼, 스프링식 및 유압식이 있다.

> 크레인의 횡행레일에는 양끝부분 또는 이에 준하는 장소에 완충장치, 완충재 또는 해당 크레인 횡행 차륜 지름의 4분의 1 이상 높이의 정지 기구를 설치해야 한다.

10 천장크레인의 완성검사 시 시험하중은?

① 정격하중의 100%   ② 정격하중의 110%
③ 정격하중의 125%   ④ 정격하중의 150%

> 안전인증 제품심사(이설포함) 시 크레인의 하중시험은 정격하중의 1.1배(단, 타워크레인은 1.05배)미만 하중으로 할 것(타워크레인 제품심사 시의 하중시험은 지브 외측 단에서 적용)

11 드럼직경(D)와 와이어로프 직경(d)의 비율(D/d)은?

① 5 이하   ② 10 이하
③ 10 이상   ④ 20 이상

> 천장크레인 권상드럼의 직경 D(드럼에 감긴 로프의 중심)와 와이어로프 직경 d와의 비 D/d = 20배 이상이어야 한다.

12 디스크 브레이크 시스템에서 제동 시 제동압력은 발생하는데 제동이 잘 안 되는 이유와 거리가 먼 것은?

① 디스크 브레이크 오일에 공기가 침투된 상태
② 디스크 브레이크 라이닝에 물이 묻어있는 상태
③ 디스크 브레이크 파이프가 파손 되었을 때
④ 디스크 브레이크 라이닝에 기름이 묻어있는 상태

> 디스크 브레이크 파이프가 파손되면 제동이 전혀 되지 않는다.

13 와이어로프 사용상 주의 사항으로 틀린 것은?

① 새로운 로프로 교체 후 초기 운전 시에는 사용정격하중의 1/2정도를 걸고 저속으로 여러 번 시운전을 해야 한다.
② 드럼에 로프를 감을때에는 가능한 당기면서 감아야한다.
③ 로프의 수명을 연장시키려면 적정하중으로 운전횟수를 늘리는 편보다 과하중 횟수를 줄이는 것이 유리하다.
④ 짐을 매다는 경우에는 4줄걸이 이상으로 한다.

> 로프의 수명을 연장시키려면 과하중으로 횟수를 줄이는 것보다 적정하중으로 운전횟수를 늘이는 편이 유리하다.

14 전자식과부하 방지장치를 설명한 것으로 옳은 것은?

① 내부의 마이크로 스위치를 동작하여 운전 상태를 정지하는 안전장치이다.
② 변화되는 중량을 아날로그로 표시, 편의성을 향상시켰으며 가격도 저렴하다.
③ 스트레인 게이지의 전자식 저항값의 변화에 따라 아주 민감하게 동작하는 방호장치이다.
④ 감지방법은 하중의 방향에 따라 인장로드셀 방법, 압축로드셀 방법이 있다.

> 또한 전자식과부하 방지장치는 스트레인 게이지의 전기식 저항 값의 변화에 따라 민감하게 동작하며, 그 변화되는 중량을 디지털로 표시하여 준다.

15 전자 브레이크의 전자석이 소리를 내며 과열, 소손되는 경우 점검 사항과 관계가 없는 것은?

① 압출봉 출입구 패킹부에서 물이 침입하여 내부에 녹이 발생하여 있지 않은가
② 풀리와 라이닝의 틈새가 너무 적지 않은가
③ 스트로크가 너무 크지 않은가
④ 브레이크 라이닝이 과열 하였는가

> ②, ③, ④항 외에 각 링크의 핀 류가 부식 또는 도장으로 굳어 있는가를 점검한다.

16 전동기의 일반적인 사항을 설명한 것으로 틀린 것은?

① 분권식의 경우 부하변동에 관계없이 일정한 속도로 운전된다.
② 브러시와 홀더는 예비부품으로 준비해둘 필요가 있다.
③ 카본 브러시의 마모한도는 원래치수의 20%까지 이다.
④ 모터의 전원전압이 너무 낮아도 과열된다.

> 카본 브러시는 이상 마모가 없어야 하며, 마모한도는 원치수의 50% 이하여야 한다.

17 훅에 대한 설명 중 틀린 것은?

① 목 부분이 30% 이내 벌어진 것까지만 사용한다.
② 균열 검사는 적어도 년 1회 실시한다.
③ 흠 자국 깊이가 2mm가 되면 평활하게 다듬어야 한다.
④ 균열된 훅은 용접해서 사용할 수 없다.

> 훅은 점검 후 균열이 발생하거나 입구의 벌어짐이 원래 치수의 5% 이상이면 폐기하여야 한다.

18 주행 차륜의 직경이 400mm이고, 주행 모터의 회전수가 3,000rpm이며, 감속비가 1/100일 때, 주행속도는?

① 약 38m/min
② 약 68m/min
③ 약 120m/min
④ 약 80m/min

> 주행속도 = (3.14 × 차륜직경 × 모터회전수)/감속비
> = (3.14 × 400 × 3,000)/100 = 37,680mm/min
> = 37.68m/min ≒ 38[m/min]

19 천장크레인의 안전장치가 아닌 것은?

① 리미트 스위치
② 전자 브레이크
③ 과부하 계전기
④ 전동기

> 전동기는 전기적 에너지를 기계적 에너지로 변환시키는 구동장치이다.

20 권선형 유도 전동기의 2차 저항 제어 방식의 특징으로 틀린 것은?

① 1차 저항값의 가변에 의해 속도가 제어된다.
② 어떤 용량의 전동기에도 제어가 가능하다.
③ 기동시 쿠션 스타트로서도 사용된다.
④ 부하 변동에 의한 속도 변동이 크다.

> 권선형 유도전동기의 2차 저항 제어방식은 2차측 전원을 회전자에 부착되어 있는 슬립링과 접촉되는 브러시를 통해 2차 저항에 연결시켜 제어를 한다.

21 스퍼기어에서 잇수가 18개인 피니언이 1,000rpm으로 회전하고 있다. 기어를 450rpm으로 회전시키려면 기어의 잇수는 몇 개로 하여야 되는가?

① 40
② 70
③ 150
④ 250

> 기어의 감속비 = 1,000rpm/ 450rpm = 2.22이므로 기어의 잇수 = 2.22 ×18 = 39.99 ≒ 40[개]

22 집전장치의 종류 중 대전류용 또는 고압용이며 레일과 접촉하는 위쪽 접촉부위가 마모를 경감시키도록 되어 있는 형식은?

① 슈 형 ② 고정 형
③ 포올 형 ④ 팬던트 형

🔍 슈(shoe)형은 직류형·다리형 크레인의 주행용·대전류용 혹은 고압용으로 사용되며, 집전기의 슈는 마모되면 교체할 수 있으며, 구리와 흑연을 압축시켜 만든다.

23 권상하중 40톤, 권상속도 15m/min인 천장크레인의 전동기의 출력(kW)은?

① 58.8 ② 588
③ 13.3 ④ 9.8

🔍 천장크레인의 전동기 출력(kW) = (권상하중×권상속도)/(6.12×권상기 효율) = (40×1.5)/(6.12×1) ≒ 9.8[kW]

24 미끄럼 베어링에 대한 설명 중 틀린 것은?

① 구조가 간단하고 값이 싸다.
② 충격에 견디는 힘이 작다.
③ 베어링 교환이 간단하다.
④ 시동 저항이 크다.

🔍 미끄럼 베어링은 충격에 강하고, 마모한도는 0.6~1.6mm이다.

25 전동기가 기동을 하지 않는 원인이 아닌 것은?

① 터미널의 이완
② 단선
③ 커넥션의 접촉 불량
④ 훅의 마모

🔍 전동기 기동과 훅의 마모는 상관관계가 없다.

26 고정자, 회전자, 베어링, 냉각팬, 엔드 브래킷으로 구성되어 있으며 고정자는 철심과 철심 안쪽에 파진 홈에 감겨있는 권선으로 되어 있는 방식의 전동기는?

① 직권식 전동기 ② 농형 유도 전동기
③ 권선형 유도 전동기 ④ 분권식 전동기

🔍 또한 농형 유도전동기는 구조가 간단하고 튼튼하며 운전 중 성능은 좋으나 기동 시 성능이 좋지 않아 슬로스타트가 필요하며 브러시를 사용하지 않는다.

27 기계요소 중 키(key)에 대한 설명으로 틀린 것은?

① 축과 회전체를 일체로 하여 회전력을 전달시키는 기계요소이다.
② 축과 회전체의 원주방향으로의 이동이 가능하다.
③ 재료는 축 재료보다 약간 강하다.
④ 급유할 필요가 없다.

🔍 키는 축과 회전체 사이의 원주방향 이동은 전혀 허용되지 않는다.

28 천장크레인으로 하물을 권상할 때의 운전방법 중 가장 양호한 것은?

① 하물을 조금씩 들어 올리고 그때마다 제어기를 OFF시켜 브레이크 지지능력을 확인한다.
② 천장크레인은 정격하중의 110%는 들어 올릴 수 있으므로 평소와 같이 권상한다.
③ 지면에서 20cm 쯤 위치에서 일단정지하고, 줄걸이 이상여부를 확인한다.
④ 안전을 위하여 권상 작업을 하지 않는다.

🔍 크레인의 권상 주행요령은 지면에서 20cm쯤 위치에서 일단정지하고, 줄걸이 이상여부를 확인한 후 신호에 따라 기준높이 2m까지 올린다음 주행한다.

29 운전 시 집전장치에서 과대한 스파크가 발생할 때 점검해야 할 사항은?

① 집전자의 과대 마모에 의한 접촉 불량
② 전동기 회전수
③ 브레이크 라이닝 간격
④ 리미트 스위치

🔍 집전장치에서의 과대한 스파크의 발생은 집전장치로 흐르는 정상상태에서 벗어난 전류에 의한 것으로 집전자의 접촉 불량 시 과대한 스파크가 발생할 수 있다.

30 천장크레인으로 물건을 운반할 때 주의 할 사항 중 거리가 먼 것은?

① 적재물이 떨어지지 않도록 한다.
② 부하물 위에 사람을 태워서는 안 된다.
③ 경우에 따라서는 과부하 하중 이상의 무게를 매달 수 있다.
④ 줄걸이 와이어로프의 안전 여부를 항상 확인한다.

🔍 크레인 작업 시 정해진 정격하중을 초과하면 안 된다.

31 천장크레인으로 부품을 들어 올릴 때 주로 사용하는 볼트는?

① 기초볼트　　② 아이볼트
③ T 볼트　　　④ 스테이볼트

🔍 아이볼트(eye bolt)는 수직을 외줄로 작업하는 것이 원칙이지만, 부득이한 경우에는 볼트 중심선의 45° 이내에서 사용한다.

32 천장크레인 관련 설명 중 틀린 것은?

① 저항기는 사용 중 온도가 높아져서 약 350℃가 될 때가 있으므로 통풍을 잘 시켜야 된다.
② 리미트 스위치를 구조별로 구분하면 나사형, 레버형, 캠형으로 나눌 수 있다.
③ 리미트 스위치의 작용점이 최대부하 때와 무부하 때에는 약간씩 차이가 난다.
④ 천장크레인용 저항기는 용량이 크고 진동에 강한 리본형이 적합하다.

🔍 크레인용 저항기는 온도 변화에 관계없이 저항값은 일정하며 격자무늬인 그리드(grid)형을 주로 사용한다.

33 전기설비의 감전 대책이 아닌 것은?

① 정전 또는 점검 수리 시에는 반드시 전원스위치를 내리고 다른 사람이 스위치를 넣지 않게 수리중 표시를 한다.
② 감전사고 방지를 위한 장치에는 접지, 누전차단기 등이 있다.
③ 작업장에서 직류와 교류 각각 24V 이상인 전기설비에는 접근제한 및 위험 표지를 붙여야 한다.
④ 복장은 피부가 노출되지 않게 하고 건조한 옷을 착용하며 절연이 양호한 신발을 신는다.

🔍 크레인에 급전되는 전원설비는 보통 변압기를 설치하여 적당한 전압으로 변압하며, 교류 220V, 440V, 3,300V가 있으나 대부분 440V이다.

34 크레인의 리모트 콘트롤러에는 주파수방식과 적외선방식이 있다. 이 두 가지 방식의 특성 중 틀린 것은?

① 주파수방식은 운전자의 가시거리 내에 있어야 작동이 가능하다.
② 적외선방식은 주변의 정밀기기에 영향을 주지 않는다.
③ 주파수방식은 안테나를 사용하므로 센서가 필요하지 않다.
④ 적외선방식은 불필요한 신호에 의한 사고위험이 주파수방식보다 낮다.

🔍 주파수방식은 컨트롤러와 운전자가 주파수가 잡히는 거리 내에 있어야 한다.

35 하역 작업을 시작하기 전에 점검해야 할 사항 중 가장 거리가 먼 것은?

① 주행로상 및 크레인 주위에 장애물 유무 여부
② 급유 상태
③ 볼트, 너트 및 엔드 플레이트의 이완 여부
④ 진동 및 소음 상태

🔍 진동 및 소음 상태는 하역 작업 중 점검사항이다.

36 플레밍의 오른손 법칙에서 가운데(중지) 손가락 방향은?

① 자력선 방향　　② 자밀도 방향
③ 유도 기전력 방향　④ 운동 방향

🔍 플레밍의 오른손 법칙
• 엄지 : 도체의 운동 방향
• 검지 : 자력선 방향
• 중지 : 유도 기전력 방향

37 2개의 축이 일직선상에 있지 않고 어떤 각도를 가진 두 축 사이에 동력을 전달할 때 사용하는 축 이음으로서 경사각이 커지면 전달효율이 저하되므로 보통 30°이내로 사용 하는 축 이음은?

① 분할형 축이음　② 플렉시블 축이음
③ 플랜지 축이음　④ 유니버셜 조인트

> 유니버셜 조인트(자재이음)는 두 축이 30° 이내의 교각으로 연결할 때 사용되나, 보통 5° 이내로 한다.

38 옥외크레인을 사용 시 순간풍속이 매초 당 (　)미터를 초과하는 바람이 불어올 우려가 있을 때에는 옥외에 설치되어 있는 주행크레인에 대하여 이탈방지장치를 작동시키는 등 그 이탈을 방지하기 위한 조치를 하여야 한다. (　)에 적합한 풍속은?

① 20　② 30
③ 45　④ 60

> 사업주는 순간풍속이 초당 30m를 초과하는 바람이 불어올 우려가 있는 경우 옥외에 설치되어 있는 주행 크레인에 대하여 이탈방지장치를 작동시키는 등 이탈 방지를 위한 조치를 하여야 한다.

39 집중 급유장치로 급유가 불가능한 부분은?

① 주행 장축 베어링
② 주행 차륜 베어링
③ 와이어 드럼 축수 베어링
④ 훅 시브 베어링

> 훅 시브 베어링 급유는 손 급유법을 사용한다.

40 급유 방법에 대한 설명 중 가장 거리가 먼 것은?

① 와이어로프용 윤활유는 산이나 알칼리성을 띠지 않고, 내산화성이 커야 한다.
② 진동이 심하고 먼지가 많은 개방된 곳의 기어에는 그리스를 발라주는 것이 좋다.
③ 감속기어 오일은 여름철에는 점도가 높은 것을 겨울철에는 점도가 낮은 것을 사용한다.
④ 스팬이 긴 경우 사행으로 인한 마모가 크므로 레일 측면에 기름이 부착되어서는 안 된다.

> 주행 크레인 등 주행속도가 빠른 것이나 스팬이 긴 것은 플랜지의 마찰이나 크레인의 경사로 인해 플랜지나 레일측면에 마모가 심하므로, 마모 부분에 소량의 오일을 자동으로 계속 급유하는 것이 효과적이다.

41 와이어로프의 안전율 계산 시 사용하는 절단하중은 우리나라에서는 어떤 규정을 적용하는가?

① KS A 3514
② KS B 3514
③ KS C 3514
④ KS D 3514

> 와이어로프 구성의 규격은 KS D 3514에 규정되어있다.

42 와이어로프의 지름감소가 공칭지름의 (　)할 경우 사용해서는 아니 된다. 괄호 안에 알맞은 것은?

① 7%를 초과
② 9%를 초과
③ 10%를 초과
④ 12%를 초과

> 사용이 금지되는 와이어로프
> • 이음매가 있는 것
> • 와이어로프의 한 꼬임에서 끊어진 소선(素線)(필러선은 제외)의 수가 10% 이상(비자전로프의 경우에는 끊어진 소선의 수가 와이어로프 호칭지름의 6배 길이 이내에서 4개 이상이거나 호칭지름 30배 길이 이내에서 8개 이상)인 것
> • 지름의 감소가 공칭지름의 7%를 초과하는 것
> • 꼬인 것
> • 심하게 변형되거나 부식된 것
> • 열과 전기충격에 의해 손상된 것

43 천장크레인의 주행차륜의 마모한계에 대한 설명 중 틀린 것은?

① 좌우차륜의 직경차 : 구동륜은 원치수의 0.2%, 종동륜은 원치수의 0.5%
② 플랜지의 두께 : 원치수의 50%
③ 플랜지의 변형도 : 수선에서 20°
④ 차륜직경의 마모 : 원치수의 3%

> 차륜플랜지의 경사는 수직 위치에서 20°까지이고, 플랜지 마모 한도는 원치수의 50%까지이다.

44 와이어로프의 구부림과 관련 된 사항 중 쉬이브 지름 D와 와이어 소선지름 d와의 관계가 아래와 같을 때 의미하는 것은?

$$D/d < 200$$

① 영구늘어남이 생겨 빨리 피로해진다.
② 최적치 이다.
③ 필요한 최소한도를 만족한다.
④ 탄성변형내에 존재한다.

> • D/d < 200 : 영구 늘어남이 생겨 피로해진다.
> • D/d = 300 : 필요한 최소한도이다.
> • D/d = 600 : 최적치이다.

45 체적이 같을 때 무거운 것부터 차례로 나열한 것은?

① 동 → 납 → 점토 → 철
② 점토 → 납 → 동 → 철
③ 철 → 동 → 납 → 점토
④ 납 → 동 → 철 → 점토

> 물체의 비중 : 납 11.4, 동 8.9, 철 7.8, 점토 2.6, 물 1

46 타워크레인에서 일반적인 작업사항으로 틀린 것은?

① 작업이 종료된 후 훅(Hook)은 크레인 메인 지브의 하단부 정도까지 올려놓는다.
② 물건을 운반하지 않을 때는 훅에 와이어를 건 채로 이동해서는 안 된다.
③ 모가 난 짐을 운반 시는 규정보다 약한 와이어를 사용한다.
④ 화물의 중량 및 중심의 목측(目測)은 가능한 정확히 해야 한다.

> 모가 난 짐을 운반시는 로프나 물품을 보호하기 위해 보조구를 사용하므로 규정보다 강한 로프를 사용하여야 한다.

47 와이어로프의 보관 방법 중 틀린 것은?

① 건조하고 지붕이 있는 곳에 보관해야 한다.
② 한번 사용한 로프를 보관할 때는 오물 등을 제거하고 그리스를 바르고 잘 감아서 보관해야 한다.
③ 로프는 적당한 습기가 필요하므로 충분한 습기가 올라오는 장소에 놓는다.
④ 직사광선이나 열기 등에 의한 그리스의 변질이 없도록 보관해야 한다.

> 로프는 습기에 노출이 되지 않고, 지면에 직접 닿지 않으며, 통풍이 잘되는 건물 내에 보관해야 한다.

48 줄걸이 로프에 걸리는 하중에 관한 공식 중 옳은 것은?

① 부하물의 하중 ÷ (줄걸이수 ÷ 조각도)
② 부하물의 하중 ÷ (줄걸이수 × 조각도)
③ 부하물의 하중 × (줄걸이수 ÷ 조각도)
④ 부하물의 하중 × (줄걸이수 × 조각도)

> 줄걸이 로프에 작용하는 하중 = 부하물의 하중 ÷ (줄걸이 수 × 조각도)

49 100V로 150A의 전류를 흐르게 하였을 경우 마력은 약 얼마인가?

① 10.11 ② 20.11
③ 30.11 ④ 40.11

> 전력 = 전압 × 전류 = 100×150 = 15,000W = 15kW이고,
> 1마력(Hp) = 0.746kW이므로,
> 마력 = 15kW/0.746kW ≒ 20.11이다.

50 줄걸이로 짐을 달아 올릴 때의 주의사항 중 틀린 것은?

① 매다는 각도는 60도 이내로 한다.
② 큰 짐 위에 작은 짐을 얹어서 짐이 떨어지지 않도록 한다.
③ 짐을 전도시킬 때는 가급적 주위를 넓게 하여 실시한다.
④ 전도 작업 도중 중심이 달라질 때는 와이어로프 등이 미끄러지지 않도록 주의한다.

> 큰 짐 위에 작은 짐을 얹어서 매달면 작은 짐이 떨어지기 쉬우므로 떨어지지 않도록 매어두는 것이 좋다.

51 안전작업 사항으로 잘못된 것은?

① 전기장치는 접지를 하고 이동식 전기기구는 방호장치를 설치한다.
② 엔진에서 배출되는 일산화탄소에 대비한 통풍장치를 설치한다.
③ 담뱃불은 발화력이 약하므로 제한 장소 없이 흡연해도 무방하다.
④ 주요장비 등은 조작자를 지정하여 아무나 조작하지 않도록 한다.

🔍 담뱃불은 발화력이 강하므로 작업장에서 흡연해서는 안 된다.

52 전장품을 안전하게 보호하는 퓨즈의 사용법으로 틀린 것은?

① 퓨즈가 없으면 임시로 철사를 감아서 사용한다.
② 회로에 맞는 전류 용량의 퓨즈를 사용한다.
③ 오래되어 산화된 퓨즈는 미리 교환한다.
④ 과열되어 끊어진 퓨즈는 과열된 원인을 먼저 수리한다.

🔍 규정된 퓨즈를 사용하여야 하며, 어떤 경우라도 퓨즈 대신 철사를 사용하면 안 된다.

53 다음 중 현장에서 작업자가 작업 안전상 꼭 알아두어야 할 사항은?

① 장비의 가격 ② 종업원의 작업환경
③ 종업원의 기술 정도 ④ 안전 규칙 및 수칙

54 망치(hammer) 작업 시 옳은 것은?

① 망치자루의 가운데 부분을 잡아 놓치지 않도록 할 것
② 손은 다치지 않게 장갑을 착용할 것
③ 타격할 때 처음과 마지막에 힘을 많이 가하지 말 것
④ 열처리된 재료는 반드시 해머작업을 할 것

🔍 망치 작업 시 처음부터 큰 힘을 주어 작업하지 않고, 처음과 마지막에는 서서히 타격한다.

55 아크용접에서 눈을 보호하기 위한 보안경으로 맞는 것은?

① 도수 안경 ② 방진 안경
③ 차광용 안경 ④ 실험실용 안경

🔍 아크용접이나 그라인더 작업과 같이 불꽃에 눈을 보호하기 위해 차광용 안경을 사용한다.

56 먼지가 많은 장소에서 착용하여야 하는 마스크는?

① 방독 마스크 ② 산소 마스크
③ 방진 마스크 ④ 일반 마스크

🔍 먼지가 많은 장소와 인체에 해로운 가스가 발생되는 작업장에서는 규정된 방진마스크를 착용해야 한다.

57 유류화재 시 소화용으로 가장 거리가 먼 것은?

① 물 ② 소화기
③ 모래 ④ 흙

🔍 유류 화재 발생 시 물을 뿌리면 기름이 물을 타고 더 확산된다.

58 작업장에서 공동 작업으로 물건을 들어 이동할 때 잘못된 것은?

① 힘의 균형을 유지하여 이동 할 것
② 불안전한 물건은 드는 방법에 주의할 것
③ 보조를 맞추어 들도록 할 것
④ 운반도중 상대방에게 무리하게 힘을 가할 것

59 산업체에서 안전을 지킴으로서 얻을 수 있는 이점과 가장 거리가 먼 것은?

① 직장의 신뢰도를 높여준다.
② 직장 상·하 동료 간 인간관계 개선 효과도 기대된다.
③ 기업의 투자 경비가 늘어난다.
④ 사내 안전수칙이 준수되어 질서유지가 실현된다.

🔍 산업체에서 안전을 준수하면 기업의 투자 경비가 감소한다.

60 정비작업 시 안전에 위배 되는 것은?

① 깨끗하고 먼지가 없는 작업환경을 조성한다.
② 회전 부분에 옷이나 손이 닿지 않도록 한다.
③ 연료를 채운 상태에서 연료통을 용접한다.
④ 가연성 물질을 취급 시 소화기를 준비한다.

🔍 연료를 채운 상태에서 연료통을 용접하면 폭발 및 화재의 위험이 있다.

정답 2016년 1회

01 ②	02 ②	03 ①	04 ①	05 ④
06 ④	07 ①	08 ②	09 ②	10 ②
11 ④	12 ③	13 ③	14 ④	15 ①
16 ③	17 ①	18 ②	19 ④	20 ①
21 ①	22 ①	23 ④	24 ②	25 ④
26 ②	27 ②	28 ③	29 ①	30 ③
31 ②	32 ④	33 ③	34 ①	35 ②
36 ③	37 ④	38 ②	39 ④	40 ①
41 ④	42 ①	43 ③	44 ①	45 ④
46 ③	47 ③	48 ②	49 ②	50 ②
51 ③	52 ①	53 ④	54 ③	55 ③
56 ③	57 ①	58 ④	59 ③	60 ③

2016년 2회 공단 기출문제

01 전자 브레이크에서 전자석 부분의 과열 원인 아닌 것은?

① 가동 철심이 완전히 부착되지 않을 때
② 전원의 규정 전압 초과 시
③ 전선의 부분 단락 시
④ 드럼(풀리)과 브레이크슈의 틈새 과다

> 드럼(풀리)과 라이닝의 틈새 부족은 전자브레이크의 전자석부에서 소음, 과열 및 소손이 일어나는 경우의 원인조사 사항이다.

02 천장크레인 전동기의 전압이 440V일 때 절연저항 값은?

① 0.1MΩ 이상
② 0.2MΩ 이상
③ 0.3MΩ 이상
④ 0.4MΩ 이상

> 전동기의 절연저항은 200V에서는 0.2MΩ이상이고, 440V에서는 0.4MΩ이상이며, 3,300V에서는 3MΩ이상이다.

03 하나의 제어기로 주행과 횡행 또는 주권과 보권을 같이 사용할 수 있는 것은?

① 수동 드럼형 제어기
② 캠 작동식 제어기
③ 푸시 버튼 제어기
④ 유니버셜 제어기

> 제어기의 핸들구조에는 외형에 따라 크랭크식과 레버식이 있으며, 주권과 보권, 주행과 횡행 등 두 동작을 한 개의 핸들로 동시에 조작하는 제어기는 유니버셜 제어기(만능식)이다.

04 직류 전동기에 이용되는 속도 제어용 브레이크는?

① 다이나믹 브레이크
② 메카니컬 브레이크
③ 마그네틱 브레이크
④ 유압압상 브레이크

> 다이나믹 브레이크는 운동에너지를 전기에너지로 변화시켜, 이 전기적 에너지를 소모시켜서 제어하며 직류전동기의 속도제어용으로 사용된다.

05 천장크레인에서 사용되는 권과방지 장치의 형식이 아닌 것은?

① 컴비네이션 식
② 중추 식
③ 나사 식
④ 캠 식

> 권과방지장치(리미트 스위치)의 종류
> • 중추식 : 훅(hook)의 접촉으로 인하여 작동(대용량, 고양정)
> • 스크루식(나사식) : 드럼의 회전에 의하여 작동하며, 연동장치에 의해 피드나사가 회전하면 그것과 맞물리는 너트(nut)가 이동하여 개폐기의 레버를 움직여 접점에 개폐를 행하는 방식
> • 캠식 : 드럼과 연동되어 회전을 하고, 원판 모양으로 주위에 배치된 볼록 및 오목 캠에 의해 스위치의 레버를 작동

06 크레인 훅의 개구부 벌어짐의 사용한도는 원래 치수의 몇 [%] 까지 인가?

① 5%
② 10%
③ 15%
④ 50%

> 훅의 개구부 벌어짐의 사용한도는 원래치수의 5%까지이다.

07 천장크레인과 관련된 설명 중 틀린 것은?

① 휠베이스는 스팬 길이의 1/8 이상이 되어야 한다.
② 크라브란 횡행장치를 설치하여 양 거더위에 설치된 레일 위를 왕복 운동하는 대차이다.
③ 와이어끝단 시징은 와이어 직경의 3배 정도를 해야 한다.
④ 와이어 드럼의 와이어고정 방법은 클램프를 사용하는 것이 좋다.

> 주행 휠베이스(wheel base)는 스팬의 1/7 이상이어야 한다. 다만, 휠베이스는 1레일 상에 4개의 차륜이 있는 경우는 좌우 외측차륜의 중심간 거리, 4개 초과 8개 이하의 차륜이 있는 경우에는 좌우 각 외측 2개 차륜의 중심에서의 좌우간 거리, 8개를 초과한 차륜이 있는 경우에는 좌우 각 외측 3개 차륜의 중심에서 좌우간 거리로 한다.

08 주행, 횡행, 권상 등에서 과행(안전상 고려한 운전한계선을 초과)을 방지하는 장치는?

① 타임 릴레이
② 컨트롤러
③ 리미트 스위치
④ 브레이크

> 권과방지장치인 리미트 스위치는 권상·횡행·주행 등 각 장치의 운동에 대한 과행방지의 필수적인 기구로 중추식, 나사식(스크루식), 캠식이 있다.

09 차륜 플랜지의 한쪽만 레일과 접촉 및 마모되는 원인으로 틀린 것은?

① 레일과 차륜의 직각도 불량
② 구동차륜과 종동차륜의 지름이 틀림
③ 좌우 주행레일의 높이가 틀림
④ 좌우 구동차륜의 지름차가 큼

> 구동차륜과 종동차륜의 직경차는 한쪽만 레일과 접촉 및 마모되는 원인이 아니다.

10 거더의 중앙부에 정격하중을 매달았을 경우의 허용 굽힘량은?

① 스팬의 1/500을 초과하지 않을 것
② 스팬의 1/600을 초과하지 않을 것
③ 스팬의 1/700을 초과하지 않을 것
④ 스팬의 1/800을 초과하지 않을 것

> 크레인 거더의 처짐은 정격하중 및 달기기구 자중을 합한 하중에 상당하는 하중을 가장 불리한 조건으로 권상하였을 때, 당해 스팬의 800분의 1 이하가 되어야 한다.

11 천장크레인에서 완충장치의 종류가 아닌 것은?

① 유압 버퍼 스토퍼
② 고무 버퍼 스토퍼
③ 강철 버퍼 스토퍼
④ 스프링 버퍼 스토퍼

> 충격을 완화해 주는 완충제로 스프링·고무·나무 또는 유압식 버퍼를 사용한다.

12 훅이 지상에 도달했을 경우 드럼에는 와이어로프가 최소 몇 회의 감김 여유가 있어야 하는가?

① 감겨있지 않아도 된다.
② 최소 1회 이상
③ 최소 2회 이상
④ 최소 4회 이상

> 드럼은 훅의 위치가 가장 낮은 곳에 위치할 때 클램프 고정이 되지 않은 로프가 드럼에 2바퀴 이상 남아 있어야 하며, 훅의 위치가 가장 높은 곳에 위치할 때 해당 감김 층에 대하여 감기지 않고 남아있는 여유가 1바퀴 이상인 구조여야 한다.

13 주행레일의 높이편차에 대한 설명으로 알맞은 것은?

① 기준면으로부터 최대 ±10mm 이내
② 기준면으로부터 최대 ±15mm 이내
③ 기준면으로부터 최대 ±20mm 이내
④ 기준면으로부터 최대 ±25mm 이내

> 주행레일
> • 연결부의 틈새는 천정크레인은 3mm, 기타 크레인은 5mm 이하일 것
> • 레일 연결부의 엇갈림은 상하 0.5mm 이하, 좌우 0.5mm 이하일 것
> • 레일측면의 마모는 원래 규격치수의 10% 이내일 것
> • 주행레일의 높이편차는 기준면으로부터 최대 ±10mm 이내이고, 좌우레일의 수평차는 10mm 이내, 레일의 구배량은 주행길이 2m 마다 2mm를 초과하지 않을 것
> • 주행레일의 진직도는 전 주행길이에 걸쳐 최대 10mm이내이고, 수평방향의 휨 량은 주행길이 2m마다 ±1mm 이내일 것

14 크래브(Crab)의 급정지 시 영향을 주지 않는 요소는?

① 와이어로프 ② 크래브 자체
③ 횡행차륜   ④ 주행차륜

> 크래브란 권상장치와 횡행장치가 실려 운행하는 대차를 말하며, 크래브를 급정지시키면 와이어로프·크래브자체·횡행차륜에 영향을 준다.

15 횡행 차륜정지용 스토퍼(Stopper)의 적당한 높이는 차륜 지름의 얼마인가?

① 1/2 이상   ② 1배 이상
③ 1/3 이하   ④ 1/4 이상

🔍 **레일의 정지기구**
- 크레인의 횡행레일에는 양끝부분 또는 이에 준하는 장소에 완충장치, 완충재 또는 해당 크레인 횡행 차륜 지름의 4분의 1 이상 높이의 정지 기구를 설치해야 한다.
- 크레인의 주행레일에는 양끝부분 또는 이에 준하는 장소에 완충장치, 완충재 또는 해당 크레인 주행 차륜 지름의 2분의 1 이상 높이의 정지 기구를 설치해야 한다.
- 크레인의 주행레일에는 차륜정지기구에 도달하기 전의 위치에 리미트스위치 등 전기적 정지장치가 설치되어야 한다.
- 횡행 속도가 매 분당 48m 이상인 크레인의 횡행레일에는 차륜정지 기구에 도달하기 전의 위치에 리미트스위치 등 전기적 정지장치가 설치되어야 한다.
- 타워크레인 등은 트롤리 기구가 지브의 최대 바깥쪽과 안쪽에 접근시 작동이 정지되는 트롤리 이동한계 스위치 등의 정지장치를 갖추어야 한다.
- 선회동작이 가능한 지브형 크레인 등은 바람의 영향으로 붕괴할 우려가 있는 경우에는 선회 브레이크를 해제하여 지브가 바람의 방향에 따라 회전할 수 있도록 하거나 적절한 설계적 방안이 고안되어야 한다.
- 타워크레인 등 선회장치를 갖는 크레인은 선회에 의한 구조 및 회전부와 고정부분 사이의 전기배선 등을 보호하기 위한 선회각도 제한스위치를 부착해야 한다. 다만, 구조상 부착하지 않아도 되는 경우는 예외로 할 수 있다.

16 권상장치의 속도 제어용 브레이크로 가장 많이 사용되는 것은?

① 와류 브레이크
② 직류 전자 브레이크
③ 교류 전자 브레이크
④ 디스크 타입 전자 브레이크

🔍 와류브레이크(eddy current brake)는 권상장치의 속도제어용으로만 설치되며, 주행·횡행에는 설치하지 않는다.

17 팬던트 또는 무선원격제어기를 사용하여 작업바닥면에서 조작 시 화물과 운전자가 함께 이동하는 크레인의 주행 속도는?

① 분당 45m 이하
② 분당 65m 이하
③ 분당 85m 이하
④ 분당 100m 이하

🔍 **주행용 원동기**
- 옥외에 설치된 주행 크레인은 미끄럼방지 고정 장치가 설치된 위치까지 매초 16m의 풍속을 가진 바람이 불 때에도 주행할 수 있는 출력을 가진 원동기를 설치한 것이어야 한다.
- 펜던트 또는 무선원격제어기를 사용하여 작업바닥 면에서 조작하며 화물과 운전자가 함께 이동하는 크레인의 주행속도는 매 분당 45m 이하이어야 한다.

18 전기기계·기구의 충전전로에 접근하는 장소에서 크레인의 안전 사항이 아닌 것은?

① 해당 충전전로를 이설할 것
② 해당 충전전로에 방호구를 설치할 것
③ 감전의 위험을 방지하기 위한 방책을 설치할 것
④ 현저히 곤란한 경우라도 작업감시인은 두지 말고 운전자에게 절연용 장갑 및 보호구를 착용시킬 것

🔍 현저히 곤란한 경우는 작업감시인을 두어야 한다.

19 감속기에 대한 설명으로 옳지 않은 것은?

① 횡행장치에서는 라인 샤프트에 위치한다.
② 주행장치의 감속장치는 기어박스에 넣어 오일로 채운다.
③ 기어 감속기란 기어를 이용한 속도변환기를 말한다.
④ 감속기에 사용되는 스퍼기어는 회전운동을 직선운동으로 전달한다.

🔍 스퍼기어는 치수가 다른 기어를 조합시켜 축의 회전운동을 감속·가속시킨다.

20 크레인 구조부분의 지진하중은 옥외에 단독으로 설치되는 것에 대하여 크레인 자중(권상하물 제외)의 몇 [퍼센트(%)]에 상당하는 수평하중을 지진하중으로 고려하여야 하나?

① 50%   ② 25%
③ 15%   ④ 5%

🔍 지진하중은 옥외에 단독으로 설치되는 크레인에 한하여 크레인 자중의 15%에 상당하는 수평하중을 지진하중으로 고려한다.

21 교류에 있어서 저압은 몇 [볼트(V)] 이하를 의미하는가?

① 600   ② 700
③ 1000   ④ 1500

🔍 저압은 교류 1000V 이하, 직류 1500V 이하

22 전동기의 토크(Torque)란?

① 전동기의 회전력
② 전동기의 열
③ 전동기의 속도
④ 전동기의 무게

> 기동토크 또는 시동토크라고도 하며 모터가 처음 회전할 때의 회전력을 말한다.

23 크레인 운전조작에 관한 주의사항으로 틀린 것은?

① 일상점검 및 운전 전 점검이 완료되어 이상 없음이 판명되었을 때 운전에 필요한 조작을 한다.
② 훅이 크게 흔들릴 경우는 권상 작업을 해서는 안 된다.
③ 권상화물을 다른 작업자의 머리위로 통과시키기 위해서 경보를 울린다.
④ 화물을 권상하는 경우 권상화물이 지면에서 약 20cm 떨어진 후에 일단 정시시켜 권상화물의 중심 및 밸런스를 확인한다.

> 크레인 작업 시 예정 주행로를 결정하여 가능한 한 최단거리로 주행하여야 하며, 구조물이나 사람·기계 위를 통과해서는 안 된다.

24 천장크레인에서 Arc(아크)가 발생하는 위치 중 거리가 가장 먼 것은?

① 집전장치의 접촉면   ② 전동기 정류자
③ 전자 접촉기   ④ 저항기

> 천장크레인에서 아크가 자주 발생하는 곳은 집전장치의 접촉면·전동기 정류자·전자접촉기 등이다.

25 천장크레인 배선에 관한 것 중 틀린 것은?

① 배선의 피복 상태는 손상, 파손, 탄화 부분이 없을 것
② 배선의 단자 체결 부분은 전용 단자를 사용하고 볼트 및 너트의 풀림 또는 탈락이 없을 것
③ 배선의 절연저항은 대지전압 150V 초과 300V 이하인 경우 0.2MΩ 이상일 것
④ 배선은 KSB 3064에 정해진 규격에 적합한 캡타이어 케이블 일 것

> 배선은 600V 고무 절연전선, 600V 비닐전선 사용(KS C 3302)

26 전동기의 발열원인으로 옳지 않은 것은?

① 부하가 클 때
② 전압강하가 없을 때
③ 사용빈도가 높을 때
④ 저항기가 부적당할 때

> 전원 전압이 너무 높거나 낮을 경우, 전압이 일정하지 않을 경우 전동기가 과열된다.

27 퓨즈의 설명 중 틀린 것은?

① 회로에 병렬로 연결한다.
② 퓨즈의 접촉이 불량하면 전류의 흐름이 원활하지 못하다.
③ 전선의 온도가 올라가면 녹아 끊어져 회로를 차단한다.
④ 단락 때문에 전선이 타거나 과대 전류가 부하에 흐르지 않도록 한다.

> 퓨즈는 회로에 직렬로 연결한다.

28 천장크레인의 작업에 대한 설명 중 틀린 것은?

① 작업 종료 후 천장크레인을 소정위치에 정지시킨다.
② 작업 종료 후 브레이크 와이어 등의 점검을 한다.
③ 전기활선작업을 금하여 안전커버를 벗긴 채로 운전을 금한다.
④ 작업 종료 후 각 제어기를 OFF로 하고 보호관의 스위치는 ON으로 하여야한다.

> 작업 종료 후 각 제어기는 OFF로 하고, 보호관의 스위치도 OFF로 하여야 한다.

29 천장크레인의 3상 유도전동기에서 2차 저항기의 역할로 가장 알맞은 것은?

① 전동기에 과전류가 흐르는 것을 막아 전동기를 보호하는 역할로 한다.
② 전동기의 저항을 줄임으로서 전동기의 회전수를 일정하게 하는 역할을 한다.
③ 권선형 유도전동기의 2차 회로에 부착되어 저항량을 조정함으로써 속도를 변속하는 역할을 한다.
④ 농형 전동기에 저항이 너무 크므로 2차 저항기를 부착하여 저항량을 줄임으로써 안전하게 작동할 수 있는 역할을 한다.

> 2차 저항기는 3상 권선형 유도전동기의 2차측에 연결시켜 속도제어를 목적으로 사용한다.

30 두 축을 30°이내의 교각으로 연결할 때 사용하는 축 이음으로 적합한 것은?

① 머프 커플링 ② 플랜지 커플링
③ 스플라인 이음 ④ 유니버설 조인트

> 유니버설 조인트(자재이음)는 양축이 동일평면 내에 있고, 그 축선이 30° 이하의 각도로 교차하는 경우에 사용되는 축 이음이다.

31 권하 작업의 속도에 대한 설명 중 가장 옳은 것은?

① 올릴 때의 속도와 같이 한다.
② 가능한 최대 속도로 한다.
③ 훅의 진동이 없으면 빨리 내려도 된다.
④ 적당한 높이까지 내린 후 천천히 내린다.

> 크레인 작업 시 권하작업의 속도는 하물을 적당한 높이까지 내린 후 천천히 내린다.

32 트롤리선에서 전원을 천장크레인으로 도입하는 부분을 집전장치라 한다. 집전장치의 종류가 아닌 것은?

① 캠형 ② 팬터그래프형
③ 폴형 ④ 슈형

> 트롤리선과 접촉하는 슈(shoe)와 휠(wheel)의 고정방법에 따라 팬터그래프형, 고정형, 폴형, 슈형 등이 있다.

33 주파수 60Hz, 출력이 30kW인 전동기 동기속도가 900rpm일 때 이 전동기의 극수는?

① 4극 ② 6극
③ 8극 ④ 10극

> 동기속도
> $N_s = 120 \times f(주파수)/P(극수)$에서
> $P = 120 \cdot f/N_s = 120 \times 60/900 = 8[극]$

34 베어링 메탈의 구비조건으로 틀린 것은?

① 마찰이나 마멸이 적어야 한다.
② 면압 강도가 커야 한다.
③ 피로강도가 작아야 한다.
④ 일정 강도를 가져야 한다.

> 베어링 메탈은 열전도가 좋고, 내식성이 크고, 피로강도가 커야 한다.

35 너트의 풀림 방지법에 대한 설명으로 틀린 것은?

① 와셔에 의한 방법은 주로 스프링 와셔를 사용한다.
② 핀, 작은 나사를 쓰는 방법은 볼트 홈 붙이 너트에 핀이나 작은 나사를 이용한 고정방법이다.
③ 이중 너트를 사용한다.
④ 너트의 회전방향에 의한 법은 축의 회전방향과 같은 방향으로 돌릴 때 잠기는 너트를 이용하는 것이다.

> 너트의 회전방향에 의한 법은 축의 회전방향과 반대방향으로 돌릴 때 잠기는 너트를 이용하는 것이다.

36 천장크레인에서 예비 부품을 두어야 하는 목적으로 가장 합당한 것은?

① 운전 중 고장이 쉽게 발생하는 부품에 대하여 정비시간을 단축시키기 위해
② 부품값이 비싸며 운반할 때 불편하므로
③ 형식을 갖추어 둘 필요가 있으므로
④ 쉽게 구할 수 있는 부품이며 값이 싸므로

> 크레인 운전 중 고장이 자주 발생하는 부위의 부품은 정비시간 단축을 위해 예비부품을 준비해 두어야 한다.

37 스프링 재료의 구비조건이 아닌 것은?

① 내식성이 클 것
② 크리프 한도가 높을 것
③ 탄성한계가 높을 것
④ 전연성이 풍부할 것

> 스프링재료는 전연성이 낮아야 한다.

38 구름베어링의 단점은?

① 과열의 위험이 적다.
② 마멸이 적으므로 빗나감도 적다.
③ 길이가 작아도 좋으므로 기계의 소형화가 가능하다.
④ 소음 및 진동이 생기기 쉽다.

> 구름베어링의 단점은 충격하중에 약하고, 값이 비싸며, 소음과 진동이 생기기 쉽다.

39 윤활유 유막보다 더 큰 이물질 입자에 의하여 기어의 접촉면에 긁힌 자국을 무엇이라 하는가?

① 어브레이젼
② 피칭
③ 스크래칭
④ 스폴링

> 어브레이젼(abrasion)은 기어의 접촉면에 생긴 긁힌 자국·마모 등을 말한다.

40 천장크레인 운전자가 작업 시작 전 점검해야 할 사항으로 적합하지 않는 것은?

① 건물과 건물 사이의 거리 상태
② 주행로의 상측 및 트롤리가 횡행하는 레일의 상태
③ 와이어로프의 상태
④ 브레이크 장치의 상태

41 화물을 권하한 후, 줄걸이 용구를 분리하는 방법으로 적절하지 않은 것은?

① 훅은 가능한 낮은 위치로 유도하여 분리한다.
② 직경이 큰 와이어로프는 비틀림이 작용하여 흔들림이 발생하므로 흔들리는 방향에 주의하면서 분리한다.
③ 작업을 빨리 진행하기 위하여 크레인으로 줄걸이용 와이어로프를 잡아당겨 분리한다.
④ 줄걸이용 와이어로프는 손으로 분리하는 것이 원칙이다.

42 와이어로프를 드럼에 설치할 때, 와이어로프가 벗겨지지 않도록 볼트를 체결하는데 사용하는 것은?

① 너트
② 클램프(고정구)
③ 샤클
④ 링크

> 와이어로프를 드럼에 연결하는 방법으로 클램프 고정법, 배빗메탈 채움법, 소켓 고정법, 코터 고정법 등이 있다.

43 와이어로프 구성의 표기방법이 틀린 것은?

$$6 \times Fi(24) + IWRC\ B종\ 20mm$$

① 6 : 스트랜드 수
② 24 : 와이어로프 수
③ B종 : 소선의 인장강도
④ 20mm : 와이어로프의 직경

> 와이어로프를 호칭할 때는 명칭, 구성기호, 꼬임방법(연법), 종별 및 로프 직경 순으로 한다.

44 같은 굵기의 와이어로프 일지라도 소선이 가늘고 수가 많은 것에 대한 설명 중 맞는 것은?

① 유연성이 좋으나 더 약하다.
② 유연성이 좋고 더 강하다.
③ 유연성이 나쁘고 더 약하다.
④ 유연성이 나빠도 더 강하다.

> 같은 굵기의 와이어로프도 소선이 가늘고 수가 많은 것이 유연성도 좋고 더 강하다.

45 신호법 중에서 팔을 아래로 뻗고 집게손가락을 아래로 향해서 수평원을 그리는 신호는 무슨 신호인가?

① 천천히 조금씩 내리기
② 아래로 내리기
③ 천천히 이동
④ 운전 방향 지시

46 연결된 5개의 링크의 길이가 20cm인 표준 체인은 이 연결된 5개의 링크의 길이가 최대 몇 [cm]가 될 때까지 사용이 가능한가?

① 21
② 22
③ 23
④ 24

> 링크 체인의 폐기기준은 연결된 5개의 링크를 측정하여 연신률이 제조당시 길이의 5% 이내 이어야 하므로 최대 늘어난 길이는 20cm × 0.05 = 1cm이다.

47 크레인용 와이어로프에 심강을 사용하는 목적을 설명한 것 중 거리가 먼 것은?

① 충격하중을 흡수한다.
② 소선끼리의 마찰에 의한 마모를 방지한다.
③ 충격하중을 분산시킨다.
④ 부식을 방지한다.

> 심강은 섬유심. 공심. 철심으로 나뉘며 ①, ②, ④항 외에 충격하중을 흡수 한다.

48 로프 하나를 두 줄 걸이로 하여 1,000kgf의 짐을 90°로 걸어 올렸을 때 한 줄에 걸리는 무게(kgf)는?

① 250
② 500
③ 707
④ 6,930

> 1줄에 걸리는 하중 = $\dfrac{\text{부하물의 하중}}{\text{줄걸이 수} \times \text{조각도}}$ = $\dfrac{1000}{2 \times \cos\dfrac{90°}{2}}$
> = $\dfrac{1000}{2 \times \cos 45°}$ ≒ 707[kgf]

49 와이어로프의 소선에 대하여 설명한 것으로 맞는 것은?

① 스트랜드를 구성하고 있는 소선의 결합에는 점, 선, 면, 정 접촉 구조의 4가지가 있다.
② 소선의 역할은 충격하중의 흡수, 부식방지, 소선끼리의 마찰에 의한 마모방지, 스트랜드의 위치를 올바르게 하는데 있다.
③ 와이어로프(wire rope)의 소선은 KSD 3514에 규정된 탄소강에 특수 열처리를 하여 사용한다.
④ 소선의 재질은 탄소강 단강품(KSD 3710)이나 기계구조용 탄소강(KSD 3517)이며 강도와 연성이 큰 것이 바람직하다.

> 와이어로프 소선은 탄소강으로서 실같이 얇은 철사를 기계로 여러 번 가닥(스트랜드)을 을 꼬아서 와이어로프가 완성된다.

50 운전자가 경보기를 올리거나 한쪽 손의 주먹을 다른 손의 손바닥으로 2~3회 두드릴 경우의 수신호 내용은?

① 신호불명
② 이상발생
③ 기다려라
④ 물건걸기

🔍 크레인 작업 표준신호

운전구분	신호 불명	기중기의 이상 발생
수신호	운전자는 손바닥을 안으로 하여 얼굴 앞에서 2, 3회 흔든다.	운전자는 사이렌을 울리거나 한쪽 손의 주먹을 다른 손의 손바닥으로 2, 3회 두드린다.
호각신호	짧게 – 짧게	강하고 짧게
운전구분	기다려라	물건 걸기
수신호	오른손으로 왼손을 감싸 2, 3회 작게 흔든다.	양쪽 손을 몸 앞에 대고 두 손을 깍지낀다.
호각신호	길게	길게 – 짧게

51 산소 가스 용기의 도색으로 맞는 것은?

① 녹색
② 노란색
③ 흰색
④ 갈색

🔍 고압가스 용기의 도색

가스 종류	도색	가스 종류	도색
액화석유가스(LPG)	회색	산소	녹색(호스는 흑색 또는 녹색)
수소	주황색	아세틸렌	황색(호스는 적색)

52 운전자가 작업 전에 장비 점검과 관련된 내용 중 거리가 먼 것은?

① 타이어 및 궤도 차륜상태
② 브레이크 및 클러치의 작동상태
③ 낙석, 낙하물 등의 위험이 예상되는 작업 시 견고한 헤드 가이드 설치할 때
④ 정격 용량보다 높은 회전으로 수차례 모터를 구동시켜 내구성 상태 점검

🔍 정격용량보다 낮은 회전으로 수차례모터를 구동시켜 내구성 상태를 점검한다.

53 작업복에 대한 설명으로 적합하지 않은 것은?

① 작업복은 몸에 알맞고 동작이 편해야 한다.
② 착용자의 연령, 성별 등에 관계없이 일률적인 스타일을 선정해야 한다.
③ 작업복은 항상 깨끗한 상태로 입어야 한다.
④ 주머니가 너무 많지 않고, 소매가 단정한 것이 좋다.

54 공기(air)기구 사용 작업에서 적당치 않은 것은?

① 공기기구의 섭동 부위에 윤활유를 주유하면 안 된다.
② 규정에 맞는 토크를 유지하며 작업한다.
③ 공기를 공급하는 고무호스가 꺾이지 않도록 한다.
④ 공기기구의 반동으로 생길 수 있는 사고를 미연에 방지한다.

🔍 섭동부위에 윤활유로 섭동부 고정을 풀어준다.

55 원목처럼 길이가 긴 화물을 외줄 달기 슬링 용구를 사용하여 크레인으로 물건을 안전하게 달아 올리는 방법으로 가장 거리가 먼 것은?

① 화물의 중량이 많이 걸리는 방향을 아래쪽으로 향하게 들어 올린다.
② 제한용량 이상을 달지 않는다.
③ 수평으로 달아 올린다.
④ 신호에 따라 움직인다.

🔍 길이가 긴 화물은 수평으로 달아 올리기 어렵다.

56 사고 원인으로서 작업자의 불안전한 행위는?

① 안전 조치의 불이행 ② 작업장 환경 불량
③ 물적 위험상태 ④ 기계의 결함상태

> 재해의 직접원인(물적요인)
> • 불안전한 행동(행위) : 위험장소 접근, 안전장치의 기능 제거, 복장·보호구의 잘못사용, 기계·기구 잘못사용, 운전 중인 기계장치의 손질, 불안전한 속도 조작, 위험물 취급 부주의, 불안전한 상태 방치, 불안전한 자세 동작, 감독 및 연락 불충분
> • 불안전한 상태 : 물 자체 결함, 안전 방호장치 결함, 보호구의 결함, 물의 배치 및 작업장소 결함, 작업환경의 결함, 생산 공정의 결함, 경계표시·설비의 결함

57 크레인으로 물건을 운반할 때 주의사항으로 틀린 것은?

① 규정 무게보다 약간 초과 할 수 있다.
② 적재물이 떨어지지 않도록 한다.
③ 로프 등 안전 여부를 항상 점검한다.
④ 선회 작업 시 사람이 다치지 않도록 한다.

> 규정된 중량를 초과하면 안 된다.

58 산업공장에서 재해의 발생을 줄이기 위한 방법으로 틀린 것은?

① 폐기물은 정해진 위치에 모아둔다.
② 공구는 소정의 장소에 보관한다.
③ 소화기 근체에 물건을 적재한다.
④ 통로나 창문 등에 물건을 세워 놓아서는 안 된다.

> ①, ②, ④문항 외에 소화기 근처에 물건을 적재하면 안 된다.

59 작업장에 대한 안전관리상 설명으로 틀린 것은?

① 항상 청결하게 유지한다.
② 작업대 사이 또는 기계 사이의 통로는 안전을 위한 일정한 너비가 필요하다.
③ 공장바닥은 폐유를 뿌려, 먼지 등이 일어나지 않도록 한다.
④ 전원 콘센트 및 스위치 등에 물을 뿌리지 않는다.

> 공장바닥에 폐유를 뿌려두면 미끄럼의 위험도 있지만, 화재의 위험이 크다.

60 금속나트륨이나 금속칼륨 화재의 소화재로서 가장 적합한 것은?

① 물 ② 포소화기
③ 건조사 ④ 이산화탄소 소화기

> D급 화재(금속화재)의 소화재는 건조사가 적합하다.

정답 2016년 2회

01 ④	02 ④	03 ④	04 ①	05 ①
06 ①	07 ①	08 ③	09 ②	10 ④
11 ①	12 ③	13 ①	14 ④	15 ④
16 ①	17 ①	18 ④	19 ④	20 ③
21 ③	22 ①	23 ④	24 ④	25 ④
26 ④	27 ①	28 ④	29 ③	30 ④
31 ④	32 ①	33 ③	34 ③	35 ④
36 ①	37 ④	38 ④	39 ①	40 ①
41 ③	42 ②	43 ②	44 ②	45 ②
46 ①	47 ③	48 ③	49 ③	50 ②
51 ①	52 ④	53 ②	54 ①	55 ③
56 ①	57 ①	58 ③	59 ③	60 ③

2016년 3회 공단 기출문제

01 시브 홈 지름이 너무 큰 경우 나타나는 사항에 대한 설명으로 옳지 않은 것은?

① 와이어 로프의 형태를 납작하게 변형시킨다.
② 와이어 로프의 마모를 촉진시킨다.
③ 시브의 마모를 촉진시킨다.
④ 시브의 수명을 연장시킨다.

🔍 시브의 V 홈 각도는 30~60°이고, 홈 지름이 너무 크면 시브의 마모를 촉진시키고 수명을 단축시킨다.

02 천장크레인의 비상정지장치에 대한 설명 중 옳은 것은?

① 비상정지장치는 작동된 이후 자동으로 복귀되어야 한다.
② 비상정지누름버튼은 매립형 이어야 한다.
③ 비상정지장치는 접근이 용이한 곳에 설치되어야 한다.
④ 비상정지누름버튼의 색상은 녹색이어야 한다.

🔍 비상정지용 누름버튼은 적색이고, 머리 부분은 돌출형이며, 수동 복귀되는 형식이다.

03 정격하중에 대한 설명으로 옳은 것은?

① 훅의 무게를 제외한 순수 취급 하중
② 평상시 주로 사용하는 취급 하중
③ 훅의 무게를 포함한 취급 하중
④ 주권과 보권이 표시한 권상능력의 합

🔍 정격하중과 권상하중
• 권상하중(hoisting load) : 들어 올릴 수 있는 최대의 하중을 말한다.
• 정격하중(rated load) : 크레인의 권상하중에서 훅, 크래브 또는 버킷 등 달기기구의 중량에 상당하는 하중을 뺀 하중을 말한다. 다만, 지브가 있는 크레인 등으로서 경사각의 위치, 지브의 길이에 따라 권상능력이 달라지는 것은 그 위치의 권상하중에서 달기기구의 중량을 뺀 하중 가운데 최대치를 말한다.

04 속도제어 제동기는 어떤 때 속도제어를 하는가?

① 권상 시
② 권하 시
③ 권상과 권하 시
④ 횡행과 권상 시

🔍 속도제어 브레이크는 크레인이 권하 작업을 할 때 속도를 제어한다.

05 제어반의 제작 설치 설명 중 틀린 것은?

① 내부 배선은 전용의 단자를 사용해야 한다.
② 접촉단자 체결나사의 풀림, 탈락이 없어야 한다.
③ 전선 인입구 피복의 손상 또는 열화가 없어야 한다.
④ 외함의 구조는 충전부가 개방형으로 적합한 구조이어야 한다.

🔍 외함의 구조는 충전부가 노출되지 않도록 폐쇄형으로 잠금장치가 있는 사용장소에 적합한 구조일 것

06 천장크레인 권상용 훅의 국부마모에 의한 사용한도에 해당하는 마모량은?

① 원래 치수의 5%이내일 것
② 원래 치수의 10%이내일 것
③ 원래 치수의 20%이내일 것
④ 원래 치수의 50%이내일 것

🔍 훅의 마모는 와이어로프가 걸리는 부분에 홈이 생기며, 이 홈의 깊이가 2mm 이상이 되면 그라인더(연삭숫돌)로 평평하게 다듬질하여야 하고, 마모가 원래 치수의 5% 이상이면 교환하여야 한다.

07 안전장치에 사용되는 것으로 횡행, 주행 등의 운동에 대한 과도한 진행을 방지하는 기구는?

① 비상등 ② 경보장치
③ 타임 릴레이 ④ 리미트 스위치

> 권과방지장치(리미트 스위치)의 종류
> • 직동식 : 훅(hook)의 상승으로 레버(lever)를 들어 올려 전원을 차단
> • 중추식 : 훅(hook)의 접촉으로 인하여 작동(대용량, 고양정)
> • 스크루식(나사식) : 드럼의 회전에 의하여 작동하며, 연동장치에 의해 피드나사가 회전하면 그것과 맞물리는 너트(nut)가 이동하여 개폐기의 레버를 움직여 접점에 개폐를 행하는 방식
> • 캠식 : 드럼과 연동되어 회전을 하고, 원판 모양으로 주위에 배치된 볼록 및 오목 캠에 의해 스위치의 레버를 작동

08 천장크레인의 유압브레이크에서 공기가 유입되면 나타나는 현상은?

① 권상의 경우 상·하 동작 시 급정지 한다.
② 주행의 경우 정지시켜도 밀림현상이 생긴다.
③ 주행의 경우 기동불능 현상이 생긴다.
④ 권상의 경우 기동불능 현상이 생긴다.

> 유압 브레이크는 계통 내에 공기가 들어 있으면 제동작용이 되지 않거나 효과가 저하된다.

09 고속형 천장크레인의 집전장치로 중간지지를 갖는 수평배열이며 휠이나 슈를 사용하는 것은?

① 팬터그래프형 집전장치
② 포올형 집전장치
③ 고정형 집전장치
④ 자유형 집전장치

> 집전장치는 트롤리선에서 전원을 크레인 내에 도입하는 부분이며, 트롤리선에 접촉하는 휠과 슈(shoe)의 고정방법에 따라 팬터그래프형·폴형·고정형·슈형 등으로 분류한다.

10 주행, 횡행, 권상 등의 일상점검 방법은?

① 무부하로 실시한다.
② 정격 하중을 매달고 실시한다.
③ 정격 하중의 1/2을 매달고 실시한다.
④ 시험 하중을 매달고 실시한다.

> 권상운전·횡행운전·주행운전은 무부하 상태로 일상점검하고, 정격하중운동은 부하상태로 점검한다.

11 천장크레인의 무선 원격제어기의 구조에 대한 설명 중 틀린 것은?

① 무선 원격제어기는 사용 중 충격을 받으면 곧바로 작동이 정지될 것
② 무선 원격제어기는 관계자 이외의 자가 취급할 수 없도록 잠금 장치가 되어 있을 것
③ 조작 신호 이외의 신호에서 크레인이 작동되지 아니할 것
④ 송신기의 최소 보호등급은 옥내용인 경우 IP55, 옥외용인 경우 IP45 이상 일 것

> 송신기 최소 보호등급은 옥내용인 경우 IP43, 옥외용인 경우 IP55 이상이어야 한다.

12 크레인 안전기준상 차륜 플랜지의 사용 가능한 최대 마모한도는 원치수의 몇 [%] 이내인가?

① 10 ② 20
③ 30 ④ 50

> 차륜 플랜지는 균열, 변형, 손상 등이 없으며 마모가 원치수의 50% 이내이어야 한다.

13 천장크레인의 보도 설치 기준으로 맞는 것은?

① 정격하중이 3톤 이상의 천장크레인 거더에는 폭 20cm 이상의 보도를 설치해야 한다.
② 보도면으로부터 높이 30cm 이상의 손잡이로 된 난간이 설치되어야 한다.
③ 중간대 및 보도면으로부터 높이 1cm 이상의 덧판을 설치하여야 한다.
④ 보도면은 미끄러지거나 넘어지는 등의 위험이 없는 구조이어야 한다.

> 통로의 설치
> • 천장주행크레인, 갠트리크레인 및 언로더에 있어서는 정격하중이 3톤 이상의 크레인 거더 및 지브형 크레인 등의 지브에는 폭 40cm 이상의 통로를 전 길이에 걸쳐서 설치해야 한다. 다만, 점검대 또는 그 밖에 해당 크레인을 점검할 수 있는 설비가 구비되어 있는 것은 제외 할 수 있다.
> • 크레인 거더 또는 수평 지브위에 설치된 트롤리 및 그 밖에 장치의 횡행 및 수평지브의 선회에 설치되는 통로부분은 바닥면으로부터 높이 90cm 이상의 튼튼한 손잡이로 된 난간이 설치되어야 하고 중간대 및 바닥면으로부터 높이 10cm 이상의 발끝막이판을 설치할 것
> • 바닥면은 미끄러지거나 넘어지는 등의 위험이 없는 구조일 것

14 훅에 대한 설명 중 틀린 것은?

① 재료는 단조강 또는 구조용 압연강재를 사용한다.
② 훅 해지장치는 균열 및 변형 등이 없어야 한다.
③ 마모는 원치수의 30% 이상이면 교환한다.
④ 훅 블록에는 정격하중이 표기 되어야 한다.

🔍 훅 본체는 균열 또는 변형 등이 없어야 하고, 국부마모는 원치수의 5% 이내이어야 한다.

15 천장크레인 운전실에 대한 설명으로 틀린 것은?

① 운전자가 안전운전을 할 수 있도록 충분한 시야를 확보할 수 있는 구조이어야 한다.
② 운전실의 제어기에는 작동방향 표시가 있어야 한다.
③ 운전자가 인양물을 잘 볼 수 있도록 운전실에는 조명장치를 설치하지 아니한다.
④ 운전자가 쉽게 조작할 수 있는 위치에 개폐기, 제어기, 브레이크, 경보장치를 설치하여야 한다.

🔍 운전실 또는 운전대의 구조
• 운전자가 안전한 운전을 할 수 있는 충분한 시야를 확보할 수 있을 것
• 운전자가 쉽게 조작할 수 있는 위치에 개폐기, 제어기, 브레이크, 경보장치 등을 설치할 것
• 운전자가 접촉하는 것에 의해 감전위험이 있는 충전부분에는 감전방지를 위한 덮개나 울을 설치할 것
• 분진의 침입을 방지할 수 있는 구조일 것
• 물체의 낙하, 비래 등의 위험이 있는 장소에 설치되는 크레인의 운전대에는 안전망 등 안전한 조치를 할 것
• 운전실 등은 훅 등의 달기기구와 간섭되지 않아야 하며 흔들림이 없도록 견고하게 고정할 것
• 운전실에는 적절한 조명을 갖출 것
• 운전실의 바닥은 미끄러지지 않는 구조일 것
• 운전실에는 자연환기(창문열기) 또는 기계장치 등 환기장치를 갖출 것

16 천장크레인에서 주권, 보권 등에서 사용하는 권과방지 장치는?

① 리미트(Limit) 스위치 ② 오일게이지
③ 집중그리스펌프 ④ 와이어로프

🔍 리미트 스위치는 권상, 횡행, 주행 등 각 장치의 운동에 대한 필수적인 권과방지장치이다.

17 천장크레인의 크기 표시 "40/20 ton, Span 28m"에서 Span 28m의 뜻은?

① 주행 차륜 사용 허용 평균속도이다.
② 주행 차륜 중심 간 수평거리가 28m 이다.
③ 주행 레일의 길이가 28m 이다.
④ 횡행 차륜 간의 거리가 28m 이다.

🔍 천장크레인 규격 40/20 ton, Span 28m는 주권의 권상능력이 40ton, 보권의 권상능력이 20ton, 주행차륜 중심간 수평거리가 28m라는 의미이다.

18 2개의 키를 1쌍으로 하여 축과 보스를 조합하는 형태의 키는?

① 성크키 ② 접선키
③ 플랫키 ④ 페더키

🔍 접선키(tangential key)는 역회전이 가능하게 120° 각도를 두고 2곳에 키를 둔다.

19 천장크레인의 브레이크 중에서 전기를 투입하여 유압으로 작동되는 브레이크는?

① 오일디스크 브레이크
② 마그네트 브레이크
③ 스러스트 브레이크
④ 다이나믹 브레이크

🔍 스러스트 브레이크(유압 압상기 브레이크)는 전기를 투입하여 유압으로 작동되는 방식이며, 주행과 횡행에서 사용된다.

20 버퍼 스토퍼에 대해 설명한 것 중 옳은 것은?

① 강판으로 접합하여 케이스를 만들어 충격의 부담을 덜어주는 스토퍼
② 새들의 차륜을 보호하기 위하여 씌운 덮개
③ 거더의 비틀림을 방지하기 위해 설치해 놓은 스토퍼
④ 단단한 고무나 스프링 또는 유압을 이용하여 충돌시 충격을 완화시켜 주는 스토퍼

🔍 버퍼 스토퍼는 크레인의 주행·횡행레일 양 끝부분에 설치되어 충격을 완화해 주는 완충제로 스프링, 고무, 나무 또는 유압식 버퍼를 사용한다.

21 천장크레인의 운전 시작 전 점검사항이 아닌 것은?

① 천장크레인의 주행로상 혹은 천장크레인이 이동하는 영역안에 장애물 유무 확인
② 천장크레인 정지기구 및 레일 클램프와 같은 고정장치 해제 유무
③ 천장크레인 부하 시험 시 과부하방지장치 동작상태 확인
④ 운전실내 각종 레버와 스위치의 이상유무

🔍 크레인의 과부하방지장치 동작상태 확인 점검은 연간점검사항이다.

22 입력 전압이 440V, 60(Hz)인 3상 유도전동기가 있다. 극수가 4극이고 슬립이 3% 일 때 회전자 속도는 약 얼마인가?

① 1,746rpm
② 1,780rpm
③ 1,800rpm
④ 1,880rpm

🔍 회전속도 $N = (120f/P) = (120 \times 60)/4 = 1,800$rpm에서 슬립이 3%이므로 실제 회전수 $= 1,800 \times (1 - 0.03) = 1,746$[rpm]이다.

23 천장크레인으로 물건을 운반할 때 주의 사항으로 틀린 것은?

① 정격하중의 15%까지는 초과할 수 있다.
② 적재물이 떨어지지 않도록 한다.
③ 로프 등의 안전 여부를 항상 점검한다.
④ 운반 중 사람이 다치지 않도록 한다.

🔍 시험하중은 정격하중의 1.1배이며, 작업 시에는 정격하중을 초과해서 작업해서는 안 된다.

24 급유해야 할 부위는?

① 브레이크 라이닝   ② 감속기어
③ 레일의 상면   ④ 고무벨트

🔍 브레이크 휠과 라이닝, 레일의 상면, 벨트 등에는 기름이 부착되어서는 안 된다.

25 전기부품의 점검 중 불꽃(spark) 발생의 대비책이 아닌 것은?

① 스위치의 접촉면에 먼지나 이물질이 없도록 한다.
② 전원 차단시에는 반드시 메인측에서 부하측 순서로 행한다.
③ 스위치류의 개폐는 급속히 행한다.
④ 접촉면을 매끄럽게 유지한다.

🔍 전원 차단 시에는 반드시 부하측에서 메인측 순서로 행하여야 한다.

26 천장크레인으로 중량물 운반 시 일반적으로 안전한 높이는 지상으로부터 얼마인가?

① 0.5m   ② 1.0m
③ 1.5m   ④ 2.0m

🔍 중량물 운반 시 줄걸이 이상여부를 확인한 후 신호에 따라 기준 높이가 2m까지 올린 다음 주행한다.

27 천장크레인의 조작방법 중 옳지 않은 것은?

① 천장크레인의 컨트롤러의 조작 방향과 작동 방향이 일치 하여야 하며 중간 위치에서 작동되도록 한다.
② 주행과 횡행은 안전을 확인한 후 작동하여야 한다.
③ 권상 및 권하 컨트롤은 중립위치에서는 작동이 정지하여야 한다.
④ 운전자는 신호수의 신호에 따라 운전하여야 한다.

🔍 컨트롤러의 조작 방향과 작동방향이 일치하고, 항상 작업진행방향 뒤쪽에 위치하여야 한다.

28 플랜지형 플렉시블 커플링에는 무엇으로 체결되어 있는가?

① 아이 볼트   ② 핀
③ 리머 볼트   ④ 성크 키

플렉시블 커플링은 두 축의 중심선을 정확히 맞추기 어렵고, 기계의 진동 전달방지를 목적으로 사용되며, 리머 볼트로 체결한 경우는 충격흡수용 고무나 가죽부분을 주의 깊게 관찰하여야 한다.

29 윤활유의 작용으로 틀린 것은?

① 냉각작용　② 방청작용
③ 응력집중작용　④ 밀봉작용

급유 및 윤활의 목적은 윤활·소음방지·냉각·방청작용이다.

30 축 저널의 손상 원인에 대한 설명으로 거리가 가장 먼 것은?

① 제작상의 불량
② 강성 부족
③ 과다한 오일 공급
④ 장치 불량

오염된 오일을 공급하였거나 오일이 부족한 경우 축 저널이 손상될 수 있다.

31 천장크레인 운전자가 화물을 권상할 때 위험한 상태에서 작업안전을 위해 급정지시키는 비상정지 장치에 대한 설명으로 가장 적합한 것은?

① 작업 종료 시 전원을 차단하기 위한 장치이다.
② 누름 버튼은 적색으로 머리 부분이 돌출되고, 수동 복귀되는 형식이다.
③ 누름 버튼은 황색으로 머리 부분이 돌출되고, 자동 복귀되는 형식이다.
④ 탑승용(운전석) 크레인일 경우 권상레버와 같이 부착된다.

비상정지용 누름버튼은 적색이고, 머리 부분은 돌출형이며, 수동 복귀되는 형식이다.

32 천장크레인의 전기기기에서 사용하는 절연에 관한 용어 중 "F종" 절연의 허용 최고온도는?

① 90℃　② 120℃
③ 130℃　④ 155℃

절연의 종류 및 허용 최고온도

절연의 종류	허용 최고온도(℃)
Y종	90
A종	105
E종	120
B종	130
F종	155
H종	180
C종	180 초과

33 ( )에 맞는 말을 순서대로 짝지은 것은?

전기의 스파크는 주파수가 ( )수록 심하며, ( )보다 ( )쪽이 스파크가 크다.

① 낮을, 교류, 직류　② 높을, 교류, 직류
③ 높을, 직류, 교류　④ 낮을, 직류, 교류

전기 스파크는 전로를 닫을 때 보다, 접촉점을 흐르는 전류가 많을수록, 접촉면에 요철이 심할수록, 교류보다 직류가, 주파수가 높을수록 스파크가 크다.

34 유도 및 직류전동기 축의 베어링이 과열되는 원인이 아닌 것은?

① 벨트의 장력이 너무 세다.
② 시동 토크가 적다.
③ 오일의 점도가 부적당하다.
④ 축의 베어링이 변형 되어있다.

전동기의 시동 토크가 크면 전동기 축의 베어링이 과열될 수도 있다.

35 천장크레인의 시브홈의 마모 한도는 와이어로프 지름에 얼마 이하이어야 하는가?

① 20%　② 30%
③ 40%　④ 50%

시브
• 시브 본체는 균열, 변형 등이 없을 것
• 시브 홈은 이상 마모가 없어야 하고, 마모한도는 와이어로프 지름의 20% 이하일 것

36 구름 베어링의 특징으로 틀린 것은?

① 과열의 위험이 적다.
② 충격하중에 강하다.
③ 값이 비싸다.
④ 하우징(housing)이 크고 설치가 어렵다.

🔍 구름베어링은 마찰손실이 적고, 윤활과 수리가 쉬우며, 베어링 교환과 선택이 용이한 장점이 있으나, 충격하중에 약하고, 값이 비싸며, 소음·진동이 생기기 쉬운 단점이 있다.

37 천장크레인의 주행 시 갑자기 장애물을 발견했을 때 가장 먼저 취해야 할 것은?

① 분전반 스위치를 전부 차단한다.
② 컨트롤러를 전부 제로 노치에 놓는다.
③ 비상스위치를 누른다.
④ 조종레버를 최대한 몸쪽으로 당긴다.

🔍 크레인 운전 중 비상상황 발생 시 비상스위치(emergency S/W)를 눌러야 한다.

38 접선키에서 120° 각도로 두 곳에 키를 끼우는 이유는?

① 작은 동력을 전달하기 위하여
② 축을 강하게 하기 위하여
③ 역 회전을 할 수 있게 하기 위하여
④ 축 압을 막기 위하여

🔍 접선키(tangential key)는 역회전이 가능하게 120° 각도를 두고 2곳에 키를 둔다.

39 권상 시, 갑자기 이상 제동이 걸렸을 때의 원인으로 옳지 않은 것은?

① 조작반 퓨즈가 끊어졌다.
② 열 전동 릴레이가 떨어졌다.
③ 마그네트 브레이크용 회로에 이상이 있다.
④ 모터의 이상 소음이 발생한다.

🔍 권상 시 갑자기 이상 제동이 걸렸다면 모터가 작동되지 않는다.

40 20kW의 전동기가 23ps의 동력을 발생하고 있을 때, 전동기의 효율은 약 얼마인가?(단, 1 ps 는 735W이다.)

① 64% ② 85%
③ 90% ④ 99%

🔍 전동기의 출력 = 23ps × 735W = 16,905W이고, 전동기의 입력 = 20kW × 1,000 = 20,000W이므로, 전동기의 효율 = (출력/입력) × 100 = (16,905/20,000) × 100 = 84.5 ≒ 85[%]

41 크레인에 사용되는 와이어로프의 사용 중 점검항목으로 적합하지 않는 것은?

① 마모 상태 검사
② 부식 상태 검사
③ 소선의 인장강도 검사
④ 엉킴, 꼬임 및 킹크 상태 검사

🔍 소선의 인장강도 검사는 와이어로프 KS D 3514 기준에 따른 제작 시 검사사항이다.

42 크레인의 권상용 와이어로프의 주유에 관한 사항 중 바른 것은?

① 그리스를 와이어로프의 전체길이에 충분히 칠한다.
② 그리스를 와이어로프에 칠할 필요가 없다.
③ 기계유를 로프의 심까지 충분히 적신다.
④ 그리스를 로프의 마모가 우려되는 부분만 칠하는 것이 좋다.

🔍 와이어로프 전체길이에 그리스를 칠하여야 녹슴과 마모가 방지되고 수명관리가 된다.

43 크레인의 와이어로프를 클립으로 고정할 때 클립 간격은 얼마가 가장 적당한가?

① 와이어로프 직경의 2배
② 와이어로프 직경의 4배
③ 와이어로프 직경의 6배
④ 와이어로프 직경의 8배

🔍 크레인의 와이어로프를 클립으로 조일 때 클립 간격은 와이어로프 직경의 6배가 적당하다.

44 힘의 모멘트가 M = P × L일 때 P와 L은?

① P = 힘, L = 길이
② P = 길이, L = 면적
③ P = 무게, L = 체적
④ P = 부피, L = 넓이

> 힘의 모멘트(M) = 힘(P) × 길이(L)

45 2,000kgf의 물건을 두 줄걸이로 하여 줄걸이 로프의 각도를 60도로 매달았을 때 한쪽 줄에 걸리는 하중은 약 몇 [kgf]인가?

① 1,455
② 1,355
③ 1,255
④ 1,155

> 1줄에 걸리는 하중 = 부하물의 하중/(줄걸이 수 × sinα)
> = 2,000/(2 × 0.866) = 1,154.7[kgf]

46 줄걸이 작업 시 짐의 무게중심에 대하여 주의할 사항으로 옳지 않은 것은?

① 짐의 무게중심 판단은 정확히 할 것
② 짐의 무게중심은 가급적 높이도록 할 것
③ 무게중심의 바로 위에 훅을 유도할 것
④ 무게중심이 전후, 좌우로 치우친 것을 주의할 것

> 줄걸이 작업 시 짐의 무게중심은 가급적 낮은 것이 안전하다.

47 와이어로프에 대한 마모 및 교체기준으로 옳지 않은 것은?

① 한 꼬임에서 소선의 수가 10% 이상 절단된 것
② 소선 및 스트랜드의 돌출이 확인되는 것
③ 외부마모에 의한 공칭지름 감소가 7% 이상인 것
④ 킹크나 부식은 없어도 단말고정을 한 것

> 사용이 금지되는 와이어로프
> • 이음매가 있는 것
> • 와이어로프의 한 꼬임에서 끊어진 소선(素線)(필러선은 제외)의 수가 10% 이상(비자전로프의 경우에는 끊어진 소선의 수가 와이어로프 호칭지름의 6배 길이 이내에서 4개 이상이거나 호칭지름 30배 길이 이내에서 8개 이상)인 것
> • 지름의 감소가 공칭지름의 7%를 초과하는 것
> • 꼬인 것
> • 심하게 변형되거나 부식된 것
> • 열과 전기충격에 의해 손상된 것

48 와이어로프의 '보통꼬임'에 대한 설명으로 옳지 않은 것은?

① 소선꼬임과 스트랜드 꼬임의 방향이 반대인 것이다.
② 소선의 외부 접촉 길이가 짧으므로 랭꼬임보다 단선과 마모가 적다.
③ 킹크(kink)가 생기는 것이 적다.
④ 소선은 로프축과 평행하다.

> 와이어로프의 보통꼬임
> • 스트랜드의 꼬임방향과 로프의 꼬임방향이 반대인 것이다.
> • 소선의 외부 접촉길이가 짧으므로 랭꼬임보다 마모가 크다.
> • 킹크가 생기는 것이 좋으며, 취급이 용이하다.

49 신호수가 집게손가락을 위로 올려 동그라미를 그릴 때의 신호는?

① 주행
② 권하
③ 권상
④ 가속

> 크레인 작업 표준신호

운전구분	천천히 이동	아래로 내리기
수신호	방향을 가리키는 손바닥 밑에 집게손가락을 위로 해서 원을 그린다.	팔을 아래로 뻗고(손끝이 지면을 향함) 2, 3회 흔든다.
호각신호	짧게 - 길게	길게 - 길게
운전구분	위로 올리기	수평 이동
수신호	집게손가락을 위로 해서 수평원을 크게 그린다.	손바닥을 움직이고자 하는 방향의 정면으로 하여 움직인다.
호각신호	짧게 - 짧게	강하고 - 짧게

50 와이어로프 규격에서 "6호품 6×37 B종 보통 S꼬임"에서 B종의 의미는?

① 소선의 굵기를 표시하는 기호이다.
② 소선의 재료가 황동(Brass)임을 표시한다.
③ 소선의 인장강도의 구분을 의미한다.
④ 소선의 색채가 청색인 것을 의미한다.

🔍 구성기호 6×37에서 6은 스트랜드수, 37은 소선수 이고, B종은 공칭인장강도에 따른 구분으로서 비도금종을 의미한다.

51 작업장에서 작업복을 착용하는 이유로 가장 옳은 것은?

① 작업장의 질서를 확립시키기 위해서
② 작업자의 직책과 직급을 알리기 위해서
③ 재해로부터 작업자의 몸을 보호하기 위해서
④ 작업자의 복장 통일을 위해서

🔍 작업복 착용하는 가장 큰 이유는 재해방지용 이다.

52 안전모에 대한 설명으로 바르지 못한 것은?

① 알맞은 규격으로 성능시험에 합격품이어야 한다.
② 구멍을 뚫어서 통풍이 잘되게 하여 착용한다.
③ 각종 위험으로부터 보호할 수 있는 종류의 안전모를 선택해야 한다.
④ 가볍고 성능이 우수하며 머리에 꼭 맞고 충격흡수성이 좋아야 한다.

🔍 무엇보다 안전이 우선이므로 약간의 불편은 감수하여야 한다.

53 다음 중 재해발생 원인이 아닌 것은?

① 잘못된 작업방법
② 관리감독 소홀
③ 방호장치의 기능제거
④ 작업 장치 회전반경 내 출입금지

🔍 작업 장치 회전반경 내 출입금지는 안전 부주의이다.

54 공구 및 장비 사용에 대한 설명으로 틀린 것은?

① 공구는 사용 후 공구상자에 넣어 보관한다.
② 볼트와 너트는 가능한 소켓 렌치로 작업한다.
③ 토크 렌치는 볼트와 너트를 푸는데 사용한다.
④ 마이크로미터를 보관할 때는 직사광선에 노출시키지 않는다.

🔍 토크 렌치는 볼트, 너트, 스크루 등을 규정된 값으로 조일 때 사용하는 정밀 측정 공구로 다수의 볼트에 토크를 주어 나사산의 파손이나 탈락을 방지하는 용도로 사용된다.

55 구동 벨트를 점검 할 때 기관의 상태는?

① 공회전 상태   ② 급가속 상태
③ 정지 상태   ④ 급감속 상태

🔍 구동 벨트를 점검할 때는 반드시 기관이 정지된 상태에서 하여야 한다.

56 안전하게 공구를 취급하는 방법으로 적합하지 않은 것은?

① 공구를 사용한 후 제자리에 정리하여 둔다.
② 끝 부분이 예리한 공구 등을 주머니에 넣고 작업을 하여서는 안 된다.
③ 공구를 사용 전에 손잡이에 묻은 기름 등은 닦아내어야 한다.
④ 숙달이 되면 옆 작업자에게 공구를 던져서 전달하여 작업능률을 올린다.

🔍 어떤 경우라도 작업자에게 공구를 던져서 전달하면 안 된다.

57 작업 시 보안경 착용에 대한 설명으로 틀린 것은?

① 가스 용접 할 때는 보안경을 착용해야 한다.
② 절단하거나 깎는 작업을 할 때는 보안경을 착용해서는 안 된다.
③ 아크 용접할 때는 보안경을 착용해야 한다.
④ 특수 용접할 때는 보안경을 착용해야 한다.

🔍 용접이나 절단·깎는 작업 시 불꽃이나 물체가 날아 흩어질 위험이 있는 작업에는 보안경을 착용하여야 한다.

58 사고를 일으킬 수 있는 직접적인 재해의 원인은?

① 기술적 원인
② 교육적 원인
③ 작업관리의 원인
④ 불안전한 행동의 원인

> 재해의 간접원인 : 기술적 원인, 교육적 원인, 관리적 원인

59 중량물 운반작업 시 착용하여야 할 안전화로 가장 적절한 것은?

① 중 작업용　　② 보통 작업용
③ 경 작업용　　④ 절연용

> 안전화
> • 중작업용 : 건설업 등에서 중량물 운반작업, 가공대상물의 중량이 큰 물체를 취급하는 작업장
> • 보통작업용 : 차량 사업장, 기계 등을 운전조작하는 일반 작업장
> • 경작업용 : 비교적 경량의 물체를 취급하는 작업장

60 안전수칙을 지킴으로 발생될 수 있는 효과로 거리가 가장 먼 것은?

① 기업의 신뢰도를 높여준다.
② 기업의 이직율이 감소된다.
③ 기업의 투자경비가 늘어난다.
④ 상하 동료간의 인간관계가 개선된다.

> 안전수칙을 잘 지키면 기업의 신뢰도는 높아지고, 이직률은 낮아지며, 투자경비가 줄어들고, 상하 동료 간의 인간관계가 좋아진다.

정답 2016년 3회

01 ④	02 ③	03 ①	04 ②	05 ④
06 ①	07 ④	08 ②	09 ①	10 ①
11 ④	12 ④	13 ④	14 ③	15 ③
16 ①	17 ②	18 ②	19 ③	20 ④
21 ③	22 ①	23 ①	24 ②	25 ②
26 ④	27 ①	28 ②	29 ③	30 ③
31 ②	32 ④	33 ②	34 ②	35 ①
36 ②	37 ③	38 ③	39 ④	40 ②
41 ③	42 ①	43 ③	44 ①	45 ④
46 ②	47 ④	48 ②	49 ③	50 ③
51 ③	52 ②	53 ④	54 ③	55 ③
56 ④	57 ②	58 ④	59 ①	60 ③

PART
03

Craftsman Overhead Travelling Crane Operator

CBT 대비
적중모의고사

제1회 적중모의고사

QUESTIONS FROM PREVIOUS TESTS

01 천장크레인의 표시 중 40/20ton×26m 용어의 해석이 맞는 것은?

① 보권 40톤, 주권 20톤, 스팬 26m
② 주권 40톤, 보권 20톤, 스팬 26m
③ 주권 20톤~ 40톤, 스팬 26m
④ 주권 0.5톤, 스팬 26m

🔍 천장크레인 규격 40/20ton×26m는 주권 40ton, 보권 20ton, 스팬의 길이 26m라는 의미이다.

02 천장크레인의 용량은 정격하중과 스팬으로 표기하는 것이 보통이지만 한 가지만 더 추가 한다면?

① 권상속도
② 횡행속도
③ 주행속도
④ 양정

🔍 천장크레인의 용량 표시는 정격하중과 스팬으로 나타내지만 특수한 경우 양정으로 나타내기도 한다.

03 차륜의 플랜지 두께는 일반적으로 원래 두께의 몇 [%]가 마모되면 교환하여야 하는가?

① 10%   ② 20%
③ 30%   ④ 50%

🔍 차륜플랜지 두께의 마모한도는 원치수의 50% 이상이면 교체한다.

04 천장크레인의 주행레일에서 스팬이 10m 이하는 스팬 편차한계는?

① ±3mm   ② ±6mm
③ ±10mm ④ ±18mm

🔍 주행레일의 스팬이 10m 이하는 스팬 편차한계가 ±3mm 이며, 10m 이상 이라도 15mm를 초과할 수 없다.

05 주행차륜의 각 부위에 대한 마모한도로 옳은 것은?

① 차륜직경이 마모: 원치수의 10%
② 플랜지의 두께 : 원치수의 50%
③ 구동차륜의 좌·우 직경 차 : 원치수의 15%
④ 플랜지의 변형 : 수직에서 30°

🔍 주행차륜의 차륜직경의 접촉면 마모한계는 지름의 3% 이내 이고, 플랜지의 두께의 허용한계는 원치수의 50%까지이고, 플랜지 변형은 수직에서 20°까지이다.

06 권상장치의 속도 제어용 브레이크는?

① 디스크 타입 전자 브레이크
② 와류 브레이크
③ 직류 전자 브레이크
④ 교류 전자 브레이크

🔍 와류 브레이크는 권상장치의 속도 제어용으로 사용되는 브레이크 이다.

07 시브에서 와이어로프 마모발생 방지대책 중 틀린 것은?

① 시브 직경을 크게 한다.
② 시브 홈의 지름을 아주 크게 한다.
③ 시브 홈의 가공을 정밀하게 한다.
④ 시브는 적정한 경도의 재질을 사용한다.

🔍 시브와 와이어로프 직경의 비는 20배 이상이고, 균형 시브는 10배 이상으로 정해져 있다.

08 천장크레인의 작업능력은 무엇으로 나타내는가?

① 작업시간   ② 권상톤수
③ 작업속도   ④ 권상체적

🔍 천장크레인의 작업능력을 나타내는 1회의 작업량을 권상톤수라 한다.

09 크레인에서 사용하는 각종 시브의 주요 점검사항이 아닌 것은?

① 시브 홈의 이상마모는 없는가
② 시브 홈과 와이어로프 지름이 적정한가
③ 시브 홈의 윤활 상태는 적정한가
④ 원활히 회전하고 암이나 보스 등에 균열은 없는가

> 천장크레인에 사용하는 시브의 주요 점검사항
> • 시브 홈의 이상 마모 유무
> • 시브 홈과 와이어로프 지름의 적정 여부
> • 원활히 회전하고 암이나 보스 등에 균열 유무 등

10 15kw의 전동기로 12m/min의 속도로 권상할 경우 권상하중은? (단, 전동기를 포함한 크레인의 효율은 65%이다)

① 5ton
② 10ton
③ 15ton
④ 20ton

> 권상하중 = (6.12×효율×전동기출력)/속도
> = (6.12×0.65×15)/12 = 5[ton]

11 AC브레이크 라이닝의 마모한도는 원치수 두께의 몇 [%]가 되면 교체해야 하는가?

① 20%   ② 30%
③ 50%   ④ 70%

> AC브레이크 라이닝의 마모한도는 원치수 두께의 50%가 마모되면 교체하여야 한다.

12 권상장치의 제동 제어용으로 사용이 가장 부적당한 브레이크의 형식은?

① 직류전자 브레이크
② 교류전자 브레이크
③ 유압 압상기 브레이크
④ E.C 브레이크

> 권상장치 제동 제어용 브레이크는 직류전자 브레이크, 교류전자 브레이크, E.C 브레이크를 사용한다.

13 다이내믹 브레이크에서 속도제어는 어느 때 행하는가?

① 권하 시에 한다.
② 권상·권하 어느 쪽도 좋다.
③ 권상 시에 한다.
④ 주행 및 횡행 시에 한다.

> 다이내믹 브레이크에서 속도제어는 권하 시에 한다.

14 천장크레인에서 스팬(Span)은 구조의 어느 부분과 관계가 있는가?

① 새들   ② 거더
③ 크래브   ④ 운전실

> 거더는 천장크레인의 자중 및 권상하중에 견디기 위해 설치되는 대들보로 스팬의 길이와 밀접한 관계가 있다.

15 드럼에 홈이 없는 경우 와이어로프가 감길 때의 플리트각(fleet angle)은 몇 도 이내로 해야 하는가?

① 2도   ② 4도
③ 6도   ④ 8도

> 드럼에 로프가 감겨질 때 로프의 방향과의 각도는 4° 이내, 플리트각은 2° 이내이어야 한다.

16 천장크레인에서 브레이크의 조정 사항과 관련이 없는 것은?

① 스트로크 조정   ② 슈 조정
③ 라이닝 조정   ④ 플랜지의 두께 조정

> 천장크레인에서 브레이크의 조정 사항과 관련이 있는 것은 스트로크 조정과 슈 조정, 라이닝 조정 등이다.

17 스팬이 24m인 공장작업용 천장크레인 거더의 캠버는?

① 5mm   ② 10mm
③ 30mm   ④ 50mm

> 거더의 캠버는 스팬의 1/800 이므로, 24m의 스팬
> = 24,000/800 = 30[mm] 이다.

18 횡행 차륜정지용 스토퍼(Stopper)의 적당한 높이는 차륜 지름의 얼마인가?

① 1/2 이상　　② 1/3 이상
③ 1/4 이상　　④ 1/4 이하

> 스토퍼란 이동체의 정지를 위한 장애물의 총칭으로 차륜지름의 1/4 이상이어야 한다.

19 훅의 도르래와 크래브 상단이 충돌하였을 때의 원인은?

① 브레이크 고장　　② 리미트 스위치 고장
③ 저항기 고장　　　④ 전동기 고장

> 리미트 스위치가 고장나면 훅의 도르래와 크래브 상단이 충돌한다.

20 천장크레인의 브레이크 중에서 전기를 투입하여 유압으로 작동하는 브레이크는?

① 오일 디스크 브레이크
② 마그넷 브레이크
③ 스러스트 브레이크
④ 다이내믹 브레이크

> - 오일 디스크 브레이크 : 유압으로 작동
> - 마그넷 브레이크 : 전류로 작동
> - 스러스트 브레이크 : 전기를 투입하여 유압으로 작동
> - 다이내믹 브레이크 : 운동에너지를 전기에너지로 바꿔 작동

21 전자 브레이크의 전자석 부분 과열 원인이 아닌 것은?

① 철심 부착 불량
② 전원 전압 강하
③ 권선부분 단락
④ 브레이크 슈의 마모

> 전자 브레이크의 전자석 부분 과열 원인은 철심 부착 불량과 전원 전압 강하, 권선부분 단락이 원인이다.

22 트롤리(Trolley) 동선의 좌·우, 고·저차는 기준면에서 몇 [mm] 이하를 유지하여야 하는가?

① ±2mm　　② ±4mm
③ ±6mm　　④ ±8mm

> 트롤리 동선의 좌·우, 고·저차는 기준면에서 ±2mm 이하를 유지하여야 한다.

23 메가테스터는 무엇을 측정하는 것인가?

① 전기 전도도　　② 전력량
③ 전압　　　　　④ 전기 절연저항

> 메가테스터는 전기 절연저항 측정기이며, 단위는 $M\Omega$이다.

24 전동기의 입력 20kW로 운전하여 23HP의 동력을 발생하고 있을 때 전동기의 효율은?

① 64.8%　　② 85.8%
③ 87%　　　④ 96%

> 전동기의 효율 = (전동기 출력/전동기 입력) ×100
> = 95.79[%]

25 차륜 플랜지의 한쪽만 계속 레일과 접촉하여 마모되는 원인이 아닌 것은?

① 좌우 주행레일의 높이가 틀림
② 좌우 구동차륜의 지름 차가 큼
③ 구동차륜과 종동차륜의 지름이 틀림
④ 레일과 차륜의 직각도 불량

> 천장크레인 차량 플랜지가 한쪽만 계속 레일과 접촉되어 마모되는 원인
> - 레일과 차륜의 직각도가 불량일 때
> - 좌우 주행레일의 높이가 다를 때
> - 좌우 구동차륜 및 종동차륜의 직경차가 클 때

26 입력 전압이 440V, 60Hz인 3상 유도전동기가 있다. 극수가 4극이고, 슬립이 4%일 때 회전자의 속도는 약 얼마인가?

① 1,728 rpm　　② 1,780 rpm
③ 1,800 rpm　　④ 1,880 rpm

> 전동기 속도 = (120×주파수/극수)×(1 − 슬립율)
> = (120×60/4)×(1 − 0.04) = 1,800×0.96
> = 1,728[rpm]

27 천장크레인의 속도제어용 브레이크 중 구조가 간단하고 마모부분이 없으며 저속도를 쉽게 얻을 수 있는 것은?

① 유압 디스크 브레이크
② E.C(eddy current) 브레이크
③ AC 브레이크
④ DC 마그넷 브레이크

> E.C 브레이크는 속도제어용 브레이크로 구조가 간단하고 마모부분이 없으며 저속도를 쉽게 얻을 수 있다.

28 동력전달용 나사에서 사다리꼴나사의 특징이 아닌 것은?

① 사각나사보다 제작이 어렵고 정밀도가 낮다.
② 마모에 대한 조정이 쉽다.
③ 동력전달이 정확하다.
④ 강도가 크다.

> 사다리꼴 나사의 특징
> • 마모에 대한 조정이 쉽다.
> • 동력전달이 정확하다.
> • 강도가 크다.
> • 삼각나사보다 효율이 좋고, 공작기계의 이송장치에 사용된다.

29 감속기 오일은 점도검사를 하여 교환하지만 일반적으로 몇 시간 사용 후 교환하는가?

① 1,000시간   ② 2,000시간
③ 3,000시간   ④ 4,000시간

> 감속기오일 교환시기는 2,000시간 사용 후 교환하는 것이 좋다.

30 전동기의 부하가 크게 걸릴 경우 미치는 영향과 관계 없는 것은?

① 발열한다.
② 최대 토크가 증가한다.
③ 퓨즈가 끊어질 수 있다.
④ 과부하 계전기가 작동한다.

> 전동기에 과부하가 걸릴 경우 미치는 영향
> • 전동기가 발열한다.
> • 퓨즈가 끊어질 수 있다.
> • 과부하 계전기가 작동한다.

31 제어기(Controller)에서 두 개의 제어기를 한 개의 핸들로 동시에 조작이 가능할 수 있게 한 것은?

① 크랭크식 제어기   ② 기계식 제어기
③ 유니버셜식 제어기   ④ 전기식 제어기

> 유니버셜식 제어기는 두 개의 제어기를 한 개의 핸들로 동시에 조작이 가능한 제어기이다.

32 다음은 전동기 분해순서를 열거한 것이다. 바르게 순서대로 열거한 항목은?

> ㉠ 외선 커버의 급유용 그리스 니플과 부속 파이프 및 외선 커버를 분리한다.
> ㉡ 고정자와 회전자를 분리한 후 베어링을 뽑는다.
> ㉢ 슬립 링 축의 축함 커버 취부 볼트를 뽑은 후 슬립 축의 베어링을 분해한다.
> ㉣ 외선 팬을 뽑고 브래킷을 분리시킨다.

① ㉠ - ㉡ - ㉢ - ㉣   ② ㉠ - ㉢ - ㉡ - ㉣
③ ㉣ - ㉠ - ㉡ - ㉢   ④ ㉠ - ㉢ - ㉣ - ㉡

33 크레인의 작동과 안전장치 등의 조합에 대하여 설명한 것 중 틀린 것은?

① 횡행 - 완충장치
② 주행 - 두 크레인 간의 충돌방지장치
③ 권상 - 스크루(나사)형 리미트 스위치
④ 권하 - 중추형 리미트 스위치

> 중추형 리미트 스위치는 권상장치에 사용되지만 주행 및 횡행에도 사용 가능하다.

34 전동기 회전수 1,152rpm, 전 감속비 1/18.1, 차륜의 지름이 400mm 일 때 이 천장크레인의 주행속도는?

① 25.4m/min   ② 60m/min
③ 80m/min   ④ 100m/min

> 천장크레인의 주행속도 = π×차륜직경×회전수×감속기
> = 3.14×400×1,152×(1/18.1)
> = 79.9 ≒ 80[m/min]

35 방폭구조로 된 전기설비의 구비조건이 아닌 것은?

① 시건장치를 할 것 ② 접지를 할 것
③ 환기가 잘 될 것 ④ 퓨즈를 사용할 것

🔍 환기가 잘 되도록 하는 것은 작업장 조건에 해당된다.

36 횡행장치에서 전원공급방식으로 사용하지 않는 것은?

① 케이블 캐리어
② 페스톤 방식
③ 트롤리 와이어 방식
④ 케이블 릴 방식

🔍 케이블 릴 방식은 주행장치 전원공급이나 집전장치 등에 사용된다.

37 실제 작업현장에서 크레인에 가장 많이 사용되는 전압은?

① 110V ② 220V
③ 440V ④ 550V

🔍 크레인 사용 가능 전압에는 220V, 440V, 3,300V 가 있으나 440V가 가장 많이 사용한다.

38 키(Key)는 다음 어느 경우에 사용하는가?

① 축이 손상되었을 때
② 압연재나 형재를 영구적으로 연결할 때
③ 축에 풀리, 기어 등을 고정시킬 때
④ 와이어로프가 손상되었을 때

🔍 키(Key)는 기어, 벨트, 풀리 등을 축에 고정할 때나 회전력을 전달함과 동시에 축방향으로 미끄럼 운동을 할 수 있도록 할 때 사용한다.

39 천장크레인용 전동기에서 속도제어를 할 수 있는 교류 전동기는?

① 직권 전동기 ② 분권 전동기
③ 권선형 유도전동기 ④ 농형 유도전동기

🔍 교류 권선형 유도전동기는 2차 저항기를 사용하여 전동기의 전류와 속도를 제어한다.

40 전동기가 가동하지 않는 원인과 거리가 먼 것은?

① 단선
② 전압강하가 크다.
③ 커넥터의 접촉 불량
④ 사용빈도가 많다.

🔍 전동기가 가동하지 않는 원인
• 단선 되었을 때
• 전압강하가 클 때
• 커넥터의 접촉이 불량일 때
• 전동기 터미널이 이완 되었을 때

41 천장크레인 운전 시작 전 고려하여야 할 사항으로 틀린 것은?

① 작업내용과 작업순서에 대하여 관계자와 충분히 협의한다.
② 크레인이 이동하는 영역 내에 장애물이 없는지를 사전에 확인한다.
③ 방호장치의 이상 유무를 확인한다.
④ 이동할 물품 종류 등에 대해서 고려할 필요가 없으며, 신속한 작업의 고려가 우선이다.

🔍 천장크레인 운전 시 물품의 종류와 관계없이 천천히 안전하게 작업을 하여야 한다.

42 4.8ton의 부하물을 4줄걸이로 하여 각도 60°로 매달았을 때 한쪽 줄에 걸리는 하중은 약 몇 [ton]인가?

① 0.69ton ② 1.23ton
③ 1.39ton ④ 1.46ton

🔍 와이어로프의 적용 장력
= (짐의 무게/로프의 수)×(1/로프의 각)
= (4.8/4)×(1/cos60°) = 약 1.39[ton]

43 와이어로프의 열 영향에 의한 재질 변형의 한계는?

① 50℃ ② 100℃
③ 200~300℃ ④ 500~600℃

🔍 와이어로프의 열 변형 한계온도는 200~300℃ 이다.

44 와이어로프 줄걸이 작업자가 작업을 실시할 때 고려해야 할 사항과 가장 거리가 먼 것은?

① 짐의 중량　② 짐의 중심
③ 짐의 부피　④ 짐을 매는 방법

🔍 줄걸이 작업자는 줄걸이 작업 시 하물의 중량과 중심, 하물의 매는 방법 등에 주의하여야 한다.

45 〈그림〉에서 240톤의 부하물을 들어 올리려 할 때 당기는 힘은 몇 톤인가? (단, 마찰계수 및 각종 효율은 무시한다.)

① 80톤　② 60톤
③ 120톤　④ 240톤

🔍 P = W/(n + 1)(P : 당기는 힘, W : 부하물의 중량, n : 활차의 수)이므로
당기는 힘 = 240/(3 + 1) = 60[ton]

46 [6×37]의 규격을 가진 와이어로프는 한 꼬임에서 최대 몇 가닥의 소선이 절단될 때까지 사용이 가능한가?

① 12가닥　② 22가닥
③ 32가닥　④ 42가닥

🔍 와이어로프의 한가닥에서 소선의 수가 10% 이상 절단 시 폐기하여야 하므로 6×37 = 222가닥의 10%, 즉 22가닥까지 사용 가능하다.

47 신품 체인을 구입하여 사용한 후 임의의 5개 링 길이를 측정 시 신장이 몇 [%] 이상이면 사용하지 말아야 하는가?

① 3%　② 5%
③ 7%　④ 10%

🔍 체인의 연신율은 임의의 5개 링을 측정하였을 때 제조 당시보다 5% 이상이고, 링크 단면의 지름은 10% 이상 감소하였으면 교환해야 한다.

48 와이어로프 소선의 질변화란?

① 와이어로프가 킹크되는 경우
② 활차의 로프 홈이 나쁜 경우
③ 와이어로프가 마모되는 경우
④ 물리적 원인으로 로프의 표면경화 또는 피로에 의한 변화

🔍 와이어로프 소선의 질 변화는 물리적 원인으로 와이어로프의 표면경화 또는 피로에 의한 변화이다.

49 와이어로프의 내부 소선이 마모되는 원인을 열거한 것이다. 이 중 옳지 않은 것은?

① 과하중에 의한 경우
② 무리한 굽힘인 경우
③ 주유 불량인 경우
④ 주권과 보권을 동시에 사용할 경우

🔍 와이어로프의 내부소선이 마모되는 원인은 과하중과 무리한 굽힘, 주유불량인 경우이다.

50 〈그림〉과 같이 주먹을 머리에 대고 떼었다 붙였다 하여 호각을 짧게, 길게 부는 신호 방법은?

① 보권사용　② 주권사용
③ 위로 올리기　④ 작업완료

51 안전작업은 복장의 착용상태에 따라 달라진다. 다음에서 권장사항이 아닌 것은?

① 옷소매 폭이 너무 넓지 않은 것이 좋고, 단추가 달린 것은 되도록 피한다.
② 물체 추락의 우려가 있는 작업장에서는 안전모를 착용해야 한다.
③ 복장을 단정하게 하기 위해 넥타이를 꼭 매야 한다.
④ 땀을 닦기 위한 수건이나 손수건을 허리나 목에 걸고 작업해서는 안 된다.

> 작업복은 작업자의 안전을 최우선으로 고려하여 선정되어야 하며, 넥타이 등의 착용은 작업 시 회전 부분에 끌려들어가는 등의 안전사고 위험이 있다.

52 화재예방 조치로서 적합하지 않은 것은?

① 화기는 정해진 장소에서만 취급한다.
② 가연성 물질을 인화장소에 두지 않는다.
③ 유류취급 장소에는 방화수를 준비한다.
④ 흡연은 정해진 장소에서만 취급한다

> 유류 취급 장소는 유류화재의 진압에 적합한 B급 소화기나 방화사를 준비하여야 한다.

53 볼트 등을 조일 때 조이는 힘을 측정하기 위하여 쓰는 렌치는?

① 소켓 렌치   ② 토크 렌치
③ 복스 렌치   ④ 오픈엔드 렌치

> 토크 렌치는 볼트나 너트의 조임력을 규정값에 정확히 맞도록 하기 위해 사용하며, 오픈엔드 렌치는 연료 파이프 피팅을 풀고 조일 때 사용한다. 또한 복스 렌치는 볼트, 너트 주위를 완전히 감싸게 되어 사용 중에 미끄러지지 않는 장점이 있다.

54 수공구를 사용하여 일상정비를 할 경우의 필요 사항으로 가장 부적합한 것은?

① 용도 외의 수공구는 사용하지 않는다.
② 수공구를 서랍 등에 정리할 때는 잘 정돈한다.
③ 수공구는 작업 시 손에서 놓치지 않도록 주의한다.
④ 작업을 빠르게 하기 위해서 장비위에 놓고 사용하는 것이 좋다.

55 안전관리의 근본 목적으로 가장 적합한 것은?

① 근로자의 생명 및 신체의 보호
② 생산량 증대
③ 생산의 경제적 운용
④ 생산과정의 시스템화

> 안전관리의 근본적인 목적은 근로자 및 사용자의 생명과 신체 보호, 안전사고를 미연에 방지하는데 그 목적이 있다.

56 작업자가 실시하는 안전점검과 가장 거리가 먼 것은?

① 장비 및 공구의 상태
② 안전보호구의 적정성 여부
③ 작업장의 정리·정돈
④ 안전에 대한 기본방침과 실시 상황 보고

> 안전에 대한 기본방침과 실시 상황보고는 안전관리자의 담당업무로 작업자가 직접 실시하는 안전점검과는 거리가 멀다.

57 안전사고의 원인 중 불안전한 행위에 해당되지 않는 것은?

① 불안전한 작업행동
② 부적당한 배치
③ 안전수칙의 무시
④ 기량의 부족

> • 불안전한 행위
>   – 안전수칙의 무시   – 불안전한 작업행동
>   – 방심(태만)   – 기량의 부족
> • 불안전한 위치
>   – 신체조건의 불량   – 주의산만
>   – 업무량의 과다   – 무관심

58 먼지가 많이 발생하는 장소에서 착용해야 하는 마스크는?

① 산소마스크   ② 방독마스크
③ 방진마스크   ④ 송기마스크

> 호흡용 보호구
> • 방독마스크: 유기용제, 유독가스, 미스트, 흄 발생작업
> • 송기마스크, 산소마스크: 저장조, 하수구 청소 및 산소결핍 작업장
> • 방진마스크: 분체작업, 연마작업, 광택작업, 배합작업 등 먼지가 많은 작업장

59 장갑을 끼고 작업을 할 때 위험한 작업은?

① 오일 교환 작업   ② 건설기계운전
③ 타이어 교환 작업 ④ 해머 작업

> 장갑을 착용하면 안 되는 작업으로는 해머작업, 연삭작업, 드릴작업, 정밀기계작업 등이 있다.

60 안전보건표지의 종류와 형태에서 그림의 표지로 맞는 것은?

① 산화성 물질 경고 ② 폭발성 물질 경고
③ 급성 독성물질 경고 ④ 인화성 물질 경고

정답	제1회 CBT 대비 적중모의고사			
01 ②	02 ④	03 ④	04 ①	05 ②
06 ②	07 ②	08 ②	09 ③	10 ①
11 ③	12 ③	13 ①	14 ②	15 ①
16 ④	17 ③	18 ③	19 ②	20 ③
21 ④	22 ①	23 ④	24 ①	25 ③
26 ①	27 ②	28 ①	29 ②	30 ②
31 ③	32 ④	33 ④	34 ③	35 ③
36 ④	37 ③	38 ③	39 ③	40 ④
41 ④	42 ③	43 ③	44 ③	45 ②
46 ②	47 ②	48 ④	49 ④	50 ②
51 ③	52 ③	53 ②	54 ④	55 ①
56 ④	57 ②	58 ③	59 ④	60 ④

제2회 적중모의고사

01 훅(Hook)이 지상에 도달했을 경우 드럼(Drum)에는 최소 몇 회의 감김 여유가 있어야 하는가?

① 감겨 있지 않아도 된다.
② 최소 1회 이상
③ 최소 2회 이상
④ 최소 4회 이상

> 와이어로프는 훅이 바닥에 도달한 상태에서 드럼에 2회 이상 감겨 있어야 한다.

02 정격하중이 20,000kgf인 천장크레인의 훅(Hook)은 파괴하중이 최소한 몇 [kgf] 이상인 것을 사용해야 하는가?

① 40,000kgf   ② 60,000kgf
③ 80,000kgf   ④ 100,000kgf

> 훅의 안전계수 = 절단하중/안전(파괴하중) = 5 이상이므로,
> 파괴하중 = 5×20,000 = 100,000[kgf]이다.

03 〈그림〉에서 로프 시브의 호칭지름은?

① A   ② B
③ C   ④ D

> A = 시브 안지름, B = 축의 지름, C = 호칭 지름, D = 시브 바깥지름

04 천장크레인 용어 중 '양정'을 옳게 표현한 것은?

① 주행레일과 레일의 간격
② 횡행레일과 레일의 간격
③ 건물바닥이나 지상에서 크레인 상면까지의 거리
④ 상한 리미트 스위치 작동지점부터 하한 리미트 스위치까지 거리

> 양정은 상한 리미트 스위치 작동지점부터 하한 리미트 스위치 지점까지의 거리이다.

05 천장크레인의 권과방지장치의 종류에 해당하지 않는 것은?

① 스크루형 리미트 스위치
② 캠형 리미트 스위치
③ 중추형 리미트 스위치
④ 굴곡형 리미트 스위치

> 천장크레인 권과방지장치인 리미트 스위치는 스크루형(나사형)·캠형·중추형 등이 있다.

06 천장크레인의 시험하중은 정격하중의 몇 [%]인가?

① 70%   ② 110%
③ 150%   ④ 200%

> 천장크레인의 시험하중은 정격하중의 1.1배(110%)이다.

07 전자 브레이크에서 전자석 부분의 과열 원인이 아닌 것은?

① 가동철심이 완전히 부착되지 않을 때
② 전원이 전압 강하 시
③ 전선의 부분 단락 시
④ 드럼(풀리)과 브레이크 슈의 틈새 과다

> 전자 브레이크에서 전자석 부분의 과열 원인
> • 가동철심이 완전히 부착되지 않을 때
> • 전원이 전압 강하 시
> • 전선이 부분 단락 시

08 천장크레인에서 크래브(Crab)는?

① 횡행장치이다.
② 각종 전원 판넬이다.
③ 주행장치 및 저항기, 판넬을 장치하는 부분이다.
④ 권상 및 횡행장치를 설치하여 레일 위를 왕복 운동하는 대차이다.

> 크래브는 권상 및 횡행장치를 설치하여 레일 위를 왕복 운동하는 대차이다.

09 시브 및 와이어 드럼 홈의 지름은 와이어로프 공칭지름보다 얼마나 크게 하는 것이 가장 적당한가?

① 10%   ② 20%
③ 30%   ④ 40%

> 시브 및 와이어로프 드럼 홈의 지름은 와이어로프 공칭지름보다 10% 정도 크게 하는 것이 가장 적당하다.

10 주행 차륜 플랜지는 두께의 몇 [%] 마모와 수직에서 몇 [도]의 변형이 생기면 교환하는 것이 좋은가?

① 40%, 10도
② 40%, 20도
③ 50%, 10도
④ 50%, 20도

> 주행차륜 플랜지는 두께의 50% 이상 마모와 수직에서 20도 이상 변형되면 교환해야 한다.

11 다음은 차륜에 대하여 설명한 것이다. 틀린 것은?

① 차륜의 재질은 주철, 주강, 특수주강이다.
② 천장크레인 차륜은 보통 양 플랜지의 것이 사용된다.
③ 차륜의 직경은 균일하며 단면 및 플랜지는 열처리가 되어 있다.
④ 차륜에는 종동륜만 있다.

> 주행차륜은 구동륜과 종동륜으로 구분하며, 구동륜은 전동기에 의해 구동된다.

12 천장크레인의 스팬(Span)에 대한 설명이다. 맞는 것은?

① 주권 훅과 보권 훅 사이의 간격을 말한다.
② 주행차륜 중심 간의 거리를 말한다.
③ 횡행차륜 중심 간의 거리를 말한다.
④ 좌우 주행 레일(rail) 중심사이의 거리를 말한다.

> 스팬(span)은 좌·우 주행레일의 중심사이의 거리를 말한다.

13 다음은 마그넷 브레이크의 동작이 느릴 경우(정상은 0.1 ~ 0.5초)의 원인들을 열거하였다. 옳게 짝지어진 것은?

> ㉠ 전압강하가 크다.
> ㉡ 사용유의 규격이 적당하지 않다.
> ㉢ 주파수 저하가 크다.
> ㉣ 유량이 부족하다.

① ㉠ - ㉡ - ㉢
② ㉠ - ㉢ - ㉣
③ ㉡ - ㉢ - ㉣
④ ㉠ - ㉡ - ㉣

> 마그넷 브레이크의 동작이 느리게 되는 원인은 전압강하가 크고, 주파수 저하가 크고, 유량이 부족하기 때문이다.

14 천장크레인의 주행 기계장치인 브레이크 라이닝의 허용 마모량은 얼마인가?

① 원형의 15% 이내
② 원형의 30% 이내
③ 원형의 50% 이내
④ 원형의 75% 이내

> 주행 기계장치 브레이크 라이닝의 허용 마모량은 원형의 50% 이내이다.

15 크레인의 안전장치로 주행·횡행 등 운동과 과행을 방지하기 위한 보호장치는?

① 전자 접촉기   ② 리미트 스위치
③ 오버로드 스위치   ④ 퓨즈

> 리미트 스위치는 크레인의 안전장치로 주행·횡행 운동의 과행을 방지하기 위한 보호장치로 스크류형과 캠형·중추형이 있다.

16 천장크레인용 훅(Hook)의 입구가 벌어지는 변형량을 시험하는 방법으로 가장 적합한 것은?

① 훅의 정격하중을 동하중으로 작용시켜 입구의 벌어짐이 0.5% 이하이어야 한다.
② 훅에 정격하중의 2배를 정하중으로 작용시켜 입구의 벌어짐이 0.25% 이하 이어야 한다.
③ 훅에 최대하중을 동하중으로 작용시켜 입구의 벌어짐이 0.25% 이하이어야 한다.
④ 훅에 정격하중을 정하중으로 작용시켜 입구의 벌어짐이 0.5% 이하이어야 한다.

> 천장크레인용 훅의 입구가 벌어지는 변형량을 시험하는 가장 좋은 방법은 훅에 정격하중의 2배를 정하중으로 작용시켜 입구의 벌어짐이 0.25% 이하이어야 한다.

17 다음 중 천장크레인 권상장치의 주요 구성 요소가 아닌 것은?

① 전동기
② 감속기
③ 브레이크
④ 캠버

> 천장크레인 권상장치의 주요 구성요소는 전동기·감속기·브레이크이다.

18 자주 조정할 필요 없이 구조가 간단하고 정격속도의 1/5의 안정된 저속도를 쉽게 얻을 수 있는 브레이크는 어느 것인가?

① CF(change frequency) 브레이크
② 다이내믹 브레이크
③ 와류(EC) 브레이크
④ 스러스트 브레이크

> 와류(E.C) 브레이크는 안정된 저속도를 쉽게 얻을 수 있는 속도 제어 브레이크이다.

19 다음 중 일반적으로 사용되는 권상 제동용 브레이크(Brake)는?

① 마그네틱 브레이크(magnetic brake)
② 스피드 컨트롤 브레이크(speed control brake)
③ 에디 커런트 브레이크(eddy current brake)
④ 다이내믹 브레이크(dynamic brake)

> • 권상 제동용 브레이크 : 마그네틱 브레이크
> • 속도 제어용 브레이크 : 스피드 컨트롤 브레이크, 에디 커런트 브레이크, 다이내믹 브레이크 등

20 천장크레인의 성능을 표시할 때 순서로 맞는 것은?

① 양정 - 스팬 - 정격하중 - 사용동력
② 정격하중 - 스팬 - 양정 - 사용동력
③ 사용동력 - 스팬 - 사용동력 - 양정
④ 양정 - 스팬 - 사용동력 - 정격하중

> 천장크레인의 성능 표시는 정격하중 - 스팬 - 양정 - 사용동력의 순서로 한다.

21 훅 또는 달기구에 대한 사항으로 틀린 것은?

① 훅 블록 또는 달기구에는 정격하중이 표기되어 있을 것
② 볼트, 너트 등은 플림 또는 탈락이 없을 것
③ 해지장치는 균열, 또는 변형 등이 없을 것
④ 훅 본체는 균열 또는 변형 등이 없어야 하고, 국부마모는 원치수의 10% 이내 일 것

> 훅 본체는 균열 또는 변형 등이 없어야 하고 국부마모는 원치수의 5% 이내 이어야 한다.

22 천장크레인의 버퍼 스토퍼(Buffer Stopper)란?

① 주행차륜에 부착하여 과속을 방지하는 장치
② 주행이나 횡행 시 충돌했을 때 충격을 완화시켜 주는 장치
③ 권상장치의 과권방지용 장치
④ 권하 시 너무 내리는 것을 방지하기 위하여 드럼에 부착하는 장치

> 버퍼 스토퍼는 주행이나 횡행 시 충돌하였을 때 충격을 완화시켜 주는 장치로 주행차륜 지름의 1/2 이상과 횡행차륜의 1/4 이상 높이로 하여 준다.

23 거더의 캠버는 정격하중을 가하였을 때 스팬의 얼마 이하가 적당한가?

① 1/400 이하
② 1/600 이하
③ 1/800 이하
④ 1/1,000 이하

🔍 거더의 캠버는 스팬의 1/800 이하가 적당하다.

24 차륜주행 관련 점검사항이 아닌 것은?

① 베어링의 마모상태
② 차륜의 중심선 일치여부
③ 레일의 굽음
④ 차륜의 열전도율

🔍 차륜주행 관련 점검사항
• 베어링 마모상태 점검
• 차륜의 중심선 일치여부 점검
• 레일의 굽음 상태 점검
• 차륜의 주행레일과 기체간의 직각 유지를 점검한다.

25 천장크레인의 브레이크 정비에 대해서 틀린 것은?

① 브레이크 휠과 라이닝 간격은 보통 브레이크 휠 직경의 200분의 1 정도 비율로 한다.
② 브레이크 휠 림의 두께 마모한도는 원치수의 40% 정도이다.
③ 브레이크 휠 면의 요철이 2mm 정도가 되면 평활하게 다듬어 주어야 한다.
④ 브레이크 라이닝의 내열온도는 보통 650℃ 정도이다.

🔍 브레이크 라이닝의 내열온도는 일반적으로 150℃ 정도이다.

26 근로자가 크레인을 이용하여 화물을 권상 시킬 때 위험한 상태에서 작업안전을 위해 급정지 시킬 수 있도록 설치되어 있는 일종의 방호장치는?

① 충돌방지장치(Anti Collision)
② 비상정지장치(Emergency Stop Switch)
③ 레임클램프장치(Rail Clamp)
④ 훅 해지장치(Hook Latch)

🔍
• 충돌방지장치: 동일한 주행로 상에 2대 이상의 크레인이 설치되는 경우 운행되는 크레인 상호간의 충돌을 방지하기 위한 장치이다.
• 비상정지장치: 천장크레인을 이용하여 화물을 이동시킬 때 돌발적인 위험한 상황 시 급정지시킬 수 있도록 설치되어 있는 스위치
• 훅 해지장치: 줄걸이 용구인 와이어로프, 링크체인, 섬유벨트 등을 훅에 걸고 작업할 때 줄걸이 용구가 훅에서 이탈되지 않도록 하는 방호장치이다.
• 레일클램프장치: 강풍 시 옥외에서 운행하는 크레인 본체를 주행레일에 고정시키는 안전장치이다.

27 천장크레인 중 권하 속도가 빠를수록 좋은 크레인은?

① 원료장입 크레인
② 강괴 크레인
③ 타이어 크레인
④ 담금질 크레인

🔍 담금질 크레인은 철강재료를 담금질하는데 사용하는 것으로 속도가 빠를수록 좋다.

28 천장크레인 좌·우 레일의 수평차는 얼마 이내인가?

① ±5mm 이내
② ±10mm 이내
③ ±15mm 이내
④ ±20mm 이내

🔍 천장크레인 좌우레일의 수평차는 ±10mm 이내 이고, 레일의 구배량은 주행길이 2m당 2mm를 초과하지 않아야 한다.

29 천장크레인의 주행장치를 감속시키는데 사용되는 기계요소는?

① 커플링
② 스프링
③ 기어
④ 키

🔍 주행장치를 감속시키는데 사용되는 기계요소는 기어이다. 키는 축에 보스를 끼워놓고 고정시키는데 사용하고, 커플링은 마주하는 두 개의 축을 연결하는 장치이다.

30 천장크레인 주요장치 중 속도제어장치가 부착되지 않은 것은?

① 주권장치
② 횡행장치
③ 주행장치
④ 신호장치

🔍
• 천장크레인의 3대 주요 구성장치 : 주행장치, 횡행장치, 권상장치
• 천장크레인의 5대 주요 부분 : 주행장치, 횡행장치, 권상장치, 운전실, 훅 으로 구분되며 신호장치는 속도제어장치가 부착되지 않는다.

31 중추식 리미트 스위치의 주된 역할은?

① 권하 시 상용 과권방지
② 권상 시 상용 작동방지
③ 주행 또는 횡행 작동 시 양정을 초과하는 작업방지
④ 권상 시 비상용 과권방지

> 중추식 리미트 스위치는 권상 시 비상용 과권방지용으로 많이 사용한다.

32 전기 기기의 불꽃 발생을 방지하기 위한 방법으로 틀린 것은?

① 스위치류의 개폐는 신속히 행한다.
② 스위치의 접촉면에 먼지나 이물질이 없도록 한다.
③ 접촉면을 매끄럽게 유지시킨다.
④ 가능한 교류보다 직류를 많이 사용한다.

> 전기스파크는 교류보다 직류에서 많이 발생하므로 가능한 교류를 많이 사용한다.

33 천장크레인의 전원공급은 트롤리선으로 하며, 선의 배열방법에는 수평배열과 수직배열이 있다. 다음 중 트롤리선의 종류가 아닌 것은?

① 레일 트롤리선
② 앵글 트롤리선
③ 애자 트롤리선
④ 경동 트롤리선

> 천장크레인의 전원공급을 하는 트롤리선의 종류에는 레일트롤리선, 앵글트롤리선, 경동트롤리선 등이 있고, 트롤리선은 전기가 통하지 않게 애자를 사용하여 고정시킨다.

34 천장크레인의 전자석 브레이크 등에 사용하는 것으로 코일을 여러 번 감고 전류를 흐르게 하였을 때 자석이 되게 한 것은?

① 솔레노이드
② 드럼
③ 디스크
④ 라이닝

> 자석은 영구자석과 일시자석으로 분류되며, 영구자석은 자성물질로서 그 상태 자체를 영구적으로 자성을 띠는 것이며, 일시자석은 전류가 투입되었을 때 자석이 되는 것으로 전자석이라 한다. 전자석은 천장크레인에 사용되며 솔레노이드는 전자석을 이용한 밸브로서 유압 또는 공압이 사용되는 장치에서 개방·폐쇄시키는데 사용되는 밸브이다.

35 전기의 스파크는 주파수가 (   )수록 심하며, (   )보다 (   )쪽이 스파크가 크다. (   ) 안에 맞는 말로 짝 지어진 것은?

① 낮을, 교류, 직류
② 높을, 교류, 직류
③ 높을, 직류, 교류
④ 낮을, 직류, 교류

> 전기 스파크는 주파수가 높을수록 심하며, 교류보다 직류쪽이 스파크가 크다.

36 다음 중 기어의 소음 발생 원인이 아닌 것은?

① 백레시(backlash)가 너무 적을 경우
② 기어축의 평행도가 나쁠 경우
③ 치면에 홈이 있거나 다듬질의 정도가 나쁠 경우
④ 오일을 과다하게 급유했을 경우

> 기어의 소음 원인은 백레시(backlash)가 너무 적을 경우, 맞물리는 두 기어의 물림이 불량할 때, 축의 평행도, 치면에 홈이 있거나 다듬질의 정도가 나쁠 경우이다.

37 60Hz 4극인 유도전동기 슬립이 2%일 때 전동기의 회전수(rpm)은?

① 72
② 240
③ 1,764
④ 1,800

> 전동기 회전수 = (60×120) / 4극 = 1,800[rpm]이고, 슬립 = 2%이므로 전동기 회전수 = 1,800×(1 − 0.02) = 1,764[rpm]이다.

38 회로의 전압을 측정하는데 적합한 계기는?

① 전류테스터
② 저항측정기
③ 메가테스터
④ 멀티테스터

> • 전류테스터 : 회로의 전류량 측정기
> • 저항테스터 : 회로의 저항값 측정기
> • 메가테스터 : 회로의 절연저항 측정기
> • 멀티테스터 : 회로의 전압 및 저항을 측정

39 잇수가 20인 작은 기어가 500rpm으로 회전할 때 이와 맞물린 큰 기어의 회전수를 100rpm으로 하려면 큰 기어의 잇수는?

① 60
② 100

③ 120   ④ 800

> (작은 기어의 잇수 / 큰 기어의 잇수) = (큰 기어의 회전률 / 작은 기어의 회전률) 이므로, (20 / 큰 기어의 잇수) = (100 / 500) 가 된다.
> 정리하면 큰 기어의 잇수 = (20×500) / 100 = 100

40 마그넷 크레인에 있어서 정전 시 가장 먼저 조치해야 할 사항은?

① 주행모터용 스위치를 끈다.
② 주 스위치를 끈다.
③ 정전이 해소될 때까지 그대로 방치한다.
④ 비상스위치를 작동시켜 전자석 및 피부착물을 바닥에 내려 놓는다.

> 마그넷 크레인은 정전 등 비상 시를 대비해 충전기 밧데리 등의 정전보상장치를 구비해야 하며 정전 시 최소 10분 이상 흡착력이 지속되어야 한다. 정전 시 가장 먼저 조치해야할 사항은 비상스위치를 작동시켜 전자석 및 피부착물을 바닥에 내려 놓는다.

41 줄걸이용 와이어로프를 엮어 넣기로 고리를 만들려고 한다. 이때 엮어 넣는 적정 길이(Splice)는?

① 와이어로프 지름의 5~10배
② 와이어로프 지름의 10~20배
③ 와이어로프 지름의 20~30배
④ 와이어로프 지름의 30~40배

> 와이어로프의 엮어 넣기를 스플라이스법이라고 부르며, 엮는 정도는 로프 지름의 30~40배가 적당하다.

42 천장크레인으로 중량물을 인양하기 위해 줄걸이 작업을 할 때 주의사항으로 옳지 않은 것은?

① 중량물의 중심위치를 고려한다.
② 줄걸이 각도를 최대한 크게 해준다.
③ 줄걸이 와이어로프가 미끄러지지 않도록 한다.
④ 날카로운 모서리가 있는 중량물은 보호대를 사용한다.

> 줄걸이 각도가 커질수록 와이어로프의 장력이 커지므로 60° 이내가 적당하다.

43 다음 중 와이어로프의 교체 대상으로 틀린 것은?

① 소선수의 10% 이상 단선 된 것
② 공칭직경이 5% 정도 감소 된 것
③ 킹크 된 것
④ 현저하게 변형되거나 부식 된 것

> 와이어로프는 소선수가 10% 이상 단선되었거나, 공칭지름의 감소가 7% 이상 이거나, 현저하게 변형되었거나 또는 부식, 킹크된 것은 교체하여야 한다.

44 동일조건에서 2줄 걸이 작업의 줄걸이 각도(α) 중 와이어로프에 장력이 가장 크게 걸리는 각도는?

① α = 30°일 때   ② α = 60°일 때
③ α = 90°일 때   ④ α = 120°일 때

> 줄걸이 각도의 조각도는 각이 커질수록 한 줄에 걸리는 장력은 커진다.

45 와이어로프의 손질 방법에 대한 설명 중 틀린 것은?

① 와이어로프의 외부는 항상 기름칠을 하여 둔다.
② 킹크된 부분은 즉시 교체한다.
③ 비에 젖었을 때는 수분을 마른 걸레로 닦은 후 기름을 칠하여 둔다.
④ 와이어로프의 보관 장소는 직접 햇빛이 닿는 곳이 좋다.

> 와이어로프 보관장소는 직접 햇빛이 닿지 않는 그늘진 곳에 보관하는 것이 좋다.

46 와이어로프(wire rope) 표시방법의 순서로 맞는 것은?

① 명칭 → 기호 → 꼬임방법 → 구성 → 종류 → 로프지름
② 명칭 → 로프지름 → 종류 → 구성 → 기호 → 꼬임방법
③ 구성 → 기호 → 꼬임방법 → 종류 → 로프지름 → 명칭
④ 명칭 → 구성 → 기호 → 꼬임방법 → 종류 → 로프지름

> 와이어로프 표시방법 순서: 명칭 → 구성 → 기호 → 꼬임방법 → 종류 → 로프지름

47 2,000kgf의 짐을 두 줄걸이로 하여 줄걸이 로프의 각도를 60°로 매달았을 때 한쪽 줄에 걸리는 하중은 약 몇 [kgf]인가?

① 578
② 1,155
③ 2,000
④ 2,310

> 1줄에 걸리는 하중 = 부하물의 하중/(줄걸이 수 × sinα)
> = 2,000/(2 × sin60°) = 2,000/(2 × 0.866)
> = 1,154.7[kgf]

48 줄걸이 작업자의 안전작업방법을 설명한 것으로 거리가 먼 것은?

① 화물의 하중을 어림짐작하여 작업한다.
② 정격하중을 넘는 무게의 화물을 매달지 않는다.
③ 상례적으로 정해진 화물은 전문적인 줄걸이 용구를 만들어 작업한다.
④ 화물의 하중 판단에 자신이 없을 때는 숙련자에게 문의하여 작업한다.

> 줄걸이 작업자는 화물의 중량 · 무게중심 · 줄걸이 방법 등을 정확히 해야 한다.

49 줄거리 작업에 사용하는 샤클(Shackle)의 사용 전 확인사항과 가장 거리가 먼 것은?

① 허용 인양 하중을 확인하여야 한다.
② 샤클의 재질을 확인하여야 한다.
③ 나사부 및 핀(pin)의 상태를 확인하여야 한다.
④ 안전 작업하중(SWL)을 확인하여야 한다.

> 줄걸이 작업 시작 전 샤클의 확인사항은 ①,③,④번이고, 샤클의 재질은 확인사항이 아니다.

50 크레인 신호 중 〈그림〉과 같이 한 손을 들어 올려 주먹을 쥐는 수신호는?

① 정지
② 비상 정지
③ 작업 완료
④ 위로 올리기

51 유류화재 발생 시 화재진압을 위한 가장 효과적인 방법은?

① 탄산가스 소화기의 사용
② 물 호스의 사용
③ 불의 확대를 막는 덮개의 사용
④ 소다 소화기의 사용

> 유류 및 가스화재는 B급 화재로 탄산가스(CO_2)소화기, 포말소화기, 분말소화기, 증발성 액체 소화기 등을 사용하여 화재를 진압한다.

52 조정렌치 사용 및 관리요령으로 적합하지 않는 것은?

① 적당한 힘을 가하여 볼트, 너트를 죄고 풀어야 한다.
② 잡아당길 때 힘을 가하면서 작업한다.
③ 볼트, 너트를 풀거나 조일 때는 볼트머리나 너트에 꼭 끼워져야 한다.
④ 볼트를 풀 때는 렌치에 연결대 등을 이용한다.

> 조정 렌치는 죠(jaw)의 폭을 자유롭게 조정하여 사용할 수 있는 공구로 볼트나 너트를 조이거나 풀 때는 고정 죠에 힘이 가해지도록 하여야 하며, 연결대는 사용하지 않는다.

53 안전보건표지를 제작할 때의 규격과 가장 거리가 먼 것은?

① 색깔
② 모양
③ 내용
④ 재질

> 안전보건표지는 그 종류별로 기본모형에 의하여 규정된 구분에 따라 제작하여야 하며, 관련 법령에 따라 색체와 색도기준, 내용이 정해져 있다.

54 공장에서 엔진 등과 같은 중량물을 이동하고자 한다. 가장 좋은 방법은?

① 여러 사람이 들고 조용히 움직인다.
② 체인 블록이나 호이스트를 사용한다.
③ 로프를 묶고 살며시 잡아 당긴다.
④ 지렛대를 이용하여 움직인다.

🔍 중량물은 인력운반이 금지되며, 체인 블록이나 호이스트를 사용해서 운반한다.

55 기계의 회전부분(기어, 벨트, 체인)에 덮개를 설치하는 이유는?

① 회전 부분의 속도을 높이기 위하여
② 제품의 제작과정을 숨기기 위하여
③ 회전부분과 신체의 접촉을 방지하기 위하여
④ 좋은 품질의 제품을 얻기 위하여

🔍 기계의 회전부분은 끼임, 절단, 물림 등에 의한 사고가 빈번한 곳으로 이곳에 덮개를 덮어 신체의 접촉을 방지하기 위한 안전장치이다.

56 산업재해 발생원인 중 직접원인에 해당되는 것은?

① 유전적 요소 ② 사회적 환경
③ 불안전한 행동 ④ 인간의 결함

🔍 재해의 직접원인
- 불안전한 행동 : 위험장소 접근, 안전장치의 기능 제거, 복장·보호구의 잘못 사용, 기계·기구 잘못 사용, 운전 중인 기계장치의 손질, 불안전한 속도 조작, 위험물 취급 부주의, 불안전한 상태 방치, 불안전한 자세 동작, 감독 및 연락 불충분
- 불안전한 상태 : 물 자체 결함, 안전 방호장치 결함, 보호구의 결함, 물의 배치 및 작업장소 결함, 작업환경의 결함, 생산 공정의 결함, 경계표시·설비의 결함

57 동력 전달장치에서 가장 재해가 많이 발생하는 것은?

① 기어 ② 벨트
③ 차축 ④ 피스톤

🔍 동력 전달장치 중 재해가 가장 많이 발생되는 장치는 벨트, 체인, 기어 순이다.

58 수공구 취급 시 지켜야 될 안전수칙으로 옳은 것은?

① 사용 전에 충분한 사용법을 숙지하고 익히도록 한다.
② 큰 회전력이 필요한 경우 스패너에 파이프를 끼워서 사용한다.
③ 줄질 후 쇳가루는 입으로 불어 낸다.
④ 해머작업 시 손에 장갑을 끼고 한다.

🔍
- 줄질 후 쇳가루의 제거는 붓이나 솔을 이용한다.
- 해머 작업 시에는 절대로 장갑을 착용하여서는 안된다.
- 공구를 사용함에 있어 연장대로 연결 사용해서는 안된다.

59 용접기에서 사용되는 아세틸렌 도관은 어떤 색으로 구별되는가?

① 청색 ② 녹색
③ 흑색 ④ 적색

🔍 도관의 색: 산소는 흑색이고, 아세틸렌은 적색이다.

60 안전보건표지에서 그림이 표시하는 것으로 맞는 것은?

① 독극물 경고 ② 폭발물 경고
③ 고압전기 경고 ④ 낙하물 경고

🔍 안전보건표지

독극물 경고	폭발물 경고	낙하물 경고

정답 제2회 CBT 대비 적중모의고사

01 ③	02 ④	03 ③	04 ④	05 ④
06 ②	07 ④	08 ④	09 ①	10 ④
11 ④	12 ④	13 ②	14 ③	15 ②
16 ②	17 ④	18 ③	19 ①	20 ②
21 ④	22 ④	23 ③	24 ④	25 ④
26 ②	27 ④	28 ②	29 ③	30 ④
31 ④	32 ④	33 ③	34 ①	35 ②
36 ④	37 ③	38 ④	39 ②	40 ④
41 ④	42 ④	43 ②	44 ④	45 ④
46 ④	47 ②	48 ①	49 ②	50 ①
51 ①	52 ④	53 ④	54 ②	55 ③
56 ③	57 ②	58 ①	59 ④	60 ③

제3회 적중모의고사

01 다음 중 천장크레인의 설명으로 가장 적절한 것은?

① 전동기를 사용하여 이동하는 장치이다.
② 주행 및 횡행으로 선회하며 짐을 운반하는 장치이다.
③ 평행으로 짐을 운반하는 장치이다.
④ 주행·횡행·권상의 3운동으로 짐을 운반하는 장치이다.

> 천장크레인은 주행레일 위에 설치된 새들에 직접적으로 지지되는 거더가 있는 크레인을 말하며, 주행·횡행·권상의 3운동에 의해 훅이 이동할 수 있는 작업 가능공간 안에서 모든 작업이 가능하다.

02 다음 중 권상장치의 동력전달 순서로 맞는 것은?

① 전동기 → 기어감속기 → 커플링 → 드럼 → 와이어로프 → 훅
② 전동기 → 커플링 → 드럼 → 기어감속기 → 와이어로프 → 훅
③ 전동기 → 커플링 → 기어감속기 → 드럼 → 와이어로프 → 훅
④ 전동기 → 기어감속기 → 드럼 → 커플링 → 와이어로프 → 훅

> 권상장치의 동력전달 순서 : 전동기 → 커플링 → 기어감속기 → 드럼 → 와이어로프 → 훅의 순이다.

03 크레인의 유압브레이크에서 공기가 차면 어떤 현상이 일어나는가?

① 권상의 경우 상·하 동작 시 급정지한다.
② 주행의 경우 정지시켜도 밀림현상이 생긴다.
③ 주행의 경우 기동불능 현상이 생긴다.
④ 권상의 경우 기동불능 현상이 생긴다.

> 유압브레이크에 공기가 차면 주행의 경우 정지시켜도 밀림현상이 생긴다.

04 천장크레인에서 정격하중의 의미를 가장 잘 설명한 것은?

① 크레인이 들어 올릴 수 있는 최대 하중
② 크레인이 평상 시 주로 많이 취급하는 하중
③ 달기기구의 무게를 제외한 안전 작업 하중
④ 달기기구의 무게를 포함한 안전 작업 하중

> 정격하중 = 안전 작업하중 - 달기기구 중량

05 크레인의 권상장치에서 드럼의 권과방지장치를 설명한 것 중 틀린 것은?

① 권과방지장치는 중추식, 스크루식, 캠식이 주로 사용된다.
② 캠식은 도르래의 회전에 의거 작동한다.
③ 스크루식은 드럼의 회전에 의거 작동한다.
④ 중추식은 훅의 접촉에 의거 작동된다.

> 권상장치에 사용되는 권과방지장치의 종류는 중추식, 캠식, 스크루식이 있다.
> • 중추식 : 2차 비상용이며 훅의 접촉에 의해 작동된다.
> • 캠식 : 드럼의 회전축과 연결되어 드럼의 회전에 의해 작동되며 내부의 캠이 마이크로 스위치를 눌러서 작동한다.
> • 스크루(나사)식 : 드럼의 회전축과 연결되어 드럼의 회전에 의해 작동되며 짧은 거리에 사용한다.

06 크레인에 사용하는 과부하 방지장치의 안전점검 사항 중 틀린 것은?

① 과부하 방지장치가 동작할 때는 경보음이 작동되어야 한다.
② 관계책임자 이외는 임의로 조정할 수 없도록 납봉인 등이 되어 있어야 한다.
③ 과부하 방지장치의 동작 시 일정한 시간이 지나면 자동복귀되어야 한다.
④ 과부하 방지장치는 성능검정을 필한 것이어야 한다.

🔍 과부하 방지장치가 작동되면 원인을 파악한 후 적절한 조치를 취하여야 하며, 원인 규명없이 자동복귀하면 안된다.

🔍 한 개의 차륜이 파손되어도 전체 차륜을 교체해야 된다.

07 천장크레인의 거더와 새들을 점검하는 방법이 아닌 것은?

① 부재의 균열 유무 확인
② 구조물의 용접부에 균열 또는 결함의 발생 유무 확인
③ 취부 볼트의 풀림·부식 등은 없는지 확인
④ 윤활유는 적당한지 확인

🔍 윤활유는 축의 베어링 등에 주유하고, 거더나 새들 부분에는 주유하지 않는다.

08 천장크레인 제동 시 브레이크 라이닝에서 발열이 심하며 연기가 발생할 때의 조치사항으로 맞는 것은?

① 공기 중에서 자연 냉각시킨 후 라이닝과 브레이크 드럼사이의 간격을 점검하여 적합하게 조정하였다.
② 공기 중에서 자연 냉각시킨 후 브레이크 드럼을 교환하였다.
③ 드럼에 물을 뿌려 식힌 다음 라이닝의 틈새를 작게 조정하였다.
④ 드럼과 라이닝에 물을 뿌려 식힌 다음 라이닝을 교환하였다.

🔍 브레이크 라이닝이 발열되어 연기가 나는 것은 제동 해제 시 라이닝과 브레이크 드럼사이의 간극이 적은 것이므로 드럼직경의 1/150 또는 드럼 편측에서 1~1.5mm 간극을 조정해야 한다.

09 차륜의 점검 및 보수에 대한 설명으로 적정하지 못한 것은?

① 차륜 베어링의 마모와 급유에 항상 주의한다.
② 각 차륜의 중심선이 일치하는가를 점검한다.
③ 차륜의 주행레일과 기계간의 직각을 유지하는가 점검한다.
④ 차륜을 교환 또는 육성가공할 경우 해당 차륜 한 개만을 수리하는 것이 원칙이다.

10 천장크레인의 레일(Rail)은 무엇을 기준으로 하여 선정 되는가?

① 최대 차륜압
② 바퀴의 크기와 중량
③ 크레인의 정격하중
④ 크레인의 스팬(span)

🔍 천장크레인의 레일(rail) 선정기준은 크레인의 최대 차륜압으로 선정한다.

11 다음 중 천장크레인에 해당하는 것은?

① 지브 크레인
② 케이블 크레인
③ 제철소용 원료 장입 크레인
④ 언로더

🔍 천장크레인의 종류
• 일반 기계공장에서 사용되는 보통 천장크레인
• 제철 제강공장에서 사용되는 원료 크레인, 장입 크레인, 레이들 크레인, 강괴 크레인, 단도 크레인, 소입 크레인 등으로 분류 된다.

12 크레인의 주요 부분의 설명 중 맞지 않은 것은?

① 크래브는 권상장치와 횡행장치로 구성되어 있으며 와이어로프를 통하여 훅을 가지고 있다.
② 권상장치는 하물을 수직으로 들어 올리거나 내리는 역할을 하며, 주요 부품은 모터, 브레이크, 감속기, 드럼 등이 있다.
③ 횡행장치는 크래브를 이동시키는 역할을 하며, 모터, 브레이크, 감속기를 통하여 차륜을 구동한다.
④ 주행장치는 횡행장치와 비슷한 구조로 되어 있으며, 항상 횡행장치와 동시에 움직인다.

🔍 주행장치는 거더의 중앙부에 주행용 전동기가 설치되며, 감속기어를 거쳐서 주행차륜 레일위에서 회전시키는 구조로 되어 있다.

13 천장크레인의 거더 중 부식에 강하며 대 하중·편심하중을 받는데 가장 유리한 것은?

① 플레이트 거더   ② 트러스 거더
③ 박스 거더   ④ 강관구조 거더

> 박스 거더는 부식에 강하며 대 하중·편심하중을 받는데 가장 유리하다.

14 다음 중 다이내믹 브레이크를 설명한 것으로 맞는 것은?

① 다이내믹 브레이크에는 마그넷 브레이크, 스러스트 브레이크, 유압 브레이크 등이 있다.
② 구조가 간단하고 정격속도의 1/5의 안정된 저속도를 쉽게 얻을 수 있다.
③ 다이내믹 브레이크 제동방식은 운동에너지를 전기에너지로 변환시켜 이 전기에너지를 소모시켜 제어한다.
④ 직류 전자석으로 구성되어 있으며 직류 전원용으로 별도 전용 제어함이 필요하다.

> 다이내믹 브레이크(dynamic brake)의 제동방식은 운동에너지를 전기에너지로 변화시켜, 이 전기에너지를 소모시켜 크레인을 제어한다.

15 천장크레인의 자동 도유장치는 일반적으로 어느 곳에 도유하는가?

① 주행차륜 축   ② 주행차륜 보스
③ 주행차륜 플랜지 ④ 주행레일 기어

> 크레인의 경사로 인해 플랜지나 레일 측면 마모가 심해 주행차륜 플랜지에 자동도유장치로 주유한다.

16 천장크레인의 브레이크 드럼과 휠의 설명으로 맞지 않은 것은?

① 브레이크는 휠과 라이닝의 마찰력에 의해 제동된다.
② 브레이크 휠은 2mm의 요철발생 시 수정 또는 교체해야 한다.
③ 브레이크 개방 시 드럼과 라이닝의 간극이 드럼의 원을 따라 같아야 한다.
④ 브레이크 휠과 라이닝의 수직·수평 폭은 3mm 이내 이어야 한다.

> 브레이크 휠과 라이닝의 수직·수평 폭은 1mm 이내 이어야 하고, 디스크 브레이크는 디스크 마모량이 10% 이내 이며 휠 또는 드럼 타입의 경우 림(휠의 두께)의 마모량은 40% 이내 이다.

17 와이어로프 드럼(wire-rope drum)의 설명으로 틀린 것은?

① 와이어로프 드럼은 권상장치에 포함된 것으로서 중량물을 들어 올리거나 내릴 때 사용하는 기계장치이다.
② 와이어로프 드럼의 직경은 와이어로프 직경의 10~15배로 한다.
③ 드럼의 크기는 가능한 한 로프의 전체길이를 1열에 감을 수 있게 한다.
④ 와이어로프를 드럼에 고정시킬 때 클램프를 이용하여 고정시킨다.

> 와이어로프 드럼은 권상장치에 포함된 것으로서 중량물을 들어 올리거나 내릴 때 와이어로프 드럼이 회전하면서 와이어로프를 감아 올리거나 풀어내리면서 중량물을 들고 내리는 기계장치이다. 와이어로프 드럼의 직경은 와이어로프 직경의 20~25배로 한다.

18 천장크레인에서 사행운전을 방지하기 위해서는 휠베이스가 스팬의 몇 배 이하 이어야 하는가?

① 8배   ② 10배
③ 12배   ④ 15배

> 천장크레인의 사행운전을 방지하기 위해서는 휠베이스가 스팬의 8배 이하 이어야 한다.

19 다음 중 크레인의 운전실 또는 운전대에 충족시켜야 할 조건으로 볼 수 없는 것은?

① 운전자가 안전한 운전을 할 수 있는 충분한 시야를 확보할 수 있을 것
② 운전자가 용이하게 조작할 수 있는 위치에 개폐기, 제어기, 브레이크, 경보장치 등을 설치할 것
③ 운전실의 바닥을 미끄러지지 않는 구조로 할 것

④ 운전실에는 밝은 조명이 차단되도록 차단막을 갖출 것

🔍 운전자가 접촉하는 것에 의해 감전위험이 있는 충전부분에는 감전방지를 위한 덮개나 울을 설치하고, 분진의 침입을 방지할 수 있는 구조로 하야야 하며, 운전실에는 적절한 조명을 갖추어야 한다.

20 다음 중 훅(Hook)의 점검사항으로 틀린 것은?

① 훅의 안전율(안전계수)은 5이다.
② 훅의 파괴시험은 정격하중의 5배(500%)이다.
③ 훅의 입구의 벌어짐은 원치수의 10% 이다.
④ 훅의 줄걸이 부분의 마모는 원치수의 5% 이하이며, 마모의 깊이가 2mm 이하일 때는 다듬어서 사용한다.

🔍 훅의 점검: ①, ②, ④번 외에 훅은 중요한 달기구이므로 컬러검사로 자주 점검해야하며, 훅의 입구의 벌어짐은 원치수의 5% 이내 이어야 한다.

21 권상장치용 시브(Sheave)의 피치원 직경(D)은 와이어로프 지경(d)의 몇 배 이상으로 하여야 하는가?

① 5배　　　　② 10배
③ 15배　　　④ 20배

🔍 권상장치용 시브의 피치원 직경은 와이어로프 직경의 20배 이상으로 하고, 이퀄라이저 시브(회전하지 않는 시브)는 10배, 과부하방지장치용은 5배 이상으로 할 수 있다.

22 크레인 운전 중 전자브레이크에 이상 제동이 걸리는 경우 점검해야 할 것은?

① 전원 전압　　② 전동기 회전수
③ 콘트롤러　　　④ 시브

🔍 크레인 운전 중 전압 강하 시 전자브레이크의 전자석 부분이 과열되어 이상 제동이 걸리는 경우가 있다.

23 차륜(휠, wheel)의 설명으로 맞지 않은 것은?

① 차륜에는 구동차륜과 종동차륜이 있다.
② 차륜의 재질은 주철, 주강, 특수주강이다.
③ 차륜과 레일접촉면의 마모한도는 차륜직경의 5% 까지 이다.
④ 차륜 플랜지의 마모는 원치수의 50%까지이다.

🔍 차륜 플랜지의 경사는 수직위치에서 20° 까지이고, 차륜과 레일 접촉면의 마모한도는 차륜직경의 3% 이내 이다.

24 다음 중 기계를 회전시키기 위하여 동력을 전달하는 회전축과 동력을 전달하는 고정축을 연결하는 장치는?

① 베어링
② 기어
③ 키(Key)
④ 축 이음(Coupling)

🔍 • 베어링 : 기계가 회전운동이나 직선운동을 할 때 축을 받쳐주어 운동을 원활하게 하는 역할을 하는 기계기구
• 기어 : 원형의 둘레에 일정한 간격으로 톱니모양의 홈을 만든 바퀴의 조합에 따라 회전속도나 회전방향을 바꾸는 장치
• 키(Key) : 축에 기어·휠·드럼·풀리 등 회전체를 고정시켜 회전력을 전달시키는 기계부품

25 거더의 중앙부에 정격하중 및 달기기구 자중을 합산한 하중을 매달았을 경우 허용 처짐량은 스팬의 얼마를 초과하지 않아야 하는가?

① 1/500　　　② 1/800
③ 1/1,200　　④ 1/1,500

🔍 크레인 거더의 처짐은 정격하중 및 달기기구 자중을 합한 하중에 상당하는 하중을 가장 불리한 조건으로 권상하였을 때 당해 스팬의 1/800 이하가 되어야 한다.

26 다음 중 크레인의 고정된 부분과 이동하는 부분 사이에서 전원을 공급받는 장치인 집전장치에서 스파크가 발생하는 원인으로 볼 수 없는 것은?

① 카본 브러시의 마모
② 접촉압력 부족
③ 부스바(bus bar) 또는 프롤리바(trolley bar)의 휨이 발생되었을 때
④ 집전기와 부스바가 수평으로 설치되었을 때

🔍 집전기와 부스바가 수평으로 설치하면 천장크레인 운행 중 집전기 이탈이 많이 발생하지만 스파크 발생과는 무관하다.

27 어떠한 전기회로에서 전류를 막거나 저지하고 전압을 강하시키기 위해 사용하는 장치인 저항기의 설명으로 맞지 않은 것은?

① 천장크레인에서는 주로 3상 권선형 유도전동기의 2차측에 연결시켜 속도제어를 목적으로 사용한다.
② 저항기를 구성하고 있는 그리드(grid)는 격자무늬 형태이다.
③ 저항기의 발열온도는 250도 까지 이다.
④ 저항기 주변은 통풍이 잘되어야 하고, 눈이나 비를 맞지 않도록 해야 한다.

> 저항기는 전기에너지를 열에너지로 바꾸는 과정에서 열이 발생하는데, 발열온도는 350도 까지이므로 화재의 위험이 없도록 주의해야 한다.

28 천장크레인에 사용되는 전동기의 조건이 아닌 것은?

① 기동력과 회전력이 크고 속도 조정이 가능할 것
② 빈번한 반복 운동에 견딜 것
③ 용량에 비해 소형이고 구입하기 쉬울 것
④ 주로 교류전동기가 사용되며 종류에는 직권·분권·복권전동기가 있다.

> • 직류를 사용하는 직류전동기 : 직권, 분권, 복권전동기
> • 교류를 사용하는 교류전동기 : 단상전동기와 3상 전동기가 있다.

29 전동기의 점검사항 중 일상 점검사항인 것은?

① 이상음이 발생하고 있지 않은가, 소리에 의해 원인을 판단하고 대책을 강구한다.
② 절연저항계로 각 부의 절연을 조사한다.
③ 운전 중의 각 부의 온도를 조사한다.
④ 조임부의 이완과 구조상의 흔들림이 없는가를 조사한다.

> 전동기의 정기점검 사항
> • 축수의 기름과 오래된 그리스를 교환한다.
> • 갭게이지로 고정자·회전자간의 갭을 측정하고 불평형이 있으면 조정한다.
> • 절연저항계로 각 부의 절연을 조사한다.
> • 운전 중의 각 부의 온도를 조사한다.
> • 조임부의 이완과 구조상의 흔들림이 없는가를 조사한다.

30 다음 절연재료의 종류 중 가장 높은 온도 상승에 견딜 수 있는 것은?

① A종 ② B종
③ E종 ④ F종

> 절연의 종류 및 허용 최고온도
>
> | 절연의 종류 | 허용 최고온도(℃) |
> |---|---|
> | Y종 | 90 |
> | A종 | 105 |
> | E종 | 120 |
> | B종 | 130 |
> | F종 | 155 |
> | H종 | 180 |
> | C종 | 180 초과 |

31 권선형 유도전동기의 속도조정을 목적으로 사용되는 것은?

① 슬립링(slip ring) ② 회전자(回轉子)
③ 고정자(固定子)   ④ 2차 저항기

> 2차측 전원을 회전자에 부착되어 있는 슬립링과 슬립링과 접촉되는 브러쉬를 통하여 2차 저항에 연결시켜 속도제어를 할 수 있다.

32 천장크레인의 도장은 도장면적의 약 몇 [%]에 녹 또는 부식이 발생였을 때 재도장을 실시하는 것이 적당한가?

① 10% ② 20%
③ 30% ④ 40%

> 크레인 도장면적의 약 10%에 녹이 발생하거나 부식이 발생하였을 때 재도장을 실시한다.

33 펜던트 스위치 설명으로 틀린 것은?

① 펜던트 스위치에서는 크레인의 비상정지용 누름버튼과 각각의 작동종류에 따른 누름버튼 등이 비치되어 있고 정상적으로 작동하여야 한다.
② 펜던트 스위치에 접속된 케이블은 꼬임이나 무리한 힘이 가해지지 않도록 보조 와이어로프 등으로 지지 되어야 한다.

③ 조작용 전기회로의 전압은 교류 대지전압 150V 이하 또는 직류 300V 이하이어야 한다.
④ 펜던트 스위치 외함 구조가 절연제품이 아닐 경우에는 접지선을 생략할 수 있다.

🔍 • 펜던트 스위치의 외함은 식별이 용이한 색상이어야 하며, 최소보호등급은 옥내용인 경우 IP43, 옥외용인 경우 IP55 이상이어야 한다.
• 펜던트 스위치는 절연제품이 아닌 경우에는 크레인과 사이에 접지선이 연결되어 있어야 한다.

34 천장크레인에 윤활유나 그리스 등이 묻어서는 안되는 곳은?

① 와이어로프 및 드럼 ② 베어링 및 하우징
③ 체인 및 스프로켓   ④ 브레이크 드럼

🔍 제동작용을 하는 브레이크 라이닝이나 드럼에 윤활유나 그리스에 묻으면 안된다.

35 다음 ( )에 알맞은 것은?

옥외에 지상 ( )m 이상 높이로 설치되어 있는 크레인에는 항공법 41조에 따른 항공장애등을 설치하여야 한다.

① 30   ② 40
③ 50   ④ 60

🔍 옥외(屋外)에 지상 60m 이상 높이로 설치되어 있는 크레인에는 항공법 제41조에 따라서 항공장애등을 설치하여야 한다.

36 감속기 기어에 급유하는 목적으로 볼 수 없는 것은?

① 미끄럼 방지 ② 소음 방지
③ 냉각작용   ④ 유막형성

🔍 감속기의 기어에 급유하는 목적은 냉각작용, 방청, 유막형성, 윤활작용으로 인한 응력분산, 마모방지, 소음완화 등이다.

37 베어링(Bearing) 호칭번호 23124의 안지름은?

① 60mm   ② 115mm
③ 120mm ④ 155mm

🔍 네 번째·다섯 번째 자리가 베어링의 안쪽 지름 치수이다. 00= 10mm, 01= 12mm, 02= 15mm, 03= 17mm이고, 04부터는 5를 곱한 수치가 베어링의 안지름이므로 24×5= 120[mm] 이다.

38 전기식 과부하방지장치의 설명으로 틀린 것은?

① 가격이 다른 종류의 과부하방지장치에 비해 비싸다.
② 정지상태에서는 과부하를 감지하지 못하는 단점이 있다.
③ 호이스트, 천장크레인 등 비교적 소형 크레인에 많이 활용된다.
④ 권상모터의 전류변화를 CT로 감지하여 크레인을 정지시키는 장치이다.

🔍 전기식 과부하방지장치
• 권상모터의 전류변화를 CT로 감지하여 크레인을 정지시키는 장치이다.
• 구조가 간단하여 다른 종류의 과부하방지장치에 비해 가격이 싸다.
• 호이스트, 천장크레인 등 비교적 소형 크레인에 많이 쓰인다.
• 전동기가 구동되어 전류가 흘러야 감지되므로, 정지상태에서는 과부하를 감지하지 못한다.

39 천장크레인에의 주기적인 정비를 위한 예비품목과 가장 거리가 먼 것은?

① 브레이크 라이닝 ② 제어반(판넬)
③ 퓨즈   ④ 전동기 브러쉬

🔍 제어반(판넬)은 천장크레인을 제어하기 위한 전기장치가 설치된 것으로 예비품목으로 볼 수 없다.

40 제어기(Controler)에 스파크가 심하게 발생하는 고장과 대책 중 틀린 것은?

① 전동기에 과부하가 걸려 있다. - 부하를 적정하게 한다.
② 핑거 및 접촉판이 거칠다. - 사포로 다듬질한다.
③ 저항기가 부적당하다. - 적정한 것으로 교환 또는 저항치를 수정한다.
④ 핑거의 조정이 불량하다. - 접촉압력이 1.5kg 정도로 되게끔 재조정한다.

🔍 제어기의 핸들을 움직이면 핑거에 의해 전원이 연결 또는 차단되며, 차단 시 핑거스프링에 의해 복귀되므로 접촉압력을 조절할 수 없다.

41 천장크레인 부품에서 수리한도에 대한 설명으로 맞는 것은?

① 사용한도 보다 큰 한도로 되어 있다.
② 마모한도라고도 한다.
③ 차기의 검사까지 보증할 여유를 두고 정해진 한도이다.
④ 재료학 관점에서 최후의 한도이다.

> - 사용한도 : 각 부품을 사용 중에 그 시점이 지나면 파손이 예상되는 최후의 한계이다. 사용한도가 되기 전에 평상 시 점검을 철저히 하여야 한다.
> - 마모한도 : 어떤 부품이 마찰로 인하여 마찰부분이 닳아서 없어지는 것으로서 마모한도는 각 부품마다 기준치가 정해져 있으므로 마모한도가 되기전에 부품을 교환해야 한다.
> - 수리한도 : 어떤 부품이나 기계장치가 고장나거나 마모되었을 때 다음 보수 때까지 수리해서 사용할 수 있는지를 판단하는 기준이며 면밀히 관찰 분석하여 수리한도가 지나면 부품을 교환하여야 한다.

42 와이어로프를 드럼(Drum)에 설치할 때, 와이어로프가 벗겨지지 않도록 무엇을 사용하여 볼트를 조이는가?

① 클램프(고정구)
② 링크
③ 너트
④ 샤클

> 와이어로프를 드럼에 고정시킬 때는 클램프로 고정시킨다.

43 와이어로프 소선의 마모에 대한 설명으로 틀린 것은?

① 활차의 지름이 아주 작은 경우에도 마모가 일어난다.
② 와이어로프가 활차의 접촉면에 원만히 접촉하지 않을 경우에도 마모가 일어난다.
③ 내부의 소선은 다른 물체와 접촉하지 않으므로 마모가 전혀 일어나지 않는다.
④ 외부의 소선은 다른 물체와 많이 접촉하므로 마모가 쉽게 일어난다.

> 와이어로프의 마모에는 표면 외부마모와 내부 소선끼리 부딪쳐서 생기는 내부마모가 있다.

44 40ton의 부하물이 있다. 이 부하물을 들어 올리기 위해서는 20mm 직경의 와이어로프를 몇 가닥으로 해야 하는가? (단, 20mm 와이어의 절단하중은 20ton이며, 안전계수는 7로 하고, 와이어 자체의 무게는 0으로 계산한다.)

① 2가닥(2줄 걸이)
② 8가닥(8줄 걸이)
③ 14가닥(14줄 걸이)
④ 20가닥(20줄 걸이)

> 안전계수 =(절단하중 / 사용안전하중)에서
> 사용안전하중 = 20 / 7 = 약 2.85 이므로,
> 40톤 / 2.85 = 약 14[줄걸이]가 된다.

45 와이어로프의 심강을 3가지 종류로 구분한 것은?

① 섬유심, 공심, 와이어심
② 철심, 동심, 아연심
③ 섬유심, 랭심, 동심
④ 와이어심, 아연심, 랭심

> 와이어로프는 소선·스트랜드·심강으로 구성되어 있으며, 심강은 섬유심·공심·와이어심 등으로 되어 있다.

46 사고의 원인 중 가장 많은 부분을 차지하는 것은?

① 불가항력
② 불안전한 환경
③ 불안전한 행동
④ 불안전한 지시

> 사고를 많이 발생시키는 순서는 불안전한 행동 – 불안전한 조건 – 불가항력 순이다.

47 와이어의 절단부분 양끝이 되풀리는 것을 방지하기 위하여 가는 철사로 묶는 것을 무엇이이라고 하는가?

① 시징(Seizing)
② 킹크(Kink)
③ 스트랜드
④ 파워로크

> 시징(Seizing): 한 줄의 와이어로프를 절단하여 사용할 때, 절단된 끝 부분이 풀림이 발생하므로, 이 풀림을 방지하기 위해 로프 끝단을 철사로 감아 마감처리 하는 것을 말한다. 시징의 폭은 와이어로프 직경의 2~3배가 적당하다.

48 와이어로프의 안전율 계산 시 사용하는 절단하중은 우리나라에서는 어떤 규정을 사용하는가?

① KS A 3514
② KS B 3514
③ KS C 3514
④ KS D 3514

🔍 KS 규격 부여 방법 시 : A – 기본, B – 기계, C – 전기, D – 금속 등으로 구분하므로 와이어로프는 KS D 3514 이다.

49 와이어로프(wire rope)의 소선에 대하여 설명한 것이다. 맞는 것은?

① 스트랜드를 구성하는 소선의 결합에는 점(点), 선(線), 면(面), 정(井) 접촉의 4가지가 있다.
② 소선의 역할은 충격하중의 흡수, 부식방지, 소선끼리의 마찰에 의한 마모방지, 스트랜드(strand)의 위치를 올바르게 하는데 있다.
③ 와이어로프 소선은 KSD 3514에 규정된 탄소강에 특수 열처리를 하여 사용하며 인장강도는 $135 \sim 180 kgf/mm^2$ 이다.
④ 소선의 재질은 탄소강 단강품(KSD 3710)이나 기계구조용 탄소강(KSD 3517)이며 강도와 연성(延性)이 큰 것이 바람직하다.

🔍 ・①항 : 소선의 접촉에는 점·선·면 접촉구조의 3가지가 있다.
・②항 : 심강의 역할에 대한 설명
・④항 : 축의 재질에 대한 설명

50 크레인 와이어로프에 심강을 사용하는 목적이 아닌 것은?

① 인장하중을 증가시킨다.
② 스트랜드의 위치를 올바르게 유지한다.
③ 소선끼리의 마찰에 의한 마모를 방지한다.
④ 부식을 방지한다.

🔍 심강에는 섬유심·공심·와이어심(철심)이 있으며, 사용목적은 충격하중의 흡수·부식방지·소선끼리의 마찰에 의한 마모방지·스트랜드의 위치를 올바르게 유지하는데 있다.

51 유류 화재 시 소화방법으로 가장 부적절한 것은?

① 모래를 뿌린다.
② ABC소화기를 사용한다.
③ B급 화재 소화기를 사용한다.
④ 다량의 물을 부어 끈다.

🔍 유류 화재의 소화재로 물의 사용은 금한다. 물에 기름이 떠 화재를 더 키우기 때문이다.

52 공구 사용 시 주의해야 할 사항으로 틀린 것은?

① 손이나 공구에 기름을 바른 다음에 작업할 것
② 주위 환경에 주의해서 작업할 것
③ 강한 충격을 가하지 않을 것
④ 해머 작업 시 보호안경을 쓸 것

🔍 작업자의 손이나 공공 기름이 묻어 있으면 공구 사용 시 미끄러질 수 있으므로 깨끗이 닦아낸 다음 작업에 임하여야 한다.

53 보호구의 구비조건으로 틀린 것은?

① 구조와 끝마무리가 양호해야 한다.
② 착용이 간편해야 한다.
③ 작업에 방해가 안 되어야 한다.
④ 유해·위험 요소에 대한 방호성능이 경미해야 한다.

🔍 보호구의 구비조건
・착용이 간편할 것
・작업에 방해가 되지 않도록 할 것
・유해
・위험요소에 대한 방호성능이 충분할 것
・재료의 품질이 양호할 것
・구조와 끝마무리가 양호할 것
・외양과 외관이 양호할 것

54 작업장에서 일상적인 안전 점검의 가장 주된 목적은?

① 안전작업 표준의 적합 여부를 점검한다.
② 위험을 사전에 발견하여 시정한다.
③ 관련법에 적합 여부를 점검하는데 있다.
④ 시설 및 장비의 설계 상태를 점검한다.

🔍 안전 점검의 주된 목적은 사고를 미연에 방지하기 위하여 실시하는 것이다.

55 기계운전 중 안전 측면에서 적합한 것은?

① 작업의 속도 및 효율을 높이기 위해 작업 범위 이외의 기계도 동시에 작동한다.
② 기계운전 중 이상한 냄새, 소음, 진동이 날 때는 정지하고, 전원을 OFF 한다.
③ 빠른 속도로 작업 시는 일시적으로 안전장치를 제거한다.
④ 기계장비의 이상으로 정상가동이 어려운 상황에서는 중속 회전 상태로 작업한다.

> 기계작업 중 안전장치를 절대로 제거해서는 안 되며, 장비에 이상이 발생되면 즉시 작업을 중지하고 이상 부위를 점검 수리한 후 작업에 임한다.

56 화재 발생 시 초기 진화를 위해 소화기를 사용하고자 할 때, 다음 보기에서 소화기 사용방법에 따른 순서로 맞는 것은?

ⓐ 안전핀을 뽑는다.
ⓑ 안전핀 걸림 장치를 제거한다.
ⓒ 손잡이를 움켜잡아 분사한다.
ⓓ 노즐을 불이 있는 곳으로 향하게 한다.

① ⓐ → ⓑ → ⓒ → ⓓ
② ⓒ → ⓐ → ⓑ → ⓓ
③ ⓓ → ⓑ → ⓒ → ⓐ
④ ⓑ → ⓐ → ⓓ → ⓒ

> 소화기 사용법
> • 안전핀 걸림 장치를 제거한다.
> • 안전핀을 뽑는다.
> • 노즐을 불이 있는 곳으로 향하게 한다.
> • 손잡을 움켜잡아 분사한다.

57 복스 렌치가 오픈 렌치보다 많이 사용되는 이유로 가장 적합한 것은?

① 볼트, 너트 주위를 완전히 감싸게 되어 있어서 사용 중에 미끄러지지 않는다.
② 여러 가지 크기의 볼트, 너트에 사용할 수 있다.
③ 값이 싸며, 적은 힘으로 작업할 수 있다.
④ 가볍고, 사용하는데 양손으로도 사용할 수 있다.

> 렌치(Wrench)
> • 오픈 렌치 : 스패너라고 하며, 볼트 머리 6각 중 두 군데만 고정하여 돌리기 때문에 볼트 머리가 훼손될 가능성이 있다.
> • 조정 렌치 : 일명 몽키 스패너라고도 불리며 볼트 또는 너트를 조이거나 풀 때 고정 조에 힘이 가해지도록 해야 한다.
> • 복스 렌치 : 오픈 렌치와 달리 볼트, 너트 주위를 완전히 감싸게 되어 사용 중에 미끄러지지 않으며, 고른 힘이 분산되어 볼트, 너트를 손상시키지 않고 큰 힘을 전달할 수 있다.
> • 컴비네이션(조합) 렌치 : 오픈 렌치와 복스 렌치의 장점을 모아 하나로 만든 렌치이며, 한쪽은 오픈 렌치, 반대편은 복스 렌치로 되어 있다.

58 산업재해 발생원인 중 직접원인에 해당되는 것은?

① 유전적 요소
② 사회적 환경
③ 불안전한 행동
④ 인간의 결함

> 재해의 직접원인
> • 불안전한 행동 : 위험장소 접근, 안전장치의 기능 제거, 복장·보호구의 잘못 사용, 기계·기구 잘못 사용, 운전 중인 기계장치의 손질, 불안전한 속도 조작, 위험물 취급 부주의, 불안전한 상태 방치, 불안전한 자세 동작, 감독 및 연락 불충분
> • 불안전한 상태 : 물 자체 결함, 안전 방호장치 결함, 보호구의 결함, 물의 배치 및 작업장소 결함, 작업환경의 결함, 생산 공정의 결함, 경계표시·설비의 결함

59 안전보건표지의 색채와 관련하여 안내표지의 바탕색은?

① 노란색
② 흰색
③ 파란색
④ 검은색

> 안전보건표지의 색채
> • 금지표지 : 바탕은 흰색, 기본모형은 빨간색, 관련 부호 및 그림은 검은색
> • 경고표지 : 바탕은 노란색, 기본모형, 관련 부호 및 그림은 검은색. 다만, 인화성물질 경고, 산화성 물질 경고, 폭발성물질 경고, 급성독성물질 경고, 부식성물질 경고 및 발암성·변이원성·생식독성·전신독성·호흡기과민성물질 경고의 경우 바탕은 무색, 기본모형은 빨간색(검은색도 가능)
> • 지시표지 : 바탕은 파란색, 관련 그림은 흰색
> • 안내표지 : 바탕은 흰색, 기본모형 및 관련 부호는 녹색 또는 바탕은 녹색, 관련 부호 및 그림은 흰색

60 ILO(국제노동기구)의 구분에 의한 근로 불능상해의 종류 중 응급조치 상해는?

① 1일 미만의 치료를 받고 다음부터 정상작업에 임할 수 있는 정도의 상해
② 2~3일의 치료를 받고 다음부터 정상작업에 임할 수 있는 정도의 상해
③ 1주 미만의 치료를 받고 다음부터 정상작업에 임할 수 있는 정도의 상해
④ 2주 미만의 치료를 받고 다음부터 정상작업에 임할 수 있는 정도의 상해

정답 제3회 CBT 대비 적중모의고사

01 ④	02 ③	03 ②	04 ③	05 ②
06 ③	07 ④	08 ①	09 ④	10 ①
11 ③	12 ④	13 ③	14 ③	15 ③
16 ④	17 ②	18 ①	19 ④	20 ③
21 ④	22 ①	23 ②	24 ④	25 ②
26 ④	27 ②	28 ④	29 ①	30 ④
31 ④	32 ①	33 ②	34 ④	35 ④
36 ①	37 ③	38 ①	39 ②	40 ④
41 ③	42 ①	43 ③	44 ③	45 ①
46 ③	47 ①	48 ④	49 ③	50 ①
51 ④	52 ①	53 ④	54 ②	55 ②
56 ④	57 ①	58 ③	59 ②	60 ①

제4회 적중모의고사

01 천장크레인의 속도제어 제동기는 어떤 때 속도제어를 하는가?

① 권상 시 ② 권하 시
③ 권상과 권하 시 ④ 횡행과 권상 시

> 천장크레인의 속도제어 브레이크는 크레인이 권하작용을 할 때 속도를 제어한다.

02 브레이크 라이닝의 사용한도는 원 두께의 약 몇 [%] 일 때 새 라이닝으로 교체하여야 하는가?

① 5% ② 15%
③ 20% ④ 50%

> 천장크레인 브레이크 라이닝(brake lining)의 사용한도는 원래 라이닝 두께의 50% 이하일 때 교환하여야 한다.

03 천장크레인용 훅(hook)의 입구가 벌어지는 변형량을 시험하는 가장 적합한 것은?

① 훅에 정격하중을 동하중으로 작용시켜 입구의 벌어짐이 0.5% 이하이어야 한다.
② 훅에 정격하중의 2배를 정하중으로 작용시켜 입구의 벌어짐이 0.25% 이하이어야 한다.
③ 훅에 최대하중을 동하중으로 작용시켜 입구의 벌어짐이 0.25% 이하이어야 한다.
④ 훅에 정격하중을 정하중으로 작용시켜 입구의 벌어짐이 0.5% 이하이어야 한다.

> 훅의 점검 및 시험
> • 훅의 파괴시험은 정격하중의 5배(500%)로 한다.
> • 훅에 정격하중의 2배를 정하중으로 작용시켜 입구의 벌어짐이 0.25% 이하이어야 한다.

04 천장크레인에 대한 설명 중 틀린 것은?

① 천장크레인은 수시로 정격하중의 110% 부하를 걸어서 시험하중을 테스트 해보는 것이 좋다.
② 안전장치를 해제하고 작업을 해서는 안 된다.
③ 운전자의 시선은 주위를 넓게 바라보며 특히 진행 중인 방향의 앞쪽을 잘 살펴야 한다.
④ 작업장의 구석진 곳에 있는 부하물을 들어 올릴 때는 경사지게 당겨 올리는 작업을 하지 않는 것이 좋다.

> 크레인의 정격하중(rated load)은 권상(호이스팅)하중에서 훅 · 크래브 또는 버킷 등 달기기구의 중량에 상당하는 하중을 뺀 하중을 말하며, 시험하중은 천장크레인을 제작 · 설치하고 작업현장에서 사용하기 전 기계 · 전기적으로 이상없이 작동되는지 시험하는 것으로, 이때 정격하중의 110%로 시험한다.

05 천장크레인이 권하 동작을 하는 동안 운동에너지를 전기에너지로 변환시켜 얻어진 전기에너지를 이용, 크레인을 제어하여 안정된 저속도를 얻는 것은?

① D.C 마그넷 브레이크(D.C magnet brake)
② E.C 브레이크(Eddy current brake)
③ 다이내믹 브레이크(dynamic brake)
④ 리미트 스위치(limit switch)

> • D.C 마그넷 브레이크 : 전자석으로 작동되는 제동기
> • E.C 브레이크 : 와전류로 작동되는 제동기
> • 다이내믹 브레이크 : 권하동작 시 전기에너지로 동작되는 제동기

06 천장크레인의 양정에 대한 설명으로 옳은 것은?

① 훅이 수직으로 움직일 수 있는 거리
② 훅이 새들 중심에서 바닥까지 움직인 거리
③ 훅이 상한 리미트 스위치가 작동하는 지점까지의 거리
④ 훅이 좌 · 우로 움직일 수 있는 거리

> 양정(lift)은 훅(hook)이 움직일 수 있는 최대의 수직거리로, 상한 리미트 스위치가 작동하는 지점에서 하한 리미트 스위치가 작동하는 지점까지의 거리를 말한다.

07 훅(hook)의 시브(sheave, 활차, 도르래)와 크래브(crab) 상단이 충돌하였다. 충돌 원인으로 가장 알맞은 것은?

① 리미트 스위치 고장 ② 저항기 고장
③ 전동기 고장   ④ 브레이크 고장

> 시브의 과행을 방지하는 것이 리미트 스위치이므로, 리미트 스위치의 고장이나 이상이 원인이다.

08 마그넷 브레이크(magnet brake) 점검 결과 라이닝 두께가 30% 감소되었을 때 조치방법으로 적절한 것은?

① 스트로크를 조정하여 재사용한다.
② 라이닝을 교환한다.
③ 브레이크 드럼 직경을 크게 한다.
④ 마모한도가 달할 때까지 계속 사용한다.

> 브레이크 라이닝 두께의 마모한계가 50% 이내이므로, 30% 감소되면 스트로크를 조정하여 재사용한다.

09 천장크레인 본 작업을 시작하기 전 장비 상태를 파악하기 위한 사전운전 점검사항과 관계가 가장 먼 것은?

① 브레이크 기능 점검
② 클러치 기능 점검
③ 훅 균열 검사
④ 와이어로프 감김상태 점검

> 크레인의 사전운전 점검에서는 브레이크, 클러치, 와이어로프 등의 점검은 가능하지만 훅의 균열여부는 특수점검 정비사항이다.

10 크레인 작업 종료 시 주의사항으로 틀린 것은?

① 크레인은 작업을 종료한 위치에 정지시킨다.
② 주 배선용 차단기는 내려 놓는다.
③ 전용 줄걸이 작업용구를 사용하고 있는 경우는 소정의 위치에 내려 놓는다.
④ 훅 블록은 작업자나 차량의 통행에 지장을 주지 않는 높이까지 권상시켜 둔다.

> 크레인 작업 종료 시에는 처음 출발한 지점에 정지시켜 두어야 한다.

11 철판을 운반하는데 가장 적합한 크레인 기종은?

① 훅 크레인   ② 버킷 크레인
③ 단조 크레인   ④ 마그넷 크레인

> • 훅 크레인 : 갈고리를 이용하여 하물을 운반하는데 사용
> • 버킷 크레인 : 버킷을 이용하여 곡물·설탕·석탄 등 운반하는데 사용
> • 단조 크레인 : 증기해머로 단조할 강괴를 넣거나 빼거나 단조면을 바꾸게 하는 크레인
> • 마그넷 크레인 : 자석을 이용하여 철판을 운반하는데 사용

12 천장크레인 주행차륜의 마모한도로 옳지 않은 것은?

① 좌·우 구동 차륜의 직경차(주행) : 원 치수의 0.2%
② 차륜 직경의 마모 : 원 치수의 5%
③ 차륜 플랜지의 두께 : 원 치수의 50%
④ 차륜 플랜지의 변형 : 수직에서 20°

> 천장크레인 주행차륜의 마모한도
> • 차륜의 마모한도 : 차륜 직경의 3% 이내
> • 좌우 차륜의 직경차 : 구동륜은 직경의 0.3%, 종동륜은 직경의 0.5% 이내
> • 차륜 플랜지의 변형(경사) : 수직위치에서 20°
> • 차륜 플랜지의 두께 : 원 치수의 50% 이내

13 천장크레인에 오일 디스크 브레이크(oil disk brake)가 설치되어 있을 때 운전실에 설치되는 것은?

① 오일 탱크   ② 디스크 판
③ 브레이크 실린더 ④ 브레이크 페달

> 천장크레인의 운전실은 거더의 한쪽 끝 하단부에 설치하고, 내부에는 배전반, 제어기, 브레이크 페달 등이 배치되어 있다. 브레이크 페달은 오일 디스크 브레이크를 작동시키는 역할을 한다.

14 크레인 운전 전의 주의사항으로 옳지 않은 것은?

① 운전실의 각 레버, 컨트롤러 핸들, 스위치 등이 정상인가를 확인한다.
② 무부하로 운전을 행하여 각 안전장치, 브레이크 기능을 알아본다.
③ 운전개시 시에는 앵커 또는 레일 클램프를 확실히 작동시켜 둔다.
④ 전임 사용자로부터 전달받은 사항을 확인하고 그 내용을 파악하여 둔다.

> 크레인 운전개시 전에는 앵커 및 레일 클램프가 해제된 상태여야 한다.

15 브레이크 드럼과 라이닝에 대한 내용 중 틀린 것은?

① 드럼의 제동 면이 과열하면 마찰계수가 증가한다.
② 드럼과 라이닝의 간격은 드럼직경의 1/150~1/200이다.
③ 드럼은 열팽창에 의하여 직경 변화가 있다.
④ 드럼 제동 면의 요철이 2mm에 도달하면 가공 또는 교환하여야 한다.

> 브레이크 드럼의 제동 면이 과열하면 마찰계수가 감소하여 라이닝 재질이 변하므로 150℃를 초과하면 안 된다.

16 20~50톤(ton) 용량을 가진 천장크레인에 일반적으로 많이 사용하는 거더(girder)는?

① I형 거더
② 박스(box) 거더
③ 판(flat) 거더
④ 트러스(truss) 거더

> 박스형 거더는 거더의 4면을 강판으로 접합하여 박스 모양으로 만든 것으로 내부를 밀폐할 수 있고 공간을 이용할 수 있어 부식에 강하며 기기류를 설치하기 편리하여 큰 하중(20~50톤)이나 비틀림 편심하중을 받는데 유리하다.

17 주행운전, 횡행운전, 권상운전 등의 일상점검 방법으로 옳은 것은?

① 무부하 상태로 실시한다.
② 정격하중을 매달고 실시한다.
③ 정격하중의 1/2을 매달고 실시한다.
④ 시험하중을 매달고 실시한다.

> 천장크레인의 일상점검에서 주행·횡행·권상운전은 무부하 상태에서 점검하고, 정격하중운전은 부하 상태에서 점검을 실시한다.

18 여름의 최고기온이 38℃이며, 겨울의 최저기온이 영하 20℃인 지방에서 스팬이 40m인 크레인을 옥외에 설치하고자 한다. 이때 레일 연결부분의 간격은 얼마로 해야 하는가?(단, 한 개의 레일길이는 20m, 선팽창계수는 0.000012 이다)

① 약 5mm
② 약 12mm
③ 약 14mm
④ 약 116mm

> 레일 연결부분의 간격 = 한 개의 레일길이 × 온도차이 × 선팽창계수
> ∴ (20 × 1,000mm) × {38 − (−20)} × 0.000012
> = 약 14[mm] 이다.

19 훅(hook)에 대하여 설명한 것으로 맞는 것은?

① 훅 본체는 균열 또는 변형이 없어야 한다.
② 훅의 재질은 탄소강 단강품이나 기계구조용 탄소강이며 강도와 연성이 작은 것이 바람직하다.
③ 훅의 마모는 와이어로프가 걸리는 부분에 홈이 생기며 이 홈의 깊이가 10mm가 되면 평편하게 다듬질하여야 한다.
④ 훅 입구의 벌어짐이 50% 이상이 되면 교환하여야 한다.

> 훅(hook)
> • 훅 본체는 균열 또는 변형이 없어야 한다.
> • 훅의 재질은 단조강 또는 구조용 압연강재를 사용하며, 강도와 연성이 큰 것이 좋다.
> • 훅에 발생한 홈의 깊이가 2mm 이상 되면 평편하게 다듬질하여야 한다.
> • 훅 입구의 벌어짐이 10% 이상이 되면 교환하여야 한다.

20 다음 중 구조가 간단하고 마모 부분이 없으며 유지가 용이하고 정격속도의 1/5의 안정된 저속도를 쉽게 얻을 수 있는 브레이크(brake)는?

① 유압 브레이크
② E.C 브레이크
③ D.C 마그넷 브레이크
④ 트러스트(thrust) 브레이크

> 와전류 브레이크(EC, Eddy Current brake)
> • 자석 전면에 놓인 금속제 원판이 회전하면 그 회전을 멈추고자 하는 쪽으로 제동이 작용한다.
> • 천장크레인의 권상장치에 주로 사용되는 브레이크로 구조가 간단하고 마모 부분이 없어 정격속도의 1/5의 안정된 저속도를 쉽게 얻을 수 있으며, 권상 시에는 작동하지 않고, 권하 2단에서 작동된다.

21 크레인 차륜의 점검 및 보수에 관한 설명으로 적절치 못한 것은?

① 각 차륜의 중심선이 일치하는가를 점검한다.
② 차륜의 주행레일과 기체간에 직각을 유지하는가 점검한다.
③ 차륜을 교환 또는 육성 가공할 경우 해당 차륜 한 개만을 수리하는 것을 원칙으로 한다.
④ 차륜 베어링의 마모와 급유에 항상 주의한다.

> 차륜을 교환 또는 가공할 때는 다른 차륜도 함께 교환하거나 가공한다.

22 중추형 권과방지 장치의 특징과 거리가 먼 것은?

① 매달린 중추의 위치에서 동작하므로 동작 위치의 오차가 작다.
② 동작 후의 복귀 거리가 짧다.
③ 권상 드럼의 회전수와 관련이 있어 와이어로프 교환 시 위치를 조정할 필요가 없다.
④ 권상 위치 제한에는 문제가 없으나 권하 위치의 제한은 불가능하다.

> 중추형 권과방지장치는 레버에 추를 달아 훅이나 달기구가 추를 건드리면 레버가 들어 올려지고 차단 스위치가 작동되어 전원이 차단되는 방식으로 권상드럼의 회전수와는 관련이 없다.

23 베어링 NO.6217은 다음 중 어느 것을 뜻하는가?

① 원통 롤러 베어링이며 내경이 85mm이다.
② 단열 홈형 볼베어링이며, 내경이 85mm이다.
③ 원통 롤러 트러스트 볼베어링이며, 내경이 170mm이다.
④ 단열 홈형 볼베어링이며, 내경이 170mm이다.

> • 6 : 베어링의 형식 기호, 단열 깊은 홈형 볼베어링
> • 2 : 베어링의 치수 계열 기호
> • 17 : 안지름 번호, 번호가 04 이상인 경우 번호 수치에 5를 곱한 값이 안지름이다.(17×5=85mm)

24 두 축의 회전방향이 같으며, 높은 감속비를 얻기 위해 사용되는 기어는?

① 베벨 기어
② 하이포이드 기어
③ 내접 기어
④ 스퍼어 기어

> 기어의 종류
> • 스퍼 기어(평기어) : 두 개의 축이 수평으로 조립, 가장 일반적인 기어이며 회전 시 소음이 있다.
> • 헬리컬 기어 : 기어 톱니 모양의 이 부분이 경사지게 제작된 것으로 회전 시 진동과 소음이 적다.
> • 인터널 기어(내접기어) : 접촉되는 두 개의 안 쪽에서 접촉되어 동력을 전달하는 기어로 2개의 기어는 회전방향이 같으며, 설치 장소가 작지만 높은 감속비를 얻을 수 있다.
> • 스크루 기어 : 전동축과 피동축이 비껴서 회전운동을 전달하는 기어로 헬리컬기어의 축을 엇갈리게 한 기어이다.
> • 웜 기어 : 1~2줄 이상의 줄 수를 가진 나사모양의 것을 웜이라 하며, 이것과 물리는 기어를 웜 기어라 한다.
> • 랙과 피니언 기어 : 피니언의 회전운동을 랙이 직선운동으로 바뀔 때 사용되는 기어이다.
> • 하이포이드 기어 : 기어의 이가 쌍곡선으로 되어 있고 피니언이 중심선상에서 아래쪽으로 설치된 기어로 큰 동력을 전달할 수 있다.
> • 베벨 기어 : 두 개의 축이 교차되는 기어이다.

25 크레인이 병렬로 설치된 공장에서 작업 중인 크레인 바로 옆의 크레인 운전자가 권상을 시작하자마자 졸도해 버렸다. 그래서 부하물을 매단 채 크레인을 권상하고 있다. 이 때 우선적으로 취해야 할 행동은?

① 공장의 전체 전원을 빨리 차단시킨다.
② 목숨이 중요하므로 옆 크레인 운전실에 빨리 가서 인공호흡을 시킨다.
③ 옆 크레인의 해당 전원을 최대한 빨리 차단시킨다.
④ 자기 크레인으로 옆 크레인에 충돌시켜서 운전자가 정신을 차리게 한다.

> 크레인의 작동 중에 운전자가 졸도를 했으면 우선 해당 크레인의 전원부터 차단하여 사고를 막고, 인공호흡 등 응급처치를 한 후 병원으로 이송조치를 한다.

26 천장크레인의 버퍼 스토퍼(buffer stopper)에 대한 설명으로 가장 올바르게 표현한 것은?

① 강판을 접합하여 케이스를 만들고 충돌부위는 나무를 사용하여 충격의 부담을 덜어주는 스토퍼
② 새들(saddle)차륜을 보호하기 위하여 씌운 덮개
③ 거더(girder)의 비틀림을 방지하기 위해 설치해 놓은 스토퍼
④ 단단한 고무나 스프링 또는 유압을 이용하여 충돌 시 충격을 완화시켜 주는 스토퍼

🔍 버퍼 스토퍼는 주행이나 횡행 시 충돌하였을 때 단단한 고무나 스프링 또는 유압을 이용하여 충격을 완화시켜 주는 장치로 주행 차륜 지름의 1/2 이상과 횡행차륜의 1/4 이상 높이로 하여준다.

27 천장크레인의 몇 가지 부품에 대하여 예비품을 두어야 하는 목적은?

① 운전 중 고장이 쉽게 발생되는 부품에 대하여 정비시간을 단축시키기 위해
② 부품 값이 비싸며 운반이 불편하므로
③ 형식을 갖추어 둘 필요가 있으므로
④ 쉽게 구할 수 있는 부품이며 값이 싸므로

🔍 크레인 운전 중 고장이 쉽게 발생하는 부품에 대하여 정비시간을 단축시키기 위해, 주요 부품을 예비품으로 확보하고 있어야 한다.

28 정격하중이 10,000kgf인 천장크레인의 훅(Hook)은 파괴하중이 최소한 몇 [kgf] 이상인 것을 사용해야 하는가?

① 11,000kgf   ② 30,000kgf
③ 50,000kgf   ④ 100,000kgf

🔍 훅의 안전계수는 5이다. 따라서, 정격하중의 5배에 해당하는 50,000[kgf]의 파괴하중을 가져야 한다.

29 기계설치용 크레인에서 권상용 와이어로프를 8줄 걸이로 6호(6×37). 직경 20mm, B종을 사용할 때 최대 권상 가능한 하중은 약 얼마인가?(단, 로프의 절단하중은 23톤이고, 안전율은 5일 경우)

① 14톤   ② 37톤
③ 42톤   ④ 48톤

🔍 • 안전하중 = $\frac{절단하중}{안전율} = \frac{23}{5} = 4.6톤$
• 부하물의 하중 = 와이어로프 가닥 수 × 안전하중
  = 8 × 4.6 ≒ 37톤

30 천장크레인용 와이어로프에 대한 설명 중 옳은 것은?

① 보통 꼬임은 랭 꼬임에 비해서 소선 꼬기의 경사가 완만하다.
② 꼬임이 되풀리는 경우가 적고 킹크가 생기는 경향이 적은 것이 보통 꼬임이다.
③ 와이어로프의 직경의 허용차는 ±10%이다.
④ 크레인용 와이어로프는 주로 아연 도금을 한 파단강도가 높은 것을 사용한다.

🔍 • 와이어로프의 보통 꼬임은 스트랜드와 소선의 꼬임 방향이 반대인 것으로 외부와 접촉면이 작아서 마모는 크지만 킹크(kink) 발생이 적고 취급이 용이하다.
• 와이어로프 직경이 7% 이상 변화하면 교환하여야 한다.
• 와이어로프는 탄소강으로서 실같이 얇은 철사를 기계로 꼬아서 가닥(스트랜드)를 만들고 또 다시 가닥을 꼬아서 와이어로프가 완성된다. 꼬임 안쪽에는 심강 대신 스트랜드 한 가닥이 내장된 공심, 섬유로프가 내장된 섬유심, 와이어심을 내장한 철심으로 구분되며 강도는 134~180kg/m²이다.

31 와이어로프의 클립고정법에서 클립 간격을 로프 직경의 약 몇 배 이상으로 장착하는가?

① 3   ② 6
③ 9   ④ 12

🔍 클립 간의 간격은 로프 지름의 6배 이상으로 하며, 와이어로프 지름에 따른 클립 수는 다음과 같다.

로프 지름 (mm)	클립 수
16 이하	4개
16 초과 28 이하	5개
28 초과	6개 이상

32 40톤의 부하물이 있다. 이 부하물을 들어 올리기 위해서는 20mm 직경의 와이어로프를 몇 가닥으로 해야 하는가?(단, 20mm 와이어로프의 절단하중은 20톤이며, 안전계수는 7로 하고, 와이어로프 자체의 무게는 0으로 계산한다.)

① 2가닥(2줄 걸이)   ② 8가닥(8줄 걸이)
③ 14가닥(14줄 걸이)   ④ 20가닥(20줄 걸이)

🔍 와이어로프 안전하중 = $\frac{절단하중}{안전계수} = \frac{20}{7} = 2.857$
∴ 와이어로프 가닥수 = $\frac{부하물의 하중}{안전하중} = \frac{40}{2.857} ≒ 14가닥$

33 도유기와 리미트 스위치에 대한 설명 중 틀린 것은?

① 차륜 도유기는 차륜 플랜지 또는 레일 측면에 소량의 오일을 계속 자동으로 도유하는 기기이다.
② 차륜 도유기의 오일탱크는 도유기 몸체보다

상부에 위치한다.
③ 상용 리미트 스위치가 하한선에서 작동했을 때 권상 훅의 위치는 보통 크래브 하단 0.5m 정도이다.
④ 중추식 리미트 스위치는 비상용으로 사용한다.

🔍 상용 리미트 스위치는 권과를 방지하기 위하여 자동적으로 동력을 차단하고 작동을 제동하는 기능을 가진 것으로, 훅 등 달기기구의 상부와 드럼·시브·트롤리프레임 기타 당해 상부가 접촉할 우려가 있는 것의(경사진 시브 제외) 하부와의 간격이 0.25m 이상(직동식 권과방지장치는 0.05m 이상)이 되도록 조정할 수 있는 구조이어야 한다.

34 체인에 대한 설명 중 옳지 않은 것은?

① 고온이나 수중작업 시 와이어로프 대용으로 사용한다.
② 떨어진 두 축의 전동장치에는 주로 링크체인을 사용한다.
③ 체인에는 크게 링크체인과 롤러체인이 있다.
④ 롤러체인의 내구성은 핀과 부시의 마모에 따라 결정된다.

🔍 체인(chain)
• 고열물이나 수중작업 시 사용되며 롤러체인과 링크체인이 있으며, 안전계수는 5 이상이다.
• 롤러체인은 떨어진 두 축 사이의 전동장치에 사용하고 링크체인은 체인블록·레버블록·호이스트 크레인의 권상장치, 대형 선박 닻 등에 사용한다.

35 두 축을 30° 이내의 교각으로 연결할 때 사용하는 축 연결장치로 적합한 것은?

① 머프 커플링
② 플랜지 커플링
③ 스플라인 이음
④ 유니버셜 조인트

🔍 • 머프 커플링 : 두 개의 축을 양쪽으로 삽입하여 연결하여 사용, 저속회전일 때 주로 사용한다.
• 플랜지 커플링 : 두 개의 축 양 끝에 플랜지를 볼트로 고정하여 두 축을 연결시키는 방식으로 고속회전하는 곳에 사용한다.
• 스플라인 이음 : 훅의 둘레에 4~20개로 원주를 등분한 홈을 파서 조립한다.
• 유니버셜 조인트 : 축의 중심선이 30° 이내의 각도로 교차할 때 사용한다.

36 권선형 3상 유도전동기의 회전방향을 변화시키는 방법으로 적합한 것은?

① 전압을 낮춘다.
② 1차 측 공급전원의 3선 중 2선을 바꾼다.
③ 1차 측 공급전원의 3선을 모두 바꾼다.
④ 저항기의 저항값을 변화시킨다.

🔍 3상 권선형 유도전동기의 회전자에는 슬립링이 있으며 전동기의 몸체에 고정되는 브러쉬 홀더에 브러쉬를 끼워 슬립링과 브러쉬가 접촉되어 회전하는 구조이다. 1차측(R.S.T) 공급전원 3선 중 임의의 2선을 바꾸면 3상 유도전동기의 회전 방향이 바뀐다.

37 다음 중 제어기(controller)의 설명으로 옳지 않은 것은?

① 회로의 단속에는 접촉편 및 접촉자를 사용한다.
② 교류전동기 40kW 이상은 직접제어기를 사용한다.
③ 1차 측의 전원회로를 변환한다.
④ 2차 측의 저항은 차례로 단속하여 속도를 제어한다.

🔍 제어기는 천장크레인의 주행·횡행·권상 등의 운행속도를 제어하기 위한 장치로 운전실에서 제어기를 조작하면 주행·횡행·권상장치의 배전반에 있는 전자접촉기를 접속시킴으로서 전동기를 회전시켜 1, 2, 3, 4단에 맞게 천장크레인이 운행할 수 있다. 이 때, 전동기를 회전시키기 위한 전원을 동력전원(440V)이라 하고, 동력전원을 연결시켜 주는 역할을 하는 전자접촉기 내부에 있는 전자석에 사용되는 전원(110V)을 조작전원이라 한다.

38 리모콘 크레인의 취급에 대한 설명으로 틀린 것은?

① 제어기는 다른 크레인용과 혼동되지 않도록 이름판을 부착하고 각 크레인별로 구분하여 둔다.
② 운전위치와 크레인의 기계장치가 떨어져 있는 경우는 육안에 의한 점검은 생략할 수 있다.
③ 운전 중에 권상화물이 보이지 않는 위치에 이동한 경우는 일단 정지한 후 권상화물이 보이는 장소로 이동한 후 운전을 재개한다.
④ 작업 개시 전에 전 비상정지 버튼을 눌러 전원이 끊어지는가를 확인한다.

🔍 리모컨 크레인의 취급
- 운전시작 전에 크레인 본체, 주행레일 등을 반드시 육안으로 확인한다.
- 제어장치의 누름버튼(비상정지버튼)스위치, 핸들스위치 등의 동작상태를 확인하며 이때 전원용 키 스위치는 꺼짐 상태로 한다.
- 제어장치는 항상 운전자가 소지해야 하며 작업종료, 휴식 시에는 지정된 장소에 보관하며 해당 작업장마다 제어기 및 키의 보관책임자를 정해 둔다.

39 줄걸이 작업자가 양중물의 중심을 잘못 잡아 훅에 로프를 걸었을 때 발생할 수 있는 것과 관계가 없는 것은?

① 양중물이 생각지도 않은 방향으로 간다.
② 매단 양중물이 회전하여 로프가 비틀어진다.
③ 크레인에는 전혀 영향이 없다.
④ 양중물이 한쪽 방향으로 쏠려 넘어진다.

🔍 줄걸이 작업자가 양중물의 중심을 잘못 잡으면 양중물의 회전과 쏠림현상, 로프의 비틀림 등이 생긴다.

40 〈그림〉의 직류전자 브레이크 작동회로에서 R_2 저항의 용도는?

① 충전용
② 전류절약용
③ 방전용
④ 전압분배용

🔍 R_2 저항의 용도는 코일에 전류가 흐르면 축전되지 않게 방전시키는 방전용이다.

41 천장크레인 운전실의 전압계가 멈추었을 때 점검해야 할 사항이 아닌 것은?

① 집전자의 이탈 여부 검사
② 주 인입개폐기 점검
③ 정전 여부 확인
④ 천장크레인 내 변압기 이상 여부 점검

🔍 천장크레인 운전실의 전압계가 멈추었을 때 점검사항
- 집전자의 이탈 여부 검사
- 주 인입개폐기 점검
- 정전 여부 확인

42 천장크레인에 사용하는 전동기 중 2차 저항 제어방식을 사용하여 기동 및 속도제어를 행하는 전동기는?

① 직류 직권전동기
② 교류 권선형 유도전동기
③ 교류 농형전동기
④ 직류 분권전동기

🔍 교류전동기(AC)는 사용되는 상수에 따라 구분하면 소용량에 사용되는 단상 전동기와 큰 용량에 사용되는 3상 전동기가 있으며, 회전자의 모양과 구조로 나누면 농형과 권선형이 있다. 3상 권선형 유도전동기는 농형전동기에 비해서 효율은 좋지 않지만 기동력이 우수하며 2차 저항에 의해서 속도제어를 할 수 있다.

43 권상하중 50톤, 권상속도 1.5m/min인 천장크레인의 전동기 출력은?(단, 권상기의 효율은 70%이다.)

① 12.2kW
② 13kW
③ 17.5kW
④ 33.3kW

🔍 출력(kW) = (권상하중 × 권상속도)/(6.12 × 효율)
= (50 × 1.5)/(6.12 × 0.7) = 75/4.284 = 17.5[kW]

44 다음 중 ( ) 안에 알맞은 것은?

천장크레인을 이동하기 위한 동력은 전기를 사용하여 전동기를 구동시켜 중량물의 이동 및 이송을 한다. 사용전압은 주로 (㉮)볼트를 사용하며, 조작전원은 변압기를 이용 (㉯)볼트로 감압시켜 사용한다.

① ㉮ 110, ㉯ 110
② ㉮ 440, ㉯ 110
③ ㉮ 660, ㉯ 220
④ ㉮ 750, ㉯ 220

🔍 천장크레인의 사용전압은 주로 440볼트를 사용하며, 조작전원은 변압기를 이용 110볼트로 감압시켜 사용한다. 이때 사용되는 전선(電線)은 600볼트용이다.

45 천장크레인의 집전장치에 대한 설명으로 틀린 것은?

① 팬터그래프(pantograph)형은 횡행 등의 저속에 적합하다.
② 집전장치는 천장크레인의 몸체에 부착되어 있다.
③ 천장크레인의 고정된 부분과 이동하는 부분

사이에서 전원을 공급받는 장치이다.
④ 집전장치에서 스파크가 발생하는 원인은 카본 브러시의 마모, 접촉압력 부족, 부스바 또는 트롤리바의 휨이 발생되었을 때 생기기 쉽다.

> 팬터그래프(pantograph)형은 고속형 천장크레인이 사용하며, 중간지지를 갖는 수평배열로 휠이나 슈를 사용한다. 참고로 횡행 등의 저속에 적합한 집전차이는 고정형 집전장치가 적합하다.

46 철재의 중량물을 부착하여 이동시키기 위한 달기구인 리프팅 마그네트(lifting magnet)의 적합한 구조가 아닌 것은?

① 리프팅 마그네트 등에 부착된 명판에는 정격하중을 표시할 것
② 리프팅 마그네트의 흡착력 시험은 정격하중의 4배 이상으로 할 것
③ 조작 전기회로의 대지전압은 교류 150V, 직류 300V를 초과하지 않을 것
④ 리프팅 마그네트 부착 크레인은 정전 등 비상시에 최소 10분 이상의 흡착력을 유지하기에 충분한 용량의 충전기, 전지 등의 정전보상장치를 구비할 것

> 리프팅 마그네트에 적합한 구조
> • 조작 마그네트 등의 조작스위치나 핸들에는 운전형식 및 방법을 표시할 것
> • 리프팅 마그네트 등에 부착된 명판에는 정격하중을 표시할 것
> • 리프팅 마그네트의 흡착력 시험은 정격하중의 2배 이상으로 할 것
> • 조작 전기회로의 대지전압은 교류 150볼트, 직류 300볼트를 초과하지 않을 것
> • 리프팅 마그네트 부착 크레인은 정전 등 비상시에 최소 10분 이상의 흡착력을 유지하기에 충분한 용량의 충전기, 전지 등의 정전보상장치를 구비할 것
> • 정전 시 밧데리에서 전원이 공급될 경우 운전자에게 전원공급이 밧데리에서 공급됨을 경보하기 위한 음향 신호를 가지고 있을 것

47 천장크레인의 방호(防護) 및 안전장치로 볼 수 없는 것은?

① 퓨즈(Fuse)
② NFB(No Fuse circuit Breaker)
③ 저항기(Resistor)
④ EOCR(Electric Over Current Relay)

> 천장크레인의 방호 및 안전장치 종류
> • 퓨즈 : 전자회로 또는 전기장치에의 과전류가 흐를 때 대비 안전장치
> • NFB : 퓨즈가 없는 전원차단기로서 과전류가 흐르면 자동으로 전원을 차단하는 장치
> • EOCR : 과부하계전기로 전동기의 전원에 과전류가 흐르면 전동기를 보호하기 위해 전원을 차단하는 장치.
> • 과전류계전기 : 과부하계전기로 전동기의 전원에 과전류가 흐르면 전원을 차단하는 장치.
> • 제한개폐기(리미트 스위치) : 작업 구간 내의 범위를 벗어나지 못하도록 진행 방향 끝에 스위치(Limit switch)를 설치하여 진행하는 물체와 스위치가 접촉하게 되면 작동하여 전원을 차단하거나 브레이크를 작동하게 하는 장치

48 크레인 전기장치에서 2차 저항기의 역할로 가장 알맞은 것은?

① 전동기에 과전류가 흐르는 것을 막아 전동기를 보호하는 역할을 한다.
② 전동기의 저항을 줄임으로써 전동기의 회전수를 일정하게 하는 역할을 한다.
③ 권선형 유도전동기의 2차 회로에 부착되어 저항량을 조정함으로써 속도를 변속하는 역할을 한다.
④ 농형 전동기에 저항이 너무 크므로 2차 저항기를 부착하여 저항량을 줄임으로써 안전하게 작동할 수 있는 역할을 한다.

> 3상 권선형 유도전동기는 전류가 흐르는 1차측 전원과 2차측 전원이 있으며, 2차측 전원을 회전자에 부착되어 있는 슬립링과 브러시를 통해 2차 저항에 연결시켜 속도제어를 할 수 있다.

49 크레인에서 줄걸이 와이어로프를 이용해 화물을 양중할 때 줄걸이 각도에 따라 와이어로프에 걸리는 하중이 다르다. 줄걸이 와이어로프에 가장 장력이 작게 걸리는 각도는?

① 30°
② 60°
③ 90°
④ 120°

> 2줄 걸이로 화물을 인양 시 인양각도가 커지면 커질수록 로프에 걸리는 장력은 증가한다. 이와 반대로 각도가 작아지면 작아질수록 로프에 걸리는 장력은 감소하게 된다.

50 〈그림〉과 같이 수신호는 '팔꿈치에 손바닥을 떼었다 붙였다 한다', 호각 신호는 '짧게 – 길게'부는 신호 방법은?

① 보권사용　② 주권사용
③ 위로 올리기　④ 작업완료

🔍 크레인 작업 표준 신호

운전 구분	보권 사용	주권사용
수신호	팔꿈치에 손바닥을 떼었다 붙였다 한다.	주먹을 머리에 대고 떼었다 붙였다 한다.
호각신호	아주 길게 아주 길게	짧게 – 길게
운전 구분	위로 올리기	작업 완료
수신호	집게손가락을 위로 해서 수평원을 크게 그린다.	거수경례 또는 양손을 머리위에 교차시킨다.
호각신호	짧게 – 길게	길게 – 길게

51 산업안전보건법령에 따른 안전보건표지의 종류가 아닌 것은?

① 위험표지　② 경고표지
③ 지시표지　④ 금지표지

🔍 안전보건표지의 종류에는 금지표지, 경고표지, 지시표지, 안내표지가 있다.

52 배터리 전해액처럼 강산, 알칼리 등의 액체를 취급할 때 가장 적합한 복장은?

① 면장갑 착용
② 면직으로 만든 옷
③ 나일론으로 만든 옷
④ 고무로 만든 옷

🔍 피부로 침입하는 화학물질 또는 강산성 물질 취급 작업 시에는 보호복을 착용하여야 하며, 침투를 방지하기 위해 고무로 만든 옷이 적합하다.

53 다음 중 보호안경을 끼고 작업해야 하는 사항과 가장 거리가 먼 것은?

① 산소용접 작업 시
② 그라인더 작업 시
③ 건설기계 장비 일상점검 작업 시
④ 클러치 탈·부착 작업 시

🔍 보호안경의 사용
　• 유해 광선으로부터 눈을 보호하기 위하여
　• 비산되는 칩으로부터 눈을 보호하기 위하여
　• 유해 약물로부터 눈을 보호하기 위하여

54 스패너 작업 시 유의할 사항으로 틀린 것은?

① 스패너의 입이 너트의 치수에 맞는 것을 사용해야 한다.
② 스패너의 자루에 파이프를 이어서 사용해서는 안 된다.
③ 스패너와 너트 사이에는 쐐기를 넣고 사용하는 것이 편리하다.
④ 너트에 스패너를 깊이 물리도록 하여 조금씩 앞으로 당기는 식으로 풀고 조인다.

🔍 스패너를 두 개로 연결하거나 자루에 파이프를 이어 사용해서는 안 되며, 스패너와 너트 사이에 쐐기를 넣고 사용하는 것도 안전사고의 우려가 있다.

55 물품을 운반할 때 주의할 사항으로 틀린 것은?

① 가벼운 화물은 규정보다 많이 적재하여도 된다.
② 안전사고 예방에 가장 유의한다.
③ 정밀한 물품을 쌓을 때는 상자에 넣도록 한다.
④ 약하고 가벼운 것을 위에, 무거운 것을 밑에 쌓는다.

🔍 가벼운 화물일지라도 규정에 맞게 적재하여야 한다.

56 전등 스위치가 옥내에 있으면 안 되는 경우는?

① 건설기계 장비 차고
② 절삭유 저장소
③ 카바이드 저장소
④ 기계류 저장소

🔍 카바이드 저장소에 전등을 설치할 경우에는 방폭구조로 하여야 하며, 전등 스위치는 옥외에 설치하여야 한다.

57 산업재해의 통상적인 분류 중 통계적 분류를 설명한 것 중 틀린 것은?

① 사망 : 업무로 인해서 목숨을 잃게 되는 경우
② 중경상 : 부상으로 인하여 30일 이상의 노동 상실을 가져온 상해 정도
③ 경상해 : 부상으로 1일 이상 7일 이하의 노동 상실을 가져온 상해 정도
④ 무상해 사고 : 응급처치 이하의 상처로 작업에 종사하면서 치료를 받는 상해 정도

🔍 산업재해의 통상적인 분류 중 중경상은 8일 이상의 노동 상실을 가져온 상해를 말한다.

58 해머 작업 시 안전수칙 설명으로 틀린 것은?

① 열처리된 재료는 해머로 때리지 않도록 주의한다.
② 녹이 있는 재료를 작업할 때는 보호안경을 착용하여야 한다.
③ 자루가 불안정한 것(쐐기가 없는 것 등)은 사용하지 않는다.
④ 장갑을 끼고 시작은 강하게, 점차 약하게 타격한다.

🔍 해머 작업 시 장갑을 착용해서는 안 되며, 시작은 약하게 하여야 한다.

59 가연성 액체, 유류 등 연소 후 재가 거의 없는 화재는 무슨 급별 화재인가?

① A급
② B급
③ C급
④ D급

🔍 화재의 분류
- A급 화재 : 일반화재
- B급 화재 : 유류화재
- C급 화재 : 전기화재
- D급 화재 : 금속화재
- K급 화재 : 주방화재

60 기계운전 및 작업 시 안전사항으로 맞는 것은?

① 작업의 속도를 높이기 위해 레버 조작을 빨리 한다.
② 장비의 무게는 무시해도 된다.
③ 작업도구나 적재물이 장애물에 걸려도 동력에 무리가 없으므로 그냥 작업한다.
④ 장비 승·하차 시에는 장비에 장착된 손잡이 및 발판을 사용한다.

정답 제4회 CBT 대비 적중모의고사

01 ②	02 ④	03 ②	04 ①	05 ③
06 ③	07 ①	08 ①	09 ③	10 ①
11 ④	12 ②	13 ④	14 ③	15 ①
16 ②	17 ①	18 ③	19 ①	20 ②
21 ③	22 ③	23 ②	24 ③	25 ③
26 ④	27 ①	28 ③	29 ③	30 ②
31 ②	32 ③	33 ③	34 ②	35 ④
36 ②	37 ②	38 ②	39 ③	40 ③
41 ④	42 ②	43 ③	44 ②	45 ①
46 ②	47 ③	48 ③	49 ①	50 ①
51 ①	52 ④	53 ③	54 ③	55 ①
56 ③	57 ②	58 ④	59 ②	60 ④

제5회 적중모의고사

01 크레인 권상장치의 속도제어용 브레이크로 가장 많이 사용되는 것은?

① 와류 브레이크
② 직류전자 브레이크
③ 교류전자 브레이크
④ 디스크 타입 전자 브레이크

> 브레이크(Brake)
> • 속도제어용 브레이크 : 와전류(EC) 브레이크, 다이나믹 브레이크
> • 제동용 브레이크 : 교류전자(AC) 브레이크, 유압 압상 브레이크, 오일 디스크 브레이크

02 크레인의 정규 부하시험 중 권하속도의 허용범위는?

① +10%, −5%
② +25%, −5%
③ +20%, −10%
④ +30%, −15%

> 크레인 정규 부하시험 중 권하 속도의 허용범위는 (+25%~−5%)이다.

03 천장크레인 관련용어의 설명 중 옳지 않은 것은?

① 권상 : 크레인의 드럼에 로프나 체인이 감겨 화물이 들어 올려지는 상태
② 정격하중 : 크레인의 권상하중에서 훅, 크래브 또는 버킷 등 달기기구의 중량에 상당하는 하중을 뺀 하중
③ 권상하중 : 크레인이 들어 올릴 수 있는 최대의 하중
④ 정격속도 : 권상하중에 상당하는 하중을 크레인에 매달고 권상·주행 또는 횡행할 수 있는 최고 속도

> 정격속도(rated speed)는 정격하중을 들고 주행·횡행·권상운동을 할 수 있는 최상의 속도이다.

04 천장크레인의 용량은 정격하중과 스팬(span)으로 표기하는 것이 보통이지만 한 가지를 더 추가한다면 무엇인가?

① 권상속도
② 횡행속도
③ 양정
④ 훅(hook)

> 천장크레인의 용량은 정격하중과 스팬(span) 그리고 양정(lift)으로 표시한다.

05 드럼의 크기를 설명한 것으로 가장 올바른 것은?

① 드럼의 크기는 가능한 한 로프의 전 길이를 1열에 감을 수 있는 것으로 한다.
② 드럼의 크기는 가능한 한 로프의 전 길이를 2열에 감을 수 있는 것으로 한다.
③ 드럼의 크기는 로프의 전 길이를 3열에 감을 수 있는 것으로 한다.
④ 드럼의 크기는 로프의 유효길이를 2회 감을 수 있는 것으로 한다.

> 드럼의 크기는 로프의 수명을 위하여 로프의 전체 길이를 1열에 감을 수 있어야 하며, 설치공간의 제약 등으로 인하여 1열 감기가 불가능 할 경우에 한하여 다층감기를 할 수 있다.

06 다음 중 천장크레인 권상장치의 권과방지기구는?

① 캠식 리미트 스위치
② 원심분리 스위치
③ 족답 스위치
④ 와류 브레이크

> 천장크레인 권상장치의 권과방지기구
> • 중추식 리미트 스위치 : 레버(lever)형이라고도 하며, 훅(hook)의 접촉으로 인하여 작동
> • 스크루식(나사식) 리미트 스위치 : 드럼의 회전에 의하여 작동하며, 연동장치에 의해 나사가 회전하면 그것과 맞물리는 너트가 이동하여 개폐기의 레버를 움직여 접점에 개폐를 행하는 방식
> • 캠식 리미트 스위치 : 드럼과 연동되어 회전을 하고, 원판 모양으로 주위에 배치된 블록 및 오목 캠에 의해 스위치의 레버를 작동

07 천장크레인 중 권하속도가 빠르면 빠를수록 좋은 크레인은?

① 원료장입 크레인　② 강괴 크레인
③ 타이어 크레인　　④ 담금질 크레인

> 담금질 크레인은 재료를 담금질하는데 사용하는 크레인으로 냉각수 유조 내에 재료를 단시간내에 넣어야 하므로 내려가는 속도가 빠를수록 좋다.

08 천장크레인에서 시브 홈의 마모한도는 사용하는 와이어로프 지름의 몇 [%] 이내로 하고 있는가?

① 5%　　　　　　② 10%
③ 15%　　　　　 ④ 20%

> 시브(sheave, 도래, 활차)의 조건
> • 시브 본체는 균열, 변형 등이 없을 것
> • 시브 홈은 이상 마모가 없어야 하고, 마모한도는 와이어로프 지름의 20% 이하일 것
> • 시브의 지름(D)은 로프 지름(d)의 20배 이상일 것(D≥20d)

09 홈이 있는 드럼에 와이어로프가 감길 때 와이어로프 방향과의 각도는 몇 도(°) 이내인가?

① 4° 이내　　　　② 8° 이내
③ 12° 이내　　　 ④ 16° 이내

> 플리트(fleet) 각도
> • 드럼에 홈이 있는 경우 : 4° 이내
> • 드럼에 홈이 없는 경우 : 2° 이내
> • 드럼에 로프를 다층으로 감는 경우 : 로프가 쌓이는 것을 방지하기 위하여 플랜지부에서의 플리트 각도는 0.5° 이상 4° 이내

10 천장크레인에 사용하는 브레이크 중 전기를 투입하여 유압으로 작동되는 브레이크는?

① 마그넷 브레이크
② 오일디스크 브레이크
③ 스러스트 브레이크
④ 다이나믹 브레이크

> 스러스트 브레이크(thruster brake) : 유압 압상 브레이크, TH브레이크라고도 하며 브레이크 윗부분에 소형 모터가 설치되어 있어 전기를 투입하여 유압으로 작동한다. 주행 · 횡행장치에 사용되지만 권상장치에는 사용되지 않는다.

11 천장크레인의 용어 설명으로 가장 옳은 것은?

① 주행레일 위에 설치된 교각에 의해 지지되는 거더가 있는 크레인이다.
② 주행레일 위에 설치된 새들에 직접적으로 지지되는 거더가 있는 크레인이다.
③ 상당량의 짐을 인력으로 달아 올리기 및 이동시키는데 사용되는 공구의 일종이다.
④ 엔진의 힘으로 무거운 짐을 간편하게 옮길 수 있는 크레인이다.

> 천장크레인은 전기를 이용 전동기를 구동시켜 주행 · 횡행 · 권상장치의 운동에 의하여 화물을 이동 및 이송할 수 있도록 만든 기계장치로 주행레일 위에 설치된 새들(saddle)에 직접적으로 지지되는 거더(girder)가 있는 크레인이다.

12 다음 중 천장크레인의 양정에서 상 · 하한을 제한하는 장치는?

① 권상 전동기
② 마그넷 브레이크
③ 권상 감속기
④ 캠식 권과방지장치

> 캠식 권과방지장치는 천장크레인의 양정에서 상한과 하한의 작동점을 정해 그 이상 동작되지 않도록 전기를 차단하는 장치이다.

13 천장크레인으로 하물을 권상할 때의 운전방법 중 가장 양호한 것은?

① 하물을 조금씩 들어 올리고, 그때마다 제어기를 OFF시켜 브레이크 지지능력을 확인한다.
② 천장크레인은 정격하중의 110%는 들어 올릴 수 있으므로 평소와 같이 권상한다.
③ 지면에서 20cm쯤 위치에서 일단 정지하고, 줄걸이 이상 여부를 확인 후 계속 권상한다.
④ 운전 종료 시 훅은 하한 위치에 가깝게 감아 올려 놓는다.

> 크레인 운전자는 크레인의 권과방지장치, 브레이크 및 기타 각 장치에 대한 동작테스트를 실시한 후 운전을 개시하며, 지상 20~30cm에서 일단정지 확인 후 물체를 들어 올리며 정해진 위치에 내려놓기 직전에 일단정지 후 천천히 바닥에 내려놓는다.

14 다음 ( ) 안에 알맞은 것은?

> 사업주는 순간풍속이 초당 ( )미터를 초과하는 바람이 불어올 우려가 있는 경우 옥외에 설치되어 있는 주행 크레인에 대하여 이탈방지장치를 작동시키는 등 이탈 방지를 위한 조치를 하여야 한다.

① 20　　② 30
③ 40　　④ 50

🔍 산업안전보건기준에 관한 규칙 제140조(폭풍에 의한 이탈 방지) 사업주는 순간풍속이 초당 30미터를 초과하는 바람이 불어올 우려가 있는 경우 옥외에 설치되어 있는 주행 크레인에 대하여 이탈방지장치를 작동시키는 등 이탈 방지를 위한 조치를 하여야 한다.

15 천장크레인의 작업능력을 표시하는 방법은?

① 권상 톤수
② 권상 체적
③ 작업 시간
④ 작업 속도

🔍 천장크레인의 작업능력은 권상 톤(ton)수이며, 공칭 용량 단위 또한 톤(ton)을 사용한다.

16 천장크레인의 집중 급유장치(grease pump)에 대한 설명으로 옳지 않은 것은?

① 급유장치 원통 안에 윤활유인 그리스(grease)가 채워져 있다.
② 윤활유 공급라인은 2개가 있다.
③ 한 개의 그리스 펌프로 여러 곳의 급유장소에서 동시에 급유할 수 있다.
④ 베어링 등에 급유할 때는 그리스를 가득 채운다.

🔍 집중급유장치
• 급유장치 원통 안에 채워져 있는 그리스(grease)는 2개의 공급라인으로 번갈아 사용할 수 있다.
• 한 대의 급유장치로 여러 곳의 급유장소에서 동시에 급유할 수 있으며, 베어링 등에 급유할 때는 그리스를 1/3 정도 채운다.

17 크레인의 권상장치 속도제어용 브레이크 휠과 라이닝의 간격은?

① 1~1.5mm　　② 2~2.5mm
③ 3~3.5mm　　④ 4~4.5mm

🔍 • 브레이크 휠은 2mm의 요철 발생 시 수정 또는 교체하여야 한다.
• 브레이크 림(휠의 두께)은 원 치수의 40% 마모 시 교체한다.
• 브레이크 휠과 라이닝의 간격은 휠 직경의 1/150~1/200 또는 휠 한쪽면에서 1~1.5mm 이다.
• 브레이크 휠과 라이닝의 수직, 수평, 폭은 1mm 이내이어야 한다.

18 천장크레인 권상장치의 주요 구성요소가 아닌 것은?

① 전동기　　② 감속기
③ 브레이크　④ 경보장치

🔍 권상장치는 권상전동기, 감속기, 드럼, 축 이음부, 브레이크, 치차, 시브(도르래), 훅 블록 및 와이어로프 등이 포함되며 전동기로 권상 드럼을 구동하여 수직으로 권상 및 권하작용을 한다.

19 크레인의 안전장치에 사용되는 것으로 횡행, 주행 등의 운동에 대한 과도한 진행을 방지하는 것은?

① 타임 릴레이
② 경보장치
③ 리미트 스위치
④ 컨트롤러

🔍 • 리미트 스위치 : 크레인의 과권방지 장치
• 컨트롤러 : 제어 레버
• 경보장치 : 과부하 및 권과방지 등에 활용

20 습기가 많은 작업장 또는 옥외크레인의 부식을 방지하기 위해 도장작업을 해야 하는데 보통 도장면적의 몇 [%]의 녹 또는 부식이 발생하였을 때 실시하는가?

① 3%　　② 10%
③ 30%　④ 50%

🔍 일반적으로 도장면적의 약 10% 정도 녹이나 부식되면 재도장을 하여야 하고, 녹 방지를 위한 처음 도장은 2회, 마무리 도장은 1회 실시한다.

21 키(key)의 종류 중에서 축과 보스에 홈을 파고 축 둘레에 4~20개의 사각형 돌기 모양으로 깎아 만든 것으로 회전체가 고정되지 않고 축 방향으로 이동할 수 있는 것은?

① 성크키(sunk key) ② 새들키(saddle key)
③ 플랫키(flat key)   ④ 스플라인(spline)

🔍 키의 특징
- 성크키(묻힘키) : 일반적으로 가장 많이 사용, 축과 보스에 홈을 파서 키를 박아 회전체를 고정
- 새들키(안장키) : 축에는 홈을 파지 않고 보스에만 홈을 파서 키를 박아 회전체를 고정
- 접선키 : 축과 보스에 홈을 파서 키를 박아 회전체에 고정. 큰 회전력을 전달하는데 사용
- 평키(플랫키, 납작키) : 성크키와 비슷, 보스에만 홈을 파고 축 쪽은 키의 폭 만큼 평탄하게 하여 고정하며, 주로 가벼운 하중에 사용
- 반달키 : 축의 홈에 끼우는 반원형의 키로서 보스 쪽은 성크키와 같이 홈을 파고 축 쪽의 홈은 반원 모양
- 스플라인 : 축과 보스에 홈을 파고 축 둘레에 4~20개의 사각형 돌기 모양으로 깎아 만든 것으로 회전체가 고정되지 않고 축 방향으로 이동할 수 있는 것

22 미끄럼 베어링과 비교한 구름 베어링의 장점에 해당하는 것은?

① 값이 싸다.
② 충격에 강하다.
③ 과열의 위험이 적다.
④ 소음이 생기기 쉽다.

🔍 미끄럼 베어링과 구름 베어링의 비교

구분	미끄럼 베어링	구름 베어링
접촉	면 접촉, 마찰계수가 크다.	선·점 접촉, 마찰계수가 작다.
구조	비교적 간단하다.	전동체가 있어 복잡하다.
회전	고속회전에 적합하다.	저속회전에 적합하다.
충격하중	충격하중에 강하다.	충격하중에 약하다.
진동 및 소음	발생하기 어렵다.	발생하기 쉽다.
마찰저항	마찰저항이 크다.	마찰저항이 적다.
규격	규격화 되어 있지 않다.	규격화, 표준화, 소형화가 가능하다.
윤활	별도의 윤활장치가 필요하다.	윤활장치가 필요없다. (그리스 윤활)
가격	값이 저렴하다.	값이 비싸다.

23 다음 중 두 개의 축을 30° 이하의 각도로 꺾어서 연결할 때 사용하는 축이음법은?

① 플랜지형 플렉시블 축이음
② 자재 축이음(만능축이음)
③ 플랜지형 고정 축이음
④ 체인 축이음

🔍 유니버설 조인트(자재이음, universal joint)
- 양 축이 동일평면 내에 있고, 그 축선이 30° 이하의 각도로 교차하는 경우에 사용되는 축 이음으로서 훅 조인트라고도 한다.
- 양 축단에 각각 요크(yoke)를 부착하고, 이것을 십자형의 핀으로 자유로이 회전할 수 있도록 연결한 축 이음이다.

24 천장크레인에서 오일(oil)이 묻어서는 안 되는 곳은?

① 와이어로프와 드럼
② 기어와 기어박스
③ 브레이크 휠과 라이닝
④ 시브와 시브 축

🔍 브레이크 휠과 라이닝, 레일의 상면, 벨트 등에는 오일이 묻어서는 안된다.

25 줄걸이 방법의 설명 중 옳지 않은 것은?

① 눈걸이 : 모든 줄걸이 작업은 눈걸이를 원칙으로 한다.
② 반걸이 : 미끄러지기 쉬우므로 엄금한다.
③ 짝감기 걸이 : 가는 와이어로프일 때 사용하는 줄걸이 방법이다.
④ 어깨걸이 나머지 돌림 : 2가닥 걸이로써 꺾어 돌림을 할 수 없을 때 사용하는 줄걸이 방법이다.

🔍 어깨걸이 나머지 돌림법은 4가닥 걸이로 꺾어 돌림을 할 수 있을 때 사용한다.

26 다음 중 줄걸이용 링크체인(link chain)의 설명으로 옳지 않은 것은?

① 링크체인의 안전계수는 2 이상이며 사용온도는 200℃까지 가능하다.

② 링크체인의 크기를 표기할 때는 호칭지름을 사용하며, 사용단위는 mm 이다.
③ 줄걸이용 링크체인은 쇼트 링크체인, 롱 링크체인, 오픈 체인, 스터드 체인으로 분류된다.
④ 링크체인은 체인블록, 레버블록, 호이스트 크레인의 권상장치, 대형 선박의 닻 등에 사용된다.

> 링크체인을 연결할 때는 커넥터(connector) 또는 샤클(shackle)을 사용하며, 안전계수는 5 이상이어야 하며, 사용온도는 400℃까지 가능하다.

27 다음 중 줄걸이용 보조기구로 볼 수 없는 것은?

① 샤클(shackle)
② 링(ring)과 아이볼트(eye bolt)
③ 클램프(clamp, 조임쇠)
④ 아이스 스플라이스(ice splice)

> 줄걸이용 보조기구
> • 샤클 : 와이어로프 또는 체인 등을 연결하거나 고정시키는 데 사용
> • 링 : 줄걸이 기구를 훅에 직접 걸지 못할 때 사용
> • 아이볼트 : 구조물이 외부에서 줄걸이를 하기 힘들 때 구조물에 구멍을 뚫은 다음 구멍에 나사산을 내어 아이볼트를 끼워 사용
> • 클램프(조임쇠) ; 주로 철판을 줄걸이 작업할 때 사용
> • 해커 ; 철판, 철재 파이프, 철재 형강 등을 들어 올려 이송하는데 사용
> • 스위벨(swivel, 회전고리) : 줄걸이 작업 시 와이어로프의 자전(自轉) 방지를 위해 사용

28 3상 유도전동기가 전압 440V, 주파수 60Hz 회전체인 전동기의 극수가 4일 때의 전동기의 속도(rpm)는?

① 880
② 1,800
③ 6,600
④ 13,200

> $N = \dfrac{120}{p} f = \dfrac{120}{4} \times 60 = 1,800$[rpm]
> (N : 전동기의 속도, p : 극수, f : 주파수)

29 전동기의 권선의 변환수리를 행하였을 때 잘못하여 계자의 회전방향을 반대로 결선하면 역전될 위험이 있다. 이 경우 회로를 자동적으로 차단시키는 장치는?

① 칼날형 개폐기
② 타임 릴레이
③ 역상 보호 계전기
④ 무전압 보호장치

> 역상 보호계전기는 전동기의 권선을 변환하는 수리를 할 때 잘못하여 계자의 회전방향을 반대로 연결하면 역전될 위험이 있으므로 이 때 회로를 자동으로 차단시키는 장치이다.

30 천장크레인에 사용되는 전동기의 조건으로 볼 수 없는 것은?

① 기동력과 회전력이 크고 속도조정이 가능할 것
② 빈번한 반복 운동에 견딜 것
③ 용량에 비해 소형이고 구입하기 쉬울 것
④ 대용량이고 값이 쌀 것

> 천장크레인에 사용되는 전동기의 조건
> • 기동 회전력이 크면서 기동, 정지 및 정전, 역전운동이 빈번해도 견디는 성질이 있을 것
> • 속도 조정 및 역회전을 할 수 있을 것
> • 기동 정지 및 정전, 역전 등 빈번한 반복에 충분히 견딜 수 있도록 튼튼하게 만들어져 있을 것
> • 장치 면적이 제한되는 경우가 많으므로 용량에 비해서 소형일 것
> • 전원이 보통 사용되는 것으로 구하기 쉬울 것

31 천장크레인에 사용되는 브레이크류의 조건에 대한 설명으로 틀린 것은?

① 라이닝은 편마모가 없고 마모량은 원치수의 50% 이내일 것
② 디스크의 마모량은 원치수의 20% 이내일 것
③ 유량은 적정하고 기름누설이 없을 것
④ 볼트, 너트는 풀림 또는 탈락이 없을 것

> 디스크의 마모량은 원치수의 10% 이내여야 한다.

32 전동기의 회전속도 제어방법 중 전기적 제어방식은?

① 2차 저항제어
② 주파수변환 브레이크(C.F브레이크)
③ 스피드제어 브레이크(S.C)
④ 와전류 브레이크(E.C브레이크)

> • 전기적 제어방법 : 2차 저항제어, 극수변환제어, 가변전압제어, 주파수변환제어, 인버터제어 등
> • 기계적 브레이크 제어방법 : 주파수변환 브레이크, 스피드제어 브레이크, 와전류 브레이크 등

33 다음 전자기기의 절연재료의 종류 중 가장 낮은 온도 상승에 견딜 수 있는 것은?

① A종
② B종
③ C종
④ Y종

🔍 전기기기의 절연종류와 허용온도

절연종류	최고 허용온도	절연종류	최고 허용온도
Y종	90℃	F종	155℃
A종	105℃	H종	180℃
E종	120℃	C종	180℃ 이상
B종	130℃		

34 훅(hook) 또는 달기기구의 설명으로 옳지 않은 것은?

① 훅 블록 또는 달기기구에는 정격하중이 표기되어 있을 것
② 볼트, 너트 등은 풀림 또는 탈락이 없을 것
③ 해지장치는 균열, 변형 등이 없을 것
④ 훅 본체는 균열 또는 변형 등이 없어야 하고, 국부 마모는 원 치수의 10% 이내 일 것

🔍 훅(hook)의 점검
- 훅을 제작하고 나서 훅 입구의 치수를 측정한 후 훅에 정격하중의 2배(200%)의 힘으로 당긴 다음 멈추었을 때, 훅 입구의 영구변형율은 0.25% 이하이어야 한다.
- 훅의 안전계수는 5이다.
- 훅의 줄걸이 부분의 마모는 원 치수의 5% 이하이며, 마모의 깊이가 2mm 이하일 때는 다듬어서 사용한다.
- 훅의 입구의 열림은 원 치수의 5% 이내이다.

35 옥외용인 경우 무선 원격제어기 송신기의 최소 보호등급은?

① IP33 이상
② IP43 이상
③ IP55 이상
④ IP65 이상

🔍 무선 원격제어기 송신기의 최소 보호등급은 옥내용인 경우 IP43, 옥외용인 경우 IP55 이상이어야 한다.

36 크레인 운전자가 화물을 권상할 때 위험한 상태에서 작업안전을 위해 급정지시키는 비상정지장치에 대한 설명으로 가장 옳은 것은?

① 작업 종료 시 전원을 차단하기 위한 장치이다.
② 누름 버튼은 적색으로 머리 부분이 돌출되고, 수동 복귀되는 형식이다.
③ 누름 버튼은 황색으로 머리 부분이 돌출되고, 자동 복귀되는 형식이다.
④ 탑승용(운전석) 크레인인 경우 권상레버와 같이 부착한다.

🔍 모든 크레인 및 호이스트는 운전자가 비상 시 조작 가능한 위치에 비상정지스위치를 비치하여야 하며, 비상정지용 누름 버튼은 적색으로 머리 부분이 돌출되고, 수동복귀되는 형식이어야 한다.

37 크레인 방호장치의 종류로 볼 수 없는 것은?

① 과부하 방지장치
② 권과 방지장치
③ 로드 셀(load cell)
④ 비상정지 장치

🔍 크레인의 방호장치
- 과부하 방지장치 : 크레인에 정격하중 이상의 하중이 부하되었을 때 자동적으로 상승이 정지되면서 경보음 또는 경부 등을 발생하는 장치
- 권과 방지장치 : 권과를 방지하기 위하여 자동적으로 동력을 차단하고 작동을 제어하는 장치
- 후크 해지장치 : 후크에서 와이어로프가 이탈하는 것을 방지하는 장치
- 비상정지 장치 : 크레인이 이동 중 이상상태 발생 시 급정지시킬 수 있는 장치

38 〈그림〉과 같이 수신호는 '운전자는 사이렌을 울리거나 한쪽 손의 주먹을 다른 손의 손바닥으로 2, 3회 두드린다.', 호각신호는 '강하고 짧게' 부는 신호의 의미는?

① 천천히 이동   ② 기중기의 이상 발생
③ 신호불명   ④ 기다려라

크레인 작업 표준 신호

운전 구분	천천히 이동	기중기의 이상발생
수신호	방향을 가리키는 손바닥 밑에 집게손가락을 위로 해서 원을 그린다.	운전자는 사이렌을 울리거나 한쪽 손의 주먹을 다른 손의 손바닥으로 2, 3회 두드린다.
호각신호	짧게 - 길게	강하고 짧게
운전 구분	신호불명	기다려라
수신호	운전자는 손바닥을 안으로 하여 얼굴 앞에서 2, 3회 흔든다.	오른손으로 왼손을 감싸 2, 3회 작게 흔든다.
호각신호	짧게 - 짧게	길게

39 아래 〈그림〉에서 와이어로프의 직경을 가장 올바르게 측정한 것은?

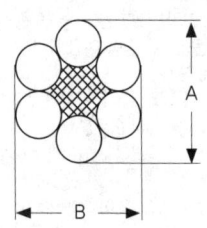

① A
② B
③ $\dfrac{A+B}{2}$
④ A, B 모두 같다.

와이어로프 직경의 측정

옳은 측정 방법   틀린 측정 방법

40 다음 중 4.8톤의 부하물을 4줄 걸이로 하여 60°로 매달았을 때 한쪽에 걸리는 하중은 약 몇 톤인가?

① 0.69
② 1.23
③ 1.39
④ 1.46

로프에 작용하는 하중 = $\dfrac{\text{부하물의 하중}}{\text{줄걸이 수} \times \text{조각도}}$

∴ 하중 = $\dfrac{4.8}{4 \times \cos\dfrac{60°}{2}} = \dfrac{4.8}{4 \times \cos 30°} ≒ 1.39$

41 줄걸이 작업 시 주의해야 할 사항으로 옳지 않은 것은?

① 훅 등의 매다는 도구는 매다는 짐의 중심 위에 위치시킬 것
② 권상, 권하 작업 시 급격한 충격을 피할 것
③ 매다는 각도는 원칙적으로 60° 이상으로 할 것
④ 권상, 권하 작업 시 안전한가, 눈으로 확인 할 것

줄걸이 용구와 줄걸이 방법 안전수칙
- 짐의 중량, 모양에 적합한 가장 안전한 줄걸이 용구를 선택한다.
- 훅, 달기기구는 매다는 화물의 중심위에 위치시켜야 한다.
- 매다는 각도는 60° 이내가 되도록 하고, 이에 알맞은 길이와 와이어로프 등을 선택한다.
- 권상, 권하 작업 시 급격한 충격을 피하고, 안전여부는 반드시 눈으로 확인하여야 한다.

42 천장크레인 안전 및 검사 기준상 권상용 와이어로프의 안전율(안전계수)은?

① 4.0 이상
② 5.0 이상
③ 6.0 이상
④ 7.0 이상

와이어로프의 안전율

와이어로프의 종류	안전율
・권상용 와이어로프 ・지브의 기복용 와이어로프 ・횡행용 와이어로프 및 케이블 크레인의 주행용 와이어로프	5.0
・지브의 지지용 와이어로프 ・보조로프 및 고정용 와이어로프	4.0
・케이블 크레인의 주 로프 및 레일로프	2.7
・운전실 등 권상용 와이어로프	10.0

43 크레인의 와이어로프에 대한 설명으로 옳지 않은 것은?

① 도르래 플랜지의 사용 중 접촉에 의해 마모 및 부식이 발생하여 수명이 떨어진다.
② 소선수의 10% 이상이 절단된 것은 사용해서는 안된다.
③ 직경의 감소가 공칭직경의 15%를 초과할 때까지는 사용할 수 있다.
④ 킹크가 심하게 된 때는 교체하여 사용한다.

> 와이어로프의 교체(폐기) 기준
> • 이음매가 있는 것
> • 와이어로프의 한 꼬임(스트랜드)에서 소선의 수가 10% 이상인 것
> • 직경의 마모가 공칭지름의 7%를 초과한 경우
> • 꼬임이나 비틀림이 생긴 것(킹크)
> • 심하게 변형되거나 부식된 것
> • 열과 전기충격에 손상된 것

44 와이어로프의 보관방법으로 옳지 않은 것은?

① 습기가 없고 환기가 잘되는 지붕이 있는 곳에 보관한다.
② 한 번 이상 사용한 와이어로프는 모래, 흙 등 이물질을 제거한 후 그리스로 도포하여 보관한다.
③ 고열, 해풍 및 직사광선 등은 피한다.
④ 사람들의 눈에 잘 띄지 않는 곳에 보관한다.

> 와이어로프 보관방법
> • 습기가 없고 환기가 잘 되는 지붕이 있는 곳에 보관한다.
> • 한 번 이상 사용한 와이어로프는 모래, 흙 등 이물질을 제거한 후 그리스로 도포하여 보관한다.
> • 고열, 해풍 및 직사광선 등은 피한다.
> • 사람들의 눈에 잘 띄고 사용이 빈번한 곳에 보관한다.

45 와이어로프의 밀림현상이 일어나는 경우를 나타낸 것이다. 이 중 옳지 않은 것은?

① 로프와 도르래가 잘 구성되어 있을 경우
② 도르래가 원활히 회전하지 않을 경우
③ 로프가 드럼에 중첩되어 감겼을 경우
④ 로프가 도르래 플랜지에 접촉되어 있을 경우

> 와이어로프의 밀림현상은 도르래가 원활히 회전하지 않거나, 로프가 드럼에 중첩되어 감겼거나, 도르래 플랜지와 접촉되어 있을 경우에 발생한다.

46 운전실 조작식 천장크레인 운전 중 주요 유의사항으로 볼 수 없는 것은?

① 운전 중 정전이 될 때에는 핸들을 전부 정지위치에 놓고 주스위치를 OFF한 후 송전을 기다린다.
② 하물을 매단 상태로 공중에 대기하는 경우에는 안전통로나 작업장 위에서 대기하여야 한다.
③ 운전 중에 다른 사람이 크레인에 타지 않도록 한다.
④ 줄걸이 와이어로프는 크레인을 이용하여 신속히 뺀다.

> 운전실조작식 천장크레인 운전 중 주요 유의사항
> • 운전 중 정전이 될 때에는 핸들을 전부 정지위치에 놓고 주스위치를 OFF 후 송전을 기다린다.
> • 하물을 매단 상태로 공중에 대기 시 안전통로나 작업장 위에서 대기하야야 한다.
> • 매달린 하물을 바닥에 내려놓을 때는 바닥에 놓기 전에 일단 정지하고, 천천히 바닥에 내려 놓아야 한다.
> • 운전 중에 타인이 크레인에 타지 않도록 한다.
> • 줄걸이 와이어로프는 사람의 힘으로 뺀다.

47 무선원격제어기를 사용하여 작업바닥 면에서 조작하며 화물과 운전자가 함께 이동하는 크레인의 주행속도는 매 분당 몇 [m] 이하여야 하는가?

① 15m 이하
② 30m 이하
③ 45m 이하
④ 60m 이하

> 펜던트 또는 무선원격제어기를 사용하여 작업바닥 면에서 조작하며 화물과 운전자가 함께 이동하는 크레인의 주행속도는 매 분당 45m 이하여야 한다.

48 천장크레인에 사용하는 전동기 중 직류전동기가 아닌 것은?

① 직권전동기　　② 분권전동기
③ 복권전동기　　④ 농형유도전동기

> 전동기의 분류
> • 직류전동기(D.C) : 직권전동기, 분권전동기, 복권전동기 등
> • 교류전동기(A.C) : 단상전동기와 3상 전동기(3상 권선형 유도전동기, 3상 농형 유도전동기) 등

49 전동기 관련 용어의 설명으로 옳지 않은 것은?

① 단상(單相, single phase) ; 하나의 전압원만 있는 것이다.
② 3상(3相, three phase) : 3개의 전압원이 있는 것이며, 한 개의 상마다 120°의 각도를 가지고 서로 교차한다.
③ 주파수(frequency) : 교류전원에서 1초 동안 반복교차 되는 수로 대한민국에서는 110Hz를 사용한다.
④ 동기속도(同期速度) : 1차 권선의 주파수에 따라 회전하는 회전속도이다.

> 우리나라에서 사용되는 주파수는 60Hz 이다.

50 천장크레인의 전력은 트롤리선 - 집전장치 - 배전판 순서로 공급된다. 다음 준 배전판에 배치되는 기기가 아닌 것은?

① 유니버셜 컨트롤러
② 과전류 개폐기
③ 단락보호장치
④ 퓨즈

> 유니버셜 컨트롤러는 운전실 내의 계기판과 함께 있는 조종 레버이며, 주권과 보권이나 주행과 횡행 등 두 개의 동작을 한 개의 핸들로 동시에 조작할 수 있다.

51 보호구의 구비조건으로 틀린 것은?

① 착용이 간편할 것
② 외양과 외관이 아름다울 것
③ 유해·위험요소에 대한 방호성능이 충분할 것
④ 작업에 방해가 되지 않도록 할 것

> 보호구의 구비조건
> • 착용이 간편할 것
> • 작업에 방해가 되지 않도록 할 것
> • 유해·위험요소에 대한 방호성능이 충분할 것
> • 재료의 품질이 양호할 것
> • 구조와 끝마무리가 양호할 것
> • 외양과 외관이 양호할 것

52 낙하, 추락 또는 감전에 의한 머리의 위험을 방지하는 보호구는?

① 안전대
② 안전모
③ 안전화
④ 안전장갑

> 안전모의 종류
>
> | 종류 | 사용구분 | 비고 |
> |---|---|---|
> | AB | 물체의 낙하 또는 비래 및 추락에 의한 위험을 방지 또는 경감시키기 위한 것 | |
> | AE | 물체의 낙하 또는 비래에 의한 위험을 방지 또는 경감하고, 머리부위 감전에 의한 위험을 방지하기 위한 것 | 내전압성 |
> | ABE | 물체의 낙하 또는 비래 및 추락에 의한 위험을 방지 또는 경감하고, 머리부위 감전에 의한 위험을 방지하기 위한 것 | 내전압성 |

53 볼트 등을 조일 때 조이는 힘을 측정하기 위하여 쓰는 렌치는?

① 복스 렌치
② 오픈엔드 렌치
③ 소켓 렌치
④ 토크 렌치

> 토크 렌치는 볼트, 너트, 스크루 등을 규정된 값으로 조일 때 사용하는 정밀 측정 공구로 다수의 볼트에 토크를 주어 나사산의 파손이나 탈락을 방지하는 용도로 사용된다.

54 복스 렌치가 오픈 렌치보다 많이 사용되는 이유는?

① 값이 싸며 적은 힘으로 작업할 수 있다.
② 가볍고 사용하는데 양손으로도 사용할 수 있다.
③ 파이프 피팅 조임 등 작업용도가 다양하여 많이 사용된다.
④ 볼트, 너트 주위를 완전히 감싸게 되어 사용 중에 미끄러지지 않는다.

> 복스 렌치는 오픈 렌치와 규격이 동일하지만, 여러 방향에서 사용이 가능하며, 볼트나 너트 주위를 완전히 감싸게 되어 있어서 사용 중에 미끄러지지 않는 장점이 있다.

55 안전보건표지에서 그림이 나타내는 것은?

① 출입금지 표지 ② 비상구 없음 표지
③ 탑승금지 표지 ④ 보행금지 표지

🔍 안전보건표지
출입금지	탑승금지	보행금지

56 동력 전달장치에서 가장 재해가 많이 발생하는 것은?

① 차축 ② 벨트
③ 피스톤 ④ 기어

🔍 동력 전달장치에서 가장 빈번하게 재해가 발생하는 것은 벨트에 의한 것으로 벨트를 걸 때나 교체할 때는 엔진을 정지한 후에 작업하여야만 한다.

57 작업장에서 전기가 예고 없이 정전 되었을 경우 전기로 작동하던 기계·기구의 조치방법으로 틀린 것은?

① 전기가 들어오는 것을 알기 위해 스위치를 켜둔다.
② 안전을 위해 작업장을 정리해 놓는다.
③ 퓨즈의 단선 유·무를 검사한다.
④ 즉시 스위치를 끈다.

🔍 정전 시에는 반드시 전기로 작동하던 기계·기구의 스위치를 꺼두어야 한다. 이는 정전 복구 시 가동되는 기계·기구에 의해 재해가 발생할 수 있기 때문이다.

58 전기장치의 퓨즈가 끊어져서 다시 새것으로 교체하였으나 또 끊어졌다면 어떤 조치가 가장 옳은가?

① 계속 교체한다.
② 용량이 큰 것으로 갈아 끼운다.
③ 구리선이나 납선으로 바꾼다.
④ 전기장치의 고장개소를 찾아 수리한다.

🔍 전기장치의 퓨즈가 계속 끊어진다면 이상 부위가 있는 것으로 고장 개소를 찾아 수리하여야 한다.

59 소화작업의 기본 요소가 아닌 것은?

① 가연물질을 제거하면 된다.
② 산소를 차단하면 된다.
③ 연료를 기화시키면 된다.
④ 점화원을 냉각시키면 된다.

🔍 소화의 원리
• 연소의 3요소인 가연물, 산소, 점화원을 분리한다.
• 연쇄반응 인자의 전달을 차단한다.(부촉매를 사용한다.)

60 화재의 등급과 분류가 올바르게 연결된 것은?

① A급 화재 – 전기화재
② B급 화재 – 유류화재
③ C급 화재 – 금속화재
④ D급 화재 – 주방화재

🔍 화재의 등급과 분류
• A급 화재 : 일반화재
• B급 화재 : 유류화재
• C급 화재 : 전기화재
• D급 화재 : 금속화재(Al, Mg)
• K급 화재 : 주방화재

정답 제5회 CBT 대비 적중모의고사

01 ①	02 ②	03 ④	04 ③	05 ①
06 ①	07 ④	08 ④	09 ①	10 ③
11 ②	12 ④	13 ③	14 ②	15 ①
16 ④	17 ①	18 ④	19 ③	20 ②
21 ④	22 ③	23 ②	24 ③	25 ④
26 ①	27 ④	28 ②	29 ③	30 ④
31 ②	32 ①	33 ②	34 ④	35 ③
36 ②	37 ③	38 ②	39 ①	40 ④
41 ③	42 ②	43 ③	44 ④	45 ①
46 ④	47 ③	48 ②	49 ③	50 ①
51 ②	52 ②	53 ④	54 ④	55 ④
56 ②	57 ①	58 ④	59 ③	60 ②

천장크레인운전기능사

필기

2026년 01월 05일 인쇄
2026년 01월 20일 발행

저　자　천장크레인연구회
발 행 처　㈜도서출판 책과상상
등록번호　제2020-000205호
발 행 인　이강복
주　소　경기도 고양시 일산동구 장항로 203-191
대표전화　02)3272-1703~4
팩　스　02)3272-1705
홈페이지　www.sangsangbooks.co.kr
I S B N　979-11-6967-308-2
정　가　18,000원

Copyright©2026
Book&SangSang Publishing Co.

※저자와의 협의하에 인지를 생략합니다.